高等院校工程训练系列教材
安徽省高等学校"十一五"省级规划教材

机械制造基础工程训练

主　编　李舒连
副主编　糜克仁　邱震明
主　审　岑豫皖

合肥工业大学出版社

图书在版编目(CIP)数据

机械制造基础工程训练/李舒连主编．—合肥：合肥工业大学出版社，2008.8(2017.7重印)
ISBN 978-7-81093-738-2

Ⅰ．机…　Ⅱ．李…　Ⅲ．机械制造—高等学校—教材　Ⅳ．TH

中国版本图书馆CIP数据核字(2008)第121018号

机械制造基础工程训练

主编	李舒连	责任编辑	汤礼广
出　版	合肥工业大学出版社	**版　次**	2008年8月第1版
地　址	合肥市屯溪路193号	**印　次**	2017年7月第8次印刷
邮　编	230009	**开　本**	787毫米×1092毫米　1/16
电　话	总　编　室：0551-62903038	**印　张**	21
	市场营销部：0551-62903198	**字　数**	495千字
网　址	www.hfutpress.com.cn	**印　刷**	安徽省瑞隆印务有限公司
E-mail	hfutpress@163.com	**发　行**	全国新华书店

ISBN 978-7-81093-738-2　　定价：40.00元

如果有影响阅读的印装质量问题，请与出版社市场营销部联系调换。

序

教育是国家发展的基石,特别是高等教育肩负着培养数以千万计的高素质专门人才和一大批拔尖创新人才的崇高使命。大力提高高等教育质量,既是高等教育自身发展的需要,也是办好让人民满意的高等教育、提高学生就业能力和创业能力的需要。在高等教育进入大众化发展的新形势下,狠抓教学质量和推进教学改革,是高等学校坚持科学发展观,全面落实党中央、国务院战略决策和部署的重要举措,是落实科教兴国战略和人才强国战略的重要组成部分。机械制造基础工程训练是工科院校量大面广的基础性、技术性和实践性必修课,是培养学生学习能力、实践能力和创新能力的训练平台,是提高教学质量的重要手段。学生通过机械制造基础工程训练,不仅能够学习和了解先进制造技术及其应用,初步掌握机械制造的基本理论和相关技能,同时还可培养学生的工程素养和创新意识。

随着高等教育人才培养模式改革的深入发展,作为高等工科院校重要实践环节之一的机械制造基础工程训练,其内涵也随之发生深刻变化。在教学理念上,由传统的技能操作型向能力、素质和创新型转变;在教学内容上,由传统技能型向传统技能与现代技术相结合的现代型方向发展;在训练方式上,由传统的金工实习型向综合性开放型工程训练拓展。在金工实习基础上融合现代制造技术发展起来的机械制造工程训练,是我们安徽工业大学重要实践性课程,也是学校重点建设课程之一。多年来,学校十分重视实践教学工作,建设了设施先进、功能齐全的实践教学基地和实习环境,建立了一支结构合理、经验丰富、素质较高的实践教学师资队伍,建构了一套适合人才培养的实践教学体系,并组建了新的工程实践与创新教育中心。多年来,工程实践中心坚持贯彻素质教育思想,积极推进实践教学改革,努力探索“大工程”背景下工程训练的教学模式和训练方法,创立了金工实习文化,开展了创新训练,并取得了明显的效果,在2004年的本科教学水平评估中受到教育部专家组的高度评价,并在省内外产生了积极的影响。2005年中心获得一项省级重点教改课题,并经过近几年的教学改革的与实践,课题研究取得了积极的成果,形成了以教学为中心,以育人为根本,突出实践能力,注重现代技术,培养创新意识,拓展训练内涵,提高工程素质的鲜明的实践教学特色。他们在认真实践和总结经验的基础上,组织了部分教师共同编写了《机械制造基础工程训练》教材。该教材依据国家教育部机械制造基础工程训练大纲,结合高校人才培养要求和自身特点,传承了传统制造技术的知识体系和经典内容,重点突出了现代制造技术知识架构和实际应用,并融入了"大工程"理念下的现代企业质量管理、现代企业先进管理技术、现代企业文化和机械制造创新训练内容,很好地体现了继承和发展的关系。

该教材内容丰富,重点突出,结构严谨,阐述明晰,符合人才培养要求,更可喜的是该教材已被选为安徽省高等学校"十一五"省级规划教材。本教材的编写和出版,是工程实践中心教师们集体智慧的结晶,也是实践教学改革的成果。相信随着实践教学改革的深入推进,该教材会不断丰富和完善。

安徽工业大学校长、教授　岑豫皖

2008年7月

前 言

高等教育肩负着培养数以千万计的高素质专门人才和一大批拔尖创新人才的崇高使命，大力加强高等学校实践教学改革，推进实践教学内容、方法、手段、队伍、管理及实践教学模式的改革创新，是培养专门人才和创新人才以及提高本科教学质量的重要内容和途径。机械制造基础工程训练是工科院校量大面广的基础性和技术性实践课程，是培养学生学习能力、实践能力和创新能力的训练平台。学生通过机械制造基础训练，可以初步掌握机械制造的基本理论和相关技能，学习和了解先进制造技术及其应用，同时还可以培养学生的工程素养和创新意识。

随着高等教育教学改革的深入发展，作为工科院校重要实践环节之一的机械制造工程训练，其内涵也随之发生深刻变化。在教学理念上，由传统的技能操作型向能力、素质和创新型方面转变；在实习内容上，由传统技能型向传统技能与现代技术相结合的现代型方式转变；在训练方式上由传统的金工实习型向着综合性开放型的工程训练拓展。近几年来，我们结合安徽省重点教改课题《关于选课制下金工实习教学内容和教学模式改革的研究与实践》所进行的研究，在实践教学改革方面作了一些有益的探索与实践，并取得了积极的成果。基于多年来实践教学改革的深入研究和成功实践，我们组织了部分教师共同编写了《机械制造基础工程训练》教材。编写本教材的目的是教授学生领会机械制造基本知识，指导学生初步掌握机械制造的基本技能，引领学生了解先进制造技术及其应用，引导学生了解现代企业先进管理技术和企业文化，拓宽学生的视野，帮助学生建立“大工程”理念和创新意识。

本教材依据国家教育部机械制造基础工程训练大纲要求，并结合工科院校人才培养模式和自身特点进行编写，力图体现以下特色：

(1)保留传统制造技术的知识体系和主要内容,体现理论知识的完整性;

(2)突出现代制造技术知识架构和实际应用,体现教学内容的先进性;

(3)增加机械制造创新训练内容,体现训练方式的创新性;

(4)融入“大工程”理念下的现代企业质量管理、先进管理技术、企业文化等内容,体现工程训练的综合性。

本书由李舒连主编并统稿。参加编写的人员有糜克仁(第1章~第4章、第9章~第13章),邱震明(第5章~第8章),李舒连(第14章~第18章)。另外,万巍参加了部分章节的编写;杨琦参加了书稿的整理工作;张慨、蔡其奕、蔡正清、吴建华、郭满荣、龙珍珠、凌莉等老师参加了书稿的审核和校对工作,并提出了一些修改意见。

安徽工业大学校长岑豫皖教授在百忙之中,欣然承担了全书的审读工作,并提出了不少宝贵意见,我们谨向其表示崇高敬意。

本书在编写出版过程中,还得到了安徽工业大学教务处和合肥工业大学出版社的大力支持和帮助,在此,我们表示衷心感谢。

尽管我们作了很大努力,但由于水平所限,书中难免存在错漏和不足之处,恳请读者批评指正。

编　者

2008年6月

目　录

上篇　机械制造基础

中篇　先进制造技术基础

上篇　机械制造基础

第1章　工程材料及金属(钢)的热处理

【实训目的与要求】

(1)了解金属材料的分类、牌号、力学性能及用途;

(2)了解常用热处理工艺知识;

(3)了解金属表面处理知识;

(4)了解非金属材料基本知识及其应用。

1.1　机械工程材料概述

材料是国民经济和社会发展的重要物质基础,机械工程材料又是机械制造业的重要物质支撑。材料对国民经济和社会发展有着重要而深远的影响。

材料一般可分为金属材料、非金属材料、复合材料三大类,其中金属材料由于其特有的力学性能,成为冶金、电子、机械、造船、汽车等制造业最常用的材料。

科学技术进步是材料工业发展的强大动力,推动着新材料的不断创新和发展。石化工业的发展促进了合成材料的兴起和应用,以塑料为主体的有机高分子材料(聚合物)在工程材料中占有重要的地位,并得到广泛应用。

1.1.1　金属材料

1. 金属材料的分类

金属材料包括钢铁材料(黑色金属)和非铁材料(有色金属)两种。

(1)钢铁材料是指以铁或以铁为基体,含有不同碳的质量分数(ω_c,俗称含碳量)的合金。钢铁材料资源充足,价格较低,应用广泛,约占各种金属材料使用量的90%以上。常用的钢铁材料分为钢和铸铁两大类。

钢是指碳的质量分数小于2.11%的铁碳合金。碳钢按品质分类可分为普通钢、优质钢、高级优质钢等;按化学成分类可分为低碳钢($\omega_c \leqslant 0.25$)、中碳钢(ω_c为0.25%~0.6%)、高碳钢($\omega_c > 0.6\%$)、合金钢等;按用途分有结构钢、工具钢、特殊性能钢、专业用钢等。

铸铁是指碳的质量分数大于2.11%的铁碳合金。铸铁根据铸铁中碳的存在形式不同,可分为灰口铸铁、可锻铸铁、球墨铸铁、蠕墨铸铁和特殊性能铸铁等。表1-1为一些常用的钢和铸铁材料(黑色金属材料)有关信息的举例说明。

(2)非铁材料是指钢铁材料以外的所有金属及其合金,包括轻金属、易熔金属、难熔金属、贵金属、稀土及碱土金属等,常见的有铝和铝合金、铜和铜合金、轴承合金、镁合金、钛合金等。表1-2为一些常用的非铁材料有关信息的举例说明。

表1-1　常用的钢铁材料(黑色金属材料)举例

类别	名　称	钢材料牌号编号说明		用　途
		牌号举例	说　明	
碳素钢	碳素结构钢	Q235－AF	屈服点为235MPa、质量为A级的沸腾钢	一般以型材制作的工程结构件、制造不太重要的机械零件、焊接件等
	优质碳素结构钢	45	表示平均ω_c为万分之45的优质碳素结构钢	制造曲轴、传动轴、齿轮、连杆、联轴器等重要零件
	碳素工具钢	T8,T8A	表示平均ω_c为千分之8的碳素工具钢,A为高级优质	制造有较高硬度和耐磨性,又能承受一定冲击力的工具,如手锤、冲头等
	铸造碳钢	ZG200－400	屈服强度为200MPa、抗拉强度为400MPa的碳素铸钢	机座、电气吸盘、变速箱体等受力不大,但具有一定韧性的零件
合金钢	低合金高强度结构钢	Q390A	屈服点为390MPa、质量为A级	大量用于桥梁、船舶、车辆、高压容器、管道、建筑材料等
	合金结构钢	60Si2Mn	表示平均ω_c为0.6%、平均$\omega_{Si}=2\%$、平均$\omega_{Mn}<1.5\%$(<1.5%不标)的锰钢	制造重要的机器零件,如齿轮、活塞、压力容器等
	合金工具钢	W18Cr4V	表示平均$\omega_c \geqslant 1.0\%$、平均$\omega_W=18\%$、平均$\omega_{Cr}=4\%$、平均$\omega_{cV}<1.5\%$的合金工具钢	制造各种刃具、量具、模具等,如钻头、铰刀、量块和冲模等
铸铁	灰口铸铁	HT200	表示试样直径30mm、平均抗拉强度为200MPa的灰口铸铁	承受较大载荷和较重要的零件,如气缸、底座、低速大齿轮、床身等
	可锻铸铁	KTZ450－06	表示抗拉强度不小于450MPa、延伸率不小于6%的可锻铸铁	制造负荷较高的耐磨零件,如曲轴、连杆、齿轮、凸轮轴等薄壁小铸件
	球墨铸铁	QT460－10	表示抗拉强度大于450MPa、延伸率不小于10%的球墨铸铁	制造承受冲击、振动的零件,如曲轴、蜗杆等
	蠕墨铸铁	RuT340	表示平均抗拉强度大于340MPa的蠕墨铸铁	制造大截面复杂铸件,主要用于代替高强度灰口铸铁和合金铸铁

表 1-2　常用的非铁材料(有色金属材料)举例

类别	名称	非铁材料代号说明		用途
		代号举例	说明	
铜和铜合金	纯铜	Cu-1,T2	纯铜代号由 Cu 加序号为非压力加工产品;由 T 加序号为代号是压力加工产品	制成各种板材、管材、线材,广泛用于电机、电力和电气设备
	黄铜(铜锌合金)	H63,H90	黄铜代号由 H 加铜元素的含量百分数组成,余量主要是 Zn	具有良好的力学性能和加工性能及铸造性能,用于制造零件、焊料
	青铜(铜锡合金)	QSn7-0.2,QAl10-4-4	Q 表示青铜,Sn7 表示 $\omega_{Sn}=7.0\%$,0.2 为 $\omega_{P}=0.2\%$,其余为铜;Al10 表示 $\omega_{Al}=10\%$,4 分别是铁、镍含量	用于高强度、耐磨零件制造,如轴、轴瓦、轴衬、蜗轮、弹簧板等
铝和铝合金	纯铝	1070A (L1)	1 表示工业纯铝,最后两位表示铝的纯度,A 表示质量等级	制作高塑性、耐腐蚀、导电、导热的构件,如垫片、电容器、电线等
	变形铝合金	2A11 (LY11)	2 表示以铜为主加元素,11 为标准硬铝,A 为原始铝合金	制作各种中等强度的构件、零件,如螺栓、铆钉、螺旋桨叶片等
	铸造铝合金	ZL102A	ZL102 表示 2 号 Al-Si 铸造铝合金,A 为优质铸造铝合金	力学性能不如变形铝合金,但铸造性能好,适合铸造形状复杂的零件
轴承合金	铸造锡基合金	ZSnSb11Cu6	表示基本元素是 Sn,主加元素为 Sb 和 Cu,$\omega_{Sb}=11\%$,$\omega_{Cu}=6.0\%$	用于铸造气轮机和大型发电机的轴瓦、轴衬等
	铸造铜基合金	ZCuSn5Pb5Zn5 (ZQSn5-5-5)	表示基本元素是 Cu,主加元素为 Sn、Pb 和 Zn(各 4%~6%)	耐磨、耐腐蚀、易加工,铸造性能和气密性好,用于缸套、泵盖、蜗轮、轴瓦、衬套、活塞离合器等

2. 金属材料的性能

机械零件在使用过程中,要受到拉伸、压缩、弯曲、扭转、剪切、摩擦、冲击以及环境、温度和化学介质的作用,并且还要传递力和能量等,因此,作为构成零件的金属材料必须具备良好的物理、化学性能及力学性能,以保证零件的使用寿命和零件加工有良好的工艺性能。

(1)金属材料的力学性能

金属材料的力学性能是指材料抵抗外加载荷引起的变形和断裂的能力。它是设计零件时选择材料和产品验收、鉴定的重要依据。力学性能常用指标有:强度、硬度、塑性、冲击韧度、疲劳强度以及刚度、弹性和断裂韧度等。

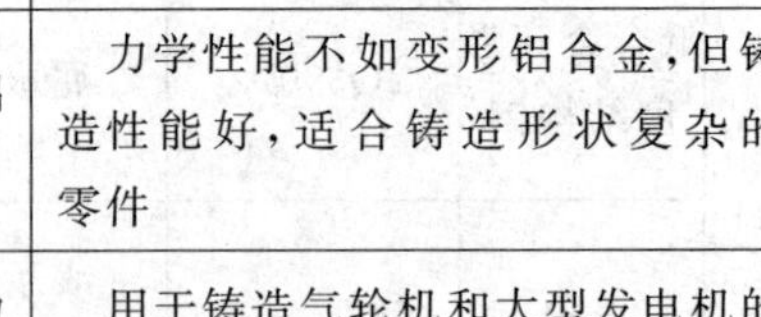

图 1-1　拉伸试样

①强度　强度是指材料抵抗永久性变形和断裂的能力。机械工程中常用的强度指标有屈服强度 σ_s 和抗拉强度 σ_b。按照 GB/T228—1987 的规定,将金属材料制成如图 1-1 所示的试样,通过拉伸试验,取得一组试样从开始受力到断

裂过程中所受拉力 F 和对应的伸长 ΔL 的数据，并绘制成 σ(应力)和 ε(应变)相关曲线图，如图1-2所示，展示该金属材料的强度特性。在 OS 段，当外力取消后，材料形变消失(还原)，称为弹性形变；在 Sb 段，当外力取消后，材料形变仍保持，称为塑性形变。

屈服强度是指材料开始产生明显塑性变形时的最低应力值，计算方法如下：

$$\sigma_s=\frac{F_s}{A_0}\ (\text{Pa})$$

式中：F_s——试样产生屈服现象时所承受的最大外力，N；

A_0——试样原有的横截面面积，mm^2。

抗拉强度是指材料在拉断前所能承受的最大应力值，计算方法如下：

$$\sigma_b=\frac{F_b}{A_0}\ (\text{Pa})$$

式中：F_b——试样在断裂前的最大外力，N；

A_0——试样原有的横截面面积，mm^2。

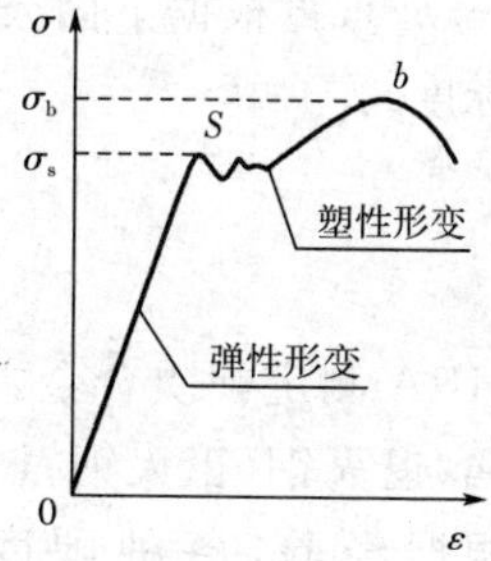

图1-2　碳钢应力应变图

材料除了受拉伸力外，还可能受到压缩、弯曲、剪切等力的作用，因此还有抗压强度、抗弯强度和抗剪强度等。

②塑性　塑性是指在外力作用下，材料产生永久性变形而不发生破坏的能力。常用的指标是延伸率 δ 和断面收缩率 Ψ。δ 和 Ψ 越大，材料的塑性越好。延伸率与计算方法如下：

$$\delta=\frac{L-L_0}{L_0}\times 100\%$$

式中：L_0——试样原长度；

L——试样受拉伸断裂时的长度。

断面收缩率 Ψ 计算方法如下：

$$\Psi=\frac{A_0-A}{A_0}\times 100\%$$

式中：A_0、A——分别为试样原来和断裂后的横截面面积。

③硬度　硬度是指材料抵抗局部变形，特别是塑性变形、压痕、划痕的能力，即金属软硬的判别指标。常用的硬度测定方法有布氏硬度(HBS、HBW)、洛氏硬度(HR)和维氏硬度等。布氏、维氏硬度是以压力和压痕面积为计算依据，洛氏硬度则是用压力和压痕深度作为计算依据。它们之间可以进行换算。硬度试验简单方便，而且可以通过硬度估算出该材料的强度值，因此硬度是设计、检验时的一个重要指标。

布氏硬度的测试方法，如图1-3所示，以直径为 D 的淬火钢球(或硬质合金球)做压头，用相应的试验力压入被测体表面，经规定保持时间后卸荷，测量材料压痕面积，计算出布氏硬度，即

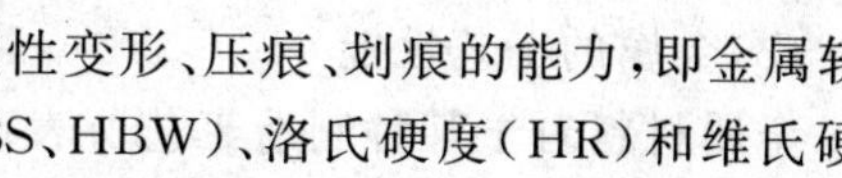

图1-3　布氏硬度的测试方法

$$\text{HBS(HBW)}=\frac{\text{载荷力(N)}}{\text{压痕表面积(mm}^2\text{)}}=0.102\times\frac{2F}{\pi D(D-\sqrt{D^2-d^2})}$$

淬火钢球用于测硬度 450 以下材料，计作 HBS；硬质合金球用于测硬度为 650 以下材料，计作 HBW。

洛氏硬度的测试方法，如图 1-4 所示，用金刚石圆锥或钢球做压头，在规定的初始试验力和总试验力先后压入被测材料的表面，在规定保持时间卸荷后，测出残余表面压痕深度增量(h_1-h_0)，再根据下面公式计算出洛氏硬度(根据压头和载荷不同，有 HRA、HRB、HRC 三种标度)：

$$\text{HRC}=100-\frac{[0.2-(h_1-h_0)]}{0.002}$$

HRA 测定硬质合金、表面淬火层、渗碳钢；HRB 测有色金属、退火钢、正火钢；HRC 测淬火钢、调质钢。

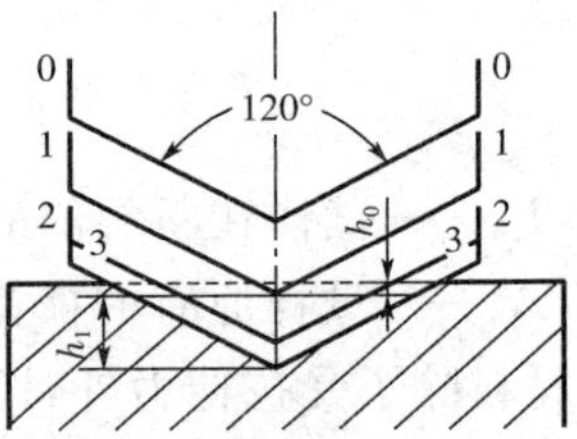

图 1-4 洛氏硬度的测试方法

根据经验，各种硬度大致可以这样换算：HBS≈10HRC；HBS≈HV。

④冲击韧度 冲击韧度是评定材料抵抗大能量冲击载荷能力的指标，计作 a_K。常用一次摆锤冲击弯曲试验来测定金属材料的冲击韧度。

⑤疲劳强度(疲劳极限) 疲劳强度是设计时较重要的指标。许多机器零件如弹簧、轴、连杆、齿轮等，在承受重复或交变载荷时，载荷值远远低于其屈服强度时就发生破坏，叫做疲劳断裂。金属材料在承受重复或交变载荷时，不被破坏的最大应力，称之为疲劳强度。材料的疲劳强度与其抗拉强度有一定关系，当工件存留应力时，疲劳强度也会降低。

(2)金属的物理性能和化学性能

金属的物理性能和化学性能包括密度、熔点、导电性、导热性、磁性、热膨胀性、耐热性、耐腐蚀性等。零件的用途不同，对材料的物理、化学性能要求不同。

金属的物理性能和化学性能对制造工艺也有较大影响。如对导热性差的材料进行切削，刀具易发热，使用寿命降低；钢和铝合金的熔点不同、氧化速度不同，其熔炼工艺有很大差别。

(3)金属的工艺性能

金属材料对于某种制造工艺所表现的适应性称为金属的工艺性。用金属材料制造机器零件主要是通过铸造、压力加工、切削、焊接、特种加工等制造工艺。相应的金属材料工艺性能则有：铸造性能、锻压性能、焊接性能、切削性能、电加工性能、热处理和表面处理性能等。在零件设计选材时，必须考虑材料的工艺性能。

1.1.2 非金属材料

长期以来，在工程领域材料的使用中，金属材料占据主导地位，如机械、交通、电气、化工、纺织等行业，使用的钢材约占 90%，非铁金属约占 5%。随着科学技术得发展，众多新型非金属材料、复合材料的开发，被广泛应用于制造业。

1. 非金属材料的分类

目前，非金属材料通常以其主要组成成分，可分为无机非金属材料，如水泥、玻璃、陶瓷等;有机高分子材料,如塑料、橡胶、合成纤维等;复合材料,如无机非金属材料基复合材料、高分子材料基复合材料、金属基复合材料等。

2. 有机高分子材料

(1)有机高分子材料中应用最广的就是塑料。塑料的品种很多,按使用性能可分为通用塑料和工程塑料。按受热时性能分,可分为热塑性塑料和热固性塑料。塑料是以合成树脂再加入适量的添加剂而成。工程塑料的优点是密度小,相对强度高,化学性质稳定,电绝缘性好,易成形以及有好的耐磨性、减震性、自润滑性;缺点是易老化,强度、硬度比金属低,导热和耐热性较差。常用工程塑料以及性能和用途如表 1-3 所示。

表 1-3 常用工程塑料以及性能和用途

类别	名 称	代 号	性能简述	用 途
热塑性塑料	聚乙烯	PE	低压聚乙烯质地柔软、高压聚乙烯质地坚硬。有良好的耐磨性、耐蚀性、绝缘性,可作受力结构材料	低压聚乙烯适作薄膜、软管,高压聚乙烯适作化工管道、电缆、手柄、仪表外壳、叶轮等
	聚丙烯	PP	强度和刚度都优于聚乙烯,具有良好的耐热性、耐腐蚀性、绝缘性,无毒	制造各种机械零件,如法兰、接头、取暖和通风设备的各种结构件
	聚氯乙烯	PVC	硬质聚氯乙烯强度高、耐蚀性好。软质聚氯乙烯伸长率较高,但强度低、耐蚀性、绝缘性低,易老化	硬质:可做离心泵、通风机、水管接头、建筑材料;软质:可做薄膜、织物增强塑料软管、电缆绝缘层
	丙稀晴-丁二稀-苯乙烯	ABS	具有耐热、表面硬度高、尺寸稳定、良好的耐化学腐蚀性及电性能,易成形和进行机械加工,综合性能好	常用来制造齿轮、泵叶轮、轴承、管道、电机外壳、仪表盘、加热器、盖板、水箱、冰箱衬里等
	聚甲基丙稀甲脂(有机玻璃)	PMMA	透明度高,强度较高,较耐热、耐寒、耐腐蚀,绝缘性良好,质地较脆,易擦毛和划痕	制造需透明且又有一定强度的零件,如油标、油杯、镜片、标牌、档风板、透明管道和仪器仪表零部件
	聚甲醛	POM	综合性能好,强度、刚度高,减磨耐磨性好,耐疲劳尺寸稳定,易燃烧、老化	适于做减磨耐磨零件、传动零件及化工、仪表等零件,如轴承、凸轮、齿轮、化工容器等
	聚酰胺(尼龙)	PA	坚韧、耐磨、耐油、耐水、抗霉菌、吸水性大	适于做一般机械零件、减磨耐磨零件、传动零件及化工电气零件等
	聚四氟乙烯(塑料王、特氟隆)	F-4 (PTFE)	可长期在-200℃~260℃使用,卓越的耐化学腐蚀性能,摩擦系数最低,绝缘性能不受温度影响,呈透明或半透明状	用于制作耐腐蚀、减磨耐磨件、绝缘件和医疗器械零件,如阀门、泵、垫圈、阀座、轴承、活塞环等

（续表）

类别	名　称	代　号	性能简述	用　途
热固性塑料	酚醛塑料	PF	强度高，坚韧耐磨，尺寸稳定性好，耐腐蚀，电绝缘性优异，成形性较好	用来制作机械结构件，电器、仪表的绝缘机构件，如日常生活的电木制品
	环氧塑料	EP	优良的力学性能，良好的电绝缘性，优良的耐碱性、耐溶剂性及耐霉菌性，对金属、塑料、玻璃、陶瓷能良好的粘结	适于制作塑料模具、精密量具、抗震护衬和电工、电子元件及线圈的灌封与固定
	有机硅塑料	IS	热稳定性高，耐热性好，在高温下电绝缘性优良，耐稀酸、稀碱和耐有机溶剂	用于制作电工电子元件及线圈的封灌与固定

塑料成形可分为一次成形技术、二次成形技术和二次加工技术三种。

塑料一次成形技术是指将粉状、粒状、纤维状或碎屑状固体塑料、树脂溶液等塑料原料制成所需形状、尺寸的产品。目前广泛采用的成形方法有注射、挤出、压制、浇注等。塑料注射成形装置原理如图1－5所示。

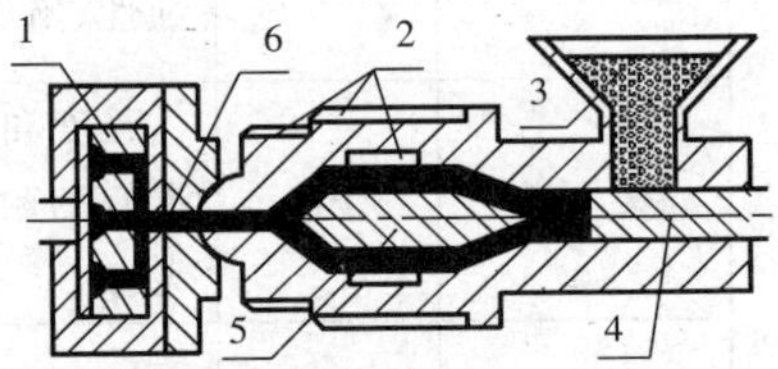

图1－5　塑料注射成形原理简图

1—模具　2—加热装置　3—粒状塑料　4—柱塞　5—分流梳　6—喷嘴

塑料的二次成形是指将塑料半制品（型材、坯件）再次成形加工最终产品。如中空吹塑成形、热成形、薄膜双向拉伸成形等二次成形技术。

（2）橡胶也是常用的高分子聚合物，它在很宽的温度范围内具有高弹性，并具有良好的耐磨性和绝缘性。常用来制造轮胎、传送带、密封圈及绝缘体。橡胶易老化，应注意维护保养。橡胶按原料可分为天然橡胶和合成橡胶；按用途可分为通用橡胶和特种橡胶。

1.1.3　复合材料

复合材料是由两种或两种不同的材料（基体材料和增强材料）经人工合成的新型材料。复合材料保留了组成该材料的各自优点，取得单一材料无法具备的优良性能。复合材料的基体可以是聚合物（树脂）、金属材料和非金属材料，增强材料可以是各类纤维、晶须或颗粒。

复合材料的显著特点是材料性能的可设计性，即可以根据工程结构的需要，选择相应的基体和增强材料。复合材料另一个特点是可以让材料和结构一次成形，即在进行材料复合的同时也得到需要的结构件。

复合材料已成为当前结构材料发展的重要趋势之一。使用玻璃纤维增强树脂基，称为第一代复合材料；使用碳纤维增强树脂基的称为第二代复合材料；用金属基、陶瓷基及碳基的复合材料，则是目前正在发展的第三代复合材料。

1.1.4　新型工程材料的发展趋势

随着社会的发展和科学的进步，新的工程材料的研制和应用不断涌现。工程材料目前朝着高比强度（单位密度的强度）、高比模量（单位密度的模量）、耐高温、耐腐蚀的方向发展。新型工程材料在以下几个方面获得较快的发展：

(1)先进复合材料是由新的基体材料(高分子材料、金属或陶瓷)和新的增强材料(纤维、晶须、颗粒)复合而成的具有优异性能的新型材料。

(2)光电子信息材料是指包括量子材料、生物光电子材料、非线性光电子材料等。

(3)低维材料是指超微粒子(零维)、纤维(一维)、薄膜(二维)材料,这是近年来发展较快的领域。

(4)新型金属材料如镍基高温合金、非晶态合金、Al—Li 合金等金属间化合物。

(5)纳米材料是 20 世纪 80 年代发展起来的新材料。纳米材料又称为超细微材料,其粒子粒径在 1～10nm 之间($1nm=10^{-9}m$)。纳米材料的研究是纳米科学技术的一个重要组成部分。

研究发现,随着物质的超微化,其表面电子结构和晶体结构发生很大变化,产生宏观物体所没有的表面效应和物理、化学性质。超微粒材料具有一系列优异的电、磁、光、力学、化学等宏观特性,从而使其在电子、冶金、航天、化工、生物和医学领域展现出广阔的应用前景。

1.2　金属(钢)的热处理

1.2.1　金属热处理的基本概念

金属热处理是将金属材料在固态下通过加热、保温和不同冷却方式,改变其内部组织,从而获得所需性能的一种工艺方法。

金属热处理是机械制造中的重要工艺之一。与其他加工工艺相比,热处理一般不改变工件的形状和整体的化学成分,而是通过改变工件内部显微组织或工件表面的化学性能,从而改善工件的内在质量和力学性能。

为了使金属工件具有所需要的力学性能、物理性能和化学性能,除合理选用材料和各种成形工艺外,热处理工艺往往是必不可少的。钢铁是机械工业中应用最广的材料。钢铁显微组织复杂,可以通过热处理予以控制,所以,钢铁的热处理是金属热处理的主要内容。另外,铝、铜、镁、钛等及其合金也都可以通过热处理改变其力学、物理和化学性能,以获得不同的使用性能。例如齿轮采用正确的热处理工艺,使用寿命比不经热处理的齿轮明显提高。另外,普通碳钢通过渗入某些合金元素就具有某些合金钢性能,可以代替某些耐热钢、不锈钢等。工模具则几乎全部需要经过热处理方可使用。

1.2.2　金属热处理工艺

热处理工艺一般包括加热、保温、冷却三个过程,特殊的只有加热和冷却两个过程。这些过程互相衔接,连续且不可间断,如图 1-6 所示。

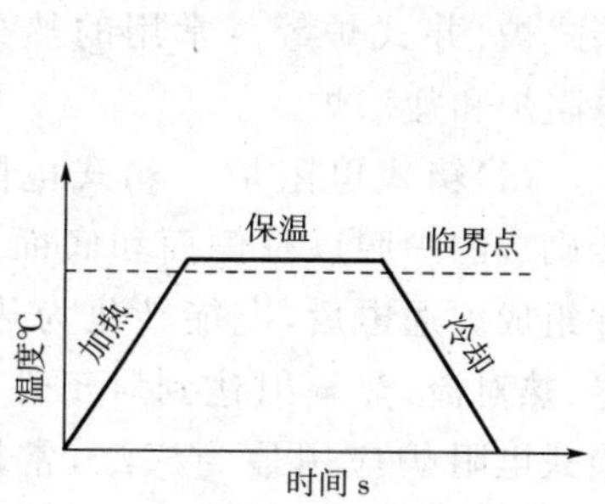

图 1-6 金属热处理过程示意图

金属加热时,由于工件暴露在空气中,常常发生氧化、脱碳现象(即钢铁零件表面碳含量降低),这对于热处理后零件的表面性能有不利影响。因而,金属通常应在可控气氛或保护气氛中、熔融盐中和真空中加热,也可用涂料或包装方法进行保护加热。

加热温度是热处理工艺的重要工艺参数之一,正确选择和控制加热温度,是保证热处理质量的关键。加热温度随被处理的金属材料和热处理的目的不同而异,但一般都是加热到相变温度以上,以获得高温组织。另外,金相组织转变需要一定的时间。当金属工件表面达到要求的加热温度时，还须在此温度保持一定时间，以使工件内外温度趋于一致，使显微组织转变完全，这段时间称为保温时间。采用高能密度加热和表面热处理时，加热速度很快，一般就没有保温时间，而化学热处理的保温时间往往较长。

冷却也是热处理工艺过程中十分重要的步骤。冷却方法因工艺不同而异，主要是控制冷却速度。一般退火的冷却速度最慢，正火的冷却速度较快，淬火的冷却速度更快。

金属热处理工艺大体可分为整体热处理、表面热处理和化学热处理三大类。根据加热介质、加热温度和冷却方法的不同，每一大类又可区分为若干不同的热处理工艺。同一种金属采用不同的热处理工艺，可获得不同的组织，从而具有不同的性能。

整体热处理是对工件整体加热，经保温一定时间后，以适当的速度冷却，以改变其整体力学性能的金属热处理工艺。

表面热处理是只加热工件表层，以改变其表层力学性能的金属热处理工艺。为了只加热工件表层而不使过多的热量传入工件内部，使用的热源须具有高的能量密度，即在单位面积的工件上给予很大的热能，使工件表层或局部能短时或瞬时达到高温。表面热处理的主要方法有火焰淬火和感应加热热处理，常用的热源有氧乙炔或氧丙烷等火焰、感应电流、激光和电子束等。

化学热处理是将工件放在含碳、氮或其他合金元素的介质（气体、液体、固体）中加热，保温较长时间，从而使工件表层渗入碳、氮、硼和铬等元素。渗入元素后，有时还要进行其他热处理工艺如淬火及回火。化学热处理与表面热处理不同之处，是后者改变了工件表层的化学成分。化学热处理的主要方法有渗碳、渗氮、渗金属。

把压力加工形变与热处理有效而紧密地结合起来进行，使工件获得很好的强度、韧性配合的方法称为形变热处理；在负压气氛或真空中进行的热处理称为真空热处理，它不仅能使工件不氧化，不脱碳，保持处理后工件表面光洁，提高工件的性能，还可以通入渗剂进行化学热处理。

1.2.3　常用热处理设备

加热炉是热处理的主要设备，按工作温度分为高温炉（＞1000℃）、中温炉（650℃～1000℃）低温炉（＜600℃）；按形状结构分为箱式炉、井式炉等。常用的热处理加热炉有电阻炉和盐浴炉。

(1)箱式电阻炉　箱式电阻炉是由耐火砖砌成的炉膛以及侧面和底面布置的电热元件组成。通电后，电能转化为热能，通过热传导、热对流、热辐射达到对工件的加热。中温箱式电阻炉应用最为广泛，常用于碳素钢和合金钢零件的退火、正火、淬火及渗碳等。图1－7所示为中温箱式电阻炉的结构示意图。

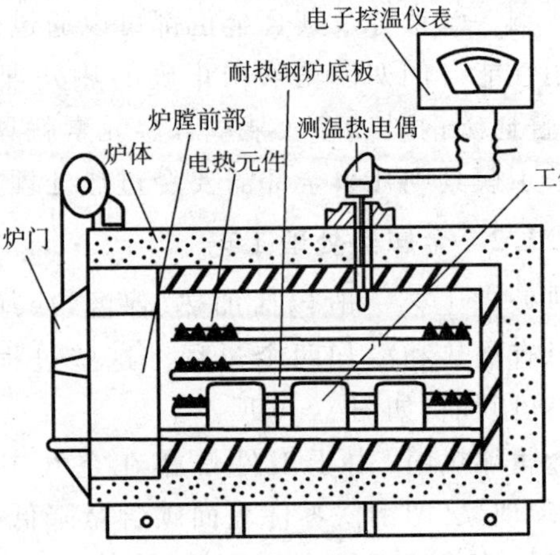

图1－7　中温箱式电阻炉

(2)井式电阻炉　井式电阻炉的特点是炉身如井状置于地面以下。炉口向上，特别适宜于长轴类零件的垂直悬挂加热，可以减少弯曲变形。另外，井式炉可用吊车装卸工件，故应用较为广泛。图1－8所示为井式电阻炉结构示意图。

(3)盐浴炉　盐浴炉是用液态的熔盐作为加热介质对工件进行加热,特点是加热速度快而均匀,工件氧化、脱碳少,适宜于细长工件悬挂加热或局部加热,可以减少变形。图 1-9 所示为插入式电极盐浴炉结构示意图。

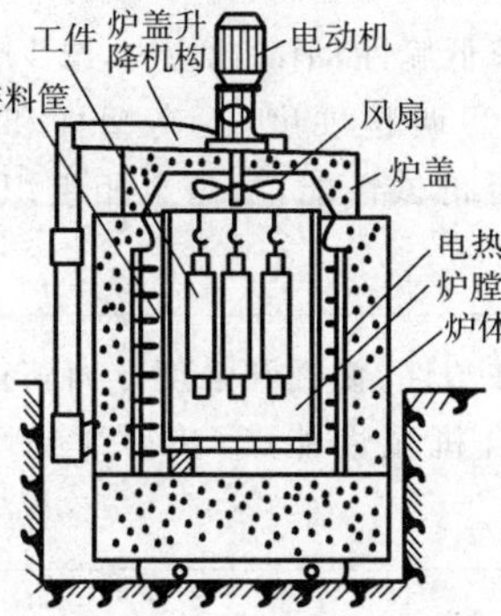

图 1-8　井式电阻炉示意图

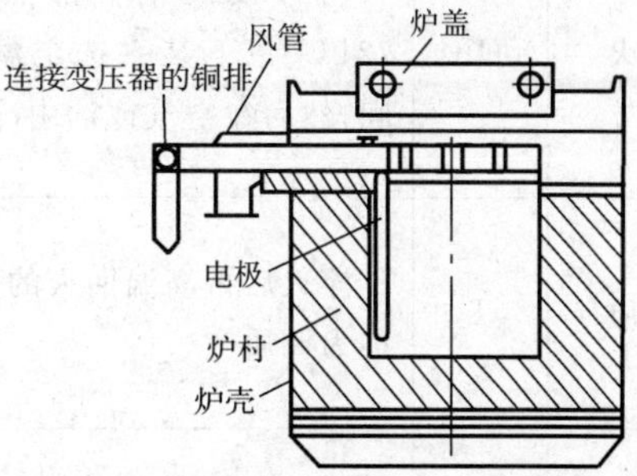

图 1-9　插入式电极盐浴炉

11.2.3　钢的热处理

钢铁显微组织复杂,因此钢铁热处理工艺种类繁多。钢的整体热处理主要有退火、正火、淬火和回火四种基本工艺。表 1-4 为钢的常用热处理的方法和目的。

表 1-4　钢的常用热处理方法和目的

热处理方法		热处理过程简述	目　的
名　称	代　号		
退火	Th	将钢件加热到 A_{C1} 或 A_{C3} 以上(45 钢为 800℃～840℃),保温一段时间,再慢慢冷却(一般为炉冷);退火有完全退火、等温退火、球化退火等	①低硬度,提高塑性;②改善切削加工和压力加工性能,消除铸、锻、焊、轧和冷加工产生的内应力;③改善内部组织、细化晶粒,为淬火作准备
正火	Z	将钢件加热到 A_{C1} 或 A_{C3} 以上(45 钢为 840℃～870℃),保温一段时间,然后在空气中冷却,冷却速度比退火稍快	①得到细密的结构组织;②改善加工性能(低碳钢);③提高硬度、强度等机械性能
淬火	C	将钢件加热到相变温度以上(45 钢为 820℃～860℃),保温一段时间,然后在水、盐水、油中急冷下来,得到高硬度的马氏体和(或)贝氏体组织	①提高硬度和强度;②增强耐磨性;③淬火再回火可获得良好的综合机械性能
表面淬火	Y	将钢件的表面淬硬到一定深度,而心部还保持未淬火的状态的局部淬火方法	①使零件表面获得高的硬度和耐磨性;②提高动载荷下和摩擦条件下工作的零件(如齿轮、曲轴、凸轮等)的机械性能;③高频淬火速度快,零件不易氧化、脱碳和变形
高频表面淬火	G	将钢件放入感应器(线圈)中,利用高频感应电流,使工件表面快速加热的淬火温度后,立即喷水冷却,而获得细针状马氏体组织	

（续表）

热处理方法		热处理过程简述	目　的
名　称	代　号		
回火	Hh	将淬硬的钢件加热到 A_{c1}（45 钢为 724℃）以下某一选定温度，保温一段时间，然后在空气或油中冷却	①降低脆性，消除内应力，减少变形和开裂；②调整硬度，提高塑性和韧性；③获得机械性能，稳定金相组织、工件尺寸
调质	T	淬火后再高温回火的复合热处理工艺，称为调质	①在塑性、韧性和强度方面获得较好的综合机械性能；②获得细致均匀的组织
渗碳	S	把钢件置于含碳的介质中加热保温，使钢表面渗入碳原子	①渗碳可以提高钢件表面层的硬度和耐磨性，且心部原有强度、韧性不变；②氰化后不再进行热处理，用于含铬、钼、铝等特种钢，提高表面热硬性和耐蚀性；③氰化渗层具有高硬度、抗蚀性、耐磨性和疲劳强度，常用来处理齿轮、蜗杆和轴以及模具、量具、高速钢工具
氮化	D	向钢件表面氮原子的过程，常用气体氮化法，即用氨加热分解，使活性氮原子被钢件表面吸收	
氰化	Q	向钢件表面同时渗入碳、氮原子的过程	
时效	RS	合金经固溶热处理或冷塑性变形后，在室温或稍高于室温下保持较长时间，其性能随时间而变化的现象	①使铸件或淬火后的钢件慢慢消除内力，稳定其形状和尺寸；②对于特殊钢或有色金属，可以提高硬度、强度
发蓝（发黑）		钢件表面形成氧化膜。常在沸腾的浓碱溶液（亚硝酸钠和硝酸钠）中处理，温度约 130℃～152℃，生成 1.5μm 的 Fe_3O_4 薄膜，钢种不同，颜色不同	①提高钢件表面抗腐蚀能力；②使零件外形美观

1.2.4　使用硬度计测试硬度

硬度是金属材料力学特性的一个重要检测指标，硬度测量也是检验钢的热处理效果的重要方法。现以 HB－3000 布氏硬度计（如图 1－10 所示）和 HR－150A 洛氏硬度计（如图 1－11 所示）测试钢件的布氏硬度为例，介绍硬度测量方法与步骤。

1. HB－3000 型布氏硬度计的硬度测试步骤

（1）安装压头及试台　按表 1－5 所示的硬度测试参数选择表，选择压头 2，用汽油清洗，再用软纱布拭干净，装入主轴衬套内，轻轻旋转紧定螺钉，压头不掉为止。将试台 3 安装在丝杆 4 上，再将需测试的试样平稳密合地放在试台上。转动手轮 5，试台缓慢上升，试样与压头接触到手轮与螺母产生相对滑动为止。最后将压头紧定螺钉拧紧于压头固定杆扁平处。

表 1 - 5　硬度测试参数选择表

材料种类	布氏硬度值 范围 HBS(W)	试样厚度 mm	$0.102F/D^2$	球直径 mm	试验力 F kN(kgf)	试验力 保持时间 s
钢铁材料	140～450	6～3	30	10.0	29.42(3000)	12
		4～3		5.0	7.355(750)	
		＜2		2.5	1.839(187.5)	
钢铁材料	＜140	＞6	10	10.0	9.807(1000)	12
		6～3		5.0	2.452(250)	
非铁金属材料	＞130	6～3	30	10.0	29.42(3000)	30
		4～2		5.0	7.355(750)	
		＜2		2.5	1.839(187.5)	
	36～130	9～3	10	10.0	9.807(1000)	30
		6～3		5.0	2.452(250)	
	8～35	＞6	2.5	10.0	2.452(250)	60

(2)选择试验力　根据需要按表 1 - 5 选用试验力。试验力为 1.839kN 时，将砝码吊架 9 挂在大杠杆 10 尾部刀刃上即可，可根据需要增加砝码 11。

(3)选择试验力保持时间　试验力保持时间按表 1 - 5 选择，将固定螺钉 6 松开，把圆盘内的弹簧定位器旋转到所需位置的时间，圆盘红标志与标牌上时间 12 秒、30 秒、60 秒相对应。

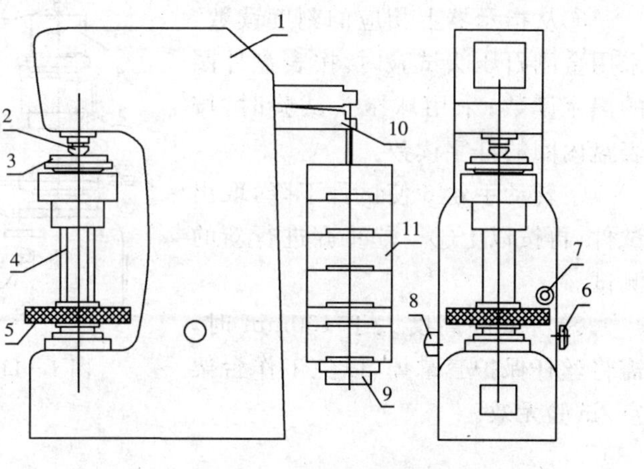

图 1 - 10　HB - 3000 型布氏硬度计机构简图

1—机身　2—压头　3—试台　4—丝杆　5—手轮
6—固定螺钉　7—按钮开关　8—电源开关
9—砝码吊架　10—大杠杆　11—砝码

(4)正式试验　打开电源开关 8，接通电源，指示灯点亮。启动按钮开关 7，并做好拧紧固定螺钉 6 的准备，在保荷指示灯点亮的同时，迅速拧紧固定螺钉，使机内圆盘随曲轴一起回转直至自动反转和停止转动为止。从保荷指示灯点亮到熄灭为试验力保持时间。

(5)检验并确定试验结果　转动手轮，取下试样，用读数显微镜测量试样表面的压痕直径，将测得结果对照产品说明书，得出试样硬度值。

(6)做好硬度计的维护、保养。

2. HR - 150A 型洛氏硬度计的硬度测试步骤

(1)测试前准备(如图 1 - 11 所示)

①调整主试验力的加荷速度：手柄 8 置于卸荷位置，手把 12 转到 1471N 位置，将 40～50 的标准硬度块放在工作台 4 上，旋转手轮 6 使硬度块顶起主轴，加上初试验力，拉动手柄 9 加主试验力，观察指示表 10 的大指针，从开始转动到停止转动的时间应在 4～9 秒内，如不符，可调整油针 7，反复进行直到合适为止。

②试验力的选择：转动手把 12 使选用的试验力对准红点，注意改变试验力时，手柄 8 必须置于卸荷状态。

③安装压头：安装压头时，必须消除压头 2 与主轴 1 的间隙，方法为装上压头，并用螺钉 11 轻轻固定，将标准块或试件放置于工作台上，旋转手轮 6 加上初试验力，拉动手柄 9 使主试验力加于压头，再将螺钉 11 拧紧，即可消除间隙。

(2)测试洛氏硬度步骤

①将丝杆 5 及工作台上下端面擦净，将工作台置于丝杆 5 上端。

②将试件擦净，放在工作台上，旋转手轮 6 使工作台缓慢上升，并顶起压头到小指针指到红点，大指针旋转三圈垂直向上为止，允许相差±5 个刻度，否则此点作废，重新试验。

③旋转指示器 10 外壳，使 C、B 之间长刻度与大指针对正。

④拉动加荷手柄 9，施加主试验力，此时指示器的大指针按逆时针方向转动。

⑤当指示器指针转动显著停下来后，将手柄 8 推回，卸除主试验力。主试验力的施加和卸除，均应缓慢进行。

⑥从指示器上相应的刻度读数：采用金刚石压头试验时，按表盘外圈的黑字读数；采用球压头试验时，按表盘内圈的红字读数。

⑦转动手轮 6 使试件下降，取出试件，再按以上①～⑥步骤进行新的测试。

⑧当试件高度大于 100mm 时，需将丝杆保护套拿掉，以免工作台架空，试验无效。

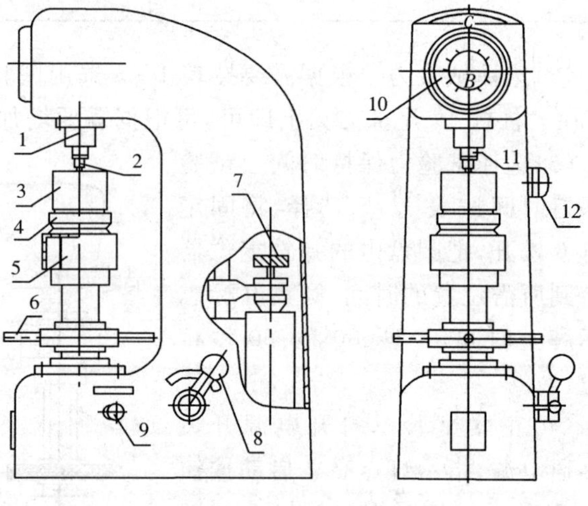

图 1-11　HB-150A 型洛氏硬度计机构简图

复习思考题

1. 材料可分为哪几类？金属材料又包括哪两种？

2. 简述金属材料力学性能的常用指标和它们的基本定义。

3. 说出 3 种以上工程塑料的名称和它的用途。

4. 金属热处理工艺一般包括哪几个过程？

5. 简述钢热处理“退火”、“淬火”、“调质”的简单过程。

6. 熟悉 HB-3000 布氏硬度计的操作步骤。

第 2 章　铸造成形技术

【实训目的与要求】

(1)了解铸造生产的工艺过程及其特点和应用范围;

(2)正确理解和掌握常用造型方法和特种铸造方法;

(3)了解铸造熔炼和浇注工艺过程及铸造缺陷分析;

(4)了解常用造型材料及其配置和铸造设备。

2.1　铸造成形技术概述

铸造是制作铸型,熔炼金属,并将熔融金属浇入铸型,使熔融金属在重力、压力、离心力或其他外力作用下充满铸型,凝固后获得与所设计的形状相适应的成形方法,铸造成形亦称为液态成形。用铸造的方法得到一定形状和性能的金属工件称为铸件。铸造成形是生产金属零件或毛坯的主要方法之一。

铸型是指按铸件形状和性能要求预先制备,用以注入熔融金属,冷却后形成铸件的工艺装备。图 2-1 所示为组成两箱砂型铸型的各部分。

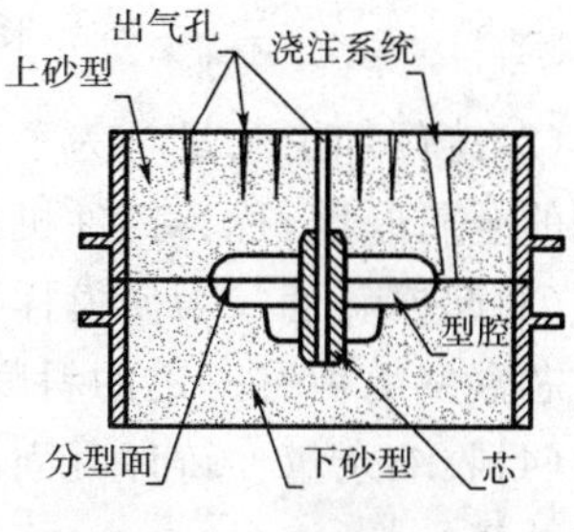

图 2-1　铸型的组成

与其他零件成形工艺相比,铸造成形有成本低、灵活性大、适应性强等特点。缺点是铸造工艺过程较复杂,难以综合控制,成品率较低,砂型铸造劳动强度大,对环境有一定污染。随着现代铸造技术的发展,这些缺点正逐步被克服。

铸造方法按充型条件不同,可分为重力铸造、压力铸造、离心铸造等。按形成铸件铸型方法可分为砂型铸造、金属型铸造、熔模铸造、壳型铸造、陶瓷型铸造、消失模铸造、磁性铸造等。一般将砂型铸造以外的铸造方法称为特种铸造。

2.2　砂型铸造

把铸造模样放进砂箱,用造型砂紧实后再取出模样而成型的铸造方法称为砂型铸造,它是铸造中常用的铸造方法。砂箱是砂型铸造的重要工艺装备,用来容纳和支撑砂型。

2.2.1　砂型铸造工艺因素

砂型铸造的主要工序有:制造模样和芯盒、制备型砂及造型、造芯、合型、融化金属、浇注、落砂、清砂等,其主要工艺过程如图 2-2 所示。

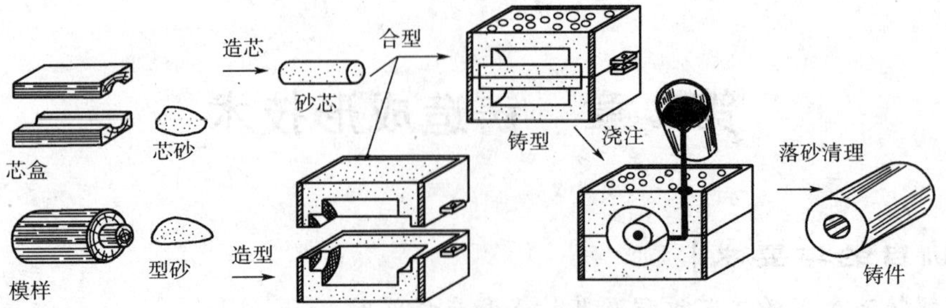

图 2-2　套筒铸件的砂型铸造过程示意图

砂型铸造要考虑的主要工艺因素有：

(1)分型面　分型面是铸型组元之间的结合面，是为了造型时能从砂型中取出模样而设置的。分型面应设在模样的最大截面处，以便取模。为了便于造型，分型面应尽可能少并且为平面。如图 2-3 所示的左图，分型面在模样(球)的顶端，造型完成后无法取出模样；中图和右图分型面都在模样最大截面处，便于取出模样，右图则是采用挖砂造型的造型方法。

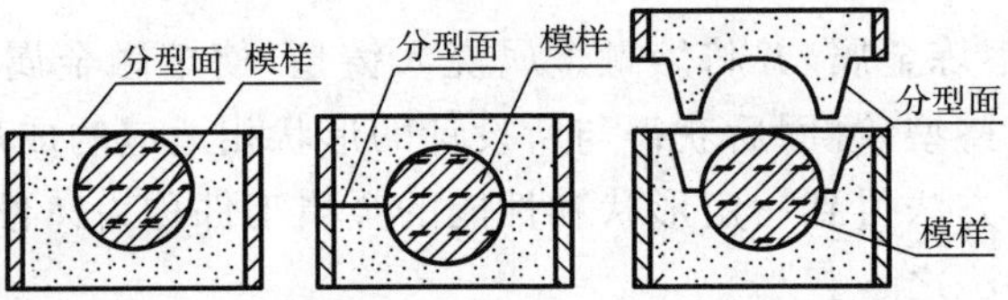

图 2-3　球形模样的分型面设置对比图

(2)铸件加工余量　为了保证零件合格尺寸，在铸件模样设计时要考虑机械加工时需要切去的金属厚度，称为铸件机械加工余量。

(3)起模斜度　为使模样容易从铸型中取出或使型芯从芯盒脱出，平行于起模方向在模样和芯盒壁上留有一定的斜度。

(4)收缩余量　铸件凝固冷却时，体积会收缩，为补偿铸件收缩，模样比铸件图纸尺寸增大的数值。

(5)铸造应力　铸件在凝固后冷却过程中会产生收缩，当收缩受阻时，就会产生“应力”，称为铸造应力。铸造应力是由内部原因所致，也称内应力。铸造应力会削弱铸件结构强度，有时还会使加工好的零件尺寸发生变化。铸造应力按形成原因不同可分为热应力、相变应力和收缩(机械)应力三种。

(6)冒口与补缩　金属熔化后注入型腔，会逐渐冷缩，难于充满型腔。在制作砂型时，需设置冒口，在浇注时储存一定量的金属液，不断补偿冷缩的金属。冒口还有排气、聚渣的作用。冒口的形状和位置，直接影响到补缩效果和铸件的质量。

2.2.2　型砂与芯砂

型砂和芯砂是由型砂、粘土、粘结剂和附加物按一定比例配制的造型用混合材料。砂子多采用优质硅砂或海(河)砂，粘结剂常用粘土、水玻璃或合成树脂等。

型砂应具备以下性能：

(1)可塑性　在外力作用下变形，外力去除后仍保持这种变形的能力。可塑性好，便于制作形状复杂的砂型，容易起模，铸件表面质量高。

(2)型砂强度　型砂抵抗外力破坏的能力。包括湿强度、干强度和热强度。型(芯)砂强度不足,在造型、合箱,运输中会发生掉砂、塌箱或被液体金属冲坏砂型。强度也不能过高,否则砂型过硬,防碍金属的收缩,影响铸造质量。

(3)透气性　气体通过紧实后砂型的能力。表示紧实砂样孔隙度的指标。

(4)耐用性(复用性)　加热的粘土保持其固有性质的能力。主要由粘土失去水结构的温度高低来确定。型砂耐用性通常由粘土的耐用性决定。

(5)耐热性　型砂应具有不阻碍铸件收缩、不易被烧结的耐高温性能。

由于型芯的工作条件更恶劣,对芯砂的性能要求比型砂更高。

表 2-1 所示为常用的造型用湿型砂配方。大量制备型砂时,应采用混砂机等机械设备;少量制备型砂时,可采用人工制备。

型(芯)砂制备好后,需进行性能检测,以保证铸造质量。小批量使用,一般用手捏法检查,即用手抓起一把配制好的型砂,紧捏后松开,砂团不散又不粘手,手指印清晰,砂团折断后,断面平整均匀,说明其符合要求。

铸造中用合成树脂做型砂的粘合剂,从 20 世纪 60 年代开始得到很大发展。树脂的品种不断增多,工艺不断进步,树脂砂设备发展也较快。目前,合成树脂砂(简称树脂砂)已成为大量生产优质铸件的基本条件之一,根据其硬化方法不同,可分为热法和冷法。热法又可以分为壳法、热芯盒法和温芯盒法,冷法可分为自硬法和吹气硬法。

表 2-1　造型用湿型砂参考配方

<table>
<tr><th rowspan="2">序号</th><th colspan="5">配比(质量比)</th><th colspan="3">性能</th><th rowspan="2">用途</th></tr>
<tr><th>回用砂</th><th>新砂</th><th>膨润土</th><th>煤粉</th><th>水</th><th>紧实率(%)</th><th>湿压强度(/MPa)</th><th>湿透气性</th></tr>
<tr><td>1</td><td>92</td><td>8</td><td>1</td><td>3</td><td>4～5</td><td></td><td>>0.07</td><td>>30</td><td>机器造型用单一用砂</td></tr>
<tr><td>2</td><td>50</td><td>50</td><td>4.8</td><td>5</td><td>4～4.5</td><td>45±5</td><td>0.07～0.10</td><td>110～150</td><td>机体用面砂</td></tr>
<tr><td>3</td><td>30</td><td>70</td><td>4.5</td><td>6.5</td><td>5～5.5</td><td></td><td>0.09～0.10</td><td>60～90</td><td>球墨铸铁小件</td></tr>
<tr><td>4</td><td>10</td><td>90</td><td>2～3</td><td>1～2</td><td>4～4.5</td><td>40±5</td><td>0.12～0.15</td><td>≥100</td><td>柴油机用单一用砂</td></tr>
<tr><td>5</td><td>80</td><td>20</td><td>2.4</td><td>5.5</td><td>6.5±3</td><td>50±5</td><td>≥0.15</td><td>>60</td><td>纺织机械机架等</td></tr>
</table>

2.2.3　砂型铸造方法

砂型铸造方法主要有手工造型和机器造型两大类。

手工造型和制芯是全部用手工或手动工具完成紧砂、起模、修型等工序的造型方法。它操作灵活,准备时间短,能适应结构复杂的铸件。因此,在单件小批生产中,特别是不宜用机器造型的大型复杂铸件，常采用手工造型。

1. 手工造型

手工造型可分为整模造型、分模造型、挖砂造型、刮板造型和活块造型。

(1)整模造型　用整体模样制作的砂型为整体造型。造型的分型面为模样的某一端面。整模造型过程见图 2-4。该方法操作最简便，适合制造形状简单、最大截面在一端的铸件。

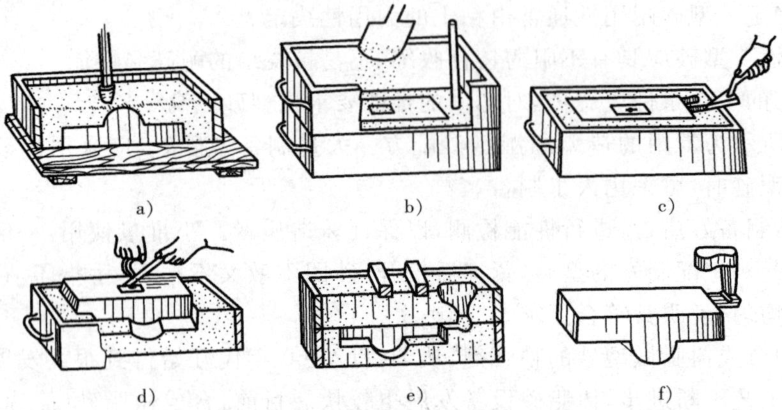

图 2-4　整模造型的方法和过程示意图

a)造下型；b)造上型；c)挖内浇道；d)取模；e)合型，压铁；f)落砂后的铸件

(2)分模造型　分模造型是将模样沿最大截面处分成两部分进行造型，其目的是为了起模方便。带有分模面的各部分模样，分别在两个或两个以上的砂箱里作出型腔。图 2-5 所示为一个三通铸管铸件的分模造型过程。分模造型方法操作简便，但要求合型时定位准确，否则会发生错型。分模造型应用广泛，适用最大截面不在端部而且易于分开制模的铸件造型。

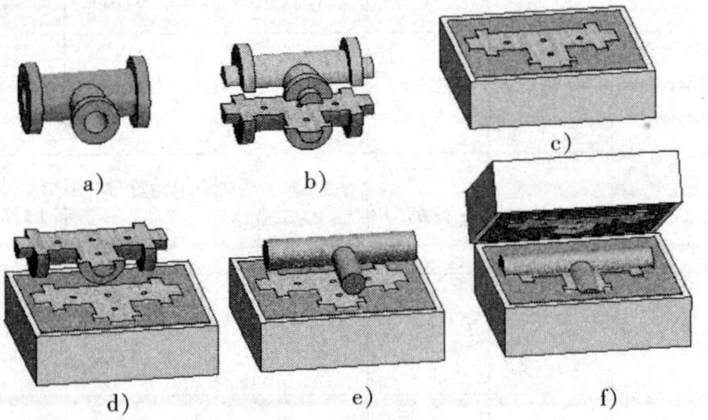

图 2-5　分模造型过程举例

a)铸件；b)分模；c)置放半模并造型；d)起模；e)下型芯；f)合型

(3)挖砂造型　有些铸件的分型面是一个曲面(如图 2-6a 所示)，起模时，覆盖在模样上面的型砂阻碍模样的起出，必须将覆盖其上的砂挖去(如图 2-6b 所示)，才能正常起模。采用这种方法造型称为挖砂造型。造下型时要挖出阻碍起模的型砂，造上型时再将挖去的部分制出(吊砂)。挖砂造型的生产率低，对操作人员的技术水平要求较高，它只适用于单件少量生产的小型铸件。当铸件的生产数量较多时，可采用假箱造型代替挖砂造型。

(4)假箱造型　假箱造型是利用预制的成形底板(亦称翻箱板)或假箱来代替挖砂造型中所挖去的型砂，如图 2-7 所示。

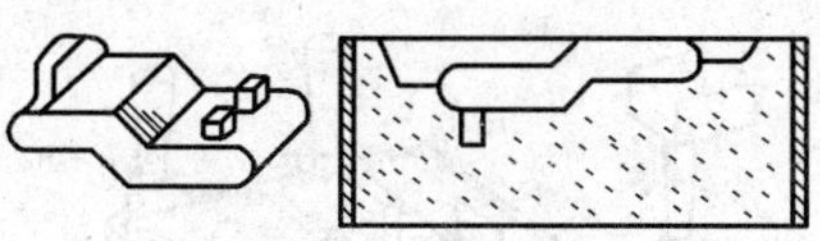

a)　　b)

图 2－6　挖砂造型方法

a)零件(托板);b)挖砂(下箱剖面)

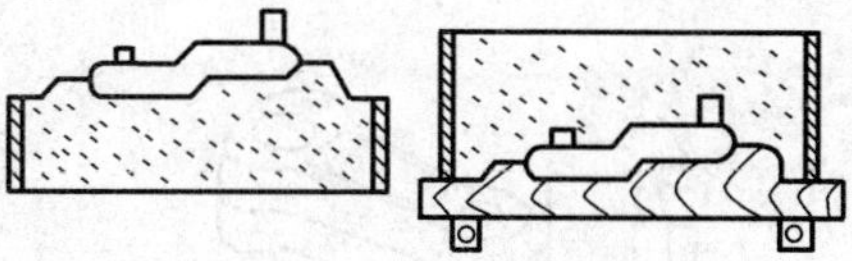

a)　　b)

图 2－7　假箱造型方法

a)假箱;b)成形底板

(5)活块造型　活块造型是用带有活块的模样来造型。所谓活块,就是模样上可拆卸部分,用于整模、分模或芯盒的侧面伸出部分。活块造型可以减少分型面或避免挖砂。活块造型操作较复杂,产生效率较低,活块易移位,影响铸件精度。在批量铸造中,常用外型芯来形成突出部分。图 2－8 所示为活块造型的主要步骤。

(6)刮板造型　在制造旋转体或等截面形状的铸件时,常采用与铸件截面相适应的刮板来造型。此法常用于铸件尺寸较大、产生数量较少的造型。刮板可分为旋转刮板、导向刮板和骨架模造型等,其中旋转刮板一般称为车板。

(7)型芯造型　型芯主要是用来构建铸件的空腔和孔或者侧面突出部分及深沟槽。对于外形复杂的铸件,还可以完全由型芯来组成型腔,叫做组芯造型。图 2－9 所示为生成铸件两长孔制作的外型芯(图 c)以及整个砂型(图 d)。

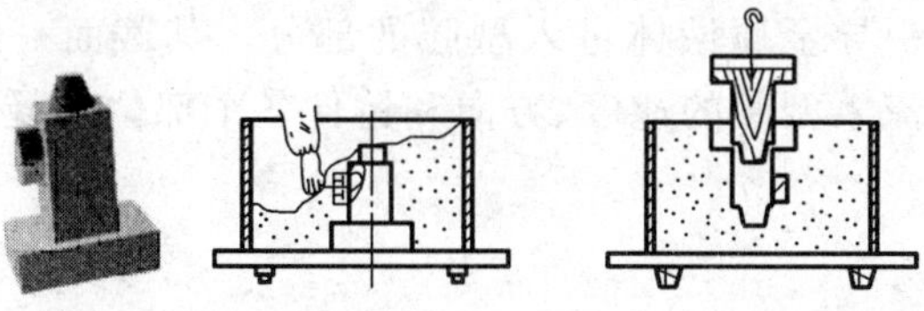

a)　　b)　　c)

图 2－8　活块造型的主要步骤

a)零件;b)造型时从主模样拔出铁钉;c)取出主模样

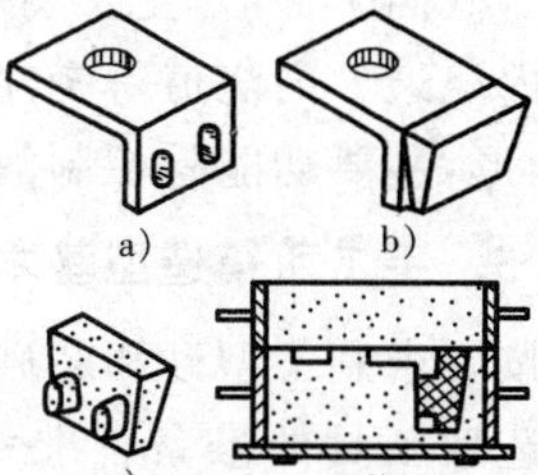

a)　　b)　　c)　　d)

图 2－9　外型芯造型方法

a)铸件;b)模样;c)外型芯;d)合型

2. 机器造型

随着现代化生产的发展,机器造型已逐步代替手工造型。机器造型不但生产效率高、质量稳定而且劳动强度低,是成批生产铸件的首选。它的实质是用机器进行紧砂和起模,根据紧砂和起模的方式不同,它有各种不同的造型机械。如气动微震压式造型机造型、垂直分型无箱射压造型、多触头高压造型、真空密封造型、抛砂造型、低温硬化造型等。

机器造型不易生产特大型铸件,不能进行三箱造型,不宜使用活块,常采用相应简化方法如外型芯来简化模样。为了充分发挥造型的生产能力,可以通过各种输送设备将造型机器和辅助机械组合成一条生产线,大幅度提高铸造的机械化和自动化程度。

2.2.4　砂型浇注系统

浇注系统是将熔化的金属注入型腔和冒口,并顺利成形的一系列通道。通常由外浇口、直浇道、横浇道和内浇道组成。因浇注系统设置不当而造成的废品高达铸造产品总量的 30%。浇注系统的类型很多,开设方法对不同铸件可有所不同。按开设位置分类,有底注式(如图 2－10 所示)、顶注式(如图 2－11 所示)和侧注式等。

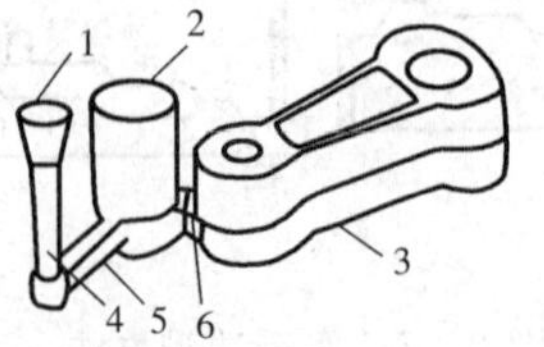

图 2－10　底注式浇注系统

1—外浇口　2—冒口　3—铸件　4—直浇道　5—横浇道　6—冒口颈

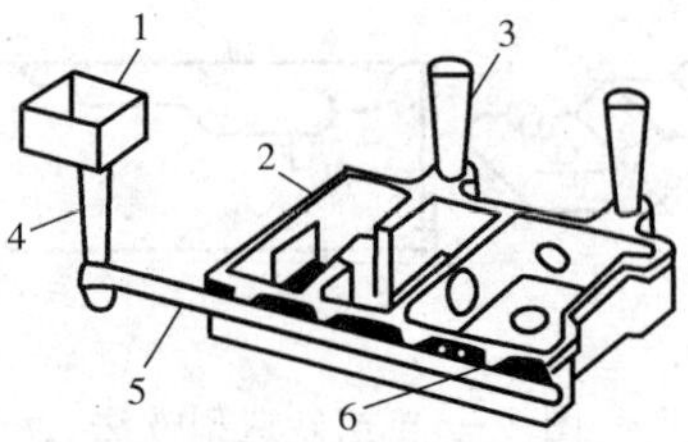

图 2－11　顶注式浇注系统

1—外浇口　2—铸件　3—冒口　4—直浇道　5—横浇道　6—内浇道

最常用的为顶注式，其优点是易于充满型腔，浇注时型腔中金属液的温度自下而上递增，因而补缩作用好、简单易做、节省金属，但对铸型冲击较大。这类浇注系统多用于重量小、高度低和形状简单的铸件。

(1)外浇口　外浇口是与直浇道顶端连接，用以承接和导入液态金属的装置，形如漏斗，又称为浇口杯。

(2)直浇道　直浇道是浇注系统中的垂直于水平面的通道，一般都带有一定锥度并高出型腔顶部 100～200mm，使液态金属产生一定的压力，利于金属液体充满型腔。

(3)横浇道　横浇道是浇注系统连接直浇道和内浇道的水平部分，一般开挖在上型的分型面之处，截面呈梯形，主要功能为档渣和分配液态金属到各个内浇道。

(4)内浇道　内浇道是浇注系统中引导金属液体进入型腔的部分。其截面一般呈扁梯形或三角形，主要功能是控制液态金属流入型腔的速度、方向和铸件各个部位的凝固顺序。

2.2.5　手工两箱造型基本操作

(1)按要求制备型砂和芯砂。

(2)造型工具的准备。准备好底板、砂箱、模样、芯盒和造型、修型的工具，如舂砂锤、镘刀、压勺、刮板、半圆刀、砂钩、通气针、起模针等。

(3)安放模样。先放下型模样，将砂箱放在底板上，再将模样放进，模样与砂箱的距离在 30～100mm，如图 2－12 所示。

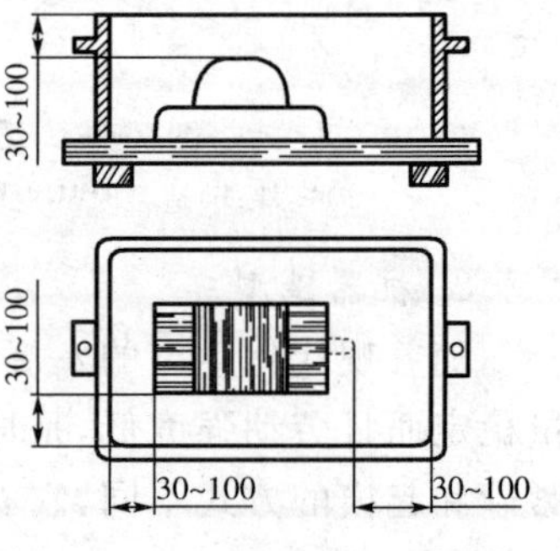

图 2－12　模样和砂箱距离

(4)填砂和舂砂。填砂要分批填入，要先用手把模样周围的型砂压紧，然后每加一层砂都要将砂舂紧，直至把砂箱填满紧实。舂砂用力要求大小适当，太紧不透气，太松会塌箱；靠近砂箱内壁的砂需舂紧点，靠近型腔的也应紧一点。其余部分相对松一些。

(5)下型造好后，连同底板一起小心翻转 180°，放到预先清理好的平整场地，慢慢去掉底板，并撒上干燥的分型砂。

(6)在翻转后的下型上安放上型砂箱，放好上型模样，插上定位销，再和造下型一样填砂舂紧实型砂。注意要同时在适当位置放上浇口、冒口棒，设置合适的浇冒口。

(7)上型造好后，必须插上砂箱定位销，在上下砂箱分型处做上标记，保证下次合型时不会错位。在上型顶面扎适量透气孔，慢慢取出浇冒口棒并开好浇口杯，撒上分型砂，去掉定位销，将上型砂箱也翻转 180°，放在清理过的平整场地。

(8)起模、修整型腔。起模前用毛笔蘸些水,刷在模样周围以增强强度。使用起模针,小心取出上下箱中的模样,可先轻轻敲击模样使其略松动。模样取出后在上箱分型面的直浇口与型腔之间开设横浇道。最后用工具清理掉在上下型腔中的砂子,再撒上些分型砂。

(9)合型。将上箱翻转与下箱合起来,注意对齐定位销和做好的标记。至此,砂型制作完成,经过适当处理后等待浇注,主要过程见图 2-13。

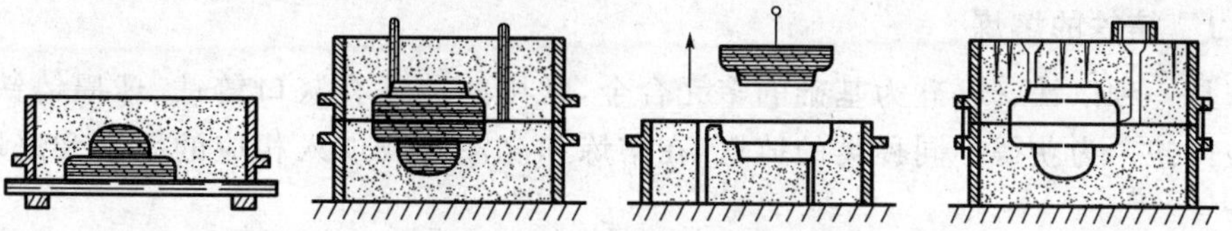

a)　b)　c)　d)

图 2-13　分模造型的主要过程

a)造下型;b)造上型;c)开横(内)浇口、起模、修模(包括下型);d)合型、扎气孔

2.3　模样和芯盒

1. 模样

模样是与铸件外形相似,是在造型时形成铸型型腔的工艺装备。模样的尺寸和形状由零件图和铸造工艺参数得出。图 2-14 所示为完工后的铸件与零件、模样的外形及尺寸之区别。

设计模样时一定要考虑的铸造工艺参数有收缩率、加工余量、起模斜度、铸造圆角,铸件有内孔时还要设计芯座,用以安放砂芯。

模样多数用木材制成,称为木模,它具有价廉、质轻和容易加工的优点,但容易变形与损坏,一般用于小批量生产。

用金属制作模样为金属模,金属模强度高、表面光洁、尺寸精确,但加工较难、成本高,适用于大批量生产和一次成型的铸造。

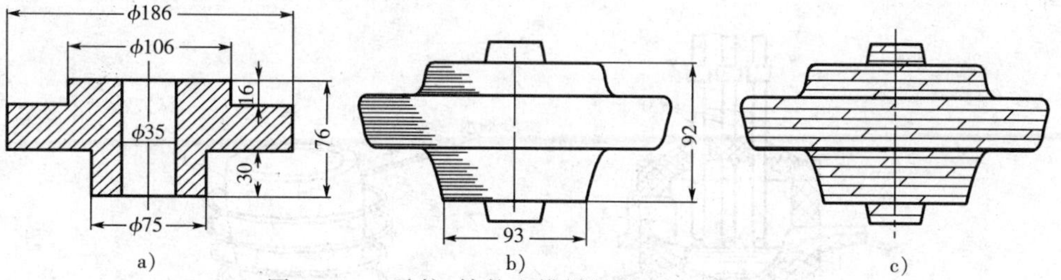

a)　b)　c)

图 2-14　零件、铸件和模样外形及尺寸的对比

a)零件图;b)铸件;c)模样

2. 芯盒

芯盒是制备砂芯的装备,图 2-15 所示为常见的芯盒制芯方法。

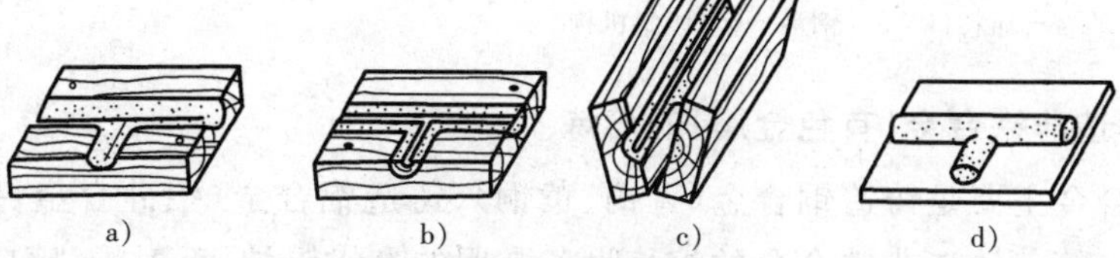

a)　b)　c)　d)

图 2-15　用芯盒制芯方法

a)在半个芯盒中填实芯砂;b)另一半芯盒也填实芯砂并刮平、开气孔;c)在刮平面上刷涂泥浆后合拢芯盒;d)打开芯盒取出砂芯

2.4　金属的熔炼

金属的熔炼是为了获得符合要求的金属溶液。不同类型的金属，应采用不同的熔炼方法和设备。

2.4.1　铸铁的熔炼

铸铁是一种以铁、碳、硅为基础的多元合金，常用的铸铁有灰口铸铁、球墨铸铁、蠕墨铸铁和可锻铸铁。为获得不同种类的铸铁，在熔炼和浇注时要加入相应的元素和采取相应的措施。

铸铁熔炼的主要任务是提供成分和温度符合要求的、杂质和气体含量少的优质液态铁合金。铸铁熔炼常采用冲天炉；另外还有非焦化炼铁炉、电炉、反射炉、坩锅炉等。

用冲天炉熔炼铸铁液体的炉料是由新生铁、回炉铁、废钢、铁合金、焦碳、溶剂（石灰石、氟石等）组成。炉料由上而下加入，并自下而上吹入具有一定压力的空气助燃，经过一系列的物理、化学反应后形成铁水，熔化的金属（包括部分炉渣）由出料口流出，经过处理后即可用于浇注铸件。

2.4.2　铸钢的熔炼

熔炼铸钢的设备有电弧炉（如图 2-16 所示）、无芯感应电炉（平炉、感应电炉，如图 2-17所示）、等离子电弧炉等。电弧炉在铸钢熔炼中运用最广，优点是熔化速度快、钢液温度高、易控制，且有良好的脱磷、脱硫条件。电弧炉是利用电极与金属料之间的放电发热来熔化金属的。

铸钢熔炼的金属材料包括废钢、生铁、废铁、铁合金等，另外还有氧化剂（铁矿石和氧气）、还原剂（脱氧剂，锰铁、硅铁铝、焦炭等）、增碳剂（碎电极、焦炭）和造渣剂（石灰石、石灰、氟石等）。

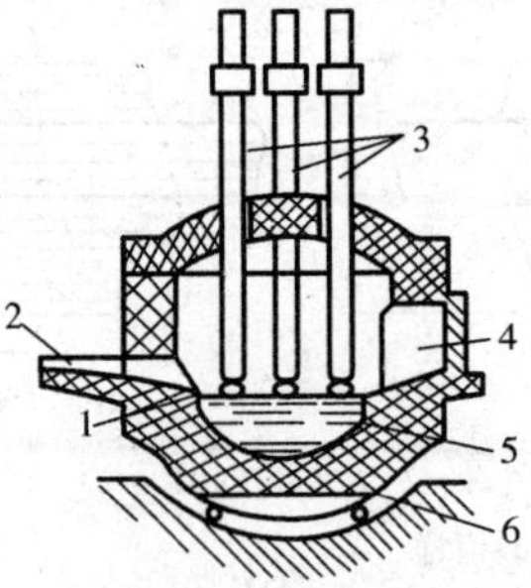

图 2-16　三相电弧炉

1—电弧　2—出钢口　3—电极

4—加料口　5—钢液　6—倾斜机构

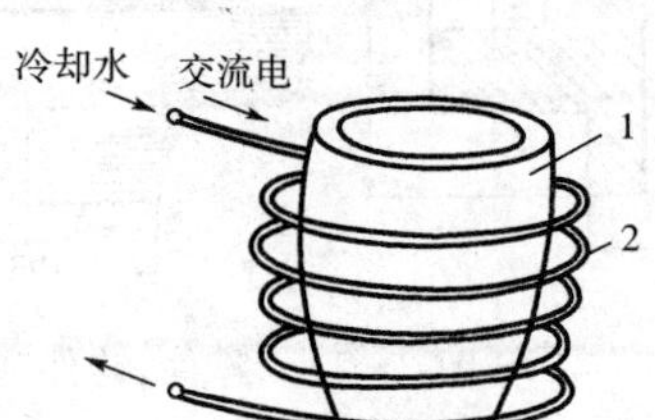

图 2-17　无芯感应电炉

1—坩锅　2—感应线圈

2.4.3　铸造非铁合金（有色金属）的熔炼

铸造非铁合金主要是铸造铜合金（青铜、黄铜）、铸造铝合金（铝硅合金、铝铜合金、铝镁合金、铝锌合金）等。铸造非铁合金的熔炼设备常用的有坩锅炉、反射炉、感应电炉。坩锅炉结构简单，操作方便，适用于小批量生产。坩锅炉中的坩锅有石墨坩锅和铁质坩锅两种。图

2-18 所示为一电阻坩锅炉。

下面以铝合金的熔炼为例，介绍金属熔炼过程。

铸造铝合金熔炼的金属炉料有新金属炉料(纯铝锭及预制合金锭)、回炉料(浇冒口、废旧料)及中间合金(硅铝合金、铝铜合金、铝镁合金及铝锰合金等)。熔炼温度在 800℃以内。

辅助材料有溶剂、精炼剂和变质剂等。溶剂的作用是溶解和吸附铝液中的氧化物等杂质并降低其熔点，形成流动性好的熔渣，去隔离铝液，防止铝的氧化，常用溶剂是 50%NaCl+50%KCl 混合物。

精炼剂用于去除铝液中的非金属杂质、金属氧化物和气体。常用精炼剂有 $ZnCl_2$、$MnCl_2$、氯气、氮气等。

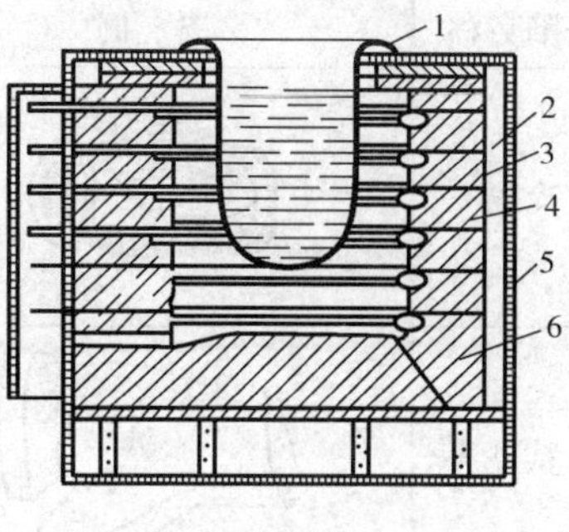

图 2-18　电阻坩锅炉简图

1—坩锅　2—隔热材料　3—电阻丝托板
4—电阻丝　5—炉壳　6—耐火砖

铸造铝合金熔炼应加入变质剂，用于对铝合金进行变质处理，以达到细化组织，提高性能的目的，如 67%NaF+33%NaCl 等。变质剂加入量为合金液的 2%～3%。

铝合金的牌号很多，熔炼工艺各有不同，但基本原则是相同的，大致分以下几个环节：熔化前的准备、装料、熔化、调整化学成分、精炼、变质处理、调整温度、浇注。

2.4.4　常见的铸造缺陷及原因分析

铸造缺陷影响因素很多，从铸型设计、金属熔炼再到浇注成型和落砂、热处理等，所有不当之处都会造成铸造缺陷。表 2-2 列举了常见的铸造缺陷及其产生的原因。

表 2-2　常见铸造缺陷特征和产生原因

缺陷名称	图　例	缺陷特征及产生原因
缩孔	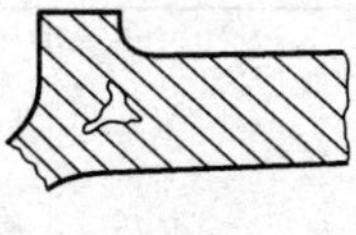	由于金属液凝固时没有得到足够的金属液补偿所产生的孔洞。其孔壁粗糙，形状不规则，常出现在铸件最后凝固的厚大部位
气孔	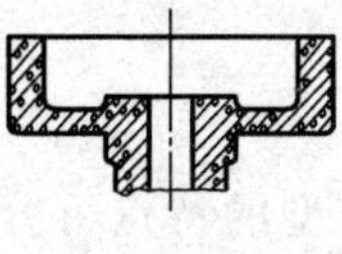	由于金属液冷却凝固时，侵入或析出铸型内的气体，来不及逸出所制成的孔洞。其气孔壁光滑，呈圆形或梨形，出现在铸件表面或砂芯、冷铁及浇冒口附近
错型		铸件在分型面处相互错开而造成的形状和尺寸的不合格。主要是由于造型时上、下模错动或合型时上、下型错位引起
浇不到		浇注过程中由于金属液未完全充满型腔，铸件产生局部边角圆滑光亮。浇注温度过低、速度过慢或内浇道截面过小等易产生这类现象

（续表）

缺陷名称	图　例	缺陷特征及产生原因
冷隔	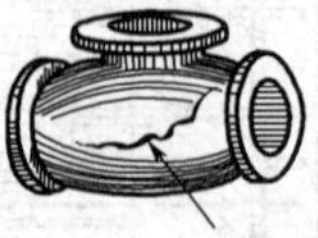	铸型中金属流交汇处，由于熔合不好而产生的接缝。其边缘圆滑，多数出现在远离浇道的宽大的上表面或薄壁上。原因与"浇不到"雷同
粘砂	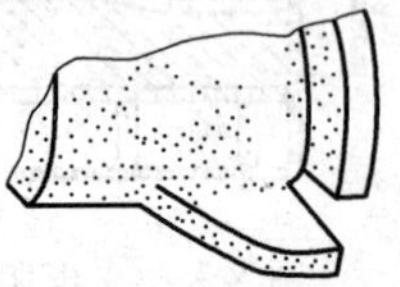	铸件表面粘附着难以清除的砂粒，多发生在铸件厚壁处或浇冒口附近。型腔表面不紧实或浇注温度过高等是产生该缺陷的主要原因
夹砂结疤	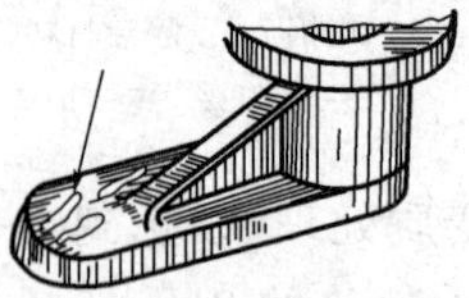	铸件表面一种凸起的金属疤片，其表面粗糙，边缘锐利并与铸件本体夹有砂层。在铸件大平面上或浇注时因液流大造成局部过热，型腔表面易鼓胀开裂而形成夹砂结疤
热裂	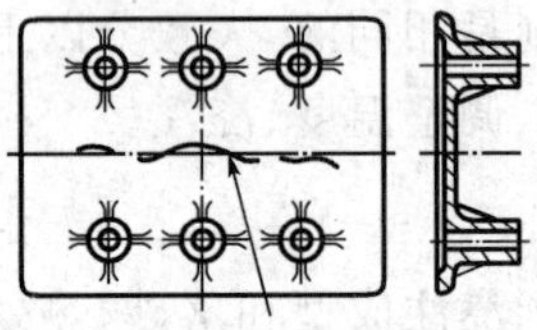	铸件在较高温度（常在凝固末期）时产生的裂纹。裂缝曲折、不规则，断口呈暗蓝色。产生原因是铸型退让性差及金属液中含硫量过高
冷裂	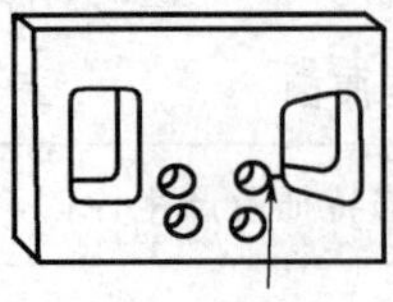	铸件在较低温度下（钢和铸铁在620℃～650℃以下）产生的裂纹。裂口呈直线状，断口表面无氧化或有轻微氧化色。产生原因是铸型退让性差及金属液中含磷量过高

2.5　特种铸造

与普通砂型铸造不同的其他铸造方法称为特种铸造。

2.5.1　熔模铸造

熔模铸造又称失蜡铸造，是一种精密铸造方法。根据铸型的特点可分为型壳熔模铸造、石膏型熔模铸造和填箱熔模铸造（用砂箱增强型壳）等，其中以型壳熔模铸造应用最广。

型壳熔模铸造工艺过程如图 2-19 所示。按照零件的尺寸和形状，用易熔材料（蜡、塑料）制成较高精度的可熔性模型，并进行蜡模组合，涂上若干层耐火涂料，经干燥、硬化成整体型壳，加热型壳蜡模熔化消失，再进行高温培烧形成耐火的型壳，用以浇注铸件。

熔模铸造铸件表面粗糙度低，加工余量小，是近净成形、净终成形的铸造方法。可铸造出形状复杂的零件，还可以铸造出各种薄壁及质量小的铸件。但熔模铸造工序繁多、生产周期长，铸件不宜太大。

2.5.2　壳型铸造

铸造生产中，砂型（芯）直接承受金属液作用的只是表面一层几毫米的砂壳。若用一层

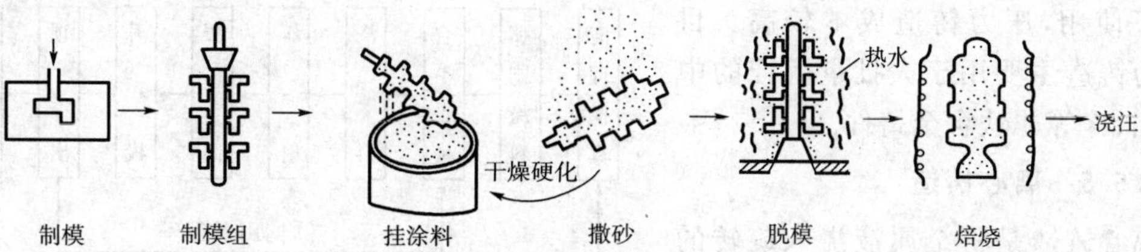

图 2-19　型壳熔模铸造过程示意图

薄壳来制作铸件，将会减少砂的处理工作和减少环境污染。壳型铸造就是基于这种考虑而形成的。型砂一般用酚醛树脂和硅砂混配而成，模板用金属制成，预热温度 250℃～300℃，结壳厚度可达 5～15mm。图 2-20 所示为壳型造型方法示意图。

壳型铸造的优点是混制好的覆模砂可以较长时间保存，无需捣砂，能获得尺寸精确的型或芯，强度高、易搬运、透气性好，砂消耗量小，铸件表面光洁。但酚醛树脂覆模砂价格较贵，造型、造芯耗能较高。

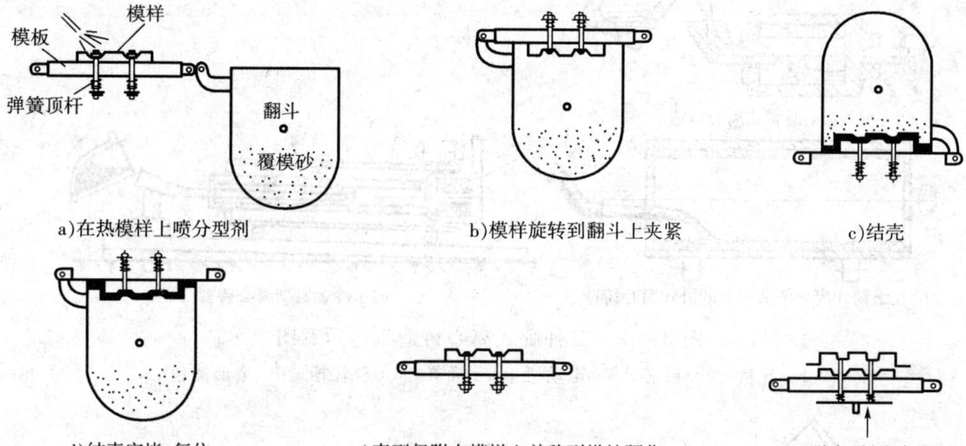

a)在热模样上喷分型剂　b)模样旋转到翻斗上夹紧　c)结壳

d)结壳完毕、复位　e)壳型仍附在模样上并移到烘炉硬化　f)脱壳、制成壳型

图 2-20　壳型造型方法及过程示意图

2.5.3　消失模铸造

消失模铸造又称实型铸造和汽化模铸造，原理是用泡沫聚苯乙烯塑料模样代替普通模样，造好型后不需取出模样即可浇注金属液，泡沫塑料模样气化，燃烧消失，金属液取代了原泡沫塑料模所占空间，冷却凝固后即可得到所需铸件。

消失模铸造主要应用于形状结构复杂、难于起模或活块和外型芯较多的铸件。消失模工序简单、生产周期短、效率高、尺寸精度高(造型不起模、不分型，无铸造斜度、不用活块)精度达 CT8 级。消失模铸造广泛应用于铸铁和铝合金铸件，并越来越多地用于铸钢件的生产。

2.5.4　压力铸造

压力铸造是在高压作用下，将液态或半液态金属快速注入铸模型腔，并在压力下快速凝固的铸造方法。压力铸造为“一型多铸”的循环式生产方式，其循环工艺过程见图 2-21。

压力铸造铸型材料一般为耐热合金钢。压铸机按工作原理分为冷压式压铸机(卧式、立式、全立式)和热压式压铸机。

压力铸造生产效率很高、铸件尺寸精确、表面光洁、组织致密、力学性能提高。但不宜在高温下使用，压力铸造成本较高。目前压力铸造主要用于大批量生产的中小型铝、锌等非铁合金铸件。

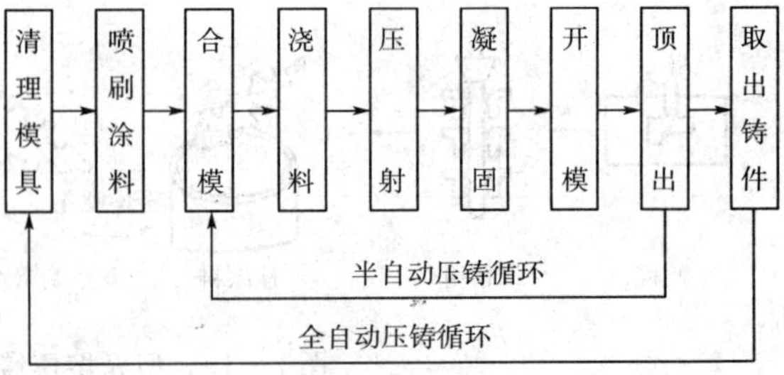

图 2-21　压力铸造工艺循环过程示意图

2.5.5　离心铸造

离心铸造是将金属液浇入旋转的铸型中，在离心力的作用下填充铸型并凝固成形的一种铸造方法。离心铸造根据旋转轴在空间的位置，可分为卧式离心铸造和立式离心铸造两种。铸型多采用金属型，也可用砂型。铸件多是简单的圆筒形，不用型芯。离心力还可以使金属液凝固时保持较高压力，所以组织致密，极少有气孔、夹渣、缩孔等缺陷。图 2-22 和图 2-23 所示为卧式离心铸造和立式离心铸造的成形过程示意图。

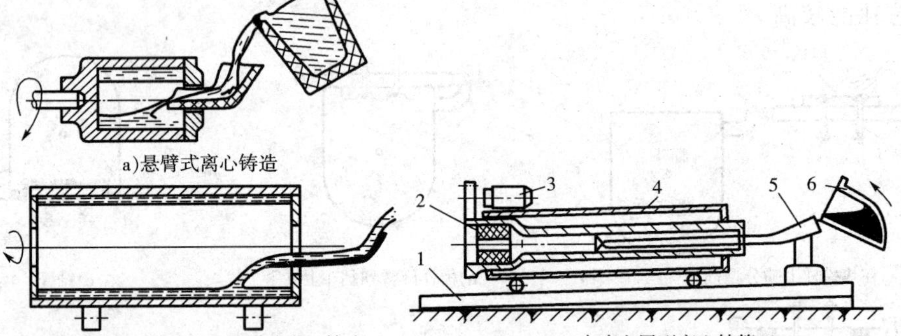

a)悬臂式离心铸造　b)在滚筒式离心铸造机上的卧式离心铸造　c)水冷金属型离心铸管

图 2-22　三种卧式离心铸造工艺示意图

1—导轨　2—砂芯　3—电动机　4—机罩　5—浇注槽　6—扇形浇包

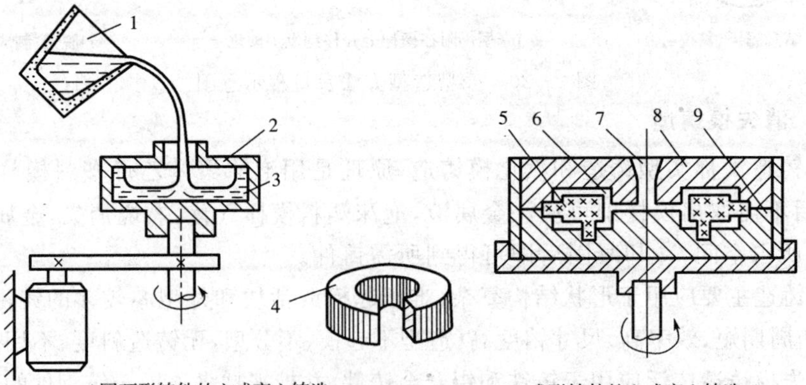

a)圆环形铸件的立式离心铸造　b)成形铸件的立式离心铸造

图 2-23　两种立式离心铸造工艺示意图

1—浇包　2—铸型　3—金属液　4—铸件　5—型芯　6—型腔　7—浇道　8—上型　9—下型

2.5.5　连续铸造

连续铸造是近二十年发展起来的铸造方法。连续铸造是将金属液体连续通过水冷式金属型（结晶器），不断凝固成金属型材的浇注方法。结晶器内腔的形状决定金属型材断面的形状。所以结晶器是一个特殊的铸型，常采用金属或石墨制成，结晶器可以制成内、外两个，即可铸出管材。图 2-24 为卧式连续铸造机工作原理示意图。

连续铸造生产效率很高，铸件组织致密、力学性能好，铸件不用设浇冒口，故铸锭轧制时不必斩头去尾，金属利用率高。连续铸造一般只能铸造等截面的长形铸件，因此被广泛应用于连续铸锭和连续铸管。

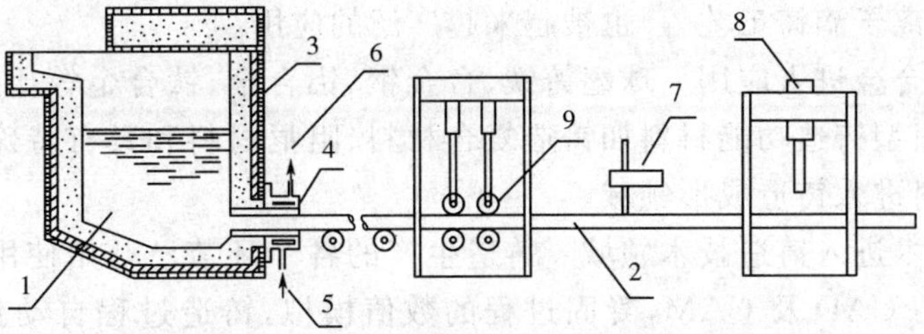

图 2-24　卧式连续铸造机工作原理示意图

1—金属液　2—铸锭　3—保温炉　4—结晶器　5—冷却水进　6—冷却水出　7—切断砂轮　8—剪床　9—输送导轮

2.6　铸造先进技术及其发展趋势

2.6.1　铸造先进技术

(1)半固态金属铸造　半固态金属加工技术是 21 世纪前沿技术。金属液在凝固过程中，进行强烈搅拌或通过控制凝固条件，可以使固相率在 60% 以上仍具有良好的流动性。这种半固态金属，可以利用常规的压铸、挤压或模锻进行加工。该加工方法称为半固态金属加工技术(SSM)。SSM 铸造成形工艺方法：一是将半固态浆料在规定温度下直接成形，通常称为流变铸造；二是将半固态浆料制成坯料，再重新加热的半固态温度后加工成形，称为触变铸造。SSM 铸造成形技术在铸造行业应用日益广泛，它的铸件组织细小、内部缺陷少、尺寸精度高、表面质量好、力学性能接近锻件。SSM 技术在汽车业、造船业应用较为广泛。

(2)现代整体精铸成形技术　铝、钛和钢的大型、复杂、薄壁件的整体精密铸造技术是 20 世纪 70 年代发展起来的先进铸造技术。该技术的发展大大推动了飞机、舰船、汽车和发动机的整体结构的制造。整体精铸成形技术往往以快速凝固成形技术为依托。

(3)快速凝固铸造成形技术　快速凝固技术是在比常规工艺下的冷却速度(10^{-4}～10K/s)快得多的冷却速度(10^3～10^9 K/s)，使液态合金转变为固态的工艺方法。这种铸件具有优异的组织和性能，高强度、高韧性。快速凝固技术可以使液态金属跳过常规的结晶过程(形核和生长)，而生成非晶结构的固态材料，即所谓金属玻璃。这种材料具有特殊的电学性能、磁学性能、电化学性能和力学性能，已被广泛应用。

(4)铸造成形过程数值模拟　铸件成形过程数值模拟是在虚拟的计算机环境下，应用相关软件模拟仿真研究铸造成形的全过程。通过计算机分析有关影响因素，预测可能的趋势和结果，不需试生产，即能制定合理的铸造工艺，大大缩短了新产品的开发周期。

2.6.2　铸造技术的发展趋势

(1)采用机械化、自动化技术　随着汽车工业的发展，各种新的造型方法，如高压造型、射压造型、气冲造型、消失模造型等和制芯方法进一步开发和推广。铸造工程 CNC 设备、FMC 及 FMS 也在逐步得到广泛应用。

(2)特种铸造工艺的发展　随着现代工业对铸件的比强度、比模量的要求提高以及近净成形、净终成形的发展，特种铸造工艺已向大型铸件方向发展；铸造柔性加工系统逐步推广，适应多品种、少批量的产品升级换代的需求；复合铸造技术(挤压铸造、熔模真空吸铸)和一些全新的工艺技术(快速凝固成形技术、半固态铸造、悬浮铸造、定向凝固铸造、压力下结晶技术、超级合金等离子滴铸工艺等)也被越来越广泛的应用。

(3)特殊性能合金进入应用　球墨铸铁、合金钢、铝合金、钛合金等比强度、比模量的材料已进入应用。新型铸造功能材料如铸造复合材料、阻尼材料和具有特殊磁学、电学、热学性能和耐辐射材料进入铸造成形领域。

(4)微电子技术进入铸造技术领域　铸造生产的各个环节已开始使用微电子技术。如铸造工艺及模具的CAD及CAM，凝固过程的数值模拟，铸造过程自动化检测、监测与控制，铸造过程的MIS，各种数据库和专家系统以及机器人的现场应用等。

复习思考题

1. 什么是铸造成形技术？
2. 砂型铸造要考虑的主要工艺因素有那些？
3. 零件图的尺寸和形状是否完全和铸件一致，为什么？
4. 型砂由哪些材料组成？型砂应具备哪些性能？
5. 手工造型有哪几种方法？各有什么特点？
6. 说明气孔、缩孔、冷裂的缺陷特征及其产生原因。
7. 什么是压力铸造？说出压力铸造的优缺点。
8. 铸造铝合金的炉料和辅助材料有哪些？
9. 说出浇注系统的组成及其作用。
10. 扼要叙述两箱造型的操作步骤。
11. 简述目前在铸造方面有哪些先进工艺技术。
12. 分型面的选择原则是什么？分别指出下列铸件(图2-25)的分型面。

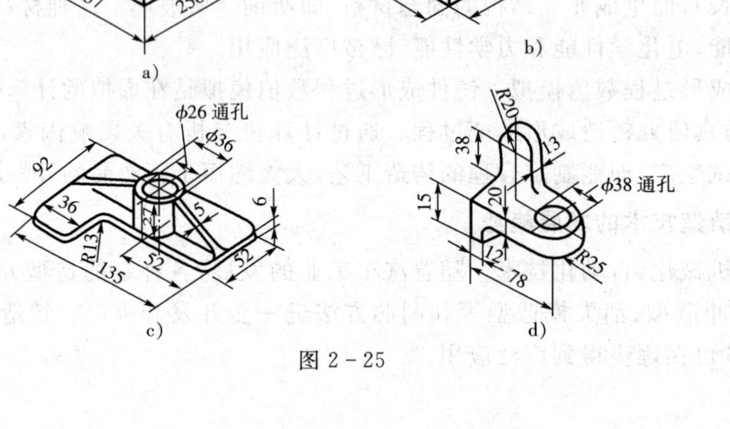

图2-25

第 3 章　锻压成形技术

【实训目的与要求】

(1)了解锻压成形技术在机械制造中的应用范围;

(2)理解锻压成形的加工原理和工艺过程;

(3)了解常用锻压设备的基本构造和工作原理;

(4)了解锻压模具的结构特点、材料要求和工艺性要求。

3.1　锻压成形概述

锻压是对金属(毛坯)施加外力,利用金属的塑性变形,改变其尺寸和形状,并改善其内部组织和力学性能,获得所需毛坯或零件的成形方法。锻压属于固态成形技术,是锻造和冲压的总称,是金属压力加工方法之一。

锻造是将圆钢、方钢或钢锭加热到一定温度后进行压力加工。锻造能改善铸态组织、锻合铸造缺陷(如缩孔、气孔等),使组织紧密、晶粒细化、成分均匀,显著提高锻件的力学性能。锻造主要用于制造承受重载、冲击和交变载荷的机械零件或毛坯。

冲压是在常温下使用冲床和冲模对金属板料进行压力加工,使板料产生分离或变形而获得制件的成形方法。冲压的生产率高、成本低,成品的尺寸精度较高,大多数冲压件无需切削加工即可使用。冲压适用于形状复杂、结构轻的板壳类零件。

3.2　锻造成形

3.2.1　锻造温度范围

锻造成形加工,首先要对金属毛坯加热,毛坯加热允许的最高温度称为始锻温度。毛坯加热到始锻温度即可取出锻造,锻造时毛坯温度逐渐下降,锻造性能也逐渐变差,当温度下降到一定程度时,就不能再进行锻造,需要再加热,这时的温度称为终锻温度。始锻温度和终锻温度的温度区间就是锻造温度范围,表 3－1 给出了常用钢材的锻造温度范围。

表 3－1　常用钢材的锻造温度范围

材料种类	始锻温度/℃	终锻温度/℃	材料种类	始锻温度/℃	终锻温度/℃
低碳钢	1200～1250	800	低合金工具钢	1100～1150	850
中碳钢	1150～1200	800	高速工具钢	1100～1150	900
碳素工具钢	1050～1150	750～800	铝合金	450～500	350～380
合金结构钢	1100～1150	850	铜合金	800～900	350～700

3.2.2　加热炉

加热锻件毛坯常用的加热炉有火焰反射炉、重油炉、煤气炉和电阻炉。

火焰反射炉燃料是烟煤，燃料在燃烧室燃烧，高温炉气越过火墙经炉顶反射到加热室中对毛坯（锻件）进行加热，加热室的温度可达1350℃。

图3-1所示为箱式电阻炉的结构。电阻炉的加热温度和炉气成分都较易控制，加热质量好，主要用于加热质量要求高的锻件加工。

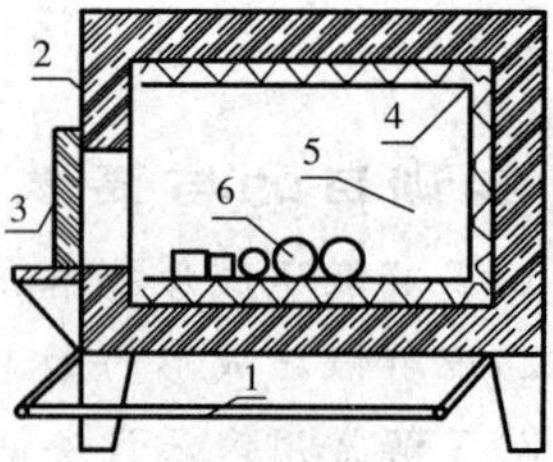

图3-1　箱式电阻炉结构示意图
1—踏杆　2—炉身　3—炉门
4—电阻丝　5—炉膛　6—被加热坯料

3.2.3　毛坯的加热缺陷

加热时可能出现的缺陷有氧化、脱碳、过热、过烧和内部裂纹等。

（1）氧化　是指金属毛坯表面铁元素氧化。氧化会造成材料损耗和降低锻件精度，氧化皮会导致工具磨损，如氧化皮被压入毛坯表面，将产生裂纹。防止的方法是：减少在高温区加热时间，采用少氧化、无氧化加热或采用电炉加热。

（2）脱碳　是指锻件表层的碳元素被氧化而造成碳的烧损。脱碳使钢表层碳含量降低，导致其强度、硬度下降。防止方法同“氧化”。

（3）过热　是指由于加热温度过高、停留时间过长引起晶粒粗大的现象。该现象使得锻件力学性能恶化，必须重新锻造或进行热处理才能改善。防止方法是：控制加热温度、减少高温加热时间。

（4）过烧　是指加热温度超过规定温度过多，晶粒边界出现氧化及熔化的现象。过烧的材料只能报废。防止方法同“过热”。

（5）内部裂纹　是指锻件过大时，坯料内外温度差太大，组织变化不均，内应力过大，结果内部产生裂纹。防止的方法是：低温装料，缓慢加热，避免内部出现大的温差。

3.2.4　锻件的冷却

为使锻件获得一定力学性能的，应注意采取不同的冷却方式。冷却方式通常有以下三种：

（1）空冷工件锻造后，置无风的空间散放。该方法冷却快、晶粒细化，适合低碳钢、低合金钢中小锻件和不直接切削的锻件。

（2）坑冷工件锻造后，堆放入有石灰、砂子或炉灰的坑中。该方法冷却稍慢，适合一般锻件，锻后可以直接切削。

（3）炉冷工件锻造后，置原加热炉中（500～700℃），随炉慢慢冷却，适用于含碳量高的或高合金的中、大锻件，锻后可切削。

3.3　自由锻

只采用通用工具或直接在锻造设备上的上、下砥铁间使金属毛坯变形，获得锻件的锻造方法称为自由锻。自由锻工艺灵活、工具简单，主要适合形状简单零件的小批生产，也是大型锻件的生产途径。

3.3.1　自由锻的生产设备

自由锻的生产设备有空气锤、蒸汽-空气自由锻锤、油压机、水压机等。

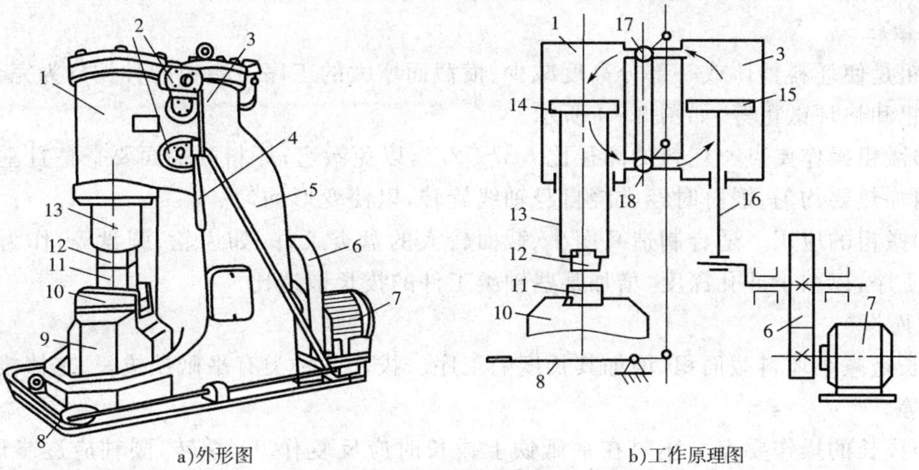

a)外形图　　b)工作原理图

图3-2　空气锤的结构

1—工作缸　2—旋阀　3—压缩缸　4—手柄　5—锤身　6—减速机构　7—电动机　8—脚踏杆　9—砧座　10—砧垫　11—下砧铁　12—上砧铁　13—锤杆　14—工作活塞　15—压缩活塞　16—连杆　17—上旋阀　18—下旋阀

锻锤是以冲击力使坯料变形的设备。设备规格以落下部分的质量表示。常用的有空气锤和蒸汽-空气锤。空气锤的吨位较小，只有500～10000N，用于锻100kg以下的锻件。图3-2是空气锤的外形和工作原理图。主要原理是：由电机驱动，带动连杆和活塞上下运动，压缩气缸的活塞将空气压入工作缸的上部，使工作活塞带动锤头和上砥铁下落，击打坯料使其变形，压缩活塞下降时，又把空气压入工作活塞的下部，使工作活塞上升复位，始复往返，完成锻造。

空气锤的基本操作：接通电源后，脚踏杆或手柄操作上下旋阀，可使空气锤实现空转、锤头上旋、锤头下压、连续打击和单次打击五个动作，以满足不同需要。

蒸汽-空气锤的吨位较大，工作原理与空气锤相似，冲击力可达10～15kN，可锻1500kg以下的锻件。

液压机是以液体产生的静压力使坯料变形的，设备规格以最大压力来表示，常用的有油压机和水压机。水压机通过高压水带动活动横梁上下运动，产生很大的静压力使坯料变形，进行锻造，最大变形力可达5000～15000kN，是锻造大型锻件的主要设备。图3-3所示为水压机本体的结构示意图。

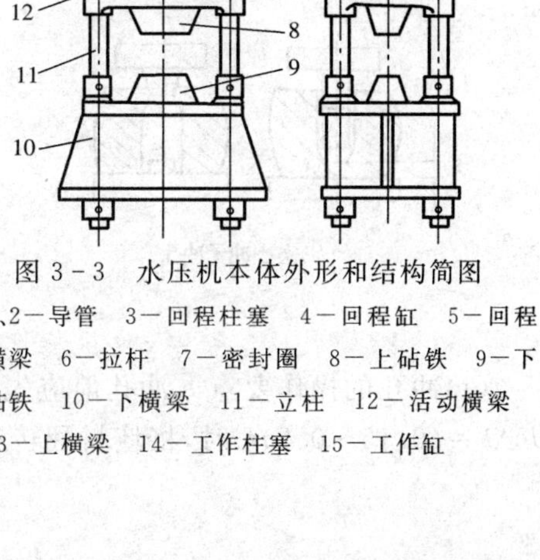

图3-3　水压机本体外形和结构简图

1、2—导管　3—回程柱塞　4—回程缸　5—回程横梁　6—拉杆　7—密封圈　8—上砧铁　9—下砧铁　10—下横梁　11—立柱　12—活动横梁　13—上横梁　14—工作柱塞　15—工作缸

3.3.2 自由锻的基本工序

自由锻的基本工序是指锻造过程中直接改变坯料形状和尺寸的工艺过程。主要包括镦粗、拔长、弯曲、冲孔、扭转、错移、切割等，其中最常用的是镦粗、拔长和冲孔。

1. 镦粗

镦粗是使坯料整体或一部分高度减少、横截面增大的工序。镦粗的种类分为完全镦粗、局部镦粗和垫环镦粗等，如图 3-4 所示。

(1)镦粗操作要点　坯料的高径比 $h/d \leqslant 2.5$，以免镦弯；坏料两端面要平整且垂直于轴线；坯料加热要均匀；锻打时经常绕自身轴线旋转，以使变形均匀。

(2)镦粗的应用　适合制造高度小、截面较大的盘类工件，如齿轮、圆盘等；作为冲孔前的准备工序，以减小冲孔深度，增加某些轴类工件的拔长锻造比。

2. 拔长

拔长是减小坯料截面积、增加其长度的工序。拔长的种类有平砧铁拔长、芯棒拔长和芯棒扩孔等。

(1)拔长的操作要点　坯料在平砧铁上拔长时应反复作 90°翻转，圆轴应逐步成形，最后摔圆，如图 3-5 所示。应选用适当的送进量 L 以提高拔长效率，一般取 $L=(0.4\sim0.8)b$。拔长后的宽高比 $a/h \leqslant 2.5$，以免翻转 90°后再拔长时弯折，芯棒上扩孔时，芯棒要光滑，而且直径 $d \geqslant 0.35L$。

(2)拔长的应用　主要用于制造长轴类的实心或空心工件，如轴、拉杆、曲轴、炮筒、套筒以及大直径的圆环等。

a)完全镦粗　b)局部镦粗　c)垫环镦粗

图 3-4　镦粗

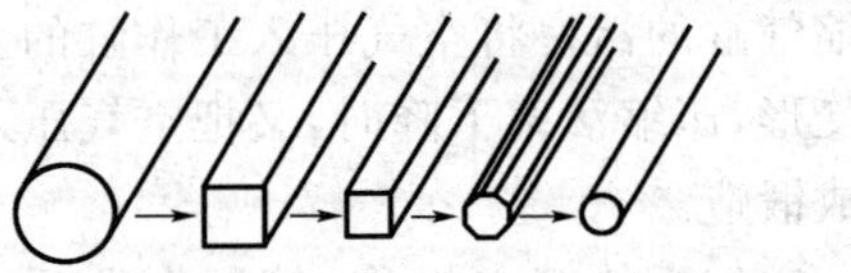

图 3-5　圆形坯料拔长时截面形状的变化

3. 冲孔

冲孔是在实心坯料上冲出通孔或不通孔的工序。冲孔的种类有实心冲子冲孔、空心冲子冲孔、板料冲孔等，如图 3-6 所示。

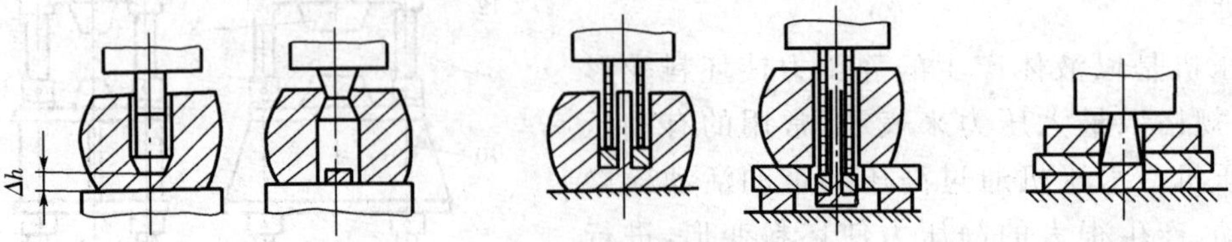

a)实心冲子冲孔　b)空心冲子冲孔　c)漏盘冲孔

图 3-6　冲孔

(1)冲孔的操作要点　冲孔前应先镦平端面。通孔一般采用双面冲，即正面冲到底部留以 $\Delta h=(0.15\sim0.2)h$ 时，将坯料翻转后再冲通；直径 $d<25$mm 的孔一般不冲出；直径 $d<$

450mm 的孔用实心冲子冲孔；直径 $d>450\text{mm}$ 的孔用空心冲子冲孔。

(2)冲孔的应用　主要用于制造空心工件，如齿轮坯、圆环、套筒等。有时也用于去除铸锭中心质量较差的部分，以便锻制高质量的大工件。

3.3.3　手工自由锻

手工自由锻是靠人力和手工工具使金属变形，常用于零星的小件生产。其生产效率极低，实际生产中已很少使用。

手工锻由掌钳工和打锤工配合完成。掌钳工左手握钳，夹持、移动、翻转工件；右手用小锤子(图 3－7b)指挥打锤工操作。掌钳工在变形量小时也可用小锤直接锻打工件。

打锤工站在铁砧外侧，按指挥用大锤(图 3－7a)打击工件。打锤工的位置不能正对工件的轴线，以免工件、工具等意外飞出受伤。

掌钳工与打锤工必须密切配合。掌钳工夹牢放稳工件后提起小锤，表示要打锤工做好准备；掌钳工要求大锤在工件某部位轻打或重打，就用小锤在工件某部位轻打(或重打)；掌钳工不要打锤工锻打，就将小锤平放在砧面，这时打锤工应立即停止打锤。图 3－8 为掌钳工常用的各种手钳。

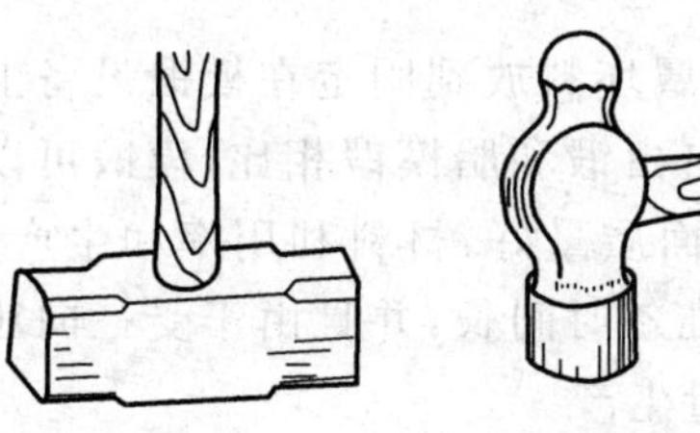

a)大锤　　b)小锤

图 3－7　手工锻工具(一)

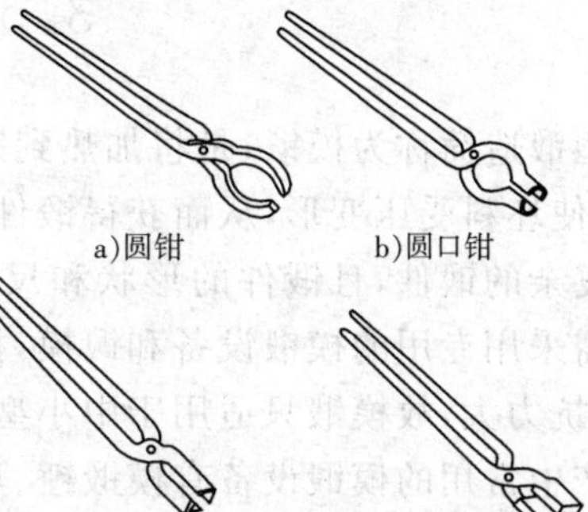

a)圆钳　　b)圆口钳

c)方口虎钳　　d)平口虎钳

图 3－8　手工锻工具(二)

3.4　胎模锻

胎模锻是在自由锻设备上使用可移动的简单模具生产锻件的一种锻造方法。胎模锻一般先采用自由锻制坯，然后在胎模中终锻成形。锻件的形状和尺寸主要靠胎膜的型槽来保证。胎模不固定在设备上，锻造时用工具夹持着进行锻打。

与自由锻比较，胎摸锻生产效率高，锻件加工余量小、精度高；与模锻相比，胎模制造简单，使用方便，成本较低，又不需要昂贵的设备。因此胎模锻曾广泛用于中小型锻件的中小批量生产。但胎模锻劳动强度大，辅助操作多，模具寿命低，在现代工业中已逐渐被模锻所代替。

常用的胎模分为摔模、扣摸、套模、合模、弯模、冲切模等。

图 3－9 所示为锻造轴套的胎模锻的典型工艺过程。

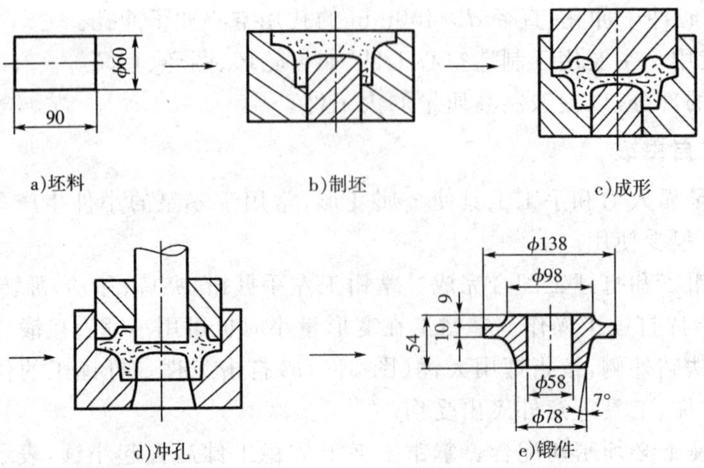

图 3-9　轴套的胎膜锻造过程

3.5　模型锻造

模型锻造简称为模锻，是将加热到锻造温度的金属坯料放到固定在模锻设备上的锻模模膛内，使坯料受压变形，从而获得锻件的方法。与自由锻和胎模锻相比，模锻可以锻制形状较为复杂的锻件，且锻件的形状和尺寸较准确，表面质量好，材料利用率和生产效率高。但模锻需采用专用的模锻设备和锻模，投资大，前期准备时间长，并且由于受三向压应力变形，变形抗力大，故模锻只适用于中小型锻件的大批量生产。

生产中常用的模锻设备有模锻锤、热模锻压力机、摩擦压力机、平锻机等。其中模锻锤工艺适应性强，设备费用较低，是目前我国使用较多的锻模设备。

图 3-10 是锤上模锻的工艺流程示意图。模锻件的成形是由坯料整体变形得到，需要很大的变形力，所以模锻锤的砧座重量比自由锻的砧座大得多，且砧座和锤身连成整体。模锻锤的轨道也较长，与锤头的配合也较精确，以保证模锻过程中上下锻模的较好配合。

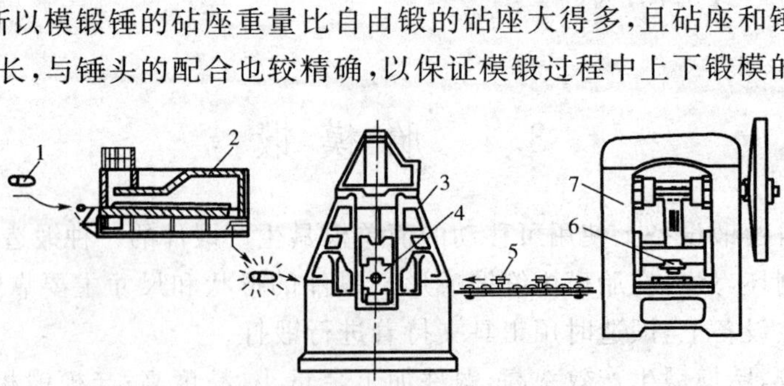

图 3-10　锤上模锻的工艺流程示意图

1—坯料　2—加热炉　3—模锻锤　4—模锻　5—带飞边的模锻件　6—切边模　7—切边压力机

模锻时，坯料经一系列打击后才能成为锻件，为了形成锻件，必须有相应的模膛。锻件的形状越复杂，锻造时所需的模膛就越多，整个锻模的尺寸也就越大，结构也越复杂。锻模还应有较高的热硬性、耐磨性和耐冲击性能，常用热模具由钢制成。锻件与模膛侧壁接触部分应带有一定斜度，称为模锻斜度，其目的是让锻件易于从模膛中取出。模膛内所有拐角变形圆滑过渡，以利于金属充满模膛，防止应力过大使模膛开裂。

为了让坯料能充满模膛和防止上、下模锻直接碰击造成锻模损坏，锻件下料时应使坯料体积大于锻件锻成的体积，终锻模膛的周边也应加工出能容纳多余金属的飞边槽，锻后再将飞边切去。图 3-11 所示的是弯曲连杆的锤锻模及其成形过程。

模锻时，锻件的通孔不能直接锻出，应留有一定厚度的连皮，以防模膛凸出部位压塌，锻后再将其切除。锻件在切边和冲孔后，通常还要进行正火或退火处理及表面清理工序，才能完成锻件制造过程。

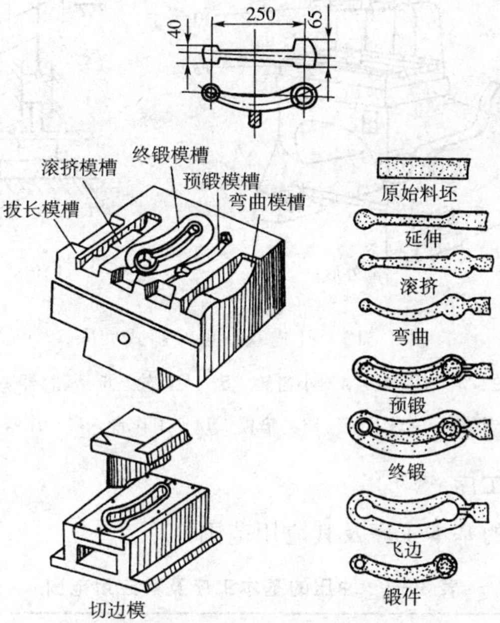

图 3-11　弯曲连杆的锤锻模及成形过程

3.6　冲　　压

冲压是使板料经分离或成形而得到制件的统称。冲压通常是在常温下进行，习惯称为冷冲压，当金属板料厚度大于 8～10mm 时，要对板料加热，称为热冲压。用于冲压的材料应具有良好的塑性，常用的材料有低碳钢、高塑性合金钢、铝及铝合金、铜及铜合金等金属材料以及皮革、塑料、胶木等非金属材料。冲压的优点是生产设备较简单，操作容易，生产率高，成本低；产品形状较复杂，尺寸准确，表面光洁；结构刚性好，重量轻；无需切削加工等。冲压工艺在汽车、电气设备、玩具及日用品的制造中被广泛应用。

3.6.1　冲压设备

常用的冲压设备有剪板机、机械压力机（冲床）、油压机和折弯机。剪板机主要是将板料切成一定宽度的条料，为下一步冲压提供备料。压力机和折弯机则是完成加工冲压制品的各道工序。用于板料冲压的通常叫做冲床，如图 3-12 所示。

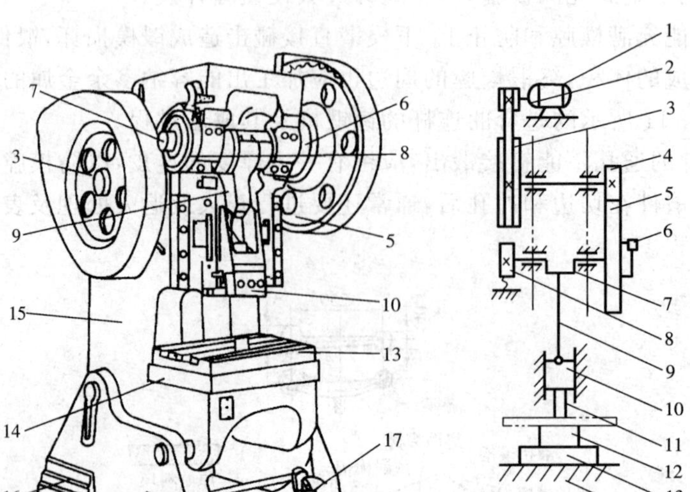

a)外形　　　　b)传动示意图

图 3 - 12　开式双柱可倾斜式冲床

1—电动机　2—小带轮　3—大带轮　4—小齿轮　5—大齿轮　6—离合器　7—曲轴　8—制动器　9—连杆　10—滑块　11—上模　12—下模　13—垫板　14—工作台　15—床身　16—底座　17—脚踏板

3.6.2　冲压的基本工序

表 3 - 2 给出了冲压的基本工序及其应用范围。

表 3 - 2　冲压的基本工序及其应用范围

名　称	定　义	示意图	应用范围
冲孔或落料	将板料在冲模刃口作用下沿封闭轮廓分离的工序称为冲孔或落料。冲孔是在工件上冲出所需孔形；落料则是从坯料上冲出所需的板形	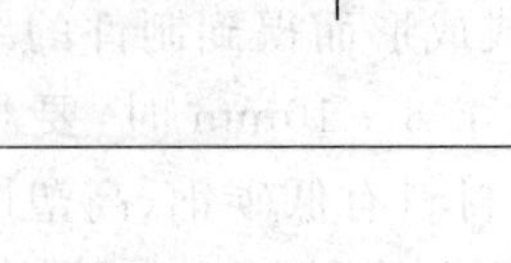	制作各种具有一定平面形状的产品或为后续工序准备毛坯
弯曲	将板料、型材或管材在弯矩作用下弯成具有一定曲率和角度的制品的成形方法		制成各种形状的弯曲件
拉深	拉深是利用模具将平板毛坯变成杯形、盒形等开口空心制件(厚度基本不变)的方法	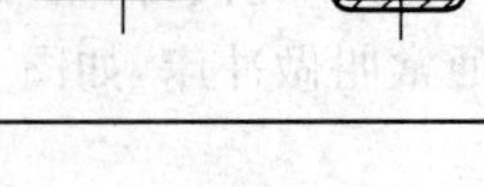	制造各种形状的中空制品

（续表）

名　称	定　义	示意图	应用范围
翻边	在毛坯的平面或曲面部分的边缘，沿一定曲线，翻起竖立直边的成形方法	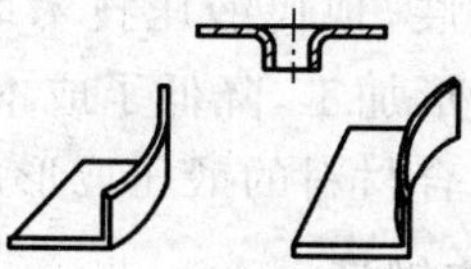	制造带凸缘或有翻边的制品，以增加产品的刚度或美观
压肋	使坯料通过变薄形成局部凸起或凹下的部分	 1-橡皮	制作出凸起的肋条，增加制件的刚度

3.6.3　冲模

冲模是实现坯料分离或变形必不可少的工艺装备。冲模按照完成工序的性质可分为冲孔模、落料模、弯曲模、拉深模等，按其组合程度又可分为简单模、连续模、复合模。

（1）简单模　简单模又叫单工序模，压力机的一次行程只能完成一道工序，如图 3－13 所示。这类模具结构简单、制造方便、成本低、通用性强，但效率较低，产品精度较低。适用于形状简单，精度要求不高的小批量冲压件生产。

（2）连续模　压力机的一次行程，在模具的不同工位上可以完成两道或两道以上冲压工序的冲模。连续模效率高而且结构较简单，生产效率也较高，适合大批量且精度要求一般的冲压件生产。

（3）复合模　在压力机的一次行程中，在模具的唯一工位上完成两道或两道以上冲压工序的冲模，如图 3－14 所示。复合模的结构紧凑、生产效率高、冲压件尺寸精度和位置精度较高，但结构复杂，造价较高，安全性不如连续模，适合大批量、高精度的冲压件生产。

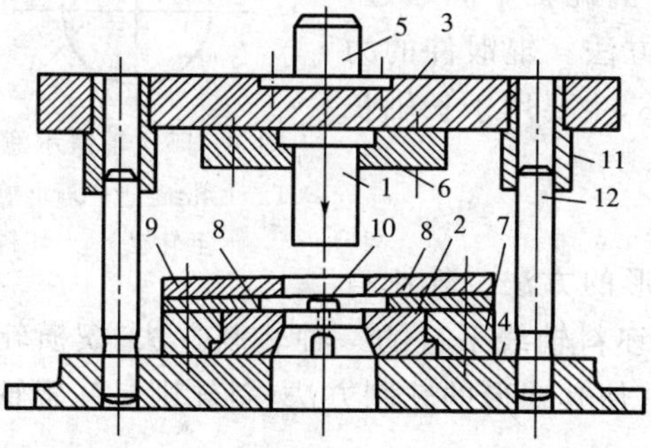

图 3－13　简单模

1－凸模　2－凹模　3－上模板　4－下模板　5－模柄　6－压板　7－压板　8－导板　9－卸料板　10－档料板　11－导套　12－导柱

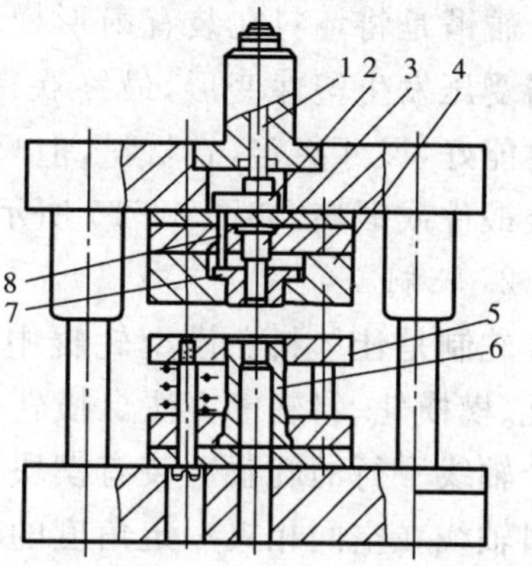

图 3－14　复合模

1－打棒　2－打板　3－凸模　4－凹模　5－卸料板　6－凸凹模　7－推块　8－推杆

3.7　锻压技术的发展及新工艺简介

随着科学技术的不断发展，现代锻压技术取得突破性进展，形成了许多先进的加工工艺，实现了近净成形、净终成形加工，降低了成本，提高了质量和精度，还突破了材料的限制，使过去难以锻压的材料或复合材料的锻压成形成为现实。

3.7.1　粉末冶金和粉末锻造

1. 粉末冶金

粉末冶金是用两种以上金属粉末经混合(或与非金属粉末混合)、压制成形和烧结，制成金属材料或零件的方法。粉末冶金的工艺过程：粉末备制、混料、压制成形、烧结、后处理。

粉末冶金的特点是无废料、生产效率高、多数可以省去切削加工。但成本较高，材料强度也低于铸件和锻件。适合制造形状复杂、性能特殊、重量小于10kg的零件，适合批量生产。常用来制造含油轴承、齿轮、凸轮、过滤器、刹车片和硬质合金刀片等，还可以制造各种特殊用途的材料和元件，如强磁性铁镍合金、继电器上的银钨触点、宇航技术中的耐热材料、原子能工业的屏蔽材料等。

2. 粉末锻造

粉末锻造是将粉末冶金和精密锻造相结合的一种金属加工方法。其工艺过程：首先应用粉末冶金法将金属原料及其他材料制成粉末，混均后用锻模压制成形，烧结后再用锻模进行锻造，经处理获得尺寸精度高、表面质量好、组织致密的锻件。粉末锻造在现代汽车制造业应用广泛。

3.7.2　回转成形

回转成形是指在坯料加工中，采用加工工具回转或坯料回转或工具和坯料同时回转的方式进行压力加工的新工艺。回转成形方法是通过对坯料进行连续的局部变形来实现工件的成形，所需设备吨位较小，易实现高速、节能和自动化。

1. 辊锻

辊锻是将坯料在装有扇形模块的一对旋转的轧辊中间通过，坯料受压发生塑性变形，最终获得锻件的锻压方法。辊锻件的力学性能好，尺寸稳定，省材料，但只能使截面变小，主要用于长轴长杆类锻件或锻坯，如图3-15所示。

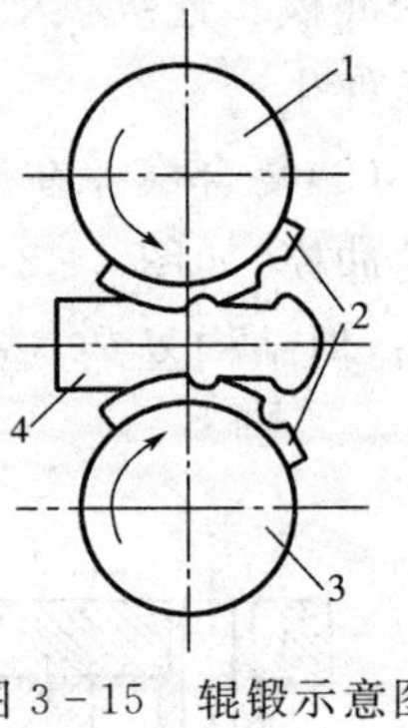

图3-15　辊锻示意图

1—上轧辊　2—扇形模块　3—下轧辊　4—坯料

2. 轧制

轧制是让坯料在模型轧辊中通过、挤压成形的方法。轧制有横轧、楔横轧、斜轧等方法。横轧是轧辊轴线与坯料轴线平行的一种轧制方法；楔横轧是在两个轴线平行的轧辊上装有楔块，用于挤压坯料使其变形的轧制方法；斜轧则是轧辊轴线与坯料轴线在空间相夹一定角度的轧制方法。

3.7.3　精密模锻

精密模锻是在普通模锻设备上直接锻造出精度可达IT10～IT12，表面粗糙度 $R_a=3.2\mu m$ 的锻件或零件的工艺方法。精密模锻的锻件无需切削加工就能直接使用。

精密模锻必须先将原始坯料经普通模锻锻成中间坯料，再对中间坯料进行严格的清理（除去氧化皮和缺陷），最后采用无氧化或少氧化加热后进行精锻。

3.7.4　超塑性成形

金属及其合金在特定的组织条件、温度条件、变形速度下进行变形时，可以出现异乎寻常的塑性（延伸率可超过 100%，甚至达到 1000%），且变形抗力也大大下降（小于平常状态的五分之一），非常容易进行成形加工，这种现象称为超塑性现象。

超塑性分为细晶超塑性（恒温超塑性）和变相超塑性（动态超塑性）等。

细晶超塑性形成的主要条件是：采用变形和热处理方法获得 0.5～5μm 的超细等轴晶粒，成形温度控制在 0.5～0.7$T_{熔}$(K)，变形速度控制在 10^{-2}～10^{-5}m/s 的低应变速率以下。

相变超塑性形成的主要条件是：在金属及合金的相变点附近经过多次温度循环和应力循环即可。在实际生产中主要应用的是细晶超塑性。

3.7.5　高速成形（高能率高成形）

高速成形，又称高能率高成形，是利用炸药或电装置在极短时间释放出的能量，通过介质以高压冲击波作用于坯料，使其产生变形和贴模的加工方法。常见的方法有：爆炸成形、电液成形、电磁成形、高速锤成形等。图 3－16 为爆炸成形的原理示意图。

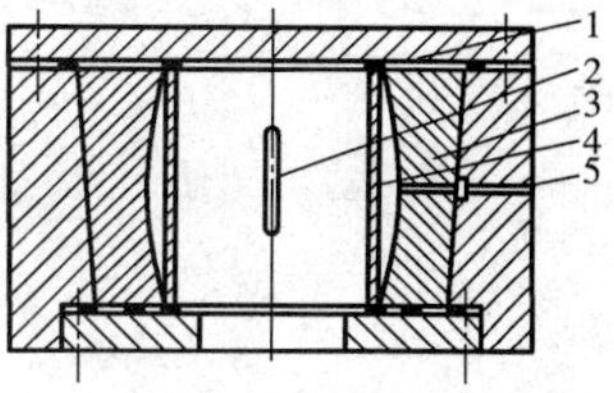

图 3－16　爆炸成形示意图

1—密封圈　2—炸药　3—凹模　4—板料　5—真空管道

3.7.6　数字化塑性成形技术

数字化塑性成形技术是指在塑性成形全过程（包括产品设计、分析和制造）中采用数字化技术，且以系统工程为理论基础的技术体系，以便实现优质、高效、低耗和清洁生产。塑性成形的数字化包括：建立以计算机图形学为基础的数字化模型，以统一的数据交换标准和工程数据库进行不同需求的交互、模型和信息共享；以数字化模型为基础，进行基于塑性成形知识的产品设计和塑性成形过程的产品性能分析；产品的数字化制造包括工艺过程和制造设备的数字化；另外，还需要系统集成和管理技术的数字化。这些数字化技术中，设计和制造数字化技术是实现塑性成形生产数字化的关键技术。

(1)模具数字化设计技术　模具设计，尤其是概念设计是产品开发和生产最重要的一环。为了提高设计质量、降低成本、缩短开发周期，近年来，提出了并行设计、协同设计、大批量定制设计等新的设计理论与方法，其中基于知识的工程设计和逆向设计技术是两项重要的支撑技术。

(2)模具数字化制造技术　数字化制造技术是模具的数字化制造和快速原型制造。模具的数字化制造除了采用 CAD/CAM 技术在铣床或加工中心完成模具制造外，缩短模具制造周期，提高切削速度是模具制造也是塑性成形技术的重要课题。一是采用高速切削加工：切削速度达到普通加工切削速度的 5～10 倍应视为高速加工。二是数据快速获取和制造：采用逆向工程，制取油泥模具原型，通过激光扫描，快速获得原型三维数据。目前有不少软件支持直接使用扫描获得的 STL 格式数据在加工中心（高速铣床）上对模具进行进行粗加工，大大缩短制造时间。

复习思考题

1. 与铸造相比,锻压在成形原理、工艺方法和应用上有什么不同?
2. 简单叙述空气锤的工作原理。
3. 锻造前为什么要给坯料加热? 加热温度是不是越高越好? 为什么?
4. 自由锻、模锻、胎模锻各有哪些特点?
5. 简述自由锻的基本工序。
6. 锻压成形有哪些新发展和新技术?

第 4 章　焊接成形技术

【实训目的与要求】

(1)了解手工电弧焊、气焊、气割的焊接特点及应用;

(2)理解交流弧焊机的性能、工作原理和主要技术参数及其对焊接质量的影响;

(3)熟悉焊条结构、性能及其应用范围;

(4)了解典型焊接结构的生产工艺和常规的焊接缺陷及控制措施;

(5)了解焊接生产的新技术新工艺。

4.1　焊接概述

焊接是通过加热、加压(或两者并用)且用或不用填充材料,使焊件形成原子间结合的一种连接方法。被焊接的材料统称为母材,它可以是同种金属也可以是异种金属。焊接在车船、桥梁、航天、机电设备、电子器件、家电制作等各种产品制造和在钢铁、能源、化工、基础建设等各业中广泛应用。

加热待焊部位并使之熔化,利用液相的相溶而实现原子间结合,即为液相焊接。除了被连接的母材(同质或异质),还可添加同质或非同质的填充材料,共同构成液相物质。

固相焊接时,必须利用压力使待焊部位的表面在固态下紧密接触,并使待焊表面温度升高(利用电阻加热、摩擦加热、超声振荡加热等,温度低于母材熔点),让金属内的原子获得能量、增大活力,从而跨越界面进行扩散,最后形成固相结合。

固—液相焊接时,待焊表面不直接接触,而是通过两者表面毛细间隙的中间液相相连接。在待焊的同质或异质固态母材与中间液相之间存在两个固—液界面,通过固液相原子的充分扩散,实现很好的原子结合。

4.1.1　焊接热源的种类

热源是实现焊接的基本条件。焊接热源要求:热量要高度集中;要能得到致密而坚韧的焊缝;焊接影响区域最小。

(1)电弧热　利用气体介质放电产生的热能作为热源,是目前焊接热源中应用最广泛的一种。如焊条电弧焊(手工电弧焊)、埋弧自动焊等。

(2)化学热　利用可燃气体(乙炔+氧)或铝、镁热剂燃烧产生的热能作为热源。

(3)电阻热　利用电流(包括高频电流)通过导体产生的热能,如电阻焊、电渣焊。用这种热源实现的焊接方法,易实现机械化和自动化操作,但耗电量大。

(4)摩擦热　由机械摩擦产生的热能为焊接热源,如摩擦焊。

(5)电子束　在真空中,利用高压、高速运动的电子轰击金属某区域,将动能转化为热能作为焊接热源,如电子束焊。

(6)激光束　通过受激辐射而使放射增强的单色光子流，即激光，经过聚焦产生能量高度集中的激光束作为焊接热源，如激光焊接。

4.1.2　焊接方法的分类

根据焊接过程的物理和工艺特性的不同，焊接方法可分为三大类，即熔化焊、压力焊和钎焊；从冶金的角度来看，焊接方法可分为液相焊接、固相焊接、固一液相焊接。

熔化焊是液相焊接，是将待焊处的母材熔化以形成焊缝的焊接方法，其中有气焊、电弧焊、电渣焊、等离子弧焊、激光焊、电子束焊等。电弧焊还可分为焊条电弧焊(手工电弧焊)、埋弧焊、气体保护焊等。常用的气体保护焊有氩弧焊、CO_2焊。

压力焊是固相焊接，焊接过程中必须对焊件施压(加热或不加热)。压力焊有电阻焊、摩擦焊、超声波焊、爆炸焊和扩散焊等。

钎焊是固一液焊接，钎焊采用比母材熔点低的金属作钎料，将焊件和钎料加热到高于钎料熔点、低于母材熔点，利用液态钎料填充间隙，通过固一液相原子的充分扩散，实现很好的原子结合，连接焊件。常用的钎焊方法有烙铁钎焊、火焰钎焊、炉中钎焊、感应钎焊、盐浴钎焊和真空钎焊。

4.1.3　焊接的特点

焊接的连接属于不可拆卸的连接，与铆接等其他连接方法相比，具有设备简单、操作方便、节省材料、生产效率高、适应范围广、连接性能良好、易于机械化和自动化等优点。与铸造、锻压成形相比，焊接可以以小拼大、以简拼繁，尤其适合制造大型或结构复杂的构件。焊接还可以制成多金属构件，从而可节省大量贵重金属。但焊接也存在焊接缺陷，如焊接后焊件会存在残余应力、会发生焊件变形，有些材料之间的焊接困难等。

4.2　焊条电弧焊(手工电弧焊)

电弧焊是利用电弧作为热源的熔焊方法。用手工操作焊条运动，进行焊接的电弧焊称为焊条电弧焊，俗称手工电弧焊。焊接电弧是在电极(焊条)与焊件(母材)的间隙内产生强烈、持久的气体放电现象。放电通过的电压较低(几十伏)、电流大(几十至几百安)、温度高。

焊接电弧由阴极区、弧柱区、阳极区组成。阴极区是电子发射区，产生的热量较少，约占整个电弧的36%，平均温度为2400K；阳极区表面受高速电子撞击，产生较大能量，占电弧热量的43%，平均温度2600K；弧柱区长度几乎等于电弧长度，但产生的热量仅占电弧热量的21%，弧中心的温度高达6000K左右。

4.2.1　焊条电弧焊的过程

焊条电弧焊(手工电弧焊)的焊接过程如图4－1所示。导线分别将焊钳和焊件接到电源两极，焊钳夹持焊条。焊接时，在焊条7和焊件1间引燃电弧，电弧高温使焊条下端和焊件待焊处局部熔化形成熔池10。手工操作焊条，使电弧渐渐按V_1方向移动，同时调整V_2，保持电弧的长度，新的熔池不断形成，原先熔池内的金属则冷却为焊缝。焊条上的药皮熔化时会产生气体5和液态熔渣4，产生的气体能隔绝空气，液态熔渣浮在液态金属表面保护金属。此外，熔渣凝固的温度低于液态金属的结晶温度，焊接过程产生的杂质和气体能从熔池金属中不断排到熔渣和大气中，熔渣凝固后均匀覆盖在焊缝上面。

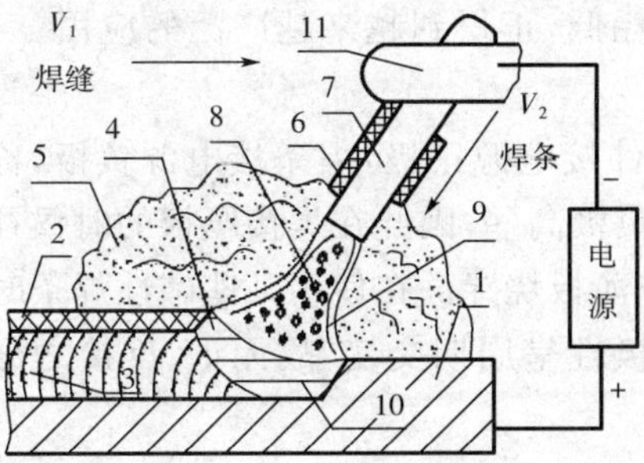

图 4-1　焊条电弧焊的焊接过程

1—母材　2—渣壳　3—焊缝　4—液态熔渣

5—保护气　6—药皮　7—焊心　8—熔滴

9—电弧　10—熔池　11—焊钳

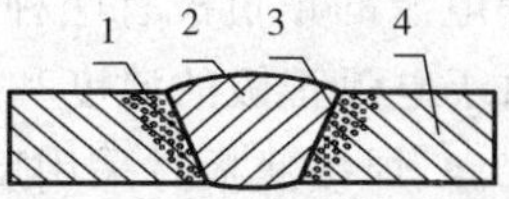

图 4-2　焊接接头的构成

1—热影响区　2—焊缝

3—熔合区　4—母材

在焊接或切割中，材料受热发生金相组织、力学性能变化的区域，称为焊接热影响区；焊缝与母材交接的过渡区，称为熔合区。焊缝、热影响区和熔合区构成焊接接头，如图 4-2 所示。

4.2.2　焊条电弧焊的设备

焊条电弧焊（手工电弧焊）设备主要是专用的焊接电源。电源分交流和直流两大类。与一般电力电源不同，弧焊电源的负载是电弧，电源必须具备特殊的电气性能，如合适的空载电压、具有陡降特性、良好的动特性以及灵活的调节性能等。

1. 常用的焊条电弧焊电源（电焊机）（如图 4-3 所示）

（1）交流弧焊机，也称弧焊变压器，它是一种降压变压器，结构简单、价格较低、效率高，但电弧稳定性较差。常见的交流弧焊机型号有 BX1－250、BX3－500、BX6－315 等。型号中的 B 表示弧焊变压器，X 表示下降外特性，1、3、6 分别表示品种系列序号，250、500、315 表示额定电流分别为 250A、500A、315A。

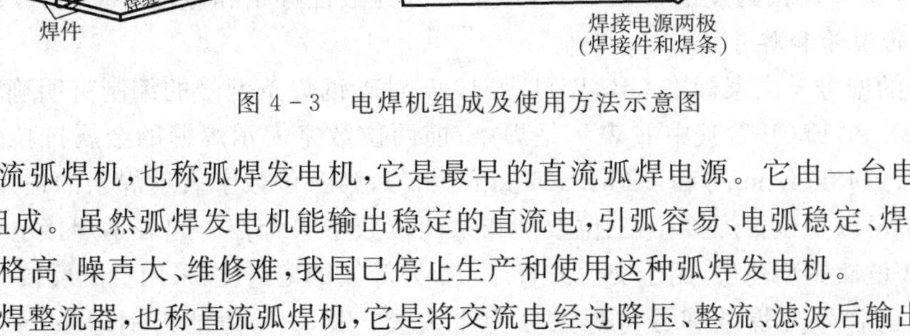

图 4-3　电焊机组成及使用方法示意图

（2）直流弧焊机，也称弧焊发电机，它是最早的直流弧焊电源。它由一台电动机和特殊的发电机组成。虽然弧焊发电机能输出稳定的直流电，引弧容易、电弧稳定、焊接质量高，但效率低、价格高、噪声大、维修难，我国已停止生产和使用这种弧焊发电机。

（3）弧焊整流器，也称直流弧焊机，它是将交流电经过降压、整流、滤波后输出的直流弧焊电源。常用的弧焊整流器的整流元件有硅二极管和晶闸管两种。前者有 ZXG－400 型，Z 表示弧焊整流器、G 表示硅整流元件；后者有 ZX5－315 型等。弧焊整流器正被广泛的使用。

（4）弧焊逆变器，也称逆变式弧焊机，它是近年迅速发展起来的新一代弧焊电源，由于其直流输出电流波动小、电弧稳定、体积小、能耗低，正得到越来越广泛的应用。

2. 直流弧焊电源的接线

直流弧焊电源的正负极有两种接法。焊件接电源正极，焊条接电源负极，称为正接；反之称为反接。由于电弧正极的温度和热量比其负极高些，因此在焊接厚板的时候往往采用正接，能获得较大熔深，焊接薄板时采用反接以防止薄板烧穿。在使用某些碱性焊条时只能反接。

使用交流弧焊电源时，由于其输出端的极性呈周期交变，故无正、反接之分。

3. 弧焊电源的主要技术参数

弧焊电源(电焊机)上的铭牌标出的技术参数含义如下：

(1)一次电压：指电源接入电网中的电压，一般弧焊变压器的一次电压为单相380V，弧焊整流器的一次电压为三相380V。

(2)空载电压：指弧焊电源打开，未进行焊接时的输出电压，一般为50～80V。

(3)工作电压：指弧焊电压在焊接时的输出电压，也可视为电弧电压，一般为20～40V。

(4)电流调节：范围弧焊电源在正常状态时，能够提供的焊接电流范围。

(5)负载持续率：指弧焊电源平均有负载时间，占规定的工作周期(焊条电弧焊规定为5min)的百分数。

(6)额定焊接电流：指弧焊电源在焊接时，许用的最大焊接电流。

4.2.3 焊条

1. 焊条的构成及其功用

焊条由焊芯和药皮构成。焊芯是一根具有一定长度和直径的金属条。其作用有两个：一是作为传导电流，形成电弧的电极；二是作为焊缝的填充金属。焊芯直径即为焊条直径，焊芯长度即为焊条长度。

药皮是压涂在焊芯周围的涂料层，由矿物质、铁合金粉、有机物和粘合剂构成。药皮的作用：一是可以使电弧稳定燃烧、少飞溅、焊缝成形好；二是药皮中的造气剂熔化时放出气体，可以隔离空气保护电弧空间。药皮中的造渣剂熔化后可以产生熔渣并覆盖在熔池上，保护熔池。三是药皮中的脱氧剂、合金剂，可以通过冶金反应去除有害杂质(氧、氢、硫、磷)，添加合金元素、改善焊缝力学性能。

2. 焊条的种类

焊条可分为碳钢焊条、低合金焊条、不锈钢焊条、铸造焊条、堆焊焊条、铜和铜合金焊条、铝和铝合金焊条等。按药皮的性质划分，焊条可分为酸性焊条和碱性焊条两大类。

3. 焊条的型号和牌号

(1)焊条的型号　国家标准GB/T5117－1995对碳钢焊条型号的编制有明确规定。如常用焊条“E4303”和“E5015”：其中E表示是焊条；前两位数字表示焊缝的金属抗拉强度最小值分别为420MPa(43kgf/mm^2)和490MPa(50kgf/mm^2)；第三位数字表示焊条的适用焊接位置，如0和1表示可以全位置焊接；第三位数字和第四位数字组合在一起表示焊接电源种类和药皮类型，如03位钛钙型药皮，用于交流或直流，15为低氢钠型药皮，采用直流反接。

(2)焊条的牌号　焊条牌号将焊条分为十大类。第一类为结构钢焊条，如牌号J422、J507。牌号中J表示结构钢焊条；前两位数字42、50表示焊缝金属抗拉强度不低于420MPa和490MPa；第三位数字表示药皮类型和焊接电源的种类，如2为钛钙型药皮，用于交流或直流，7为低氢钠型药皮，采用直流反接。可见，J422符合E4303，J507符合E5015。

4. 焊条的选用

焊条按药皮熔渣化学成分分为酸性焊条和碱性焊条。

酸性焊条交流、直流两用，焊接工艺性能好，焊缝美观，但焊缝的力学性能，特别是冲击韧度差，适用于低碳钢和低合金结构钢的焊接，如焊条 E4303(J422)等。

碱性焊条具有良好的力学性能，特别塑性、参加韧性较高，但焊接工艺性能较差，一般用于直流焊接，主要适于合金钢、低合金钢及承受动载荷的结构焊接，如焊条 E5015(J507)。

焊条选用基本原则为：要求焊缝和母材应具有相同的使用性能。结构钢只需满足其力学性能，可根据母材的抗拉强度选用。对于承受冲击和动载等构件或母材，凡焊接性能差、环境温度低、焊件厚度大等易产生裂纹的，应选用碱性焊条。

4.4.2　焊条电弧焊工艺

1. 焊接时的位置

熔焊时，两焊接件需焊接处的空间位置，称为焊接位置。焊接位置有平焊、立焊、横焊和仰焊，如图 4-4 所示。平焊时熔化金属不易外流、操作方便、效率高、焊缝质量易保证，应尽可能采用平焊位置。

2. 焊接接头形式与坡口形式

焊接接头的基本形式有对接、搭接、角接、形接等，如图 4-5 所示。

常用坡口形式：焊件较厚时，为使焊缝焊透、连接牢固，在焊前把需要在待焊处加工成一定的几何形状，称为坡口。对接焊接头常见的坡口形式有 I 形坡口、V 形坡口、X 形坡口、U 形坡口，如图 4-6 所示。加工坡口时，常在厚度方向留有直边，以防烧穿。

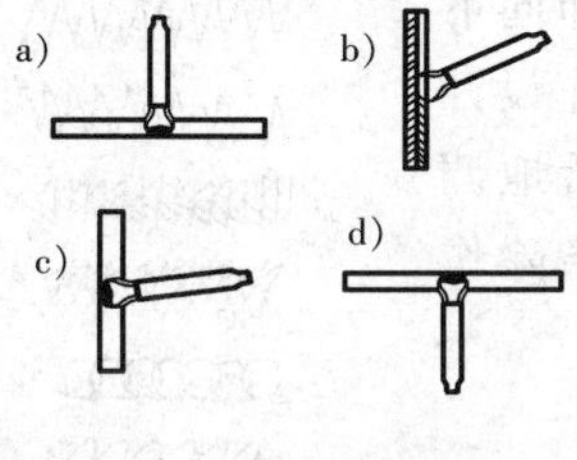

图 4-4　焊接位置

a)平焊；b)立焊；c)横焊；d)仰焊

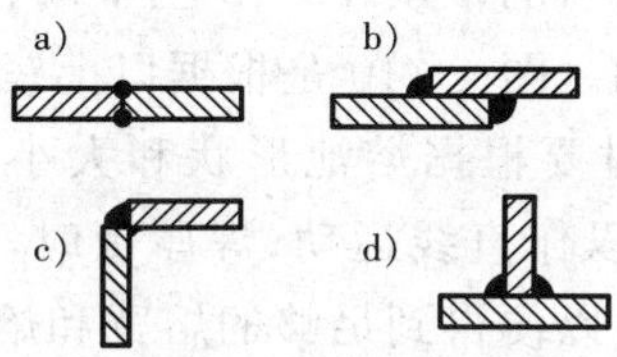

图 4-5 焊接接头基本形式

a)对接；b)搭接；c)角接；d)T 形接

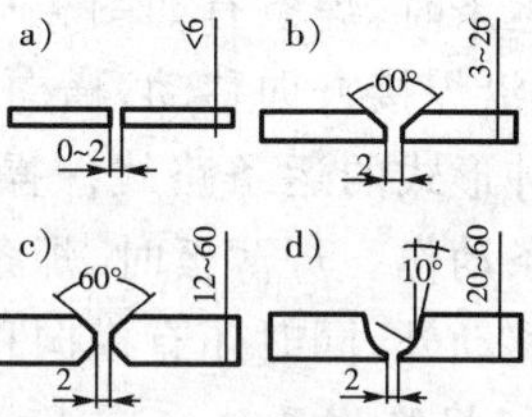

图 4-6　常见坡口形式

a)I 形坡口；b)V 形坡口
c)X 形坡口；d)U 形坡口

3. 焊接工艺参数

焊条电弧焊(手工电弧焊)的工艺参数有：

(1)焊条直径　焊条直径要根据焊接厚度选定，多层焊的第一层焊缝和非平焊，应采用较细的焊条。

(2)焊接电流　焊接电流要根据焊条直径调节，有经验公式：$I=(25\sim55)d$，其中 I 为焊接电流，单位 A；d 为焊条直径，单位 mm。生产中应通过试焊来调节电流。电流过小，电弧不稳，效率低，易产生夹渣、未焊透等缺陷。电流过大，易产生咬边、烧穿等缺陷及焊条发红、药皮脱落等。

(3)电弧电压　电弧电压主要取决与电弧长度(高度)。电弧长，电弧电压高；反之电压低。应尽量采用短弧焊接，一般弧长不超过焊条直径。

(4)焊接速度　焊接速度是焊接时焊条沿焊接方向移动的速度，一般要求操作人员根据具体情况适度掌握。在保证焊接成形和焊接质量的前提下，应尽可能提高焊接速度。

4.2.5　焊条电弧焊操作技术

1. 引弧焊条

电弧焊常用的引燃电弧的方法有两种，即敲击法和摩擦法，如图 4－7 所示。

敲击法不损坏焊件表面，是焊接中常用的方法，但引弧的成功率较低。摩擦法操作方便，引弧成功率高，但易损坏焊件表面，较少采用。引弧时如发生焊条与焊接粘在一起，可以左右摇动将焊条拉开。引弧前要将焊条端部的焊药皮敲去，易于导电。

2. 焊条角度和运条方法

掌握焊条与焊件之间的运行角度和正确地运动焊条是保证焊接顺利的基本动作。平焊时焊条与工件的角度如图 4－8 所示。

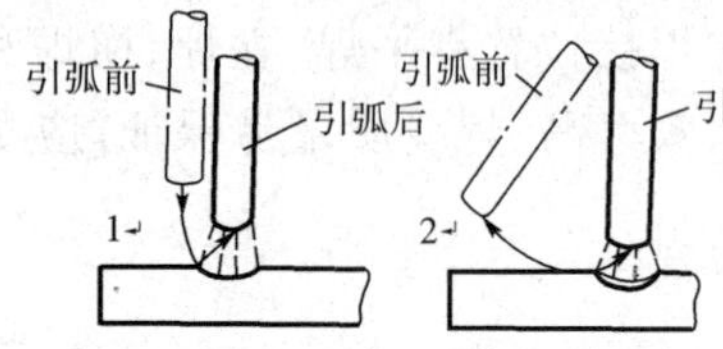

图 4－7　引弧方法

1—敲击法　2—摩擦法

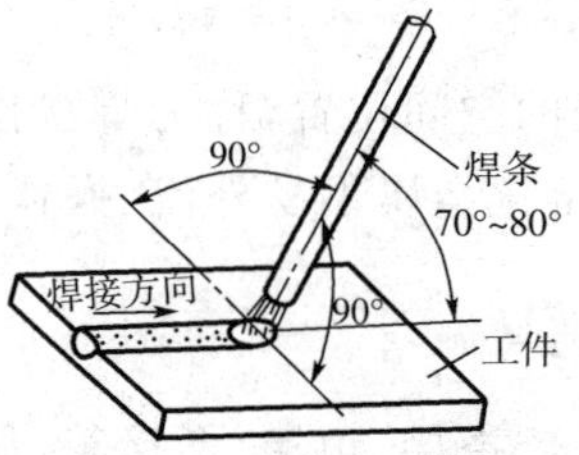

图 4－8　平焊时的焊条角度

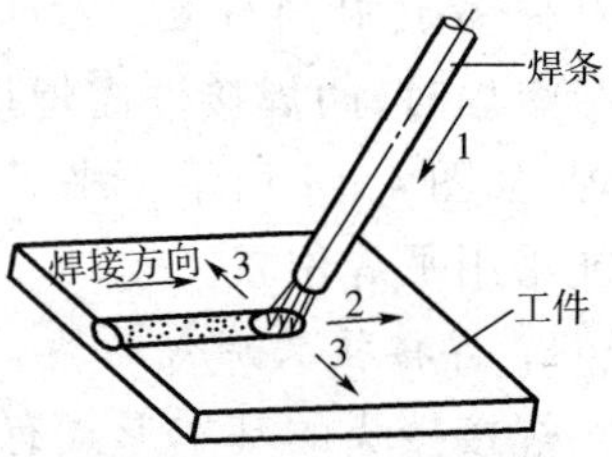

图 4－9　运条基本动作

1—向下送进　2—沿焊接方向移动　3—横向移动

运条时，焊条有如图 4－9 所示的依次 1、2、3 三个动作，即向下送进，沿焊接方向移动，横向移动。图 4－10 是根据以上三动作设计的各种形式的运条路线。操作时要根据熔池形状和大小灵活地调整运条动作。焊薄板时，焊条可以作直线运动；焊厚板时，焊条除作直线移动外，同时还有横向移动，以便得到足够的熔宽和熔深。

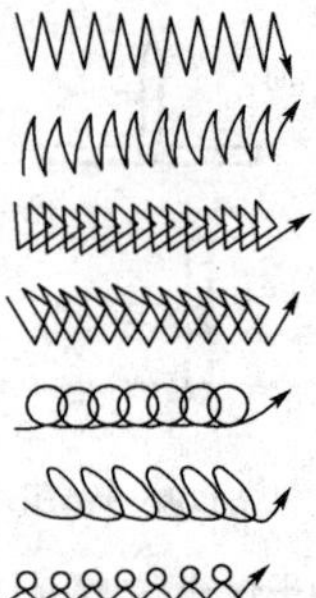

图 4－10　几种常用的运条路线

3. 焊缝收尾

焊缝收尾时，焊缝末尾的弧坑应当填满。通常是将焊条压近弧坑，在弧坑上方停留片刻，弧坑填满后，逐渐抬高电弧，使熔池逐渐缩小，最后拉断电弧，常见的焊缝收尾方法如图4－11所示。

画圈收尾法是手腕作圆周运动，直到弧坑填满断弧；反复断弧法是在弧坑处反复熄弧和引弧，直到填满弧坑；回焊收尾法是焊条移到收尾处，即停止移动，但不熄弧，仅适当改变角度，待弧坑填满后断弧。

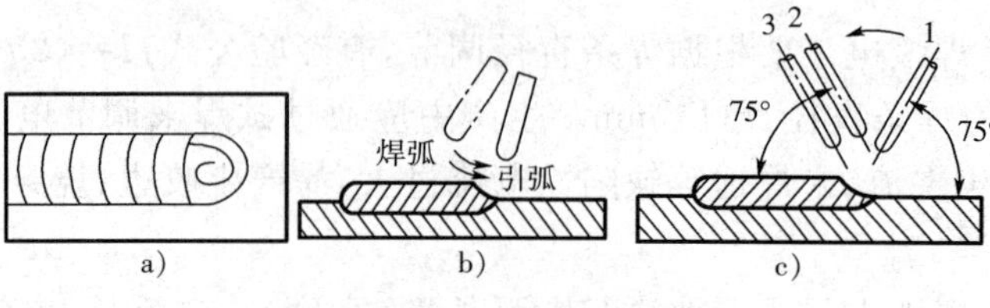

图 4－11　焊缝收尾的方法

a)画圈收尾法；b)反复断弧收尾法；c)回焊收尾法

4.3　气　焊

气焊是利用气体火焰作为热源的焊接方法，如图 4－12 所示。气焊一般常用乙炔(C_2H_2)为燃烧气体，氧气是助燃气体，也可用氢气、煤气、石油气作为燃烧气体。气焊多用于厚度 3mm 以下的钢板、小管的焊接和铸铁补焊，对于要求不高的不锈钢以及铝、铜及其合金等非铁金属的焊接也可以用气焊。气焊的填充料为焊丝，如钢焊件就用铁丝。

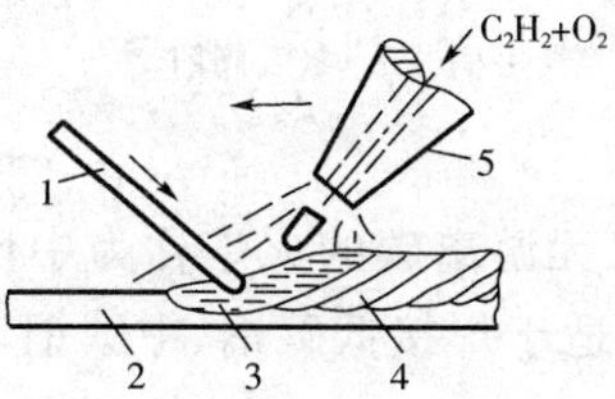

图 4－12　气焊示意图

1—焊丝　2—焊件　3—熔池　4—焊缝　5—焊嘴

4.3.1　气焊设备

1. 氧气瓶

氧气瓶是存储和运输氧气的高压容器。瓶体表面为天蓝色加“氧气”两个黑字。氧气瓶要放置稳定可靠，不得靠近热源，不得与其他气体混放，切勿撞击、敲打和烤晒。

2. 乙炔瓶

存储乙炔的容器。瓶体表面涂白色，并有“乙炔”、“火不可靠近”等字样。使用乙炔瓶时，除遵守氧气瓶使用要求外，还要注意乙炔瓶只能直立，瓶体温度不得超过 30℃～40℃，不能与其他气体混放。

3. 减压器

是用来调节、稳定气体压力的装置，不同气体有不同的减压器。

4. 回火防止器

是防止混合气体回烧的安全装置。正常焊接时，气体火焰在焊嘴外燃烧，但如果气压不稳、焊嘴过热等原因，火焰会进入焊嘴进行逆向燃烧，即“回火”，引起事故。回火防止器就是截住逆向燃烧气体、断绝乙炔来路，保证安全。

5. 焊炬

是控制气体混合比、流量及火焰，并进行焊接的工具，如图 4－13 所示。氧气和乙炔由各自阀门调节流量，进入混合管后，由焊嘴喷出并点燃火焰。低压式(射吸式)焊炬应用较广，结构如图 4－13 所示。每种焊炬可以配不同孔径的焊嘴备用。

4.3.2　气焊火焰

乙炔和氧混合燃烧形成的火焰称为氧乙炔焰。改变氧和乙炔的输出比例，可得到三种不同性质的火焰，如图 4－14 所示。

1. 碳化焰

火焰中含有游离碳，具有较强的还原作用，有一定渗碳作用的火焰称为碳化焰。碳化焰火焰较长，分焰心、内焰、外焰三部分，最高温度 2700℃～3000℃。碳化焰适用于焊接高碳钢、铸铁、高速工具钢和硬质合金等。

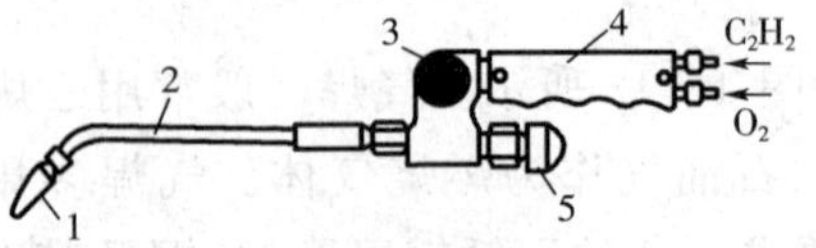

图 4－13　低压式焊炬

1－焊嘴　2－混合管　3－乙炔阀门　4－手柄　5－氧气阀门

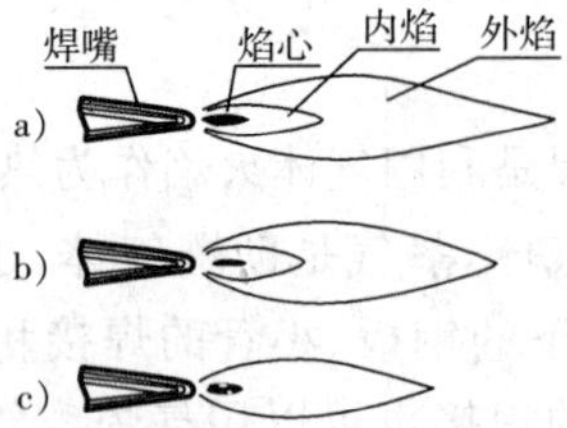

图 4－14　气焊火焰

a)碳化焰；b)中性焰；c)氧化焰

2. 中性焰

在一次燃烧区内无过量氧又无游离碳的火焰称为中性焰。它也有焰心、内焰、外焰，最高温度可达 3150℃，火焰略短。适于焊接低碳钢、中碳钢、底合金钢、不锈钢和紫铜、铅、锡、铝及铝合金等。

3. 氧化焰

火焰中有过量的氧，在尖形焰心外形成一有氧化作用的富氧区的火焰，称为氧化焰。氧化焰燃烧剧烈，火焰短，只有焰心和外焰两部分，最高温度约为 3100℃～3300℃。由于氧气过剩，对熔池有强烈的氧化作用，一般不采用。但在焊接黄铜、镀锌铁皮、镀锌管时采用轻微氧化焰，利用熔池表面形成薄氧化层，阻止锌的蒸发。

4.4　其他焊接方法

4.4.1　气体保护焊

焊条电弧焊(手工电弧焊)是以熔渣保护焊接区域的。由于熔渣中含有氧化物，焊接易氧化的金属，如高合金钢、铝及铝合金时，焊接质量较差。气体保护焊则是利用特定的某种气体作为电弧介质并用于保护电弧和焊接区域以取得高质量焊缝的电弧焊接方法。常用的保护气体有氩气和二氧化碳气两种。

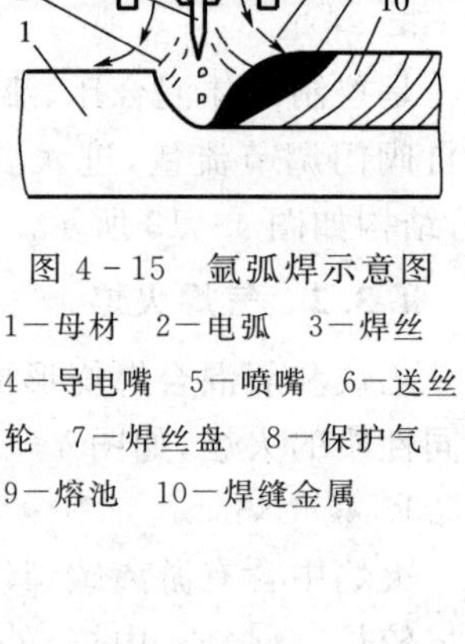

图 4－15　氩弧焊示意图

1－母材　2－电弧　3－焊丝　4－导电嘴　5－喷嘴　6－送丝轮　7－焊丝盘　8－保护气　9－熔池　10－焊缝金属

1. 氩弧焊

氩弧焊是以氩气作为保护气体的电弧焊。按照电极结构不同，分为熔化极氩弧焊(MIG)和不熔化极氩弧焊(TIG)两种。如图 4－15 所示，熔化极氩弧焊采用焊丝作为电极，焊接过程可以手工操作，也可以自动化或半自动化操作；非熔化极氩弧焊一般用高熔点的钍钨棒做电极，故称钨极电弧焊，根据需要决定是否另加填充焊丝。

由于氩气是惰性气体，保护效果好，焊接质量高，但氩气价格较贵，焊接设备也较复杂，成本较高。氩弧焊适用于焊接不锈钢、耐热钢、高强钢和各种有色金属及其合金。

2. 二氧化碳气体保护焊

它是以 CO_2 作为保护气体的焊接方法。它用连续送进的焊丝为电极，按焊丝直径不同可分为细丝和粗丝两种，前者适用于焊接 0.8～4mm 薄板，后者适用于焊接 5～30mm 的中厚板。目前应用较多的是半自动 CO_2 保护气体焊。

CO_2 保护气体焊接成本低，焊接质量好，生产率高，容易操作，易于自动化，可全位置焊接。CO_2 保护气体焊，具有一定的氧化作用，不适用焊接有色金属和高合金钢。另外 CO_2 对电弧有冷却作用，为保证电弧稳定，采用直流反接。

CO_2 保护气体焊除应用于结构钢的焊接外，还用于耐磨零件堆焊、铸钢件补焊。

4.4.2　埋弧自动焊

埋弧自动焊是电弧在焊剂层下燃烧，利用机械自动控制焊丝送进和电弧移动的一种电焊方法。焊缝形成过程如图 4-16 所示。引弧后，电弧热使周围的焊剂熔化局部蒸发，产生的气体将电弧周围的熔渣排开，形成一个封闭的气室，气室被熔渣包围，有效地隔离了空气，使电弧更集中、弧光不再辐射出来。此外，焊丝无涂料，熔渣膜阻止飞溅，故可以用大电流进行焊接，埋弧焊的生产率和熔深较焊条电弧焊高得多。

埋弧焊生产效率高，节省材料和电能，焊接质量好，劳动条件好。常用于 6～60mm 钢板的长直缝与较大直径的环形焊接，主要焊接碳素结构钢、低合金结构钢、不锈钢、耐热钢及复合钢材等。埋弧焊一般只宜在平焊位置焊接，适应性较差，且成本较高。

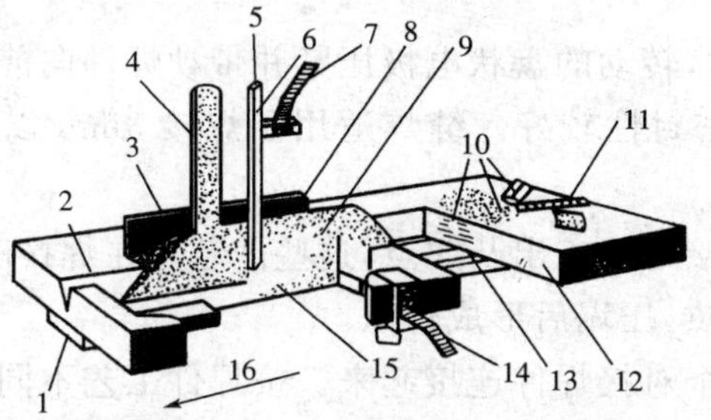

图 4-16　埋弧焊的焊接过程

1—衬垫　2—坡口　3—焊剂挡板　4—给焊剂管　5—接送丝机　6—焊丝　7—电极电缆　8—颗粒状焊剂　9—已熔焊剂　10—渣壳　11—焊缝面　12—母材　13—焊缝金属　14—电极电缆　15—熔融焊缝金属　16—焊接方向

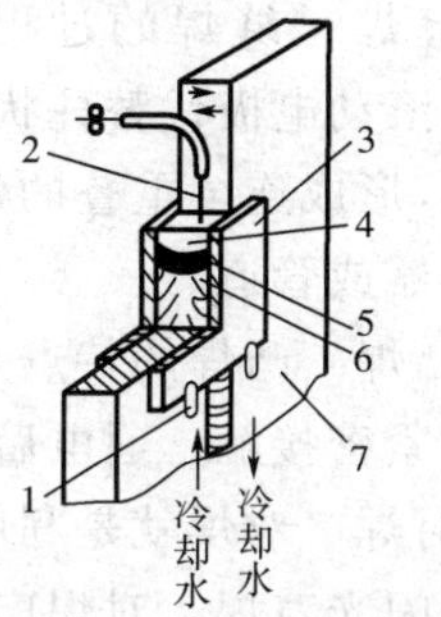

图 4-17　电渣焊示意图

1—冷却水管　2—焊丝　3—冷却滑块　4—渣池　5—熔池　6—焊缝　7—焊件

4.4.3　电渣焊

电渣焊是利用电流通过液体熔渣所产生的电阻热进行焊接的方法，图 4-17 为电渣焊过程示意图。焊前须将工件垂直放好，在两工件间留 20～40mm 的间隙，在工件下端装有起焊槽，上端装引出板，并在工件两侧面装有强迫焊缝成形的水冷成形装置。开始焊接时，使焊丝与起焊槽起弧，不断加入少量固态焊剂并熔化，形成液态熔渣，待渣池达到一定深度，再增加焊丝进给速度，降低焊接电压，结果焊丝插入渣池，电弧熄灭，开始电渣焊接过程。

电渣焊可以一次焊接很厚的工件，常焊的板厚在 30～500mm。电渣焊以立焊位置焊接。它不易产生气孔、夹渣和淬火裂缝等现象，一般适于焊接 30mm 以上的钢材和铁基金属，焊后要进行正火或回火处理。

4.4.4　电阻焊

电阻焊、摩擦焊、超声波焊等是常见的压力焊接方法。

电阻焊是利用电流通过焊接接头的接触面及临近区域产生的电阻热，把焊件加热到塑性状态，再在压力作用下达到原子间距离，形成牢固接头的一种压力焊方法。电阻焊的条件是大电流和低电压的配合。

电阻焊的基本形式有点焊、缝焊、凸焊和对焊等，如图 4－18 所示。

（1）点焊　点焊时将焊件搭接并压紧在两个柱状电极间，然后接通电源，焊件间接触面的电阻热使该点熔化成熔核，溶核周围的金属也被加热产生塑性形变，形成一个塑性环，阻止了周围气体对溶核的入侵和熔化金属的流失。断电后，在压力下凝固结晶，形成一个组织致密的焊点。

点焊方法很多，有双面单点焊、单面双点焊、双面多点焊。其中双面单点焊焊接质量高，应优先采用。点焊主要用于 4mm 以下的薄板结构和钢筋结构等。

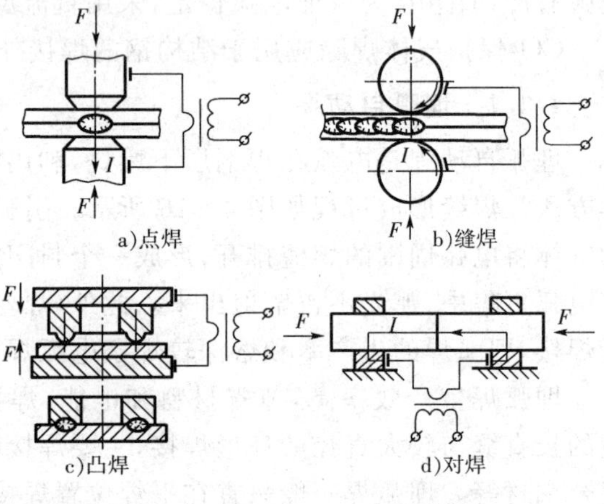

图 4－18　电阻焊的基本形式

（2）缝焊　缝焊的过程与点焊相似，只是盘状滚动电极代替柱状电极。焊接时，转动的盘状电极压紧并带动焊件向前移动，配合断续通电，形成连续重叠的焊点，其焊缝密封性较好。缝焊适用于焊接 3mm 以下，要求密封性的容器或管道。

（3）凸焊　凸焊的特点是预先在要焊接处加工出凸起点，这些凸起点在焊接时和另一个被焊工件紧密接触。通电后，凸起点被加热，压塌后形成焊点。

（4）对焊　对焊就是利用电阻热将两个对接焊件连接起来。按焊件工艺不同，可分为电阻对焊和闪光对焊。对焊广泛用于焊接杆状和管状零件。

4.4.5　钎焊

钎焊是采用比母材熔点低的金属材料做钎料，将焊件（母材）与钎料加热到高于钎料熔点，低于母材熔点的温度，利用液态钎料润湿母材，通过毛细作用填充接头间隙并与母材相互扩散，冷却凝固后形成焊接头的焊接方法。

按钎料的熔点不同，钎焊方法又可以分为硬钎焊和软钎焊。

硬钎焊的钎料熔点在 450℃以上，常采用铜基和银基钎料。硬钎焊接头强度高（大于 200MPa），主要用于接头受力较大、工作温度较高的焊件，如零件的连接、刀具的焊接等。

软钎焊的钎料熔点在 450℃以下，常用的是锡基钎料。软钎焊接头强度较低，主要用于接头受力不大、工作强度较低的焊接，如电子元件和线路的连接等。

钎焊与熔焊相比，加热温度低，接头金属组织性能变化小、变形小、尺寸易保证，接头光整、气密性好；生产率高，易实现机械化自动化；可以焊接异种金属甚至连接金属与非金属；还可以焊接一些形状复杂的接头。但钎焊接头强度低、耐热性差、焊前准备麻烦。目前，钎焊主要用于焊接电子元件、精密仪器、仪表、精密机械等。

4.4.6　摩擦焊

摩擦焊是利用工件接触面相对旋转、相互摩擦产生热使端部达到热塑性状态，然后迅速顶锻实现焊接的一种固相压焊过程，如图4-19所示。摩擦焊分连续驱动摩擦焊和惯性摩擦焊两种。

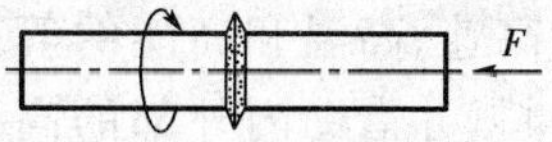

图4-19　摩擦焊接过程示意图

摩擦焊适合焊接圆形截面的对接焊件，焊接质量稳定、生产率高、成本低，可焊异种金属，易实现机械化、自动化。但焊机一次性投入较大。

4.5　切　割

使固体材料分离的方法称为切割。切割往往是焊接的前道工序，一些切割原料和工具又与焊接相似，工程材料切割的方法很多，大致可分为冷切割和热切割两大类。冷切割是在常温下进行，如剪切、锯切、铣切、水切割等；热切割是利用热能使材料分离，常见的有气体火焰切割、等离子弧切割、激光切割等。

4.5.1　气体火焰切割

利用气体热能将金属分离的方法叫气体火焰切割，简称气割，它与气焊有本质的不同。气割除必须使用氧气外，还需使用可燃气体，如乙炔、丙烷、甲烷或氢等。下面以氧－乙炔切割为例，介绍气割。气割的过程如图4-20所示。

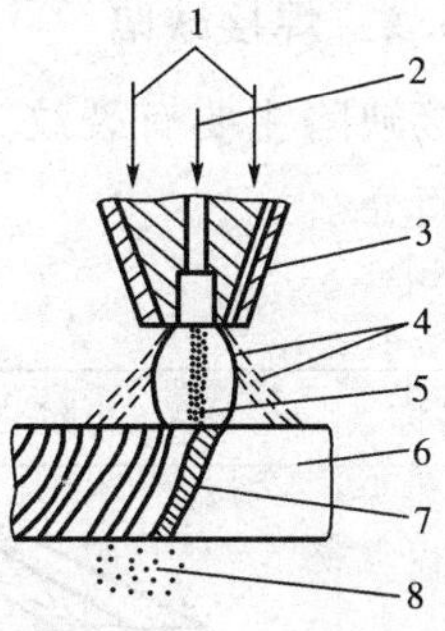

图4-20　气割示意图
1－氧气、乙炔　2－氧气流　3－割嘴
4－预热火焰　5－气割氧气　6－工件
7－预热区　8－熔渣

气割开始时，先用气体火焰将待气割处金属预热到燃点，然后打开气割氧阀门，纯氧射流使高温金属燃烧，金属燃烧的氧化物熔渣被高压氧吹走，形成切口。金属燃烧放出大量的热又去预热待切割金属，故气割过程是预热——燃烧——吹渣——形成切口，不断重复的过程。

气割设备中，除用割炬代替焊炬外，其他设备与气焊相同。各种型号的割炬，配有几种大小不同的割嘴，用于切割不同厚度的金属。

金属材料只有满足下列条件，才能进行气体切割：

(1)金属的燃点应低于熔点，否则会先熔化，变切割为熔割，切口会很不整齐。

(2)燃烧生成金属氧化物的熔点应低于金属本身熔点，且流动性好，便于将氧化物及时熔化吹走。

(3)金属燃烧时放出的热量要多，金属的热导性要低，以保证待割金属得到足够的预热温度，切割能持续进行。

满足以上条件的材料有纯铁、低碳钢、中碳钢和低合金钢等。高碳钢、铸铁、高合金钢、有色金属及其合金，均难于进行气割。

4.5.2　等离子弧切割

等离子弧是借助冷喷嘴对电弧的约束，弧柱截面减少，电流密度大增，弧内电离度剧增，即为等离子弧。等离子弧切割原理如图 4－21 所示。利用高速、高温和高能的等离子气流来加热和熔化被切割材料，并借助内外部的高速气流（或水流）将熔化金属排开，直到形成切口。

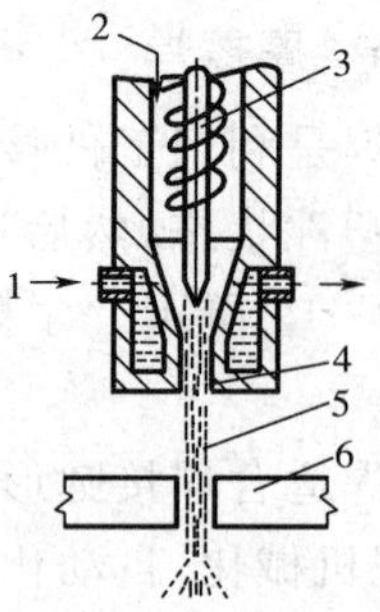

图 4－21　等离子弧切割示意图

1—冷却水　2—等离子气　3—电极
4—喷嘴　5—等离子弧　6—工件

等离子弧柱的温度可达 10000℃～30000℃，远远超出金属或非金属的熔点，其切割不是依靠氧化反应，而是靠熔化金属或非金属材料来进行切割，因此适用范围比气割大得多。其切口窄、切割面质量好、切割速度快，切割厚度可达 150～200mm。随着空气等离子弧技术的发展，用空气等离子弧切割 20mm 以下的碳钢和低合金钢，其综合效益已超过氧－乙炔切割。

等离子弧切割可以切割各种金属材料和花岗岩、碳化硅、耐火砖、混凝土等。

4.6　焊接缺陷和焊接变形

4.6.1　焊接缺陷

焊接缺陷主要有裂纹、气孔、夹渣、咬边、未焊透和焊漏和烧穿等。表 4－1 为常见焊接缺陷的简介。

表 4－1　常见焊接缺陷产生的原因

缺陷名称	简图	说明
裂纹	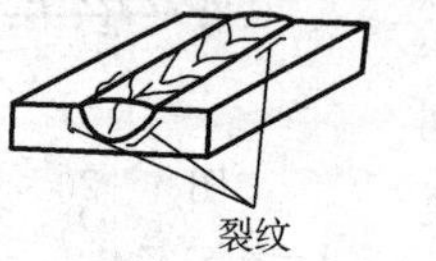	按产生的温度和时间的不同可分为热裂纹和冷裂纹两大类。按其产生的部位又可分为纵向、横向、融合线、根部、弧坑及热影响区裂纹。裂纹必须限制在允许范围内，否则要重焊
气孔	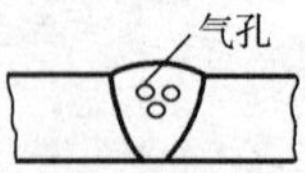	焊缝中最常见的一种缺陷。根据气孔产生的部位不同可分为表面气孔和内部气孔；根据分布情况不同有可分为疏散气孔和密集气孔。气孔的形状和大小又有不同，有球孔、椭圆形和毛裂纹、虫状等
夹渣		产生夹渣的根本原因是熔池中熔化金属的凝固速度大于熔渣的上浮逸出速度。夹渣是焊缝的常见缺陷之一
咬边	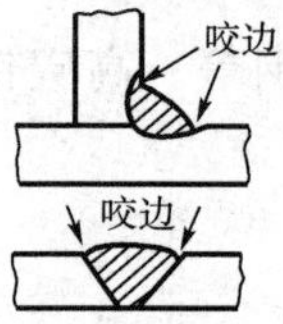	焊接时焊缝的边缘被电弧熔化后没有得到熔化金属的补充而留下的缺口

（续表）

缺陷名称	简图	说明
未焊透与未焊合	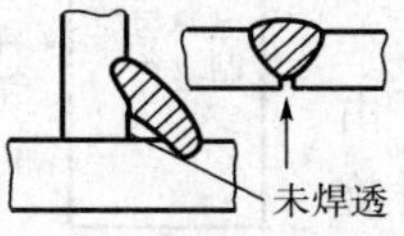	未焊透是接头根部未完全焊透；未焊合是指焊缝与母材、焊层间未熔化结合。这些缺陷减少焊缝金属的有效面积，形成应力集中，易引起裂缝，导致结构破坏。操作不当，焊接电流过小，焊接速度过快都会引起未焊透
焊漏和烧穿	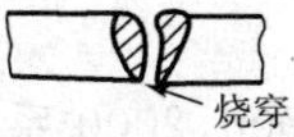	液态金属从焊缝反面漏出拧成疙瘩或焊缝上形成穿孔。焊漏危害与焊瘤同，而烧穿根本不允许存在

4.6.2　焊接变形

1. 焊接变形的原因

焊接时焊缝被加热，发生区域膨胀。但焊缝周围的金属未被加热、膨胀，该部分制约了焊缝受热区的自由膨胀，焊缝产生塑性形变并缩短。焊缝冷却收缩后，焊缝区比周围区域短，最终产生工件的变形。

2. 减少焊接变形的方法

(1)反变形。根据焊接后变形的规律，在焊接前对焊件预先进行人为的反向变形，焊接后，焊接变形和预先作出的变形相抵消。

(2)刚性固定。刚度大的结构，焊接变形小。在焊接前将工件固定在刚度强的夹具上，能减少焊接变形。不过，这样会加大焊接后的残余应力。

(3)选择合适的装配和焊接顺序。结构件装配好后再进行焊接，能增加结构的刚度，减少焊接变形。确定最佳焊接顺序方案，可以使焊接时焊接形变相互抵消。

4.7　焊接先进技术及其发展

随着科学技术的发展，焊接技术也在不断地向高质量、高生产率、低能耗的方向发展。目前，在焊接方面出现了许多新的工艺技术，拓宽焊接技术的应用范围。

1. 真空电弧焊接

该新技术是对不锈钢、钛合金和高温合金等进行焊接及对小试件进行快速高效的局部加热钎焊。该技术由俄罗斯发明，并迅速应用在航空发动机的焊接中，有效地解决了材料氧化、软化、热裂、抗氧化性能降低等问题。

2. 窄间隙熔化极气体保护电弧焊

它具有其他窄间隙焊接工艺更多的优势，能在任意位置得到高质量的焊缝，而且节能、成本低、效率高、适应范围广。该方法主要是利用表面张力过渡技术进行熔化极气体保护电弧焊接。

3. 激光填料焊接

在焊缝中预先填入特定的焊接材料，再用激光照射熔化或在激光照射的同时填入焊接材料，形成焊接接头的方法。该技术主要用于异形材料焊接、有色及特种材料的焊接和大型结构钢件的焊接。图4-22所示为激光焊接的工作原理图。

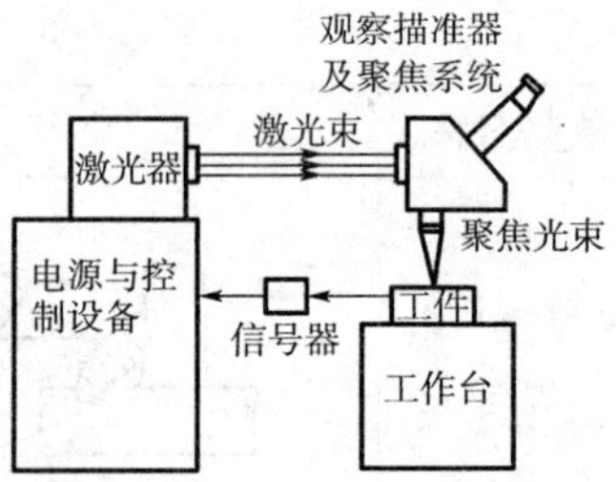

图4-22　激光焊接原理图

4. 搅拌摩擦焊(FSW)

搅拌摩擦焊是一种固相连接方法。搅拌摩擦焊主要由搅拌头的摩擦热和机械挤压联合作用下形成接头，焊接时旋转的搅拌头缓缓进入焊缝，在与工件表面接触时摩擦生热使周围一层金属塑性化，同时搅拌头沿焊接方向移动形成焊缝。

搅拌摩擦焊可以焊接普通焊接方法难以胜任的材料(7000、2000系列铝合金)，还具有温度低、变形小、焊前焊后处理简单、能全位置焊接、效率高、环境保护好等优点。

5. 焊接机器人及柔性焊接系统

随着先进制造技术的发展，实现焊接产品制造的自动化、柔性化与智能化已成为必然趋势。目前，采用机器人焊接已成为焊接自动化技术现代化的重要标志。采用机器人技术，可以提高生产率、改善劳动条件、稳定和保证焊接质量、实现小批量产品的焊接自动化。目前，焊接机器人由单一的单机操作，向多传感、智能化的柔性加工单元(系统)方向发展。

复习思考题

1. 什么是焊接？常见的焊接方法有哪几种？

2. 常用的焊接电源有哪几种？哪种焊接电源的焊接质量好？

3. 焊条有哪几部分组成？各部分的作用是什么？

4. 焊接头的基本形式有哪些？

5. 焊条电弧焊的工艺参数主要有哪些？厚板焊接时为什么要开坡口？

6. 简单叙述焊条电弧焊的操作方法。

7. 氧乙炔焰有哪三种？气焊中常用的是哪种？

8. 具备什么样条件的金属才能被切割？

9. 电弧焊、气焊、电阻焊、针焊有哪些不同？

10. 常见的焊接缺陷有哪几种？减少焊接形变的方法是什么？

11. 常用的气体保护焊有哪几种？它们各有什么用途？

12. 焊接有哪些先进技术？简述2～3种先进焊接技术的特点。

第 5 章　切削加工基础知识

【实训目的与要求】

(1)切削运动与切削用量;

(2)常用金属切削机床的分类与编号;

(3)刀具材料必须具备的性能;

(4)切削过程与控制的基本知识;

(5)机械加工零件的技术要求。

5.1　切削运动与切削用量

5.1.1　概述

在现代机械制造工业中,加工机器零件的方法有很多种,如铸造、锻造、焊接、切削加工和各种特种加工等,其中切削加工是最基本的方法。切削加工是利用切削工具从工件(毛坯)上切除多余的材料,从而获得尺寸、形状和表面质量均符合图样要求的零件的加工过程。切削加工可分为钳工加工和机械加工两大类。

钳工一般是由人工手持工具和部分机械进行切削加工的,其主要加工方法有锯削、锉削、刮研、攻螺纹和套螺纹等。钳工操作虽然劳动强度大、操作技能要求高、生产效率低,但在零件加工、机器装配或维修中,有很多工作仍然需要由钳工来完成,并且能完成某些情况下用机械加工不方便或难以完成的工作。因此,钳工加工具有其独特的价值,在现代机械制造中仍具有重要作用。随着技术的进步,已经出现了一些新型的钳工工具,使得钳工本身逐渐地实现机械化,从而有效地降低了钳工的劳动强度,提高了生产效率。

机械加工是由人工操纵机床完成切削加工过程的,其主要加工方法有车削、铣削、钻削、刨削、磨削等,另外,还有电火花、超声波、激光、等离子等特种加工方法。在机器的生产制造过程中,大部分零件都有较高的加工质量要求。因此,除了极少数零件能用精密铸造、精密锻造等方法可以直接获得之外,机器中的大部分零件都要由机械加工来获得。机械加工在机器产品生产中占的比重很大,是机械制造中最重要的加工手段。

机械制造工业肩负着为国民经济各部门提供现代化技术装备的任务,即为工业、农业、交通运输、科研和国防等部门提供各种机器、仪器和工具。机械加工的技术水平直接影响机械制造工业的产品质量和劳动生产率。为适应现代化建设的需要,必须大力发展机械制造工业。近年来,数控加工已成为机械加工的主流,数控加工技术的应用,全面提高机械制造工业的技术水平。我国虽然在数控技术的应用方面有了极大的进步,但与世界先进水平相比,仍存在一定的差距。因此,要使我国的机械加工技术赶上或超过世界先进水平,在先进数控系统的开发和研制方面还需做进一步的努力。

常见的机械加工方法如图 5－1 所示。

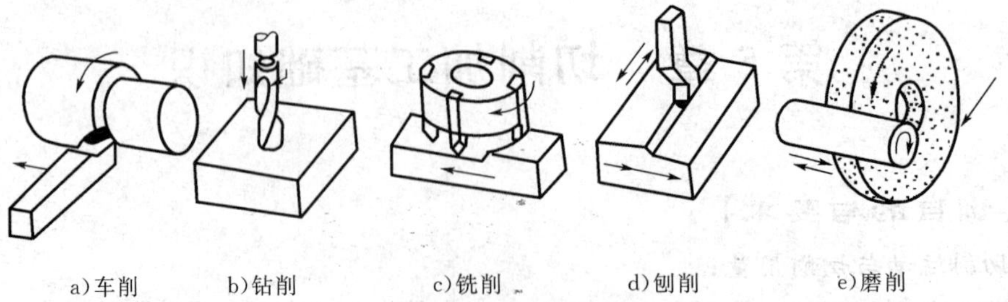

图 5－1　机械加工方法示例

5.1.2　切削运动

在切削加工中，无论在何种机床上进行切削加工，刀具与工件之间都必须有适当的相对运动，即称为切削运动。根据切削运动在切削中所起的作用不同，可分为主运动和进给运动。

1. 主运动

主运动是使工件与刀具产生相对运动以进行切削的最基本运动。主运动的特征是速度高，消耗的功率最多。如在图 5－1 中，车削时工件的旋转、钻削时钻头的旋转、铣削时铣刀的旋转、刨削时刨刀的直线往复移动、磨削时砂轮的旋转均为主运动。

2. 进给运动

进给运动是一种在切削过程中不断地把切削层投入，使切削加工持续进行的运动。一般进给运动速度较低，功率消耗也较少。如在图 5－1 中，车削时车刀的移动、钻削时钻头的轴向移动、刨削时工件的间歇移动、铣削时工件随工作台的移动、磨削外圆时工件的旋转、工件的轴向往复移动、砂轮周期性横向移动均为进给运动。

由此可见，主运动和进给运动可以是旋转运动，也可以是直线运动。可由刀具和工件分别完成，也可由刀具同时完成(如在钻床钻孔等)。无论哪种加工方法，主运动只有一个，而进给运动可以是一个，也可以是多个；可以是连续进行的，也可以是间歇的。

在切削过程中，在工件上会出现三个不断变化的表面，如图 5－2 所示，它们是：待加工表面、已加工表面和过渡表面。过渡表面是工件上由切削刃形成的那部分表面，它在刀具或工件的下一转或者下一切削行程中被切除，在多刃切削中将由下一切削刃切除。

5.1.3　切削用量

切削用量是指切削速度 v_c、进给量 f 和背吃刀量 a_P 三者的总称，常称为切削用量三要素。图 5－2 为车削、铣削和刨削时的切削用量三要素。

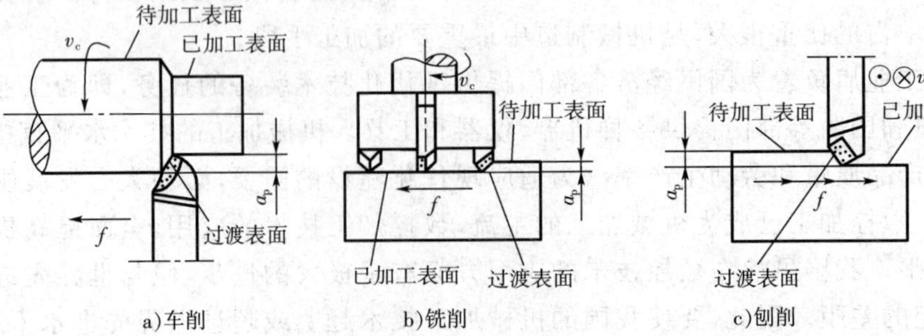

图 5－2　切削用量三要素

1. 切削速度 v_c

切削速度是指在单位时间内，工件与刀具沿主运动方向的相对移动的距离，即工件加工表面相对刀具的线速度。主运动为旋转运动时，切削速度是指切削刀具刀刃与工件接触点的最大线速度，切削速度由下式决定：

$$v_c=\frac{\pi \cdot d \cdot n}{1000} \quad (\mathrm{m/min})$$

式中：d——切削部位工件加工表面或刀具切削处最大直径(mm)；

n——工件或刀具的转度(r/min)。

当主运动为直线往复运动时取其平均速度为切削速度。如牛头刨床刨削时切削速度的近似计算公式为：

$$v_c=\frac{2 \cdot L \cdot n_\tau}{1000} \quad (\mathrm{m/min})$$

式中：L——往复运动行程长度(mm)；

n_τ——主运动每分钟往复次数。

2. 进给量 f

进给量是指工件或刀具运动的一个循环或单位时间内，刀具沿进给方向上相对工件的位移量。可用刀具或工件每转或每行程的位移量来表述和度量，又称走刀量。

车削时进给量为工件每转一周车刀沿进给方向移动的距离(mm/r)；铣削时常用的进给量为工件每分钟沿进给方向移动的距离(mm/min)；刨削时进给运动为刨刀每往复一次，工件或刨刀沿进给方向间歇移动的距离(mm/str)。

3. 背吃刀量 a_p

背吃刀量又称切削深度，是指待加工工件表面与已加工工件表面之间的垂直距离，单位为 mm。车削外圆时由下式计算：

$$a_p=\frac{d_w-d_m}{2}$$

式中：d_w——待加工工件表面的直径(mm)；

d_m——已加工工件表面的直径(mm)。

钻孔时，可用下式计算：

$$a_p=\frac{d_w}{2}$$

式中：d_w——已加工工件表面的直径，即钻孔直径(mm)。

5.2　常用金属切削机床分类与编号

5.2.1　机床型号的表示方法

金属切削机床是机械制造的主要加工设备，它是用切削的方法将金属毛坯加工成所要求的机器零件的机器，所以金属切削机床是制造机器的机器，习惯上称为机床。随着工业的发展和加工工艺的需要，目前金属切削机床已具有多种多样的形式。

按照机床的加工对象，机床分为通用机床、专门化机床和专用机床。通用机床是指可加工多种工件，完成多种工序、使用范围较广的机床；专门化机床是指用于加工形状相似而尺寸不同的工件上特定工序的机床；专用机床是指用于加工特定工件的特定工序的机床。

按照机床的精度等级标准，机床分为普通机床、精密机床和高精度机床三种。

按照机床的加工方式、使用的刀具及用途，机床分为11大类：即车床、钻床、镗床、磨床、齿轮加工机床、螺纹加工机床、铣床、刨插床、拉床、锯床和其他机床（含特种加工机床）。在每一类机床中，又按工艺范围、布局形式和结构等分为若干组，每一组又细分为若干系列。机械加工中最常见的有车床、铣床、刨床、钻床、磨床五类机床。

为了方便使用和管理，每一种机床都应赋予一个型号，即机床型号。我国目前机床的分类与型号是按照国家标准 GB/T15375—1994《金属切削机床型号编制方法》编制的，机床型号的表示方法如下：

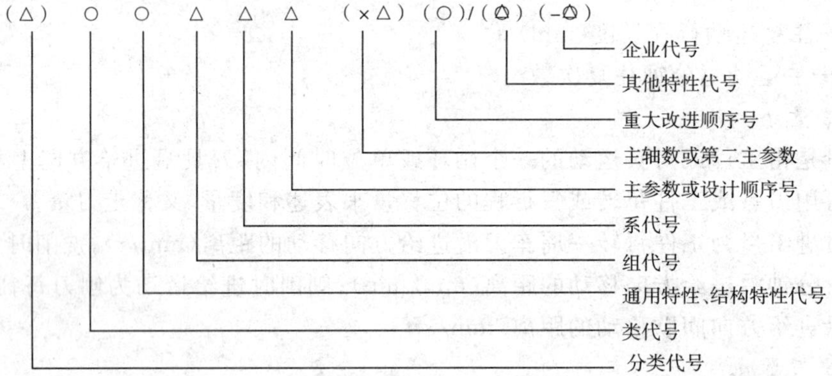

以上符号中“○”为大写汉语拼音字母，“△”为阿拉伯数字，“◎”为大写的汉语拼音字母或阿拉伯数字，或两者兼之。有括号的代号或数字若有内容时，标注时应该不带括号，若无内容则不表示。

5.2.2 机床的类别及其代号

表5-1列出了机床的类代号与分类代号。机床的类代号表示机床的类别，用大写的汉语拼音字母按机床名称以汉语拼音字首（大写）表示，并按名称读音。分类代号用阿拉伯数字表示，位于类代号前。

表5-1 机床的类别和分类代号

类别	车床	钻床	镗床	磨床			齿轮加工机床	螺纹加工机床	铣床	刨插床	拉床	锯床	其他机床
代号	C	Z	T	M	2M	3M	Y	S	X	B	L	G	Q
读音	车	钻	镗	磨	2磨	3磨	牙	丝	铣	刨	拉	锯	其他

5.2.3 机床的特性及其代号

机床特性包含通用特性及机床结构特性，代号以特性名称的汉语拼音表示，如表5-2

所示。

表 5-2　机床的通用特性代号

通用特性	高精度	精密	自动	半自动	数控	加工中心（自动换刀）	仿形	轻型	加重型	简式或经济型	柔性加工单元	数显	高速
代号	G	M	Z	B	K	H	F	Q	C	J	R	X	S
读音	高	密	自	半	控	换	仿	轻	重	简	柔	显	速

5.2.4　机床的组别和系别

随着机床工业的发展，每类机床按用途、结构、性能划分为 10 个组别，每组又分为若干系别，位于类代号或通用特性代号（或结构特性）之后，用两位阿拉伯数字表示。第一位数字表示组别，第二位表示系别。在同一类机床中，主要布局或使用范围基本相同的机床为同一组。在同一组机床中，其主参数相同、主要结构及布局形式相同的机床，即为同一系。例如，CA6140 型卧式车床型号中的“61”，说明它属于车床类 6 组、1 系。

5.2.5　机床主参数代号

机床主参数代表机床的规格。主参数代号以其主要参数的折算值（主参数乘折算系数）表示，在机床型号中排列在组、系代号之后。各种型号的机床，其主参数的折算系数可以不同。

一般来说，以最大棒料直径为主参数的自动车床、以最大钻孔直径为主参数的钻床，其折算系数为 1；以床身上最大工件回转直径为主参数的车床、以最大工件直径为主参数的绝大多数齿轮加工机床、以工作台工作宽度为主参数的立式和卧式铣床、绝大多数控床和磨床，其主参数的折算系数为 1/10；大型的立式车床、龙门铣床、龙门刨床等的主参数折算系数为 1/100。

5.2.6　机床重大改进代号

机床重大改进代号是当机床的性能及结构有重大改进时，按其改进设计的次序，用汉语拼音字母 A、B、C 表示，写在机床型号的末尾。例如 M1432A 表示第一次重大改进后的万能外圆磨床，最大磨削直径为 320mm。

5.3　刀具材料

5.3.1　刀具材料必须具备的性能

刀具材料指刀具上直接参加切削的那部分材料。在切削过程中，刀具要承受很大的压力、冲击、摩擦和很高的温度。为使刀具能正常工作，刀具材料应满足如下性能要求：

（1）高的硬度和耐磨性　刀具材料的硬度必须高于工件材料的硬度，刀具材料的常温硬度一般要求在 60HRC 以上。刀具材料必须有一定的耐磨性，以便维持一定的切削时间，一般来说，材料越硬，耐磨性越好。

（2）足够的强度和韧性　应能承受切削力、冲击和振动，避免刀具断裂和崩刃。

(3)高的耐热性和化学稳定性　耐热性(又称红硬性)是指在高温下,刀具保持硬度、耐磨性、强度和韧性等性能。化学稳定性是指在高温下,刀具不与工件和周围介质发生氧化、粘结的能力。

(4)良好的工艺性能和经济性　即便于加工制造,如良好的锻造、热处理、焊接、刃磨性等性能,还应尽可能满足价格低、资源丰富等要求,而且追求良好的性能价格比。

应该指出,上述要求中有些是相互矛盾的,例如,硬度越高、耐磨性越好的材料的韧性和抗破损能力往往越差,耐热性好的材料的韧性也往往较差。实际工作中,应根据具体的切削条件,选择最合适的刀具材料。

5.3.2　常用刀具材料

常用的刀具材料有工具钢、高速钢、硬质合金、陶瓷材料、人造金刚石、立方氮化硼等。作为刀具材料使用最多的是高速钢和硬质合金。

1. 碳素工具钢

碳素工具钢是含碳量为0.7%～1.3%优质高碳钢。碳素工具钢价格较其他刀具材料低廉,刃磨性好,淬火后常温硬度高(60～64HRC),红硬温度低(仅200℃左右),热处理变形大,用其制造形状复杂的刀具易淬裂。

碳素工具钢常用于制造低速、形状简单的手动工具,如锉刀、锯条等。常用的牌号有T10、T10A、T12、T12A等。牌号越小的材料越耐冲击,牌号越大的材料越耐磨。

2. 合金工具钢

合金工具钢与碳素工具钢相比,热处理变形小,淬透性好,能够适应复杂形状刀具的要求,但是红硬温度提高不大,在250℃～300℃之间,350℃～450℃时硬度明显下降,这意味着刀具的切削速度受到制约。

合金工具钢常用于制造低速切削刀具,例如铰刀、丝锥、板牙等。常用的材料有9SiCr、CrWMn等。

3. 高速钢

高速钢是一种加入了较多的钨、钼、铬、钒等合金元素的高合金钢。它具有较全面的优良性能:淬火后硬度为62HRC～67HRC;在切削温度达500℃～650℃时,仍能进行切削;强度和韧性高于硬质合金;工艺性如热处理性能、磨削性能等均优于硬质合金。

高速钢刀具制造工艺简单,能锻造,也容易磨出合适的刃刃,常用于制造形状的复杂刀具,如钻头、丝锥、成形刀具、拉刀和齿轮刀具等。高速钢按用途不同,可分为通用型高速钢和高性能高速钢。

通用型高速钢,如W18Cr4V和W6Mo5Cr4V2广泛用于制造各种复杂刀具,其切削速度一般不太高,切削普通钢料时为40～60m/min。

高性能高速钢,如W2Mo9Cr4VCo8和W6Mo5Cr4V2Al的切削性能较通用型高速钢好,适合于加工奥氏体不锈钢、高温合金、钛合金和超高强度钢等难加工材料。

4. 硬质合金

硬质合金是用具有高耐磨性和高耐热性的金属碳化物(WC、TiC、TaC、NbC等)粉末,以(Co、Mo、Ni等)金属成分作为粘结剂,用粉末冶金工艺制得的合金。其硬度为89～93HRA(相当于74～82HRC),能耐850℃～1000℃的高温,具有很好的耐磨性,允许使用的切削速度可达100～300m/min,可加工包括淬硬钢在内的多种材料,因此得到广泛的应用。

然而硬质合金的强度、韧性、工艺性能不及高速钢，因此主要用于做成刀片焊在或嵌在刀体上，制成车刀、刨刀等形状较简单的刀具。

ISO标准将切削用硬质合金分为P、K和M三大类。K类相当于我国的钨钴类硬质合金；P类相当于我国的钨钴钛类硬质合金；M类相当于我国的钨钛钽(铌)钴类硬质合金。该三大类硬质合金的主要成分都是WC，故又统称为WC基硬质合金。

钨钴类(YG)硬质合金主要由碳化钨和钴组成。常用牌号有YG3、YG6、YG8等。牌号中的数字表示含Co量的百分比，含Co量少者，较脆但较耐磨。YG类合金抗弯强度和冲击韧性较好，不易崩刃，但切削韧性材料时耐磨性较差，主要适于加工铸铁等脆性材料。又因为YG类合金的耐热性较差，因此不宜用于普通钢料的高速切削。但它的韧性较好，导热系数大，因而也适于加工高温合金、不锈钢等难加工材料。

钨钴钛类(YT)硬质合金主要合金由碳化钨、碳化钛和钴组成，常用的牌号有YT5、T15、T30等。由于加入了5%～30%的碳化钛，YT类硬质合金的硬度、耐磨性和耐热性高于YG类，但抗弯强度和冲击韧度较差，故主要用于切削碳钢、合金钢等塑性材料。牌号中的数字表示含碳化钛量的百分率，含碳化钛量越高，耐磨性、耐热性越好，而韧性越差。

钨钛钽(铌)钴类(YW)硬质合金代号为YW。它是在上述硬质合金成分中加入一定含量的碳化钽或碳化铌，从而提高了硬质合金的韧性和耐热性，使其具有较好的综合切削性能。YW的特点是：综合性能好，适用范围广，可用于各类铸铁、钢料、不锈钢和高温合金的加工，因此被称为通用型硬质合金。常用牌号有YW1、YW2等。

5. 其他刀具材料

目前使用的刀具材料还有陶瓷、人造金刚石和六立氮化硼。

陶瓷比硬质合金刀具有更高的硬度、耐磨性、耐热性、化学稳定性和抗粘结性，切削速度比硬质合金提高2～5倍；可加工硬度高达60HRC的高硬度难加工材料；缺点是强度低、韧性差。

人造金刚石是除天然金刚石之外最硬的物体，硬度可达10000HV。它的耐磨性极好，与金属的摩擦系数很小；但它的耐热温度较低，切削温度超过700℃～800℃时，就会完全失去其硬度；与铁族金属亲和作用大。故人造金刚石多用于对非铁金属及非金属材料的超精加工以及用做磨具磨料。

立方氮化硼的硬度很高(可达8000～9000HV)，仅次于金刚石，耐磨性和耐热性都很高，热稳定性可达1400℃。因此，它能用较高的速度切削淬硬钢、冷硬铸铁、高温合金等难加工材料，同时能达到很高加工精度，表面粗糙度R_a值很小。但它的焊接性能差些、抗弯强度较低。

上述三类刀具材料虽然它们的硬度和耐磨性都很高，但由于存在脆性大、抗弯强度低、价格昂贵的缺点，所以应用尚不十分广泛。

5.4 切削过程与控制的基本知识

5.4.1 切屑及控制

金属的切削过程实际上可以看作是切屑的形成过程。比较典型的切削过程是：被切削的金属层受到刀具挤压面产生弹性变形；随着刀具的切入，应力、应变逐渐加大，当剪应力达到材料的屈服点时，开始产生塑性变形；刀具再继续切入，当剪应力达到材料的抗拉强度时，金属层通过剪切滑移被挤裂而成切屑。

1. 切屑的种类

由于工件材料不同，切削过程中的切屑变形程度也不同，因而产生的切屑种类也就多种多样。根据切屑的形状不同，一般可将切屑分为带状切屑、挤裂切屑和崩碎切屑三类，如图5-3所示。

（1）带状切屑　这是最常见的一种切屑，如图5-3a所示，其外形呈带状，外表面光滑，内表面粗糙。加工塑性材料（如碳素钢、紫铜、纯铝棒等），且切削厚度较小、切削速度较高、刀具前角较大时，一般常得到这类切屑。这类切削过程具有切削力波动较小、加工表面平滑、不易发生刀具崩刃等优点，但是常常会发生切屑缠绕、划伤工件表面等现象，妨碍正常切削加工。

（2）挤裂切屑　这类切屑与带状切屑不同，它的上表面呈锯齿形，切屑与刀面接触的底面较为光滑，有时有裂纹，如图5-3b所示。采用较低的切削速度和较大的进给量、切削中等硬度的钢材时，易形成此类切屑。这类切削过程形成节状切屑时切削力波动大，工件表面较为粗糙，但这种切屑容易折断，易于断屑处理。

（3）崩碎切屑　切削脆性金属材料，如铸铁、青铜、高硅铸铁、白口铁等，易形成此类切屑，如图5-3c所示。切削层几乎没有经过塑性变形就开始崩裂，故切屑的外形呈现不规则的细粒状。形成崩碎切屑时，切削不连续，切削力波动大，易产生振动，影响表面质量，且由于切削力和切削热都集中在主切削刃和刀尖附近，易形成刃口的崩刃和磨损。

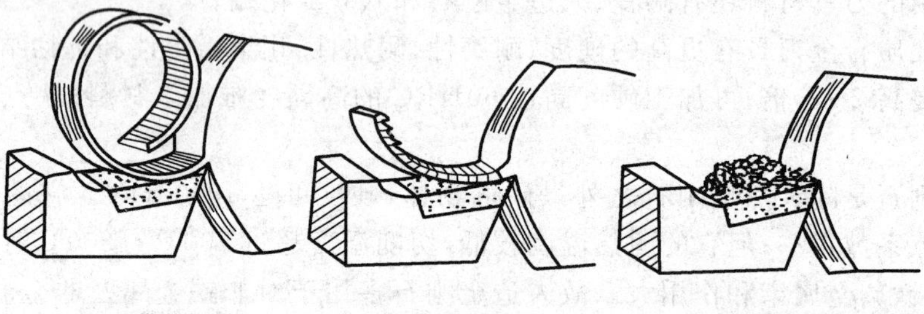

a)带状切屑　　b)挤裂切屑　　c)崩碎切屑

图5-3　切屑的种类

2. 切屑控制

切屑控制（简称断屑）是指在切削加工中采取适当的措施来控制切屑的卷曲、流出与折断，使之形成“可接受”的屑形。切屑必须控制，否则就有可能划伤工件的已加工表面，或划伤机床，或卡在机床运动副之间，或造成刀具的早期破损等，有时甚至影响操作者的安全。特别对于数控机床、自动化生产线及柔性制造系统，如不能进行有效的切屑控制，轻则限制了机床能力的发挥，重则使生产无法正常进行。

断屑方法主要有两类：一类是磨制卷屑槽；另一类是改变切削条件，主要包括改变切削用量、刀具角度和降低工件塑性。

（1）磨制卷屑槽　应用最广的切屑控制方法就是在前刀面上磨出卷屑槽。卷屑槽的形式如图5-4所示，其中图5-4a为直线圆弧形，图5-4b为折线形，图5-4c为全圆弧形。

直线圆形和折线形这两种形式适用于切削碳素钢、合金结构钢、工具钢等，一般前角在

5°～15°范围内。全圆弧形适于切削紫铜、不锈钢等高塑性材料，一般前角在 25°左右。卷屑槽的方向有外斜式、内斜式和平行式。卷屑槽的参数对其断屑效果和断屑范围有很大影响，且与切削用量有关，应用时可参考有关手册，综合考虑确定。

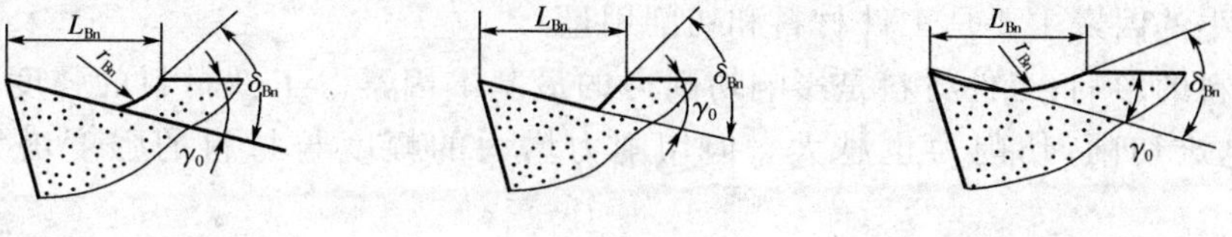

a)直线圆弧形　　b)折线形　　c)全圆弧形

图 5-4　断屑槽的类型

使用机夹刀具或可转位刀具，其卷屑槽由专用设备加工，断屑可靠稳定，是较为理想的解决方法。

(2)改变切削用量　增大进给量可增加切削厚度，降低切削速度也可使切屑变形增大，两者均可使切屑容易折断。

(3)改变刀具角度　加大主偏角可增加切削厚度，减小前角可使切屑变形增大，也可使切屑容易折断。通过调整刃倾角的角度，使切屑与工件或刀具相碰，促使切屑折断。

(4)降低工件塑性　工件材料塑性越好越不容易断屑，因此，可以采用适当的热处理方式来降低工件材料塑性，提高工件材料脆性。

5.4.2　切削力

在切削加工中，切削力是一个非常重要的参数。切削热、刀具磨损等物理现象都与切削力有关，切削力还是设计和使用机床、刀具、夹具的重要依据。

金属切削时，刀具切入工件，使被加工材料发生变形并成为切屑所需的力称为切削力。切削力来源于以下两个方面(如图 5-5 所示)：

(1)克服切削层材料和工件表面层材料对弹性变形、塑性变形的抗力；

(2)克服刀具与切屑、刀具与工件表面间摩擦阻力所需的力。

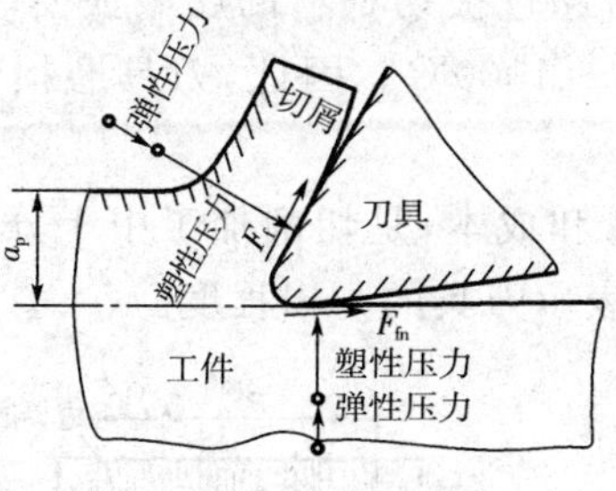

图 5-5　切削力的来源

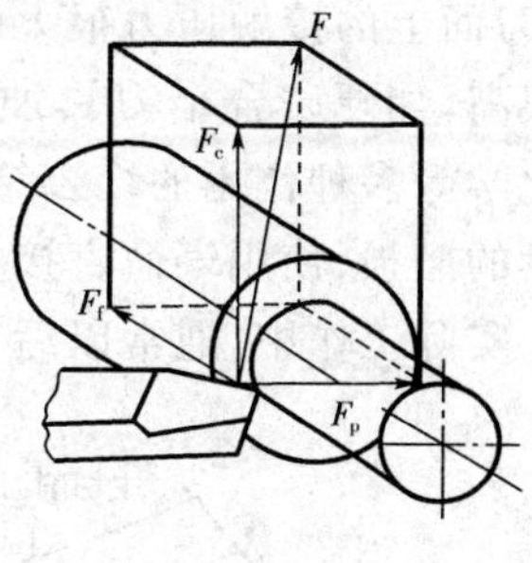

图 5-6　切削力

上述各力的总和形成作用在刀具上的合力 F。为了便于设计和工艺分析，通常将总切削力 F 分解成三个互相垂直的分力，如图 5-6 所示。

切削力 F_c：总切削力在主运动方向上的分力。该分力的大小占 F 的 80%～90%，是计算机床动力、设计主传动系统零件和夹具的依据，也是计算刀具强度和选择切削用量的依据。

进给力 F_f：总切削力在进给运动方向上的分力。它是设计、验算进给机构强度的依据。

背向力 F_p：总切削力在加工表面法线方向上并垂直于进给方向的分力。在切削过程中 F_p 不做功，但易使刚性差的工件发生变形，有时还产生振动，影响加工质量。

在切削过程中，切削力能使工艺系统变形，影响加工精度，因此要设法减小切削力。影响切削力大小的因素主要是工件材料和切削用量。

工件材料的影响：工件材料是影响切削力的最基本因素。工件材料的强度、硬度越高，韧性越好，越难切削，切削力也越大。但切削力增大的幅度与材料的强度增大幅度不成比例。

切削用量的影响：切削用量中影响切削力的主要因素是背吃刀量 a_P 和进给量 f，而切削速度 v_c 对切削力 F_c 无明显影响。当 a_P 或 f 加大时，被切削的金属增多，因而切削力会明显地加大，但实验表明，当 a_P 加大一倍（f 不变）时，切削力增大一倍；而当 f 加大一倍（a_p 不变）时，切削力只增加 70%～80%。因此，从减小切削力而又不降低生产率考虑，取大的进给量和小的背吃刀量是适宜的。

5.4.3　刀具的磨损与耐用度

切削加工时，刀具一方面切下切屑，另一方面刀具本身也要发生磨损。以车削为例，刀具的磨损形态与刀具磨损的位置测量，如图 5－7 所示。

车削过程中，车刀的前刀面与切屑、后刀面与工件接触，并产生剧烈摩擦，在接触区内有很高的温度和压力，因此，前、后刀面都会发生磨损。车刀前刀面上会形成月牙洼磨损。主切削刃靠近工件待加工表面处以及副切削刃靠近刀尖处的副后刀面上，会形成边界磨损。车刀后刀面部分与加工表面之间的接触压力很大，摩擦强烈，形成后刀面磨损。后刀面磨损带往往不均匀，刀尖部分（C 区）强度较低，散热条件又差，磨损比较严重，其最大值为 VC；主切削刃靠近工件待加工表面处的后刀面（N 区）易磨出较深的沟，以 VN 表示；在后刀面磨损带中间部位（B 区）上，磨损比较均匀，最大磨损带宽度以 VBmax 表示，其平均磨损带宽度以 VB 表示。

刀具磨损不同于一般机械零件的磨损：与刀具接触的切屑、工件表面经常是活性很高的新表面；刀面上的接触压力很大（可达 2～3GPa），有时超过被切材料的屈服强度；接触面的温度也很高，如硬质合金刀具加工钢料时可达 800℃～1000℃。因此，刀具磨损经常是机械、热、化学等多种作用的综合结果。

刀具的磨损、使用寿命直接关系到加工效率、质量和成本，是切削加工中十分重要的问题之一。实际工作中，通常以后刀面平均磨损量 VB 表示刀具的磨损程度。

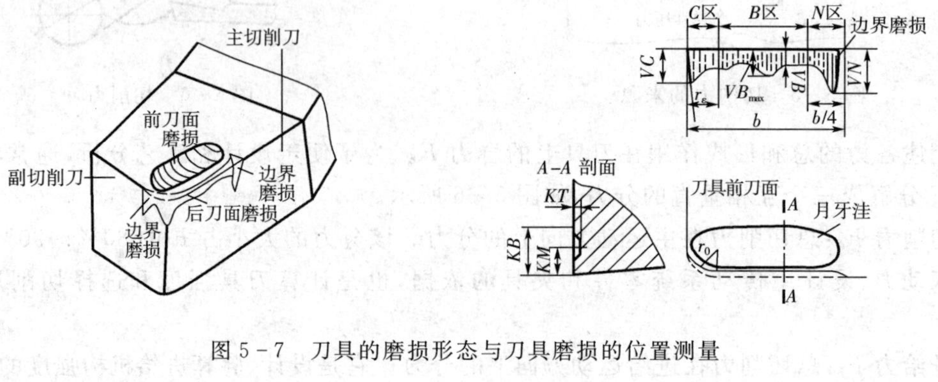

图 5－7　刀具的磨损形态与刀具磨损的位置测量

根据切削实验，可得图5－8所示的刀具正常磨损过程的典型磨损曲线。该图分别以切削时间和后刀面磨损量 VB 为横坐标与纵坐标。刀具磨损过程可分为以下三个阶段：

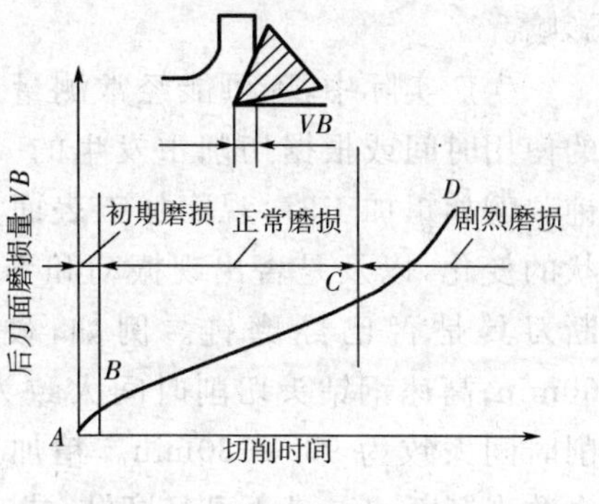

图5－8　磨损的典型曲线

(1)初期磨损阶段　因为新刃磨的刀具后面存在粗糙不平之处以及显微裂纹、氧化或脱碳层等缺陷，而且切削刃较锋利，后刀面与加工表面接触面积较小，压应力较大，所以这一阶段的磨损较快。一般初期磨损量为0.05～0.1mm，其大小与刀具刃磨质量直接相关。研磨过的刀具初期磨损量较小。

(2)正常磨损阶段　经初期磨损后，刀具毛糙表面已经磨平，刀具进入正常磨损阶段，这个阶段的磨损比较缓慢均匀，后刀面磨损量随切削时间延长而近似地成比例增加。正常切削时，这阶段时间较长。

(3)急剧磨损阶段　当磨损带宽度增加到一定限度后，加工表面粗糙度增大，切削力与切削温度均迅速升高，磨损速度增加很快，以致刀具损坏而失去切削能力，这个磨损限度称为磨钝标准。表5－5为车刀的磨钝标准。

表5－5　车刀的磨钝标准

	车刀类型	刀具材料	加工材料	加工性质	刀后面最大磨损限度(mm)
磨钝标准	外圆车刀、端面车刀、镗刀	高速钢	碳钢、铸钢、合金钢、有色金属	粗车	1.5～2
				精车	1.0
			灰铸铁、可锻铸铁	粗车	2.0～3.0
				半精车	1.5～2
			耐热钢、不锈钢	粗车、精车	1.0
		硬质合金	碳钢、合金钢	粗车	1.0～1.4
				精车	0.4～0.6
			灰铸铁	粗车	0.8～1.0
				精车	0.6～0.8
			耐热钢、不锈钢	粗车、精车	0.8～1.0
			钛合金	精车、半精车	0.4～0.5
			淬硬钢	精车	0.8～1.0

自动化生产中用的精加工刀具，常以沿工件径向的刀具磨损尺寸作为衡量刀具的磨钝标准，称为刀具径向磨损量 NB，如图5－9所示。

磨损量达到刀具磨钝标准所经历的总的切削时间就称为刀具的耐用度。影响刀具耐用度的因素很多，其中工件材料、刀具材料的性能对刀具耐用度的影响最大。在切削参数中，切削速度的影响最大，其次是进给量、切削深度。此外，刀具的几何参数对耐用度也有重要影响。

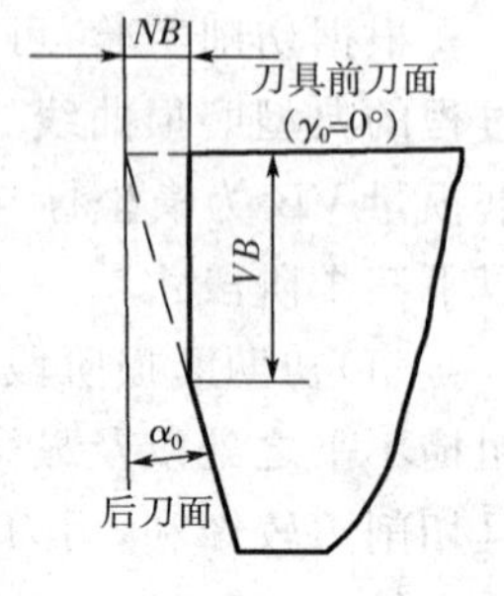

图 5-9　刀具径向磨损

生产实际中，不可能经常测量刀具的磨损程度，而是规定刀具的使用时间或根据切削中发生的一些现象来判断刀具是否已经磨钝。例如粗加工时，观察加工表面是否出现亮带，切屑的颜色和形状的变化，以及是否出现振动和不正常的声音等，或以切削时间判断刀具是否已经磨钝。例如，硬质合金车刀使用时间大致为60min；高速钢钻头切削时间大致为80～120min；硬质合金铣刀切削时间大致为90～180min。精加工时，常以走刀次数或加工零件个数来判断刀具是否已经磨钝，或观察加工表面粗糙度变化以及测量加工零件的形状与尺寸精度等，发现异常现象，就要及时换刀或重磨。

此外，刀具的破损也是刀具失效的一种形式。刀具的破损主要有脆性破损（如崩刃、碎断、剥落、裂纹等）和塑性破损（刀具表层材料发生塑性流动而丧失切削能力）形式。刀具在一定的切削条件下使用时，如果它经受不住强大的应力（切削力或热应力），就可能发生刀具破损，使刀具提前失去切削能力，此时应立即换刀或磨刀。

5.4.4　切削热与切削液

1. 切削热

在切削过程中，机床所消耗的功，绝大部分转变为切削热。切削热一般用切屑、工件和刀具接触面上的平均温度表示。

切削热主要来源于被切切屑的变形、切屑与刀具前面的摩擦和工件与后刀面的摩擦。切削热可以通过工件、刀具、切屑和周围介质传散出去。切削热传入工件，工件温度升高，易产生热变形，甚至使工件表面产生烧伤和裂纹，影响加工精度。特别是加工薄壁零件、细长零件和精密零件时，热变形的影响更大。传入刀具的热量使切削区的温度升高，比例虽然不大，但由于刀具的体积小，高速切削时，切削温度有时可高达800℃，甚至1000℃以上。刀具温度升高，磨损加剧，将直接影响刀具的使用寿命。切削时的高温是刀具磨损的主要原因。切削热传入切屑和周围介质的对加工无直接影响。切削热产生的温度主要与下列因素的影响有关：

（1）刀具角度的影响　前角的大小直接影响切削过程中的切屑变形和摩擦，增大前角，可减少切屑变形，产生的切削热少，切削温度低。减小主偏角，主切削刃参加切削的长度增加，散热条件变好，可降低切削温度。

（2）工件材料的影响　工件材料强度、硬度愈高，切削时消耗的功愈多，切削温度也愈高；工件材料的导热性愈好，传走的切削热愈多，切削温度也就愈低。

（3）切削用量的影响　切削用量增大，单位时间内金属被切除量增多，切削热就相应增加，切削温度亦上升，但切削用量三要素对切削温度的影响程度各不相同，其中切削速度影响最大，进给量次之，背吃刀量影响最小。因此，在保证生产率的前提下，为了有效地控制切削温度，选用大的背吃刀量比选用大的切削速度要有利得多。

切削温度的高低，操作者可以通过观察切屑的颜色大致估计出来。如切削碳素结构钢时，切屑呈银白色或黄色说明切削温度不高，而切屑呈深蓝色或蓝黑色则说明切削温度很高。

为了更有效地切削加工，改善切削条件，提高生产效率，实际生产中，通常使用切削液来降低切削温度。

2. 切削液

切削液在切削过程中起到冷却、润滑、防锈和洗涤作用。常用的切削液有水溶液、乳化液和切削油。

(1)水溶液　主要成分是水,并加入一定量的防锈剂、活性物质或油类组成,其冷却性能好,但润滑性能较差,主要用于磨削。

(2)乳化液　由乳化油(用矿物油、乳化剂及其他添加剂组成,外观呈乳白色或半透明状)加95%～98%的水稀释而成。它有良好的流动性和冷却作用,也有一定的润滑作用,是一种应用最广泛的切削液。低浓度的乳化液用于粗车、磨削等。高浓度的乳化液用于精车、钻孔、铣削等。

(3)切削油　主要有切削油和极压切削油。切削油的主要成分是矿物油(如机械油、轻柴油、煤油)、少数也采用动植物油(猪油、豆油等)和混合油。这类切削液的润滑性能较好,但流动性差,冷却作用小,一般用于低速精加工,如铣削、车螺纹、齿轮加工等。纯矿物油不能在摩擦界面上形成坚固的润滑膜,通常在其中加入防锈添加剂和极压添加剂等,以改善其性能。极压切削油就是在切削油中加入硫、氯、磷等极压添加剂组成的。它在高温下不破坏润滑膜,具有良好的润滑、冷却效果,特别是在精加工、关键工序和切削难加工材料时效果更好。

5.4.5　常用材料的切削加工性

材料的切削加工性是指在一定的生产条件下,材料被切削加工的难易程度。由于切削加工的具体情况和要求不同,所以切削加工难易程度的内容也有所不同,故切削加工性是一个相对的概念。

切削加工性作为一项综合性指标,不同的加工情况有其不同的评定标准。一般来说,某种材料在切削加工时,若刀具的耐用度高,在一定的刀具耐用度下允许的切削速度高,在相同的切削条件下切削力较小或切削温度较低,容易获得较好的表面质量,切屑较容易控制或易于断屑等,则认为这种材料的切削性好;反之,切削性差。

材料的切削性主要取决于材料本身的力学性能和物理性能。若材料的硬度低、强度小、塑性差、热导率大,则可切削性好;反之,可切削性差。

实验表明,金属材料的硬度为170～230HBS时,其切削加工性较好。因此,生产中常用热处理方法来改善材料的可切削性。例如,高碳钢和工具钢采用球化退火降低硬度,改善可切削性;低碳钢采用正火适当降低塑性,提高硬度,改善可切削性;又铸铁件在切削加工前进行退火可降低表层硬度,能使切削加工较易进行。原不能切削加工的白口铸铁进行石墨化退火,使硬而脆的渗碳体转变为团絮状石墨,能使切削加工较易进行。另外,还可以调整材料的化学成分来改善其切削加工性。

5.5　机械加工零件的技术要求简介

切削加工的目的在于加工出符合设计要求的机械零件。为了保证零件的制造质量,设计时,应对其提出技术要求。零件的加工技术要求主要包括零件的材质、热处理、表面修饰(如发蓝、电镀等)和加工质量。

需要切削加工保证的加工质量主要包括两方面：一是加工精度，包括尺寸精度和形位精度；二是表面质量，是指零件表面粗糙度、加工硬化层、表面残余应力等状况，它们对零件的使用性能有很大影响。一般来说，零件的表面质量主要指标是表面粗糙度。下面介绍这两个指标，即加工精度、表面粗糙度。

5.5.1　加工精度

1. *尺寸精度*

尺寸精度是指零件的实际尺寸相对于理想尺寸的准确程度，是由尺寸公差控制的。尺寸公差是在满足零件使用要求的前提下，所允许的加工误差范围。国家标准 GB/T1800－1998、GB/T1804－1998 规定：尺寸公差分为 20 级，即 IT01、IT0、IT1，直至 IT18。IT 表示标准公差，后面的数字表示公差等级，等级依次降低。在基本尺寸相同的条件下，公差越小，尺寸精度越高；反之，精度越低。一般 IT01～IT12 用于配合尺寸，IT13～IT18 用于非配合尺寸。

例如车削某零件，外径尺寸为 $\phi 50$，若公差值对称分布，当 IT12 级时的公差值为 0.3mm，则最大极限尺寸为 50＋0.15＝50.15mm，最小极限尺寸为 50－0.15＝49.85mm；当 IT7 级时其公差值为 0.03mm，则最大极限尺寸为 50＋0.015＝50.015mm，最小极限尺寸为 50－0.015＝49.985mm。

但应注意，同一精度等级，不同基本尺寸其公差值也不同。如精度等级为 IT12，当基本尺寸为 100mm 时，其公差值为 0.3mm；当基本尺寸为 200mm 时，其公差值为 0.46 mm。由此可知同一精度等级，基本尺寸越大，其公差值也越大。

2. *形状精度*

形状精度是指零件上线、面要素的实际形状相对于理想形状的准确程度，是由形状公差控制的。形状公差是在满足零件使用要求的前提下，所允许的加工误差范围。国家标准 GB/T1182－1996，GB/T1184－1996 规定了 6 项形状公差，它们是直线度、平面度、圆度、圆柱度、线轮廓度和面轮廓度。类似于尺寸精度，在零件加工中出现不圆、不平等误差不可避免，因此，设计者要在图纸上给出零件的形状公差。形状公差反应了形状精度。

形状精度主要与机床本身精度有关。如车床主轴在高速旋转时，旋转轴线有跳动就会使工件的圆度产生偏差；又如车床纵、横拖板导轨不直或磨损，则会造成圆柱度和直线度偏差。因此要求加工形状精度高的零件，一定要在较高精度的机床上加工。当然操作方法不当也会影响形状精度，如在车外圆时用锉刀或砂布修饰外表面后，就容易使圆度或圆柱度变差。

3. *位置精度*

位置精度是指零件上的点、线、面等几何要素之间的实际位置与理想位置的准确程度，是由位置公差控制的。位置公差是在满足零件使用要求的前提下，所允许的加工误差范围。国家标准 GB/T1182－1996，GB/T1184－1996 规定了八项位置公差。它们是平行度、倾斜度、垂直度、同轴度、对称度、位置度、圆跳动和全跳动。

位置精度主要与工件装夹、加工顺序安排及操作人员技术水平有关，如车外圆时多次装夹就可能使被加工外圆表面之间同轴度变差等。

位置公差与形状公差相类似，常合称为形位公差，但是它们有明显的区别。形状公差控制单一几何要素的误差，而位置公差则以某一要素为基准，控制一个或多个几何要素的位置关系。表 5－6 是形位公差的项目及其符号。

表 5－6　形位公差的项目及其符号

分类	项目	符号	分类		项目	符号
形状公差	直线度	—	位置公差	定向	平行度	//
	平面度	▱			垂直度	⊥
	圆度	○			倾斜度	∠
	圆柱度	⌭		定位	同轴度(同心度)	◎
	线轮廓度	⌒			对称度	⌯
	面轮廓度	⌓			位置度	⌖
				跳动	圆跳动	↗
					全跳动	⌰

加工过程中有多种因素影响加工精度，如加工的方法不同，则可以得到不同的加工精度。同一加工方法，在不同的条件下，所能达到的精度往往也是不同的；有时在相同的条件下，采用同样的加工方法，如果多费一些工时，也提高加工精度，但这样做降低了生产率，增加了生产成本，是不经济的。通常所说的精度，是指采用某加工方法在正常情况下所能达到的精度，称为经济精度。

零件的精度要求越高，则加工过程越复杂，加工成本也就越高。因此，在设计零件时一般只给出尺寸公差要求，对要求较高的零件，除了尺寸公差以外，也还需给出形状公差和位置公差要求，并应在满足技术要求的前提下，选用较低级别的公差，以降低生产成本。

5.5.2　表面粗糙度

在切削加工中，由于刀痕、表面撕裂、振动、摩擦等原因，经过切削加工后的表面总会留下微小的峰谷，如图 5－10 所示。这些微小的峰谷表现的微观不平度就称为表面粗糙度。

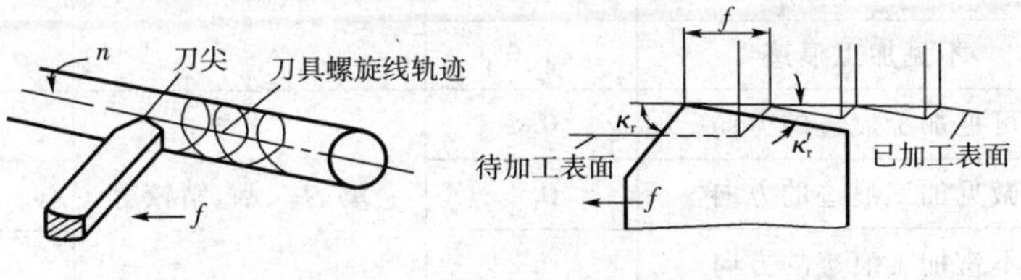

图 5－10　加工表面形成示意图

国家标准规定了表面粗糙度的各种参数及其数值、所用代号和其标注等，其中最常用的就是轮廓算术平均偏差 R_a，单位为 μm。如图 5－11 所示。

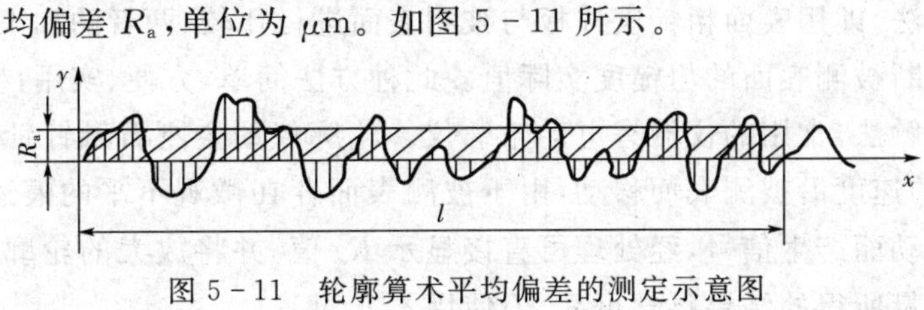

图 5－11　轮廓算术平均偏差的测定示意图

轮廓算术平均偏差 R_a 为在取样长度 l 内，被测轮廓上各点至中线的轮廓偏差绝对值的算术平均值，即

$$R_a = \frac{1}{l}\int_0^l |Y(x)|\,dx$$

或近似地

$$R_a = \frac{1}{n}\sum_{i=1}^{n} |y_i|$$

式中：n——在取样长度内所测点的数目；

R_a——数值，μm。

表 5-7 是国标规定供选用的 R_a 值中优先选用的第一系列数值。

表 5-7　第一系列 R_a 值

R_a(μm)	<0.012	0.025	0.05	0.1	0.2	0.4	0.8	1.6
	3.2	6.3	12.5	25	50	100		

常用加工方法所能达到的表面粗糙度 R_a 值如表 5-8 所示。

表 5-8　常用加工方法所能达到的表面粗糙度及其对应的表面特征

表面要求	表面特征	R_a(μm)	加工方法	旧国标光洁度代号
粗加工	明显可见刀痕	50	粗车、粗铣、粗刨、粗锉、钻等	▽1
	可见刀痕	25		▽2
	微见刀痕	12.5		▽3
半精加工	可见加工痕迹	6.3	车、铣、刨、粗磨等	▽4
	微见加工痕迹	3.2		▽5
	不见加工痕迹	1.6		▽6
精加工	可见加工痕迹的方向	0.8	磨、拉、刮、精铰等	▽7
	微见加工痕迹的方向	0.4		▽8
	不辨加工痕迹的方向	0.2		▽9

表面粗糙度的检测方法一般有两种：

一种是比较法，即用表面粗糙度样板与被测表面进行比较（两者的加工方法与材料尽可能相同），从而判断被测表面的粗糙度实际值。此种方法简单、方便、实用，生产中常用。

另一种是感触法，常用的仪器有电动轮廓仪。轮廓仪的金刚石触针针尖与被测表面相接触，并以一定的速度沿被测表面移动，由于被测表面存在微观不平的痕迹，使触针作垂直于轮廓方向的运动而产生信号，经处理可直接显示 R_a 值，并将放大的轮廓图像由记录仪记下。这种方法测量所得的结果科学可靠，但使用不方便。

5.6 常用量具简介

为了保证零件的加工质量，在零件加工过程中和加工完毕后，均须对零件是否符合图纸要求进行测量。测量所用的工具称为量具。量具种类很多，本节只介绍最常用的几种。

5.6.1 钢直尺

钢直尺是最简单常用的量具。用它测量零件长度、台阶长度以及盲孔的深度较为方便。钢直尺的刻度有公制和英制两种。公制尺较常使用，其刻度值为1mm，有些小规格尺还刻出0.5mm的刻度，测量精度为0.5mm。由于钢直尺的精度不高，它常用于未注公差的尺寸和其他精度低的尺寸测量。

5.6.2 游标卡尺

游标卡尺（简称卡尺或游标尺）是一种比较精密的量具，也是最常用的量具之一。卡尺的应用范围较广，可以直接测量零件的外径、内径、长度、厚度、深度等。常用卡尺的测量范围有0～150mm、0～200mm、0～300mm等数种规格，它们的读数准确程度分别是0.02mm、0.05mm和0.1mm几种。结构上，不仅有外卡爪，还常有内卡爪和测深尺，在副尺上有副尺止动螺钉，如图5-12所示。游标卡尺一般应用于半精加工或粗加工中的测量。

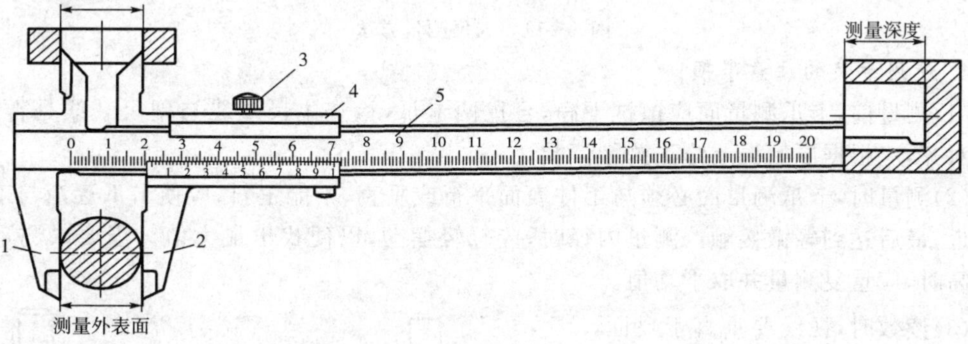

图5-12 游标卡尺

1—固定卡爪 2—活动卡爪 3—止动螺钉 4—副尺 5—主尺

1. 刻线原理

以刻度值0.02的游标卡尺为例，如图5-13所示，这种卡尺由带固定卡爪的主尺和带活动卡爪的副尺（游标）组成。刻度值是主尺与副尺刻线每格间距之差。主尺上的刻度以mm为单位，副尺是把主尺刻度49mm的长度分为50等分，即每格为：

副尺每格长度＝49/50＝0.98(mm)

主、副尺每格之差＝1－0.98＝0.02(mm)即为卡尺的刻度值。

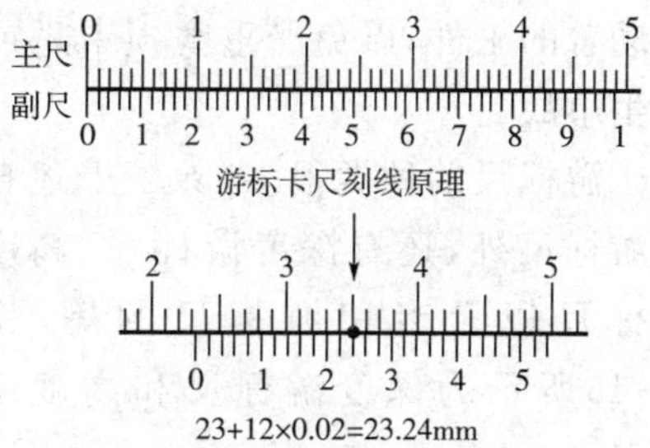

图5-13 游标卡尺刻线原理与读数方法

2. 读数方法

(1)测量时，先在主尺上读出副尺0线以左的刻度，该值就是最后读值的整数部分，图

5－13所示为 23mm。

(2)副尺 0 线以右一定有一条刻线与主尺的刻线对齐，在副尺上该刻线距零线的格数乘以刻度值 0.02 就是最后读值的小数部分，图 5－13 所示为 0.24mm。

(3)将上面整数和小数两部分尺寸加起来就是总尺寸 23.24mm。

3. 测量方法

图 5－14 所示为用游标卡尺测工件外径、内径、宽度和深度的操作方法，其中图 5－14a 为测量工件外径的方法，图 5－14b 为测量工件内径的方法，图 5－14c 为测量工件宽度的方法，图 5－14d 为测量工件深度的方法。

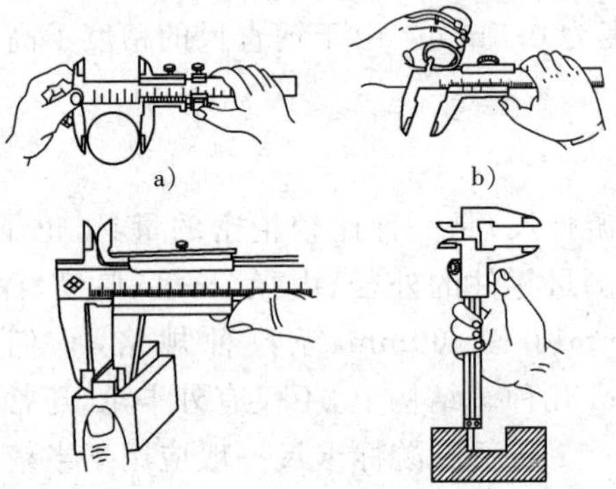

a)　b)　c)　d)

图 5－14　卡尺测量方法

4. 使用卡尺的注意事项

(1)测量前，卡爪测量面应擦拭干净，合拢两卡爪，检查主尺 0 线与副尺 0 线是否对齐，若未对齐，应根据原始误差修正测量读数。

(2)测量时，卡爪测量面必须与工件表面平行或垂直，不能歪斜，应使卡爪逐渐与工件表面靠近，最后达到轻微接触。测量内径时，应轻轻摆动，以便找出最大值。当要求测量可靠性较高时，应重复测量并取平均值。

(3)读数时，视线要垂直于尺面，否则不易读准确。可直接读出尺寸，或用螺钉紧固游标，取出后再读。

(4)不能测量过分粗糙的表面或运动着的工件，以免严重磨损卡爪或发生事故。

游标尺的种类很多，除了上述普通游标尺外，还有深度游标尺、高度游标尺以及专用游标尺的等，图 5－15所示为深度游标尺和高度游标尺。

深度游标尺主要用于测量孔的深度和台阶等，使用时将游标垂直贴紧工件平面，再把主尺伸到底部，即

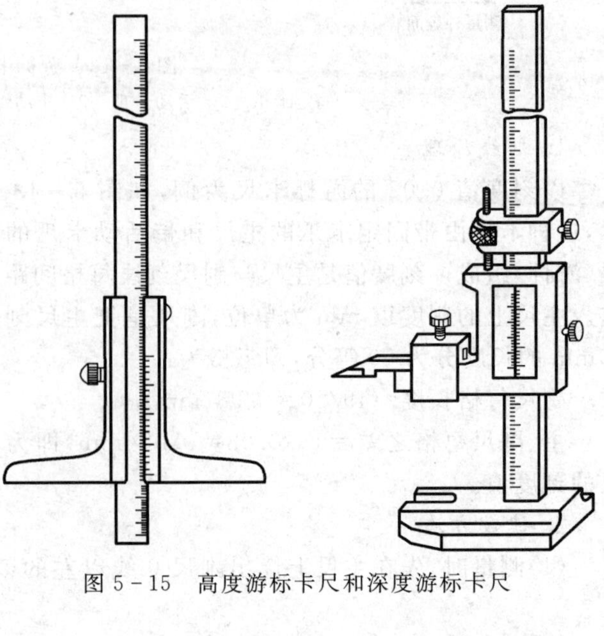

图 5－15　高度游标卡尺和深度游标卡尺

可读出尺寸,或用螺钉紧固游标,取出后再读尺寸。

高度游标尺除测量高度外,还可做精密划线。

5.6.3　百分尺

百分尺是比游标卡尺更为精确的量具,其测量准确度为 0.01mm。百分尺(习惯上称为千分尺)按结构及用途分为外径百分尺、内径百分尺、测深百分尺和螺纹百分尺等。外径百分尺按其测量范围有 0～25mm、25～50mm、50～75mm、75～100mm 等多种规格。

最常用的是外径百分尺,图 5－16 所示为测量范围为 0～25mm 的外径百分尺。百分尺是利用螺旋装置测量读数的,其刻线原理和读数方法如图 5－17 所示。

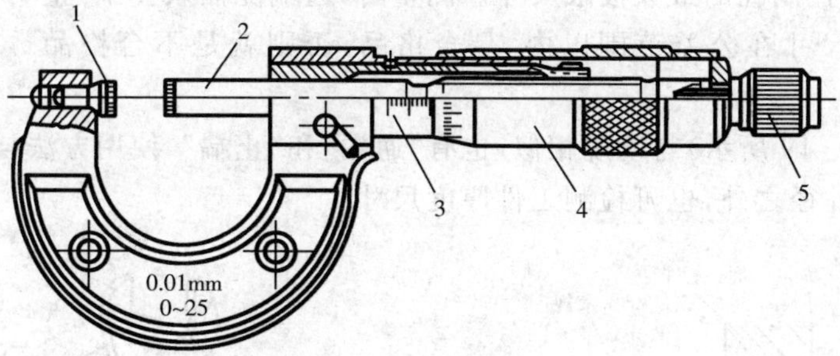

图 5－16　外径百分尺

1—砧座　2—螺杆　3—固定套筒　4—活动套筒　5—棘轮盘

1. 刻线原理

百分尺主要由固定套筒和活动套筒组成。固定套筒在轴线方向上有一条中线,中线的上、下方各刻一排刻线,刻线每小格为 1mm,上、下两排刻线相互错开 0.5mm。在活动套筒左端圆周上有 50 等分的刻度线。与活动套筒相连的是一个精密螺杆,其螺距为 0.5mm,螺杆的前端为活动测头。当转动活动套筒时,螺杆与活动套筒一起向左或向右移动。螺杆每转一周,螺杆就轴向移动 0.5mm,故活动套筒上每一小格的读数值为 0.5mm/50＝0.01mm。

2. 读数方法及注意事项

图 5－17 所示是百分尺读数示例,其读数方法如下:

图 5－17　刻线原理和读数方法

(1)测量前先检查零点是否对好,若零点未对齐,应根据原始误差修正测量读数。测头要擦干净,工件也要擦干净。

(2)读出固定套筒上露出刻线的毫米数。

(3)活动套筒上有一条刻度线与固定套筒的中线重合,读出它的数值。

(4)将以上两部分相加即为实测尺寸。

(5)测量时,当活动测头已接近工件时,必须使用活动套筒后端的棘轮盘(一个恒力装置)控制测量力。当棘轮发出“嘎嘎”打滑声时,表示压力合适,停止拧动,此时读数。严禁拧动活动套筒,以防用力过大致使测量不准确。

5.6.4　塞规与卡规(光滑极限量规)

塞规与卡规是用“通端”和“止端”检验光滑工件极限尺寸的一种专用量,在成批和大量生产中应用广泛。用这种量具检验光滑工件时,不能测出工件的实际尺寸,但可以确定工件的实际尺寸是否在规定极限范围内,从而判断零件尺寸是否合格。

塞规(如图 5-18 所示)有两个测量端,即“通端”和“止端”。通端用来控制孔的最小极限尺寸,止端用来控制孔的最大极限尺寸。测量时,通端能插入孔中,止端不能插入孔中,即表明该孔的实际尺寸在公差范围以内,是合格品,否则就是不合格品。塞规也可以检测槽宽。

卡规(如图 5-19 所示)与塞规相似,也有“通端”和“止端”,使用方法与塞规相同。除主要用于检测工件外径之外,也可检测工件厚度尺寸。

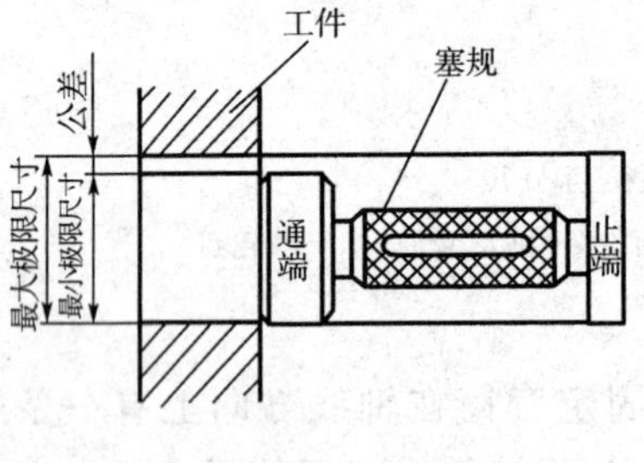

图 5-18　塞规及其应用

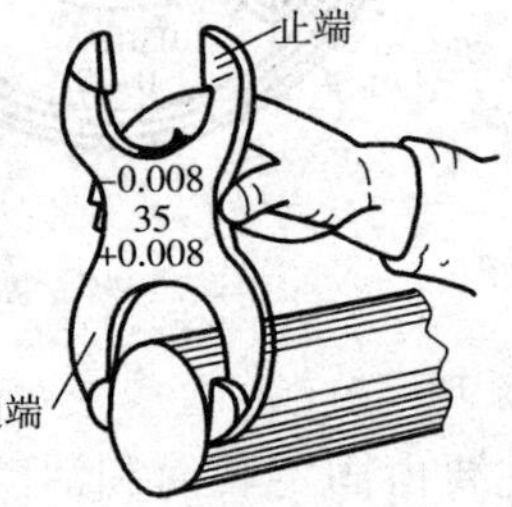

图 5-19　卡规及其应用

5.6.5　直角尺

直角尺的两个边成准确的 90°角,用来检查工件表面间的垂直度,如图 5-20 所示。使用直角尺的方法是将一条边(宽边)与工件的基准面贴合,然后查看另一条边(窄边)与工件被测平面之间的间隙。当有间隙时,可根据光隙判断工件的误差情况,也可用塞尺配合测量间隙的大小,从而判断工件的垂直度误差情况。使用直角尺测量工件的垂直度,精度不太高,但简单方便。

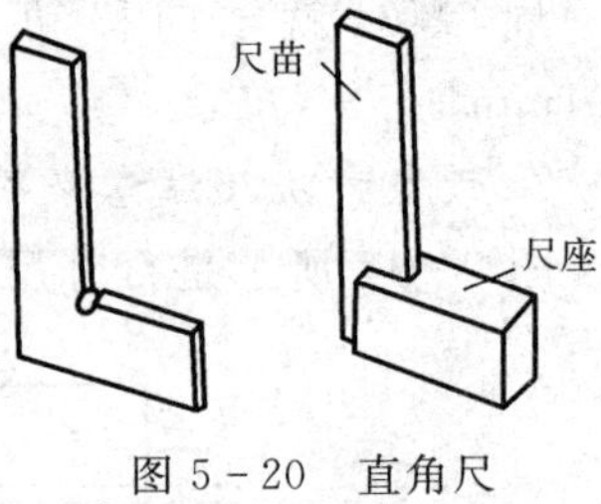

图 5-20　直角尺

5.6.6　塞尺

塞尺是一组厚度不等的薄钢片,每片上印有厚度标记。塞尺用于检验两贴合面之间的缝隙,测量精度不高,图 5-21 是塞尺的示意图。

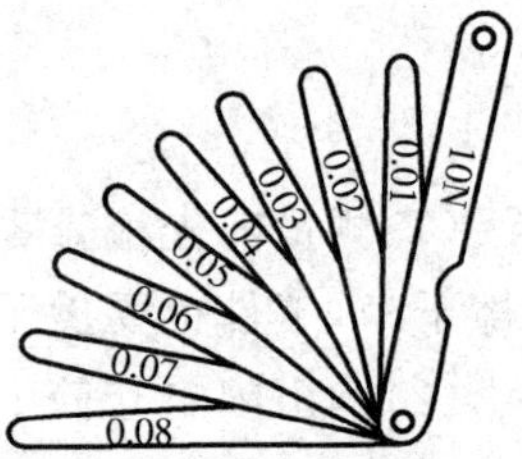

图 5-21　塞尺

5.6.7　百分表

百分表是一种精度较高的比较量具,只能测量相对数值,不能测量绝对数值。主要用于测量工件形状误差(圆度、平面度)和位置误差(平行度、垂直度和圆跳动)等,以及机床调试和安装工件时的精确找正等。

百分表的结构如图 5-22 所示。若测杆向上或向下移动 1mm,通过齿轮传动系统带动大指针转一圈,小指针转一格。大指针刻度盘上均分 100 个格,因此每格的读数值为 1mm/100=0.01mm,小刻度盘每格指示 1mm。大、小指针所示读数之和即为尺寸变化量,小指针处的刻度范围为百分表的测量范围。刻度盘可以转动,供测量时大指针对零用。

百分表使用时通常装在专用的百分表架上使用,如图 5-23 所示。

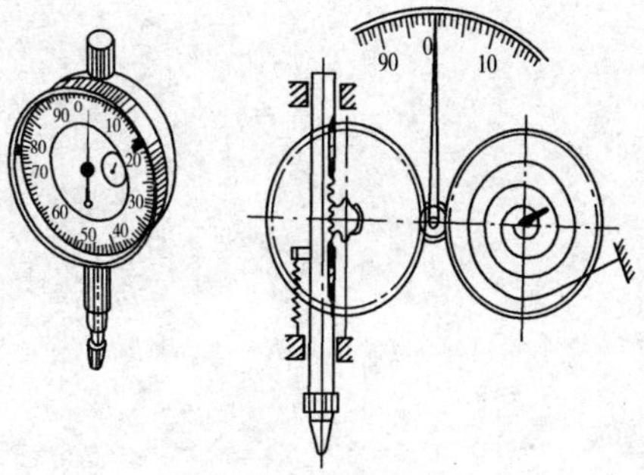

图 5-22　百分表

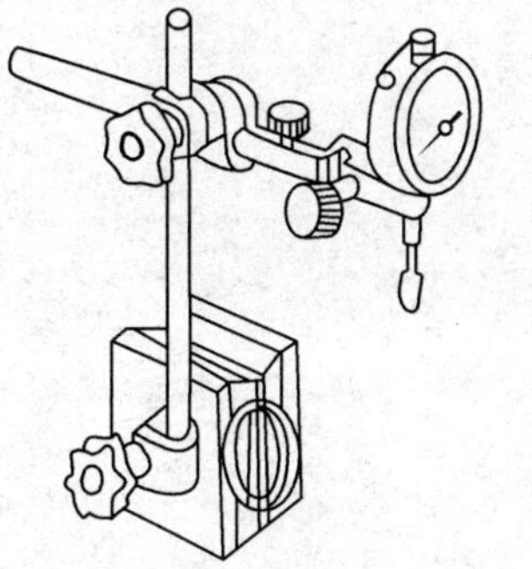

图 5-23　百分表架

复习思考题

1. 试说明车削、钻削、刨削、铣削和磨削几种常用加工方法的主运动和进给运动。

2. 切削速度与主轴转速有区别吗?

3. 试说明车削时的切削用量三要素。

4. 切削合力为什么要分解为三个分力?试说明各分力的作用。

5. 试从工件材料、刀具及切削用量三方面分析各因素对切削力的影响。

6. 切屑与前刀面之间的摩擦有什么特点?

7. 切屑的种类有哪些?其变形规律如何?

8. 为什么要进行断屑处理,有哪几种断屑方式?

9. 刀具的磨损形式有哪几种?在刀具磨损过程中一般分为几个磨损阶段?

10. 刀具破损的主要形式有哪些?

11. 何谓刀具使用耐用度?它与刀具磨钝标准有何关系?

12. 何谓工件材料的切削加工性?如何评价材料的切削加工性?

13. 如何改善工件材料的切削加工性?

14. 切削热对加工有什么影响?

15. 切削液分哪几大类?切削液有什么作用?

16. 刀具的材料性能有哪些要求?

17. 常用的刀具材料有哪些?将其牌号各举出一例。

18. 刀具材料的耐热性是什么含义?

19. 机械零件的技术要求主要有哪几项?

20. 何谓尺寸精度?一般机械加工能达到的精度等级范围是多少?

21. 形状和位置公差各规定了哪些项目？它们的符号是什么？

22. 何谓表面粗糙度？

23. 常用的量具有哪几种？

24. 游标卡尺和百分尺测量准确度是多少？怎样正确使用？能否测量铸件毛坯？

25. 在使用量具前为什么要检查它的零点、零线或基准？应如何用查对的结果来修正测得的读数？

26. 怎样正确使用量具和保养量具？

第 6 章　车削加工技术

【实训目的与要求】

(1)了解金属切削基本原理和加工精度的概念；

(2)熟悉普通车床的结构组成、传动系统、运动及常用附件的用途；

(3)熟悉常用车刀材料、性能、几何角度组成及功用；

(4)初步掌握轴类和盘类零件的装夹、加工工艺和技术测量；

(5)了解螺纹和锥度的加工方法，了解其他车床的结构和用途。

6.1　概　述

在车床上用车刀对工件进行的加工称为车削加工。车削加工是机械加工中最基本、最常用的加工方法，在机械加工中占有重要的位置。

车削时，工件的旋转运动为主运动，车刀的移动为进给运动。车刀可作纵向、横向或斜向的进给运动，用以加工不同的零件表面。在种类繁多、形状各异的机器零件中，具有回转表面的零件所占比例最大。车削加工的这种工件和刀具的相对运动关系，决定了车削特别适合加工具有回转表面的零件，如各种轴类、套筒类和盘类零件上的旋转表面。车削可完成的主要加工工作，如图 6-1 所示。

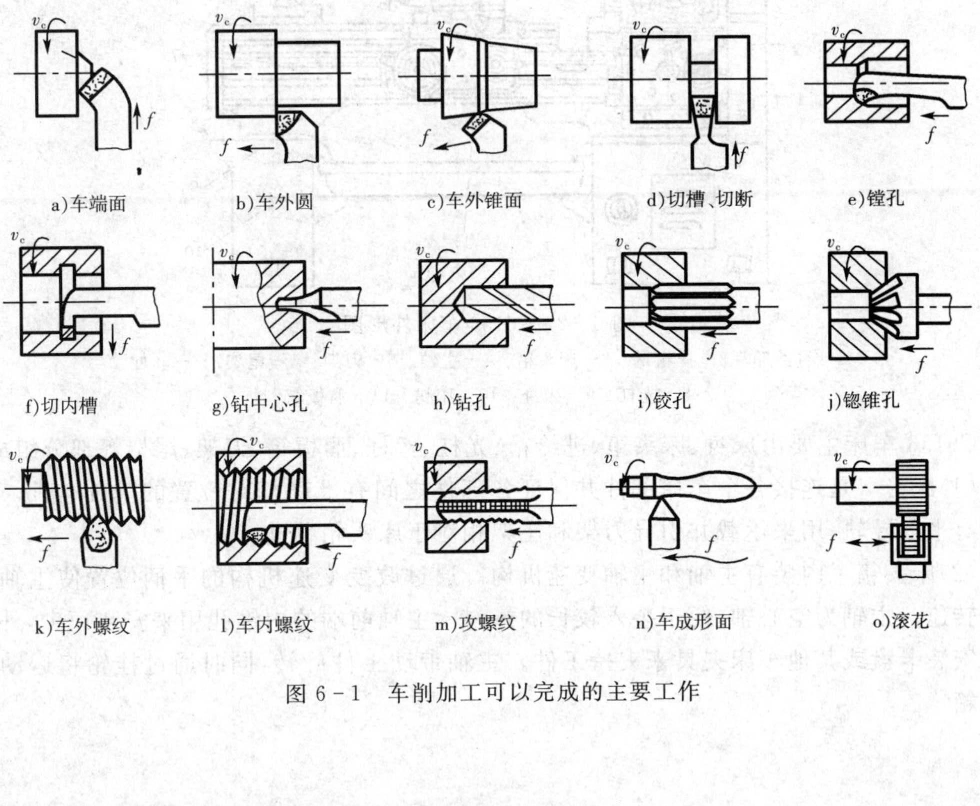

图 6-1　车削加工可以完成的主要工作

车削加工主运动单向连续，车刀与工件始终接触，基本无冲击现象，切削力变化小，切削过程平稳，可以采用较高的切削速度。车刀伸出刀架的长度可以很短，车刀的几何尺寸可以较大，工艺系统的刚性好，可以采用较大的背吃刀量和进给量。在车床上经一次装夹后就能加工出外圆面、内圆面、台阶面及端面等多种表面，依靠车床本身的精度就能够保证相当多的零件形位精度。因此，车削加工精度和生产效率都比较高。

车削适用于多种材料、多种表面、多种尺寸和多种精度零件加工；在各类企业中，无论在大批量生产中，还是在单件、小批量生产以及机械的维护修理方面，都是不可缺少的加工方法；车刀结构简单，制造、刃磨和装夹都比较方便，生产成本低。

一般车削可达到的尺寸精度为 IT9～IT7，表面粗糙度 R_a 值为 3.2～1.6μm。

6.2　卧式车床

车床的种类很多，主要有卧式车床、立式车床、仪表车床、转塔车床、数控车床等，其中应用最广泛的是卧式车床。常用的卧式车床有 C6132、C6136、C6140 等型号。

6.2.1　车床的型号及组成

车床型号很多，各种型号车床组成类似，但各部分具体结构有所区别。现以 C6136 车床为例介绍车床，如图 6－2 所示。在该型号中，C 是“车床”汉语拼音的第一个字母(大写)表示车床，61 表示卧式车床，36 表示该车床最大工件回转直径的 1/10，即 360mm。

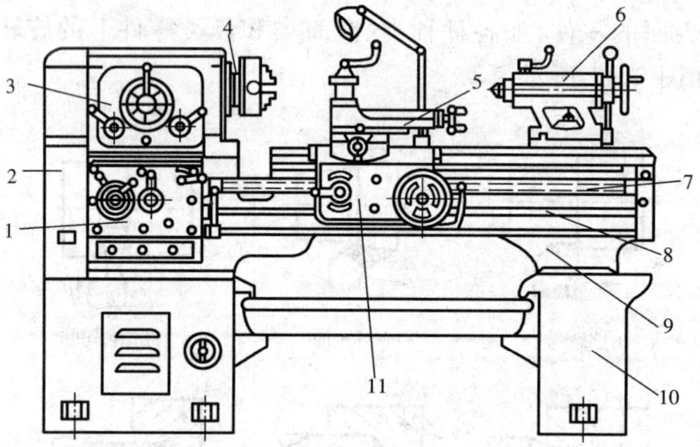

图 6－2　C6136 车床外形图

1—进给箱　2—挂轮罩　3—床头箱　4—主轴　5—刀架　6—尾架　7—丝杠
8—光杠　9—床身　10—床腿　11—溜板箱

C6136 车床主要由床身、床头箱、进给箱、光杠、丝杠、溜板箱、刀架、尾架等部分组成。

(1)床身　是连接各个车床部件并保证各部件之间有准确相对位置的基础构件。床身上面有平行导轨，用来承载并引导刀架和尾架相对于床头箱移动。

(2)床头箱　内装有主轴和主轴变速机构。通过改变变速机构的手柄位置使主轴获得各档转速。主轴为空心轴，便于装入较长的棒料。主轴前端的内锥孔用来安装顶尖，外锥面用来安装卡盘或其他车床夹具来夹持工件。主轴带动工件旋转，同时通过挂轮将运动传至进给箱。

(3)进给箱　又称走刀箱，内装有进给运动变换机构。通过改变变速机构的手柄位置使光杠或丝杠获得不同的进给量或加工螺纹的螺距。

(4)刀架　用来装夹车刀并可作纵向、横向和斜向运动，由方刀架、转盘、小拖板、中拖板和大拖板组成，如图 6－3 所示。

(5)方刀架　安装在小拖板上，有四个可以装夹车刀的位置，故称方刀架。

(6)小拖板　安装在转盘上，转盘可以扳转，从而使小拖板的导轨转过相应的角度。转动小拖板手柄时，就可以使小拖板沿其导轨方向作短距离移动。

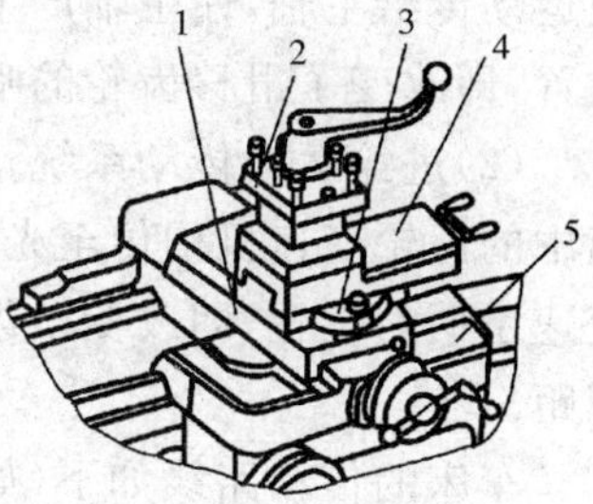

图 6－3　刀架结构

1—中拖板　2—方刀架　3—转盘　4—小拖板　5—大拖板

(7)转盘　安装在中拖板上，用螺栓固定。松开锁紧螺钉，转盘可以在水平面内扳转任意角度。

(8)中拖板　安装在大拖板上，可带动车刀沿大拖板上的燕尾导轨作横向移动。

(9)大拖板　下面有导轨滑槽与床身导轨配合，带动车刀纵向移动。

(10)溜板箱　固定在大拖板下面，是车床进给运动的操作箱。溜板箱上装有控制手柄，接通光杠时，可使刀架作纵向或横向进给运动；接通丝杠时，带动车刀作纵向运动车削螺纹。溜板箱中设有互锁机构，使光杠与丝杠两者不能同时使用。

(11)光杠　将进给箱输出的旋转运动传给溜板箱，实现自动走刀。

(12)丝杠　将进给箱输出的旋转运动直接拖动溜板箱，主要用来加工螺纹。

(13)尾架　装在床身导轨上，可沿导轨人工调节其位置。松开尾架锁紧手柄或锁紧螺栓，则尾架可以沿着床身导轨移动。松开尾架套筒锁紧手柄，转动尾架手轮，尾架套筒可以伸缩移动。尾架套筒内有锥孔，用来安装顶尖支撑工件，也可安装钻头、铰刀等工具，对工件进行孔加工。

6.2.2　车床的传动系统

C6136 车床的传动系统，如图 6－4 所示。

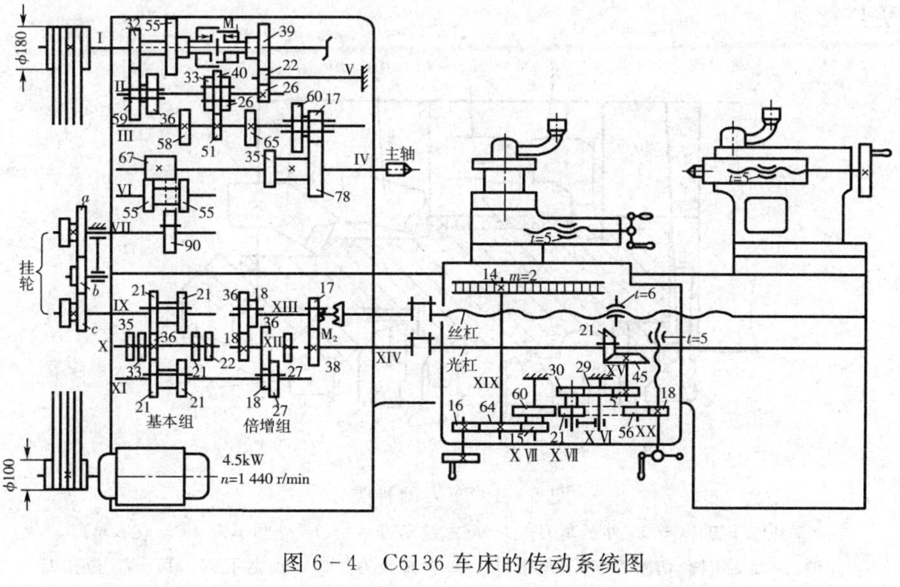

图 6－4　C6136 车床的传动系统图

(1)主运动传动系统　由电动机转动经带传动至床头箱，再经床头箱中的主轴变速机构把运动传给主轴，使主轴产生旋转运动，从而带动工件旋转。改变车床各个主轴变速手柄的位置，即改变了滑移齿轮的啮合位置，使主轴获得不同的转速。

(2)进给运动传动系统　由主轴的旋转运动经挂轮、变速机构传动至进给箱，再经进给箱中的齿轮变速机构传至光杠或丝杠，再由光杠或丝杠传至溜板箱。改变车床进给箱各个变速手柄的位置，即改变了进给箱滑移齿轮的啮合位置，可获得不同的纵向或横向进给量或螺距。

车床的传动路线如下(如图 6-5 所示)：

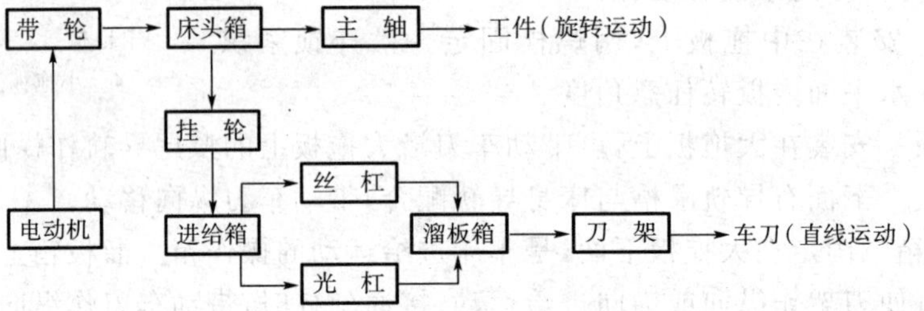

图 6-5　车床的传动路线

6.3　车　刀

6.3.1　车刀的种类和结构

车刀种类很多，按其用途分类，有外圆车刀、车槽刀、车孔刀、成形车刀和螺纹车刀等。按其形状不同可分为直头车刀、弯头车刀、尖头车刀、圆弧车刀、左偏刀和右偏刀等(如图 6-6 所示)。此外，钻头、铰刀等成形刀也是车床上常用的刀具。

车刀常用高速钢或硬质合金制造。高速钢车刀多用于成形刀，硬质合金车刀在实际生产中应用更广泛。

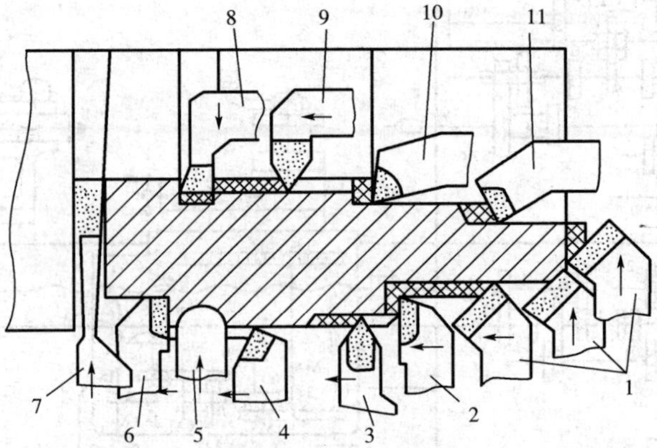

图 6-6　车刀的种类

1—45°外圆车刀　2—90°外圆车刀　3—外螺纹车刀　4—75°外圆车刀　5—成形车刀　6—左偏刀　7—切槽、切断刀　8—内槽刀　9—内螺纹刀　10—90°镗孔刀　11—75°镗孔刀车刀的结构形式，对车刀的切削性能、切削加工的效率和经济性有着重要的影响。车刀的结构形式通常有焊接车刀、整体车刀和机夹可转位车刀等，如图6-7所示。

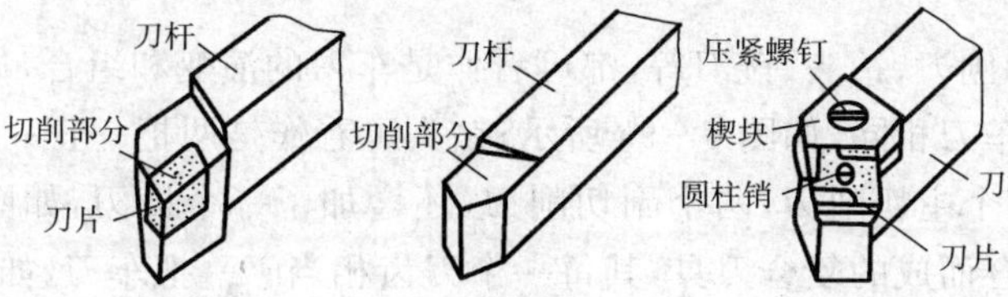

图6-7　车刀按结构形式分类

(1)焊接式车刀　是将硬质合金刀片焊接在刀杆上，再经刃磨而成的车刀，如图6-7a所示。焊接式车刀结构简单，节省刀具材料，能方便地刃磨出所需几何角度，是使用较为广泛的刀具形式，但焊接时的高温及刃磨易产生内应力和裂纹，使其切削性能有所下降。

(2)整体车刀　是指刀杆和切削部分为同一种材料的车刀，多用高速钢制成，刀头的切削部位角度靠刃磨磨出，如图6-7b所示。整体式车刀浪费刀材，且切削性能亦不理想，主要用于成形加工用车刀。

(3)机夹可转位车刀　是将硬质合金刀片机械夹固在标准刀杆上的一种车刀，如图6-7c所示。切削刃用钝后，只需松开压紧螺钉，使刀片转位换成另一条新的切削刃，再夹紧刀片，即可继续切削。机夹可转位车刀的刀杆和刀片均为系列化标准件。刀片是由专用设备制造的，避免了人工磨削时带来的不稳定性和焊接时产生的缺陷，切削性能稳定，显著提高了刀具的耐用度和使用寿命，生产效率和质量均大大提高，是重点推广的切削刀具之一。

6.3.2　车刀的组成和角度

1. 车刀的组成

车刀由切削部分(刀头)和夹持部分(刀体，又称刀杆)组成。刀体是车刀的夹持部分，用来固定车刀于方刀架上，如图6-8所示。

车刀的切削部分，由前刀面、主后刀面、副后刀面、主切削刃、副切削刃和刀尖所组成，简称“三面两刃一尖”。其定义分别为：

(1)前刀面　刀具上切屑沿其流出并相互作用的那个表面。

(2)主后刀面　刀具上与工件过渡表面相对并相互作用的表面。

(3)副后刀面　刀具上与工件已加工表面相对并相互作用的表面。

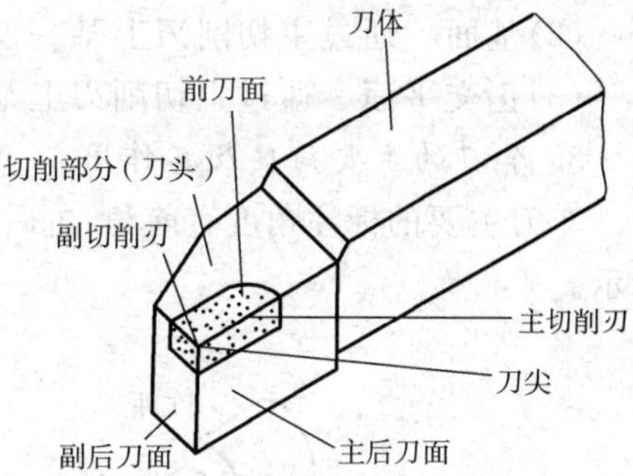

图6-8　车刀的组成

(4)主切削刃　前刀面与主后刀面的交线。它担负主要的切削工作。

(5)副切削刃　前刀面与副后刀面的交线。它配合主切削刃完成切削工作，并起修光作用，并最终形成已加工表面。

(6)刀尖　主切削刃和副切削刃的交点。为了提高刀尖的强度，延长刀具的使用寿命，刀尖通常磨成小圆弧或直线型过渡刃。一般硬质合金车刀刀尖圆弧半径 $r=0.5\sim1\text{mm}$。精车时，可在刀尖处磨出一小段平直的、长度大于进给量的修光刃，以获得表面粗糙度值较低的加工表面。

其他各类刀具，如刨刀、钻头、铣刀等，都可看作是车刀的演变和组合，如图 6－9 所示。刨刀切削部分的形状与车刀相同，如图 6－9a 所示；钻头可看作是两把一正一反并在一起同时车削孔的车刀，因而有两个主切削刃，两个副切削刃，还增加了一个横刃，如图 6－9b 所示；铣刀可看作由多把车刀组合而成的复合刀具，其每一个刀齿相当于一把车刀，如图 6－9c 所示。

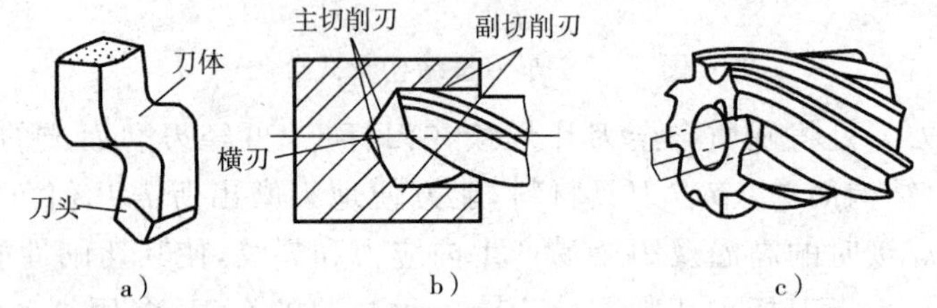

图 6－9　刨刀、钻头、铣刀切削部分的形状

2. *车刀的正交平面参考系*

刀具切削部分必须具有合理的几何形状，才能保证切削加工顺利进行，获得预期的加工效果。刀具切削部分的几何形状，主要用一些刀面和刀刃的方位角度来表示。为了定义刀具在设计、制造、刃磨和测量时的方位角度，就需建立相应的参考系，并以它为基准，来反映刀面和切削刃的几何参数。用于刀具角度标注的参考系常用正交平面参考系。

正交平面参考系由过切削刃上某设定点的三个互相垂直的辅助平面即切削平面、基面和正交平面组成，并假定刀尖与工件回转轴线等高、刀杆纵向轴线垂直于进给方向，以及不考虑进给运动的影响等条件下确定的，如图 6－10 所示。

（1）主切削平面　通过主切削刃上某一设定点并与工件加工表面相切，并垂直于基面的平面。

（2）基面　通过主切削刃上某一设定点并与该点切削速度方向相垂直的平面。

（3）正交平面　通过主切削刃上某一设定点，并同时垂直于切削平面和基面的平面。

3. *车刀的主要角度及其作用*

车刀主要的标注角度有前角、主后角、主偏角、副偏角和刃倾角五个基本角度，如图 6－11 所示。

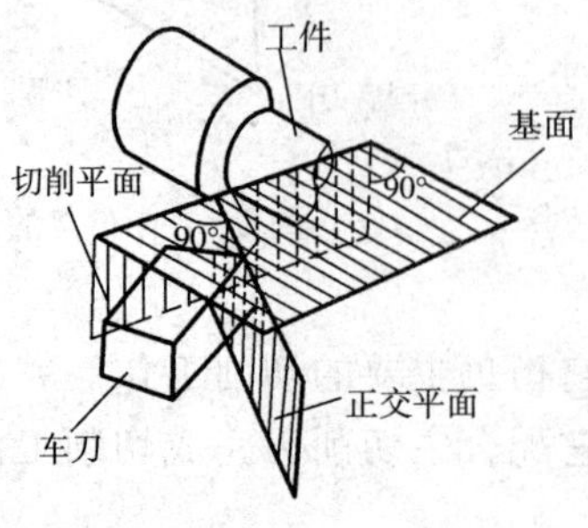

图 6－10　确定刀具角度的辅助平面

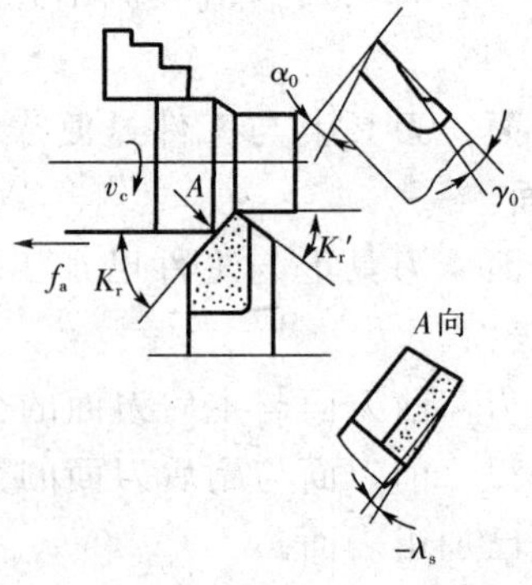

图 6－11　车刀的主要角度

(1)前角 γ_o　前刀面与基面之间的夹角，在正交平面内测量。前角表示前刀面的倾斜程度。增大前角能使车刀刀刃锋利、切屑变形减少、切削力减小，但前角过大，刀头强度降低，刀具导热体积减小，从而影响刀具的使用寿命。硬质合金车刀的前角通常在 5°～20°的范围选取，粗加工可选得小些，精加工可选得大些。

(2)主后角 α_o　主后刀面与切削平面之间的夹角，在正交平面内测量。主后角表示主后刀面的倾斜程度。主后角的主要作用是减少后刀面与工件的摩擦，主后角过大同样使刀头强度降低。粗加工后角一般取 5°～7°，精加工取 8°～12°。

(3)主偏角 K_τ　主切削刃在基面上的投影与进给运动方向的夹角，在基面内测量。主偏角减小，刀尖强度增加，切削条件得到改善，但主偏角减小，工件的背向力(即径向力)增加。增大主偏角可以使径向分力减小，有利于减小振动，但散热条件变差，刀具磨损加快。主偏角一般取 45°～90°，工件刚度好、粗加工时取小值，反之取大值。

(4)副偏角 K_τ'　副切削刃在基面上的投影与进给运动相反方向的夹角，在基面内测量。增大副偏角可减小副切削刃与工件已加工表面间的摩擦，但工件表面粗糙度值增大。副偏角一般取 5°～15°，粗加工时取较大值，精加工时取较小值。

(5)刃倾角 λ_s　主切削刃与基面之间的夹角，在切削平面内测量。刃倾角的作用是控制切屑流出方向和改变切削时切削刃上受力的位置和状态。刃倾角一般在－5°～5°之间选取。粗加工取负值，以增加刀头的强度；精加工常取正值，以防切屑流向已加工表面而划伤工件，如图 6－12 所示。

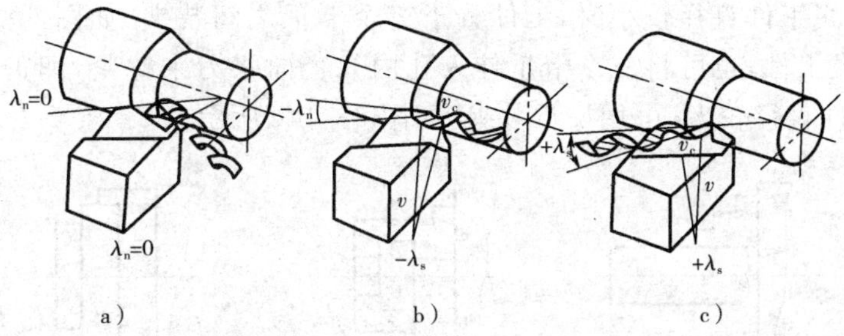

图 6－12　车刀刃倾角对切屑流向的影响

6.4　车床夹具及使用

由于车削加工零件的种类、形状多种多样，因此车床上装夹工件的方法很多。装夹时，应根据工件的具体加工要求，选择一种或几种夹具组合来装夹工件。工件在车床上装夹的基本要求是定位准确，夹紧可靠，在承受切削力时，保证定位不变和切削时的安全。

在车床上用来装夹工件所用的夹具主要有卡盘、顶尖、中心架和跟刀架，此外，还有拨盘、心轴、花盘等。在大批量生产时或加工一些要求较高的零件时，还可用专用夹具装夹工件。

6.4.1　用卡盘装夹工件

卡盘是车床上最基本的夹具，常用的有三爪自定心卡盘(简称三爪卡盘)和四爪单动卡盘(简称四爪卡盘)两种。

1. 三爪卡盘装夹工件

三爪卡盘主要是由三个卡爪(有正爪、反爪之分)、三个小伞齿轮、一个大伞齿轮和卡盘体四部分组成,如图 6-13 所示。当用卡盘扳手转动任一个小伞齿轮时,均能带动大伞齿轮转动,大伞齿轮背面的平面螺纹带动三个卡爪沿着卡盘体的径向槽同时向心或离心移动,以夹紧或松开不同直径的工件。由于三个卡爪是同时移动的,可自动对中,故称之为自定心卡盘。

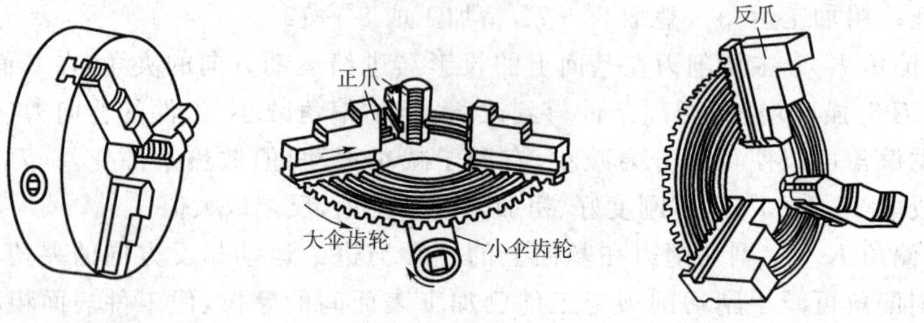

a) 三爪卡盘外形　b) 三爪卡盘结构　c) 反三爪卡盘

图 6-13　三爪卡盘

三爪卡盘装夹精度与四爪卡盘相比夹持力较小。三爪卡盘一般有 0.08 mm 以内的对中准确度误差,长时间使用后,精度还将下降,但由于使用方便,在中、小型车床中使用较为普遍。

三爪卡盘最适合装夹圆形截面的中小型工件(如棒料),也可装夹截面为正三边形或正六边形的工件。当工件直径较小时,工件置于三个卡爪之间装夹,如图 6-14a 所示。对于有内孔的盘、套类工件,也可将三个卡爪伸入孔内靠径向张力来撑紧,即正爪反撑,如图 6-14b 所示。当工件直径较大,可用反爪装夹,如图 6-14c 所示。

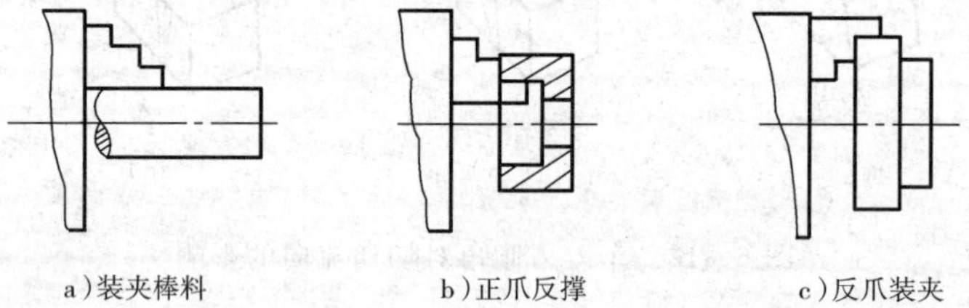
a) 装夹棒料　b) 正爪反撑　c) 反爪装夹

图 6-14　三爪自定心卡盘装夹工件

使用三爪卡盘装夹工件的步骤如下(如图 6-15 所示):

(1) 卡盘装夹工件时,工件在卡爪间放正,先轻轻拧紧卡爪。

(2) 低速开车观察工件是否偏摆,如有偏摆,应予以校正,而后夹紧工件。

(3) 移动车刀至切削行程的左端,用手旋转卡盘,检查刀架等是否与卡盘或工件碰撞。

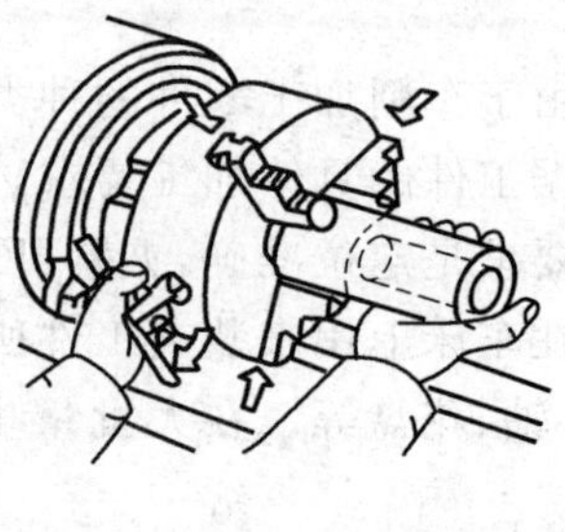
图 6-15　用三爪卡盘装夹工件

(4) 夹持长度一般不小于 10mm。

(5) 在满足加工的条件下,工件应尽量伸出短些。夹持工件的长径比一般应小于 4～5,

否则要用尾架装顶尖支撑工件,必要时还需用中心架、跟刀架支撑。

2. 四爪卡盘装夹工件

四爪卡盘其结构如图 6－16a 所示,它有四个互不相关的卡爪均匀地分布在圆周上,每一个卡爪后面均是一个单独的丝杆螺母机构,当使用卡盘扳手转动丝杆时,带有螺纹的卡爪就会作向心或离心的移动,从而夹紧或松开工件。

由于四爪卡盘的四个卡爪是独立移动的,因此不具备自定心功能。为了使工件加工面的轴线与机床主轴线同轴就必须找正,找正所用的工具常用划针盘或百分表。找正方法,如图 6－16b、c 所示,划针盘一般用于毛糙的工件表面按划线去找正,找正精度较低;百分表用于已加工表面的找正,通过表针指示的摆动值判断是否对正,找正精度较高。

用四爪卡盘装夹工件,夹紧力较大,适用范围广,可用于装夹截面为圆形、方形、椭圆形或其他不规则形状的工件。四爪卡盘也有正爪和反爪,反爪用来装夹尺寸较大的工件。四爪卡盘在车床中使用较普遍。

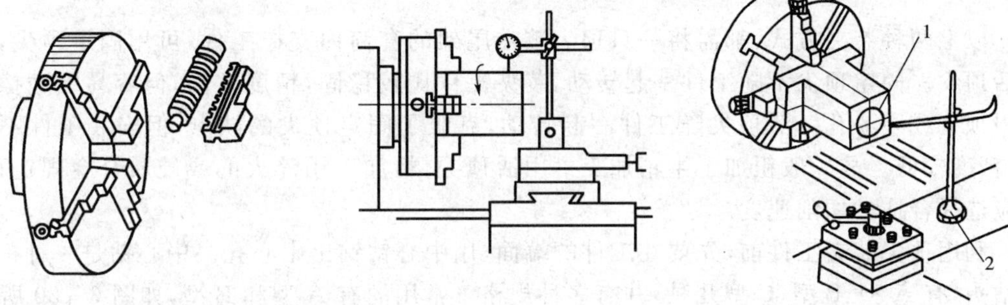

a）四爪单动卡盘　　b）用百分表找正　　c）用划针盘找正

图 6－16　四爪单动卡盘及工件的校正

1—工件　2—划针盘

6.4.2　利用顶尖装夹工件

加工较长的或细长的轴类零件常利用顶尖装夹工件。顶尖的作用是支承工件,完成工件的装夹还需其他夹具配合。顶尖有多种形式,常用的有活顶尖即装有滚动轴承的顶尖和固定顶尖,如图 6－17 所示。

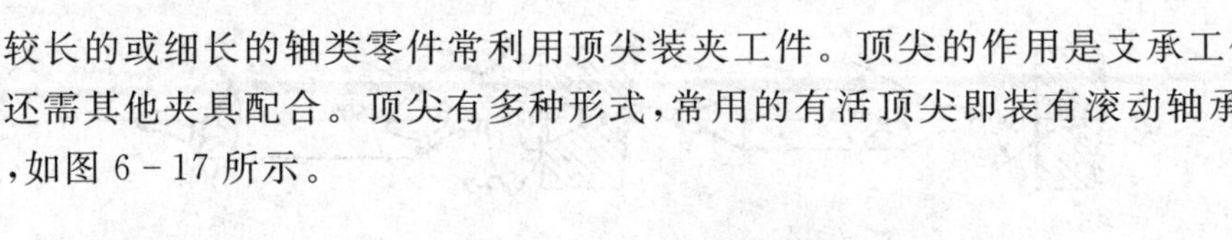

a）固定顶尖　　b）活顶尖

图 6－17　顶尖

顶尖与卡盘配合可组成“一夹一顶”的方式装夹工件,即用卡盘夹住工件一端并带动旋转运动,另一端用顶尖顶住工件的中心孔或内孔支撑工件,如图 6－18 所示。这种装夹工件的方法应用非常广泛。

双顶尖装夹方式一般多采用前、后顶尖装夹工件。安装在主轴锥孔内顶尖的称前顶尖，安装在尾架套筒锥孔内顶尖的称后顶尖。安装顶尖有时需用过渡锥套过渡。主轴锥孔内顶尖随主轴旋转，主轴的旋转运动通过拨盘带动夹紧在轴端的卡箍(也称作鸡心夹头)传给工件一起旋转，故可用不淬火的固定顶尖，如图 6-19 所示。

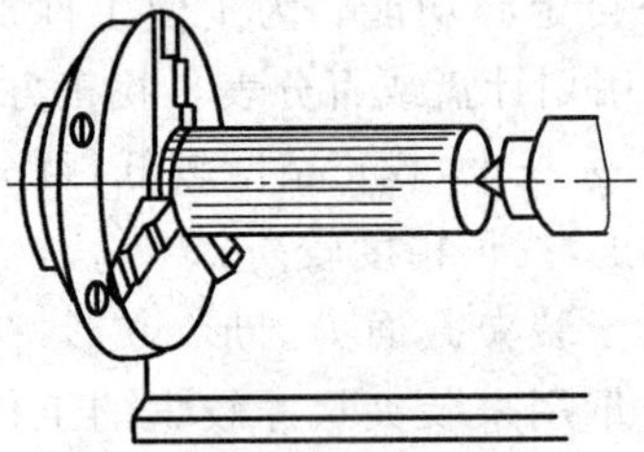

图 6-18　一夹一顶方式

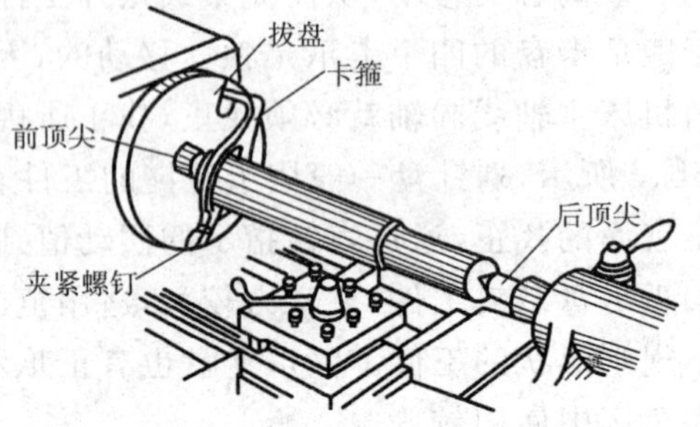

图 6-19　用双顶尖装夹工件

以上两种装夹方式，都需将一只顶尖装在尾架的套筒内支撑工件，可用固定顶尖，也可用活顶尖。固定顶尖不随工件一起转动，装夹工件比较稳固，精度较高，但容易因摩擦发热烧损顶尖或中心孔。活顶尖随工件一起转动，克服了固定顶尖的缺点，但安装工件不够稳固，精度较低。故一般粗加工半精加工可用活顶尖，精加工用淬火的或硬质合金固定顶尖，且应选择合适的切削速度。

利用顶尖装夹工件前，先要在工件的端面，用中心钻钻出中心孔。中心钻是一种标准专用钻头，有 A 型、B 型、C 型几种，并有多种规格。常用的有 A 型和 B 型，如图 6-20 所示。

中心孔的 60°锥面是和顶尖的锥面相配合，前面的小圆柱孔是为了保证顶尖和中心孔锥面能紧密接触，同时可贮存润滑油。B 型双锥面中心孔的 120°锥面是防止 60°锥面被碰坏而影响与顶尖的配合。中心孔的规格尺寸应根据工件重量、直径大小来决定，大和重的工件应选择较大的中心孔。

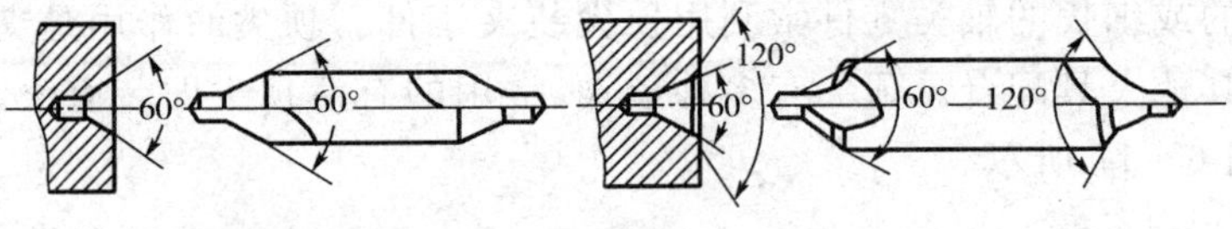

a)加工 A 型中心钻　　b)加工 B 型中心钻

图 6-20　中心孔和中心钻

在生产中还经常采用另一种双顶尖装夹方法，即在卡盘上夹一小段圆柱棒料，车出圆锥面代替前顶尖，用卡盘代替拨盘，让卡箍拨在卡盘的任一卡爪上，如图 6-21 所示。其他装夹操作与前两种利用顶尖装夹工件方法相同。

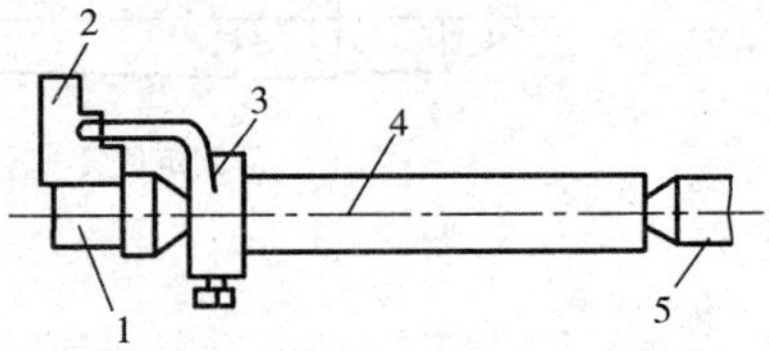

图 6-21　用顶尖装夹工件

1—前顶尖　2—卡爪　3—鸡心夹头
4—工件　5—后顶尖

安装顶尖前，要将顶尖后部锥面及与其配合的主轴和尾架套筒的锥孔擦拭干净，然后装牢、装正。装顶尖的尾架套筒在不影响车刀切削的前提下尽量伸出短一些，以增强支撑刚性，避免切削时振动。工件与顶尖之间要松紧适度，不能过紧或过松。

装好前后顶尖后，应将尾架推向床头，初步检查两顶尖是否在同一轴线上，如图 6－22 所示。对精度要求较高的轴，仅靠目测是不够的，要边加工，边测量，边校正。若两顶尖的轴线不重合，工件回转轴线与进给方向不平行，工件将被加工成锥体。

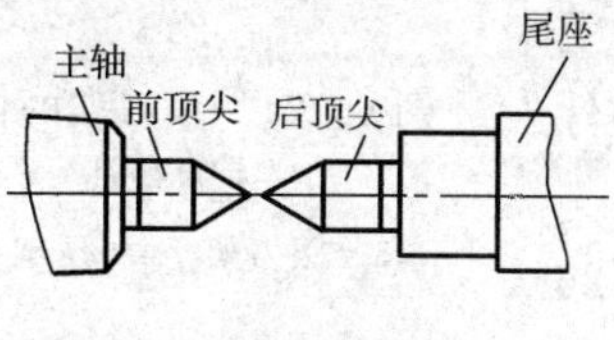

a）两顶尖轴线重合

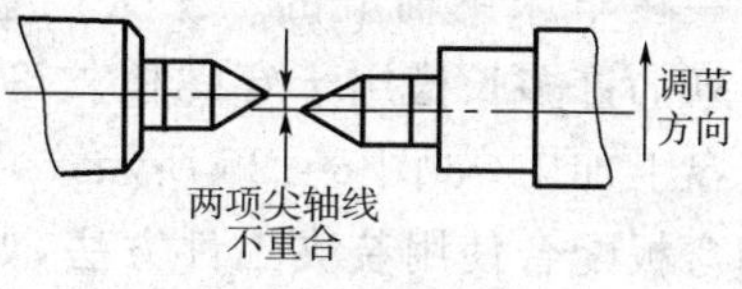

b）调节顶尖轴线重合

图 6－22　校正顶尖

6.4.3　中心架与跟刀架的使用

1. 中心架的使用

中心架作用是给工件附加支承以提高工件刚度。使用时中心架用压板和螺栓螺母紧固在床身导轨上，靠中心架上三个支承爪支撑工件，三个支承爪可以调整，如图 6－23 所示。

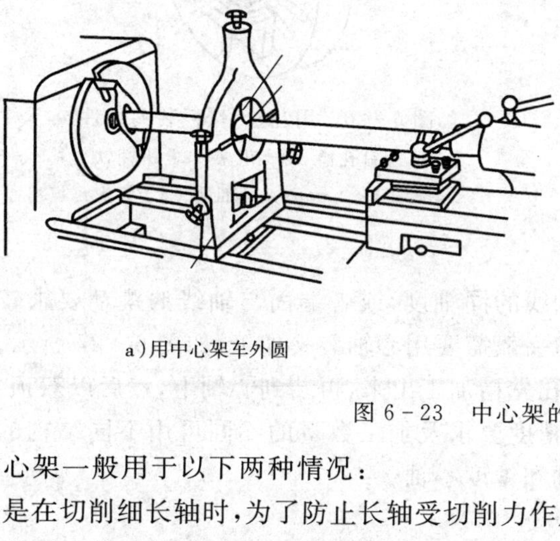

a）用中心架车外圆

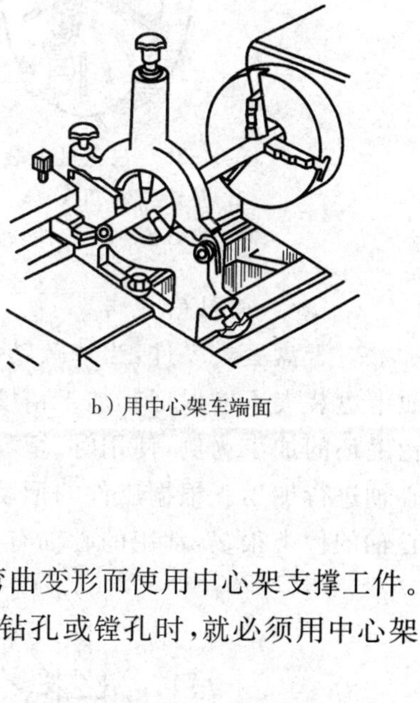

b）用中心架车端面

图 6－23　中心架的应用

中心架一般用于以下两种情况：

一是在切削细长轴时，为了防止长轴受切削力作用产生弯曲变形而使用中心架支撑工件。

二是对于较重的或又重又长的轴，若要车端面或在端面钻孔或镗孔时，就必须用中心架和卡盘一起支撑工件。

使用中心架时，在工件安放支撑爪的地方应预先车出一个“颈部”（比支撑爪稍宽并留出精车余量），并应调整支撑爪的位置及松紧程度，使工件平稳旋转，与工件摩擦处要经常加油润滑，以免损坏工件。

2. 跟刀架的使用

跟刀架与中心架类似，用于车削刚度差的细长轴。不同点在于它紧固于刀架的大拖板上，随大拖板移动而移动。跟刀架上一般只有两个支撑爪。使用前须先在工件上尾架一端车削出一小段外圆，并根据它调节跟刀架的支撑，然后车出零件全长。跟刀架使用，如图 6－24 所示。

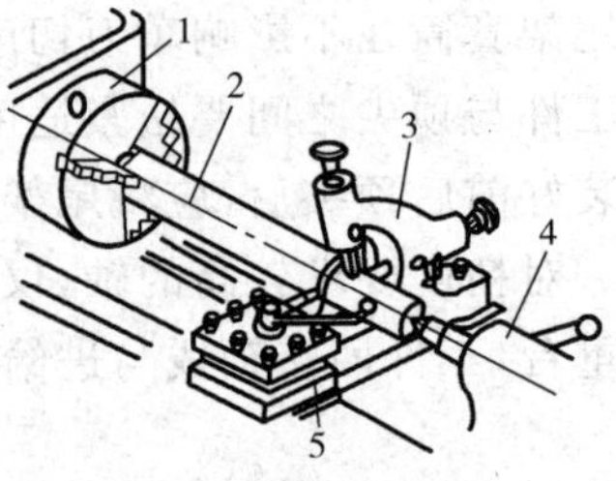

图 6－24　跟刀架的使用示意图

1—三爪卡盘　2—工件

3—跟刀架　4—尾架　5—刀架

6.4.4　花盘的应用

有些复杂的零件，当要求零件的一个面与安装面平行或对于要求孔、外圆的轴线与安装面垂直时，可用花盘或花盘和弯板配合装夹工件。

花盘是安装在车床主轴上的一个大圆盘，端面上有呈放射状排列的许多长槽用于穿螺栓。可以把工件直接夹紧在花盘上加工，如图 6－25 所示。

用花盘和弯板配合使用装夹工件方法，如图 6－26 所示。借助弯板可以保证孔与平面或孔与孔之间的垂直度等。弯板应有较高的垂直度和刚度，装夹工件时要按加工要求仔细找正。这种方法工作效率较低。

用花盘和弯板装夹工件时，由于重心偏移，因而要在另一边加平衡铁予以平衡，以减少转动时的振动。

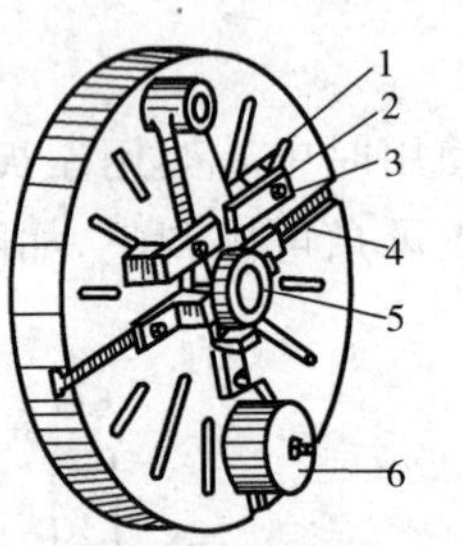

图 6－25　在花盘上装夹零件

1—垫铁　2—压板　3—螺钉

4—螺钉槽　5—工件　6—平衡铁

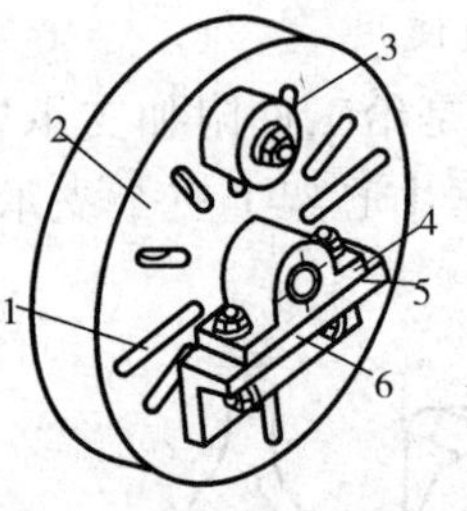

图 6－26　用花盘、弯板装夹零件

1—螺钉孔槽　2—花盘　3—平衡铁

4—工件　5—装夹基准面　6—弯板

6.4.5　心轴的使用

对于盘套类零件，当外圆轴线与孔轴线的同轴度，或者端面与轴线的跳动要求较高时，而卡盘装夹不能保证其加工精度要求时，一般需要用心轴装夹加工，如图 6－27 所示。以齿轮毛坯的加工为例，使用时，把零件上的孔先精加工出来，再装到心轴上，然后以双顶尖支撑心轴进行加工。根据工件的形状、尺寸、精度要求及加工数量的不同可用不同结构的心轴。心轴的种类很多，常用的心轴有圆柱心轴和锥度心轴。

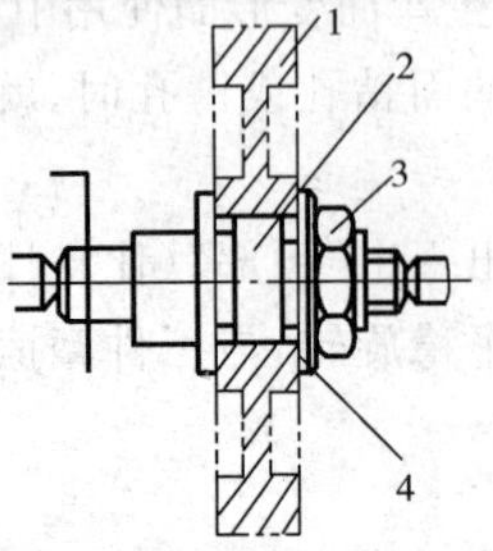

a）圆柱心轴

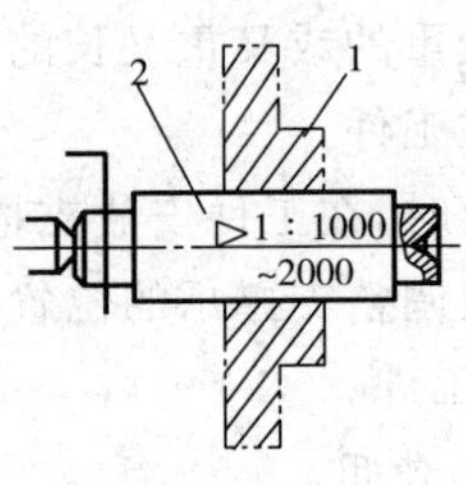

b）锥度心轴

图 6－27　心轴的应用

1—工件　2—心轴　3—螺母　4—垫圈

(1)圆柱心轴　如图 6－27a 所示，当工件长度比孔径小时，常选用此种心轴，工件用螺母锁紧后，其夹紧力较大，但对中准确度较差，多用于盘套类零件的粗加工、半精加工。为保证内外圆同轴度，孔与心轴间的配合间隙应尽可能小，端面与轴线应垂直。

(2)锥度心轴　如图 6－27b 所示，其锥度为 1∶1000～1∶2000。当工件长度大于工件孔径时，往往选用此种心轴，多用于精车盘套类零件外圆和端面。

用心轴装夹零件，其孔应有较高的精度，一般应为 IT9～IT7，否则零件在心轴上无法准确定位。

6.5 车床操作要点

6.5.1 主轴变速操作

床头箱的动力来自于电动机。床头箱内有多根轴，轴上有各种齿轮，通过轴间滑移齿轮互相啮合，改变其啮合位置就能获得不同的传动比，使主轴有多级转速。主轴通过卡盘等带动工件旋转，同时通过挂轮箱、进给箱、光杠(或丝杠)带动溜板的移动，从而使溜板带动装在刀架上的车刀移动。

主轴转速的调整是靠变换床头箱上变速手柄的位置来实现的。主轴变速箱的前面有一表牌，表牌标明了转速与手柄的对应位置。加工时，先根据加工需要选定的切削速度，计算出主轴转速，然后对照表牌所指示的转速与手柄的对应位置，选取近似转速，并将手柄一一扳动到位，即可使主轴得到相应的转速。

变速时必须注意：

(1)停车变速，若车床转动时变速，容易将齿轮打坏。

(2)变速时，手柄要扳到位，否则会出现“空档”现象或由于齿轮在齿宽方向没有全部进入啮合状态，降低了齿轮的强度，容易导致齿轮的损坏。此时应停车，待主轴停止转动后，再把手柄扳到正常工作位置。

(3)变速时若齿轮的啮合位置不正确时，手柄会难以扳到位，此时可边用手转动主轴，边扳动手柄直到手柄扳动到位。

6.5.2 进给箱(走刀箱)手柄的操作

进给箱内的齿轮变速机构可改变光杠或丝扛的转速。进给箱的上表面有一个标有进给量和螺距等与操作手柄对应位置的表牌。调整进给量时，可先在表牌中查到所需的数值，再根据表牌的提示其对应的手柄位置逐一扳动到位，即可以得到纵向、横向进给量以及公制螺纹、英制螺纹等各种螺纹螺距。通过光杠或丝杠控制手柄、将转速分别由光杠或丝杠传出。调整进给量有时需配换挂轮箱内的齿轮。

手柄的操作应在低速或停车的状态下进行，其他与主轴变速手柄操作方法类似。

6.5.3 溜板箱手柄的操作

溜板箱上有纵向和横向自动进给手柄、开合螺母手柄和大拖板移动手轮。

合上纵向自动进给手柄，可接通光杠的运动。在光杠带动下，可使车刀沿纵向(平行于导轨方向)往左或往右走刀自动走刀。合上横向自动走刀手柄，可使车刀沿横向(垂直于导轨方向)自动向前或向后走刀。走刀方向由光杠的转动方向决定。有些车床，纵、横向自动走刀手柄合成一个手柄，操作时只要把手柄扳到相应的走刀方向即可，操作更为方便。

扳动手柄闭合开合螺母，车刀就在丝杠带动下，进行螺纹车削运动。开合螺母手柄与自动走刀手柄是互锁的，两者不能同时闭合。操作溜板箱手柄时，有时也会出现手柄"合不上"的现象，这时可先检查开合螺母与自动走刀手柄的位置，有时手柄的微小掉落，可能导致手柄相互锁住，若还不能解决问题，纵向走刀时可转动一下溜板箱上的手轮，横向进给时可转动一下中拖板刻度盘手柄，改变内部齿轮的啮合位置即可解决。

6.5.4　刻度盘和刻度盘手柄的操作

车削工件时，要准确、迅速地控制切削深度，即背吃刀量，必须熟练地使用中拖板和小拖板上的刻度盘。

中拖板刻度盘安装在横向进给丝杠轴的端部。中拖板和横向进给丝杠的螺母紧固在一起，当刻度盘转一周，螺母带着中拖板移动一个螺距，所以中拖板移动的距离可根据刻度盘上的格数来计算。

刻度盘每转一格中拖板移动的距离＝丝杠螺距/刻度盘格数。

例如，C6136车床的横向进给丝杠的螺距为4mm，刻度盘一周的格数为200格。

刻度盘值＝4/200＝0.02mm，即刻度盘转一格，中滑板带着车刀移动0.02mm，工件半径方向上切下的厚度为0.02mm，由于工件是旋转的，所以工件直径改变了0.04mm。车外园时，一般手柄顺时针方向转动，车刀向中心移动为进刀，手柄向逆时针方向转动，车刀远离中心为退刀。加工内孔时正好相反。

使用刻度盘控制切削深度时应注意：

由于丝杠和螺母之间有间隙存在，因此会产生空行程。使用时必须准确地把刻度盘转到所需要的位置上，若不慎多转了几格，必须向相反方向退回半周左右，消除丝杠螺母间隙，再摇到所需要的格数，如图6-28所示。

小拖板刻度盘每格对应的车刀移动量与中拖板的相同，与中拖板不同的是，小拖板手柄转过的刻度值，即为轴向实际改变的尺寸大小。

溜板箱手轮上的刻度盘表示溜板箱移动的距离。摇动溜板箱手轮可使溜板箱纵向移动，通常刻度每转过一小格，溜板箱移动0.02mm（也有为0.05mm）。

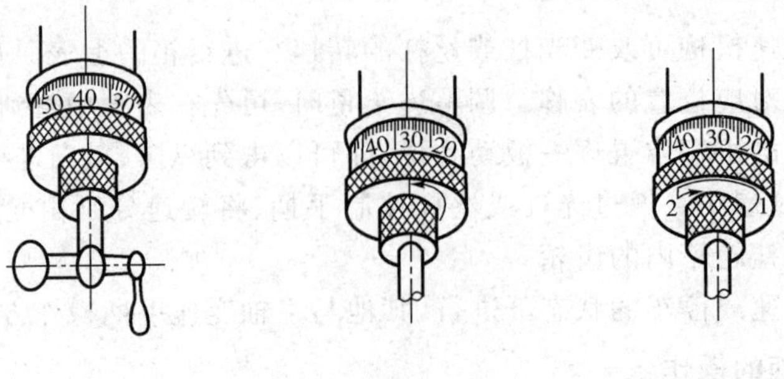

a）要求手柄转至30，但摇过头成40　　b）错误：直接退至30　　c）正确：反转约大半圈后再调至所需位置30

图6-28　手柄摇过头后的纠正方法

6.5.5　车刀的装夹

车刀装夹在方刀架上，可装四把车刀，如图 6－29 所示。方刀架上有压刀螺钉，用螺钉压紧刀体实现车刀在刀架上的固定，刀体下用垫片调整车刀高度。将方刀架上手柄逆时针扳转，方刀架松开并可以扳转，选择所需要的车刀，顺时针扳转手柄则将刀架锁紧后可以进行车削。为使车削正常进行，车刀必须正确地装夹在方刀架上，其基本要求如下：

（1）一般车刀尖应与工件回转轴心等高。装夹时可用钢板尺测量床面与刀尖的距离，也可用尾架顶尖来校对刀尖的位置，还可以试车工件端面，若中心无残留台，则装夹合适，反之，应调整车刀高度。

（2）车刀在方刀架上伸出长度要合适，通常不超过刀体厚度的 1.5～2 倍。

（3）车刀下面放置垫片应安放平整，垫片数量不要超过 2～3 片。刀体尽量与工件轴线垂直。车刀位置效正后至少用两个螺钉并交替逐个拧紧。

（4）装好工件和刀具后，一定要进行极限位置检查，即将车刀摇到工件加工表面的极限位置上，用手转动主轴，检查工件、车刀等有无碰撞的可能。

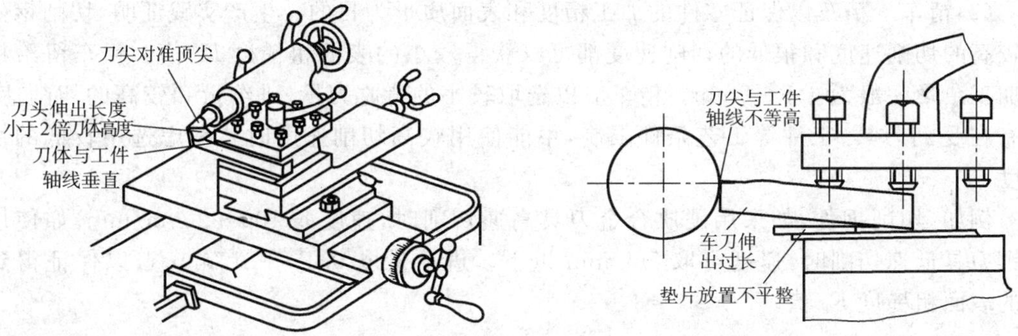

图 6－29　车刀的装夹

6.5.6　车削用量的选择

1. 车削用量的选择一般原则

选择合理的车削用量是切削加工中十分重要的环节，它直接影响到切削加工精度、加工成本和加工效率。选择合理切削用量的根本目的是：在满足零件加工质量要求的前提下，并在工艺系统强度和刚度允许条件下，充分利用机床功率和发挥刀具切削性能，以达到切削加工效果的最优化。

选择合理的切削用量，应综合考虑下述因素：从提高生产效率的角度看，采用较大的切削用量，即切削速度、背吃刀量和进给量，都可以提高生产效率。但事实上，在提高切削用量时会受到切削力、刀具耐用度和加工质量等因素的限制。从刀具耐用度的角度看，对刀具的耐用度来说切削速度的影响最大，速度过大，缩短了刀具的使用寿命，反而降低了生产效率，故切削速度应不宜太高。从加工精度的角度看，背吃刀量不能太大，以减小加工时的切削力，避免工件加工时的受力变形过大而造成加工误差。从加工表面质量的角度看，影响最大是进给量，进给量应取较小值，以降低加工表面的粗糙度。

由此我们可以看出，影响切削用量的因素各不相同，切削用量的选择是互相关联的。选择切削用量就是要选择切削用量三要素的最佳组合。实际选择时，往往以某一参数为主，然后再考虑其他参数，其基本原则是：首先根据工件加工精度要求，选择尽可能大的背吃刀量，其次根据工件表面粗糙度的要求，选择一个较大的进给量，并在刀具耐用度允许条件下选择一个合适的切削速度。

零件车削加工往往需要多次进刀，才能完成加工。为了保证加工质量和提高加工效率，常把车削加工分为粗车和精车。

2. 粗车与精车

(1)粗车　粗车的目的是要尽快切除大部分余量，并作为精加工的预加工。粗车的突出要求是提高加工效率，其切削用量的选择，首先选取较大的背吃刀量，小型车床（如 C6136 车床）一般为 2～4mm，中等功率机床可达 8～10mm；其次选择较大的进给量，约为 0.15～0.4mm/r；最后选取中等或偏低的切削速度。粗车的切削力很大，切削用量的选择要注意与所使用的车床的强度、刚度和功率相适应。

在粗车表面有硬皮的铸件或锻件时，吃刀深度应该大于硬皮厚度，以使刀尖避开硬皮层。

(2)精车　精车以保证零件的加工精度和表面质量为目的。生产实践证明，切削钢件时用较高的切削速度和很低的切削速度都可以获得较小的表面粗糙度 R_a 值。粗车留给精车的加工余量一般为 0.5～2mm。精车应以选取较小的背吃刀量、进给量和较高的切削速度。只有在受到刀具、工件等工艺条件限制，不能使用较高切削速度时才考虑选用较低的切削速度。

例如，切削钢件，如采用硬质合金刀具高速切削时，速度取 100～200m/min；如使用高速钢刀具低速切削时，速度可取 5m/min 以下。进给量取 0.1～0.15mm/r，以保证得到较小的表面粗糙度 R_a 值。

6.5.7　车削加工步骤

车削的一般步骤和方法是：

(1)车线痕　车外圆时，一般以端面为基准，用钢板尺量出长度尺寸，开车用刀尖车出痕线作为加工长度的参考依据，比欲加工的尺寸小约 0.5～2mm。车内孔时，可在刀杆做出标记。

(2)开车对刀　即开动机床，工件旋转，手摇手柄横向进刀，使刀尖慢慢接近工件，并轻轻划到工件表面，要防止发生过大冲击而打断刀尖或对刀不准。

(3)退出车刀　沿进给反方向直接退出车刀或记住刻度数移出车刀。退刀时，应先退刀再停车。

(4)进刀　即切深。

(5)走刀　即(手动或自动)切削。

(6)退刀　沿进给反方向直接退出车刀或记住刻度数移出车刀退出，停车、测量工件。如果尺寸不到，则再进刀继续切削。

重复以上步骤或部分步骤直至达到零件的车削加工要求。

在精加工中，依靠刻度盘调整进刀量往往不能满足加工精度要求，而要采用试切法。以外圆车削为例，其试切方法及步骤如图 6-30 所示。试切要使用精车刀，试切长度为 1～3mm。

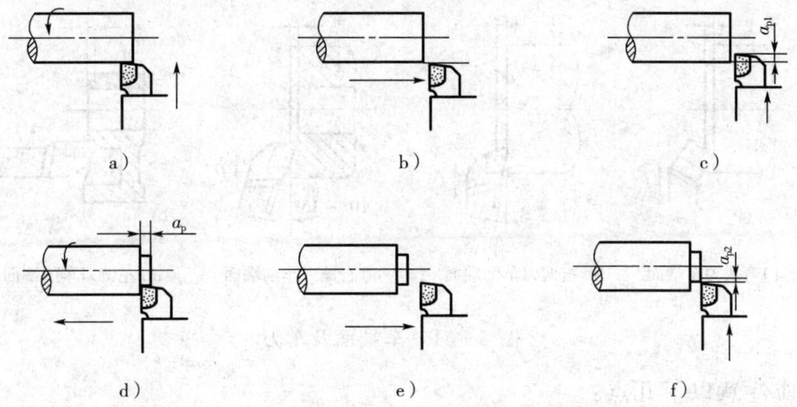

图 6-30　试切的方法和步骤

a)开车对刀使车刀与工件表面轻轻接触;b)向右退出车刀;c)如果尺寸不到,再进刀;
d)切削 1～3mm;e)退出车刀,进行测量;f)如果尺寸不准,则调整进刀量,图示为再进刀的情况

6.5.8　车床的维护保养和安全操作规程

(1)开车前按指定加油孔注油进行机床润滑,检查各手柄位置是否正确,检查车床周围有无障碍物并将刀架调整到合适位置。

(2)工件和刀具必须装夹牢固,否则极易造成事故。工件夹紧后,卡盘扳手必须取下并放入安全装置内,以免伤人。棒料不许伸出主轴后端。

(3)工作时,操作者的头、手和身体部位不能离旋转机件太近。

(4)车床开动后,必须精力集中、不许离开机床、不准用手去触摸工件和测量工件、不准用手拉切屑。若在工作中出现异常情况应立即停车,关闭电源。

(5)变速必须停车,以防损坏车床。

(6)停车时工件会随着惯性继续旋转,不允许用手去刹住转动的工件或卡盘。

(7)不允许在机床导轨上敲击和校正工件。不允许在机床床面上放量具、刀具和工件。

6.6　基本车削工作

6.6.1　车端面、外圆和台阶

车削端面、外圆和台阶是车削加工中最基本、最常见的工序。

1. 车端面

对工件端面进行车削的方法称为车端面。车削加工时,往往需先车削端面,并将工件的端面作为工件长度方向尺寸的度量基准。

车削端面时,所用的刀具如图 6-31 所示,车削量较大时常用弯头刀或用左偏刀。右偏刀车端面适合车削量比较小的情况。可以由外向中心进给,也可由中心向外进给。精车端面时可用偏刀由中心向外进给,这样能提高端面的加工质量。

车端面时刀具作横向进给,由于加工直径在不断变化,愈向中心车削速度愈小,当刀尖达到工件中心时,车削速度为零,故切削条件比车外圆要差。

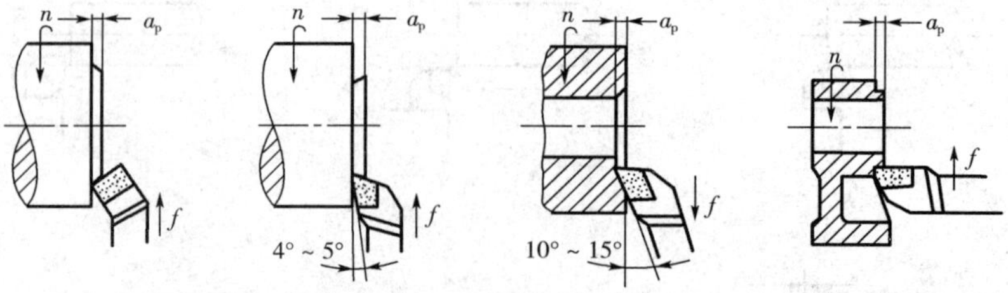

a）弯头刀车端面　b）右偏刀车削端面　c）右偏刀车削端面　d）左偏刀车削端面

图 6 - 31　车端面及车刀

车削时应注意以下几点：

(1)刀尖应严格对准工件的回转中心，以免端面中心留凸台和挤崩刀尖。

(2)端面的直径从外到中心是变化的，切削速度也在改变，因此工件的转速可比车外圆时选择的高一些，以降低端面的表面粗糙度。

(3)右偏刀车端面，当背吃刀量较大时，容易扎刀，而且到工件中心时，是将凸台一下子车掉的，因此也容易损坏刀尖，所以切削量不宜太大。

(4)注意车刀偏角大于90°和方刀架的紧固位置，保证主副切削刃的偏角，若出现凹心或凸肚时，应检查车刀、方刀架以及大拖板是否松动。为使车刀准确地横向进给而无纵向松动，也可大拖板锁紧在床面上，此时可用小滑板调整背吃刀量。

2. 车外圆及台阶

将工件车削成圆柱形表面的方法称为车外圆。常用的外圆车刀有尖头刀、45～75°弯头刀、90°偏刀等，如图 6 - 32 所示。

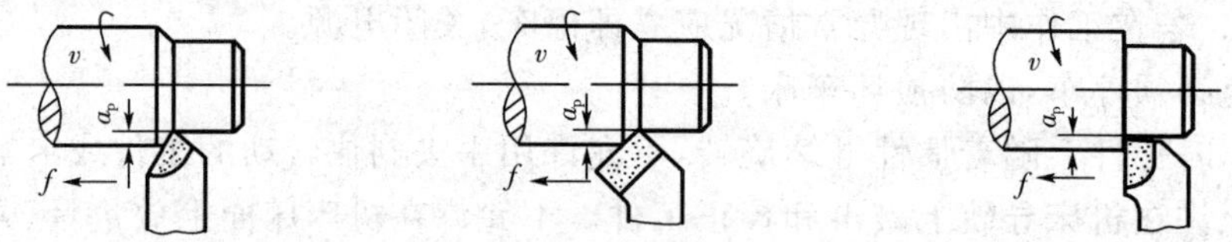

a）尖头刀车外圆　b）45° ~ 75°弯头刀车外圆　c）90°偏刀车外圆

图 6 - 32　常用的外圆车削

尖头刀主要用于车没有台阶或台阶很小的外圆，并可倒角；45°～75°弯头刀多用于切削量比较大的情况，适用于车外圆、端面和倒角；90°偏刀车外圆时径向力很小，常用于车细长轴和有直角台阶的外圆。精车时，车刀的前刀面、后面均需用油石磨光。

车台阶实际上是车外圆与端面的组合，车削台阶时需要兼顾外圆的尺寸和台阶长度要求。

车削相邻两圆柱直径在5mm以下的台阶时，一般可用90°偏刀在车外圆时同时车出。装刀时要使主切削刃与工件轴线垂直，如图 6 - 33a 所示。

车削高度在5mm以上的台阶时，应分层车削。精车时用主偏角稍大于90°(约 93°～95°)的车刀进行车削，车刀纵向进给结束后，车刀横向均匀退出，车出90°台阶，如图 6 - 33b 所示。

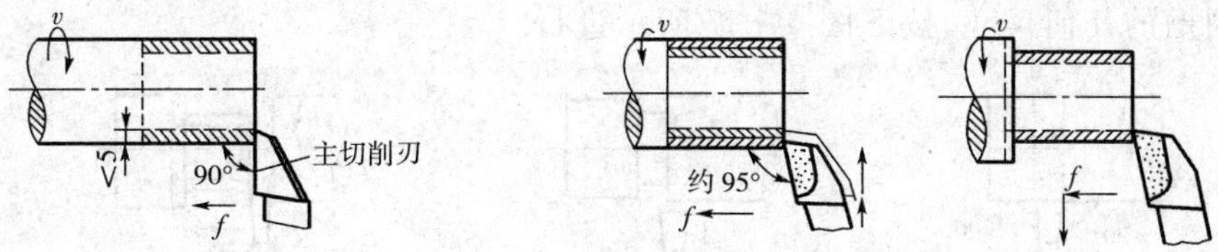

a）车低台阶　　　　b）车高台阶

图 6-33　常用的台阶车削

台阶长度控制的一般做法是：车削时先用钢板尺量出，并用刀尖车出切痕，作为加工参照界线。切痕所定的长度一般应比要求的长度略短，以留有余地。台阶的准确长度可用游标卡尺的深度尺测量。要求较低时，可直接用溜板箱上的刻度盘控制，要求较高时，可用小拖板刻度盘控制，如图 6-34 所示。

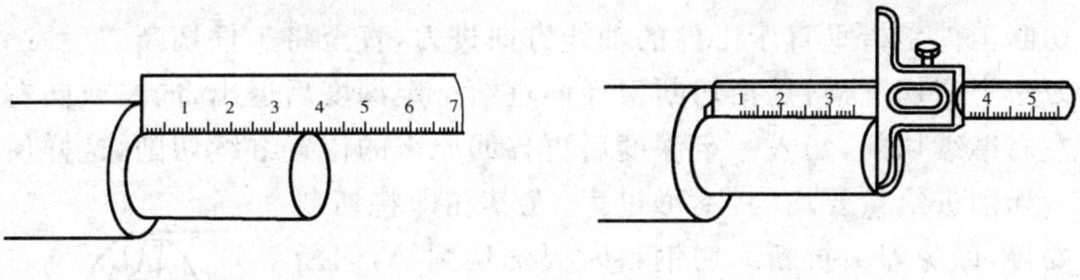

a）用钢板尺　　　　b）用深度游标尺

图 6-34　用钢板尺和深度游标尺测量长度

6.6.2　切槽与切断

1. 切槽

在工件表面上切沟槽的方法称为切槽。根据沟槽在工件的位置可分为外槽、内槽和端面槽等，如图 6-35 所示。

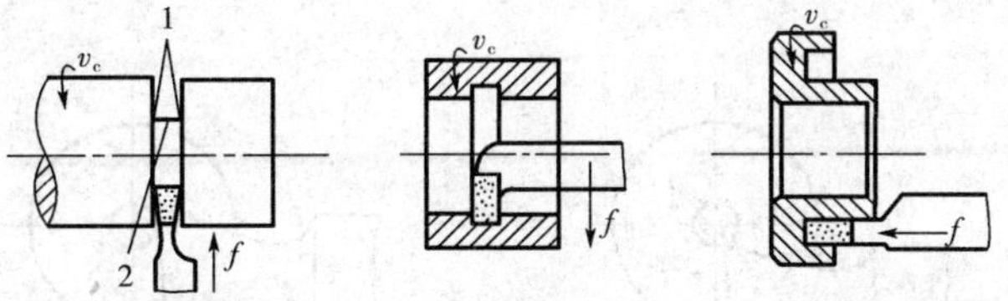

a）切外槽　　b）切内槽　　c）切端面槽

图 6-35　切槽

切槽刀有一个主切削刃，两个副切削刃、两个刀尖和两个副后刀面。为避免刀具与工件摩擦，应刃磨出 $K_{\tau}'=1^\circ\sim2^\circ$的副偏角和 $\alpha_o'=0.5^\circ\sim1^\circ$的副后角，但不能磨得太大，否则会使刀头根部变窄，强度削弱而容易折断，如图6-36所示。

切削 5mm 以下的窄槽，一般可以将主切削刃磨的和槽等宽，一次切出，深度用刻度盘控制。

切削 5mm 以上的宽槽，一般采用左右借刀法

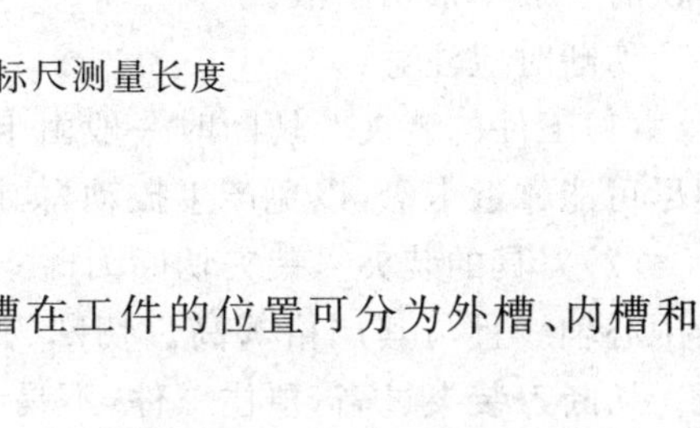

图 6-36　切槽刀

车削，并控制槽的几何尺寸，按下图 6－37 所示进行。

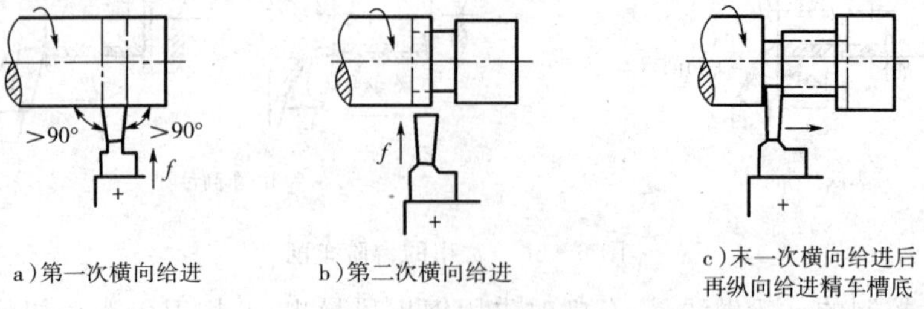

图 6－37　切宽槽

2. 切断

在车床上使多余的工件材料分离的方法称为切断。车槽的极限深度就是切断，切断刀与切槽刀相似。常用的切断方法有直进法和左右借刀法。

直进法切断工件是指垂直于工件的轴线方向进刀，直至将工件切断。

左右借刀法类似切宽槽，是指切断刀径向进给一定深度后退出，向左或向右移动切削刃宽度的一半左右继续切削，切入一定深度后再移回原来的位置继续切削，这样反复进行直至把工件切断。切削进给量要均匀，不可过大，尤其在即将切断时进给速度要慢，以免刀头折断。切钢料时要加切削液，切断铸铁时一般不加切削液。

切断时应注意：

（1）工件的装夹　切断时一般由卡盘夹持工件，切断部位应尽可能靠近卡盘，以免产生振动，如图 6－38 所示。

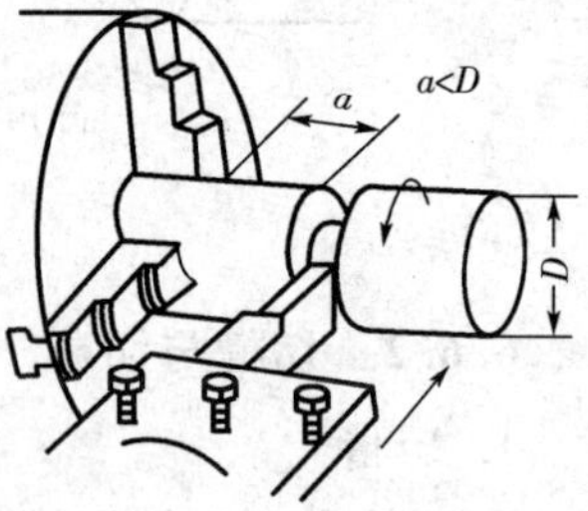

图 6－38　在卡盘上切断

（2）刀具的装夹　装夹切断刀时，主切削刃平行于工件回转中心轴线且与其严格等高。切断刀装夹过低，刀头易被压断。切断刀装夹过高，顶住工件，不易切削，且刀头容易损坏，如图 6－39 所示。

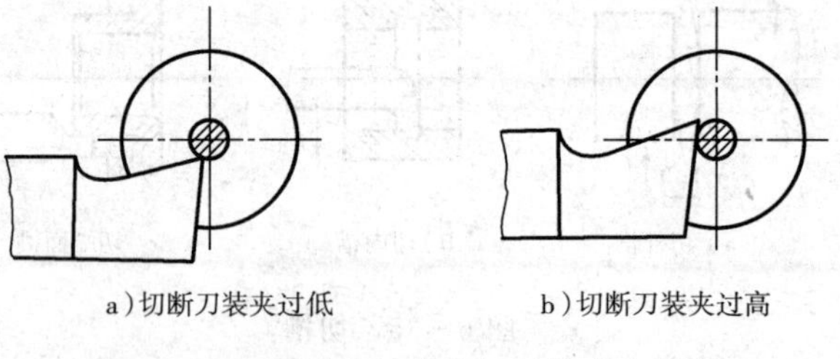

图 6－39　切断刀刀尖应与工件中心等高

6.6.3　孔加工

在车床上，能用钻头、扩孔钻等标准刀具加工孔，也能使用内孔车刀镗孔。内孔加工相对于外圆加工来说：在观察、排屑、冷却、测量及尺寸控制等方面不够方便；刀具的形状、尺寸受内孔尺寸的限制往往刚性较差；不能用顶尖支承工件，而使其刚性也较差。因此内孔加工的精度不如外圆加工，效率也较低。

在车床上加工孔时，工件的端面、外圆和内孔一般能在一次装夹中完成，这样靠机床的精度就能保证工件内孔与外圆的同轴度、孔的轴线与端而的垂直度。因此，在车床上很适合加工轴类、盘套类零件中心位置的孔以及小型零件上的偏心孔，而不适合加工大型零件和箱体、支架类零件上的孔。

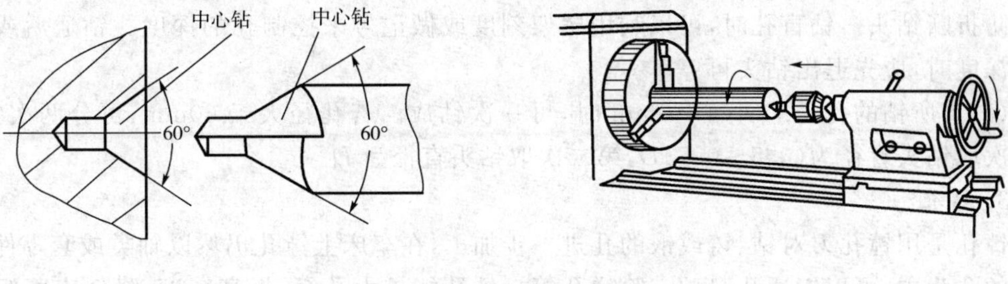

图 6－40　用中心钻与钻中心孔

1. 钻中心孔

钻中心孔使用中心钻，中心钻是标准刀具，常用的有 A 型、B 型两种。轴类零件加工时，中心孔通常作为加工定位基准，也往往是轴类零件切削加工的第一道工序。钻中心孔之前，一般先用车刀将端面车平，便于中心钻定心，图 6－40 所示为用中心钻钻中心孔。

钻中心孔的步骤如下：

(1)用钻夹头将中心钻装正夹紧，再将钻夹头装入尾架套筒锥孔内。注意检查中心钻尖是否对准工件回转中心，发现偏移要调整尾架的横向位置，还应将钻夹头锥柄以及尾架套筒锥孔内擦干净。

(2)用卡盘装夹并校正工件，将尾架锁紧在合适的位置上，注意尾架套筒不要伸出过长。

(3)应用较高的主轴转速(一般 600r/min 以上)，进给应慢而均匀，加注切削液，防止切屑堵塞，中途可退出，清除切屑后再继续钻削，60°圆锥面不宜过大或过小，钻到尺寸后停止进给，修光圆锥表面，使其表面粗糙度 R_a＜1.6μm，退出中心钻，停车。

2. 钻孔

对于轴类零件和盘套类零件端面上的孔常用车床加工。钻孔时使用刀具为麻花钻(有关麻花钻的结构可参见本教材钳工部分)。钻孔的精度一般为 IT11～IT13，表面粗糙度 R_a 为 12.5μm～50μm。在车床上钻孔操作如图 6－41 所示。

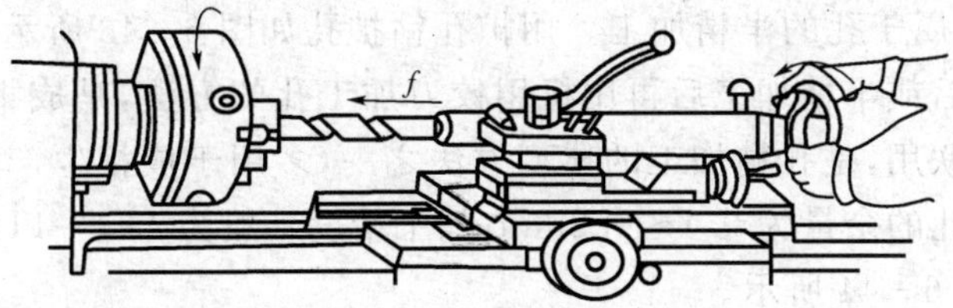

图 6－41　在车床上钻孔

钻孔的步骤如下：

(1)钻孔前应把工件端面车平，中心处不能有凸台，必要时先打中心孔引导，以免钻偏。

(2)用卡盘装夹并校正工件，将尾架锁紧在合适的位置上。对于长轴要用中心架给予支撑。

(3)钻头装在尾架套筒内。锥柄钻头应配上合适的锥套或直接装在尾架套筒的锥孔内。直柄钻头装夹方法与装夹中心钻相同。

(4)钻削时工件旋转，手摇尾架手轮带动钻头纵向移动，钻孔时的进给速度不能太快，但也不要太慢。由于钻头刚度差、孔内散热和排屑较困难，所以要经常退出钻头排屑冷却。钻钢件时要加切削液冷却，钻铸铁件时一般不加切削液。钻通孔时，在即将钻通时要减小进给量以防折断钻头。钻盲孔时，可以利用尾架刻度或做记号来控制孔的深度。钻通后或钻到要求深度时，应先退出钻头再停车。

(5)当所钻的孔径 D 小于 30mm 时，可一次钻成。若孔径大于 30mm，可分两次钻成，第一次取钻头直径为 $(0.5\sim0.7)D$，第二次取钻头直径为 D。

3. 镗孔

镗孔是用镗孔刀对钻、铸或锻的孔进一步加工，在车床上镗孔仍然以轴类或套零件的端面上的孔为主，可以镗通孔、盲孔、阶梯孔等。镗孔能扩大孔径，提高精度，降低表面粗糙度和纠正或调整原孔的轴线偏差。镗孔的精度一般可达 IT7～IT8，表面粗糙度 R_a 值可达 3.2～1.6μm，图 6-42 为镗孔示意图。

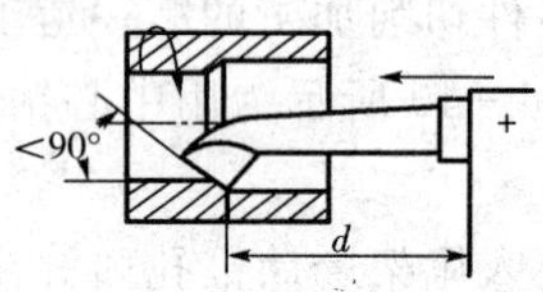

a)镗通孔

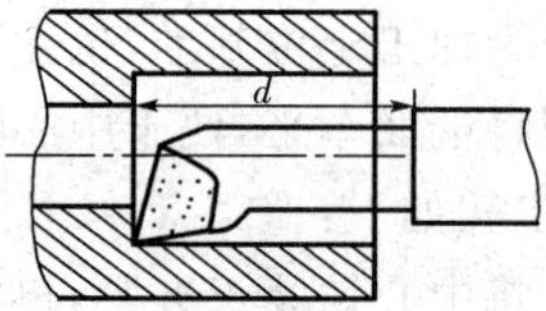

b)镗阶梯孔

图 6-42　镗孔

由于镗孔刀刚性较差，容易产生变形和振动，因此，镗孔刀的刀杆要尽可能粗，镗孔刀伸出刀架的长度要尽量短，以免产生弯曲变形或振颤。刀杆的中心线应大致平行于纵向进给方向。刀尖应装得略高于工件的中心，留出变形量，以免产生扎刀现象。选用的切削用量要比车外圆小些。刀杆的长度应稍大于孔深。

4. 扩孔与铰孔

扩孔就是把已用钻好的孔再扩大到所需尺寸的加工方法。一般单件低精度的孔，可直接用麻花钻扩孔。精度要求较高或成批加工的孔，可用扩孔钻扩孔，扩孔钻的刚度比麻花钻好，加工余量与孔径大小有关，一般为 0.5～2mm，加工精度一般为 IT9～IT10，表面粗糙度 R_a 为 3.2～6.3μm，属于孔的半精加工。用扩孔钻扩孔如图 6-43 所示。

铰孔是在扩孔后或半精加工后再用机用铰刀加工孔的方法，是成批量精加工孔的方法之一。钻—扩—铰联用，是孔精加工的典型方法之一，多用于成批生产或单件、小批生产中细长孔的加工。铰孔的余量为 0.1～0.2mm，加工精度一般为 IT7～IT8，表面粗糙度 R_a 为 0.8～1.6μm。如图 6-44 所示。

扩孔钻与机用铰刀的结构见本教材钳工部分。

图 6-43　车床扩孔的方法

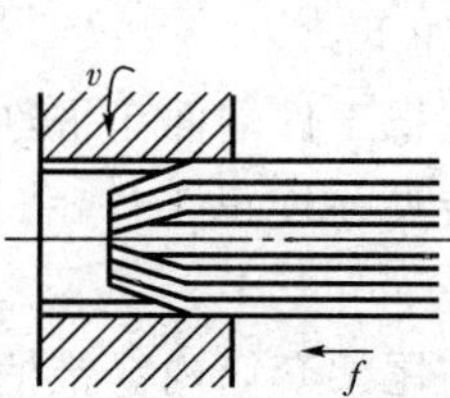

图 6-44　车床铰孔的方法

6.6.4　车螺纹

将工件表面车削成螺纹的方法称为车螺纹。螺纹的种类很多,应用很广。常用的螺纹按用途分为连接螺纹和传动螺纹两类;按牙型可分为三角形、梯形、方牙、锯齿形螺纹等,如图 6-45 所示。普通三角螺纹的基本牙型如图 6-46 图所示,决定螺纹的基本要素有三个:

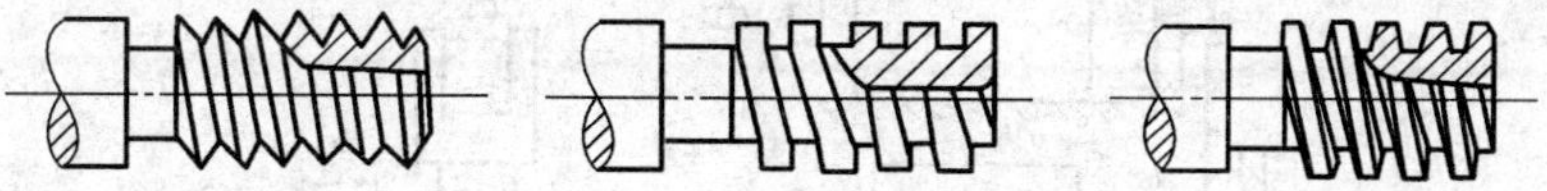

图 6-45　螺纹的种类

(1)牙型角 α　在通过螺纹轴线的剖面上,螺纹两侧面间的夹角。普通螺纹公制 $\alpha=60°$,英制 $\alpha=55°$。

(2)螺距 P　相邻两牙在中径圆柱的母线上对应两点间的轴向距离。公制螺纹的螺距以毫米为单位,英制螺纹的螺距以每英寸的牙数来表示。

(3)螺纹中径 $d_2(D_2)$　一个假想圆柱的直径,在中径处螺纹牙厚与槽宽相等。只有当内外螺纹的中径一致时,两者才能很好地配合。

车削螺纹时,必须使上述三个要素都符合要求。

车削各种螺纹的基本规律都是相同的,现以车削普通公制外螺纹为例,加以说明。

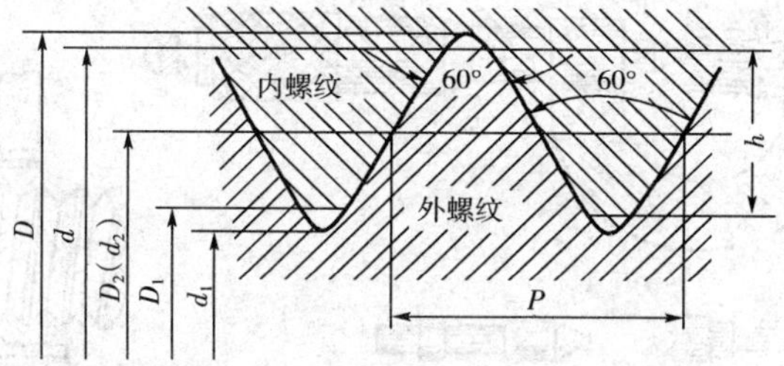

图 6-46　普通三角螺坟的基本牙型要素

螺纹的车削方法与步骤:

1. 保证牙型

车刀刃磨时要保证刀尖角与螺纹牙型角相等。精车螺纹时,车刀前角为零。为改善切削条件,粗车时或精度要求较低时可磨出 5°～15°的前角。螺纹车刀装夹时,刀尖必须与工件的回转中心等严格高。刀尖角的平分线必须与工件旋转轴线垂直,为此,要用对刀样板对刀,如图 6-47 所示。

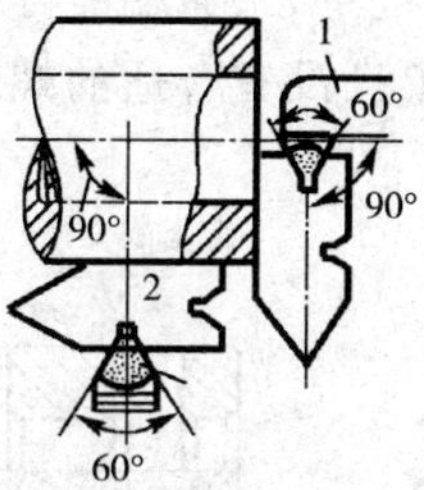

图 6-47　螺纹车刀的形状及对刀装夹方法

2. 保证螺距 P

为了得到正确的螺距,应调整车床运动,保证工件转一转时,刀具准确地纵向移动一个螺距,即

$$n_{丝}\cdot P_{丝}=n\cdot P$$

图 6-48 所示为车螺纹时传动简图,其中 n、$n_{丝}$ 分别表示工件和车床丝杠转数,P、$P_{丝}$ 分

别为工件和车床传动丝杠螺距。通常在具体操作时，可按车床进给箱表牌上表示的数值按欲加工工件螺距值，调整相应的进给调速手柄，倘若仍不能满足要求则要计算并调整桂轮。

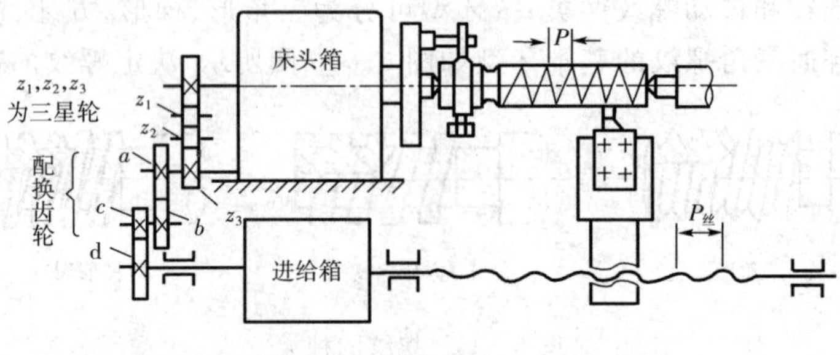

图 6-48　车螺纹传动简图

3. 保证螺纹中径 $d_2(D_2)$

螺纹中径是靠控制多次进刀的总背吃刀量来保证的。背吃刀量过大，车出的外螺纹中径偏小，而内螺纹则中径偏大，背吃刀量过小，内、外螺纹中径变化则相反，一般根据螺纹牙型高度由刻度盘大致控制背吃刀量，然后用图 6-49 所示的螺纹千分尺测量。两个测量触头视牙型角和螺距不同可以更换。测量时，两个触头正好卡在螺纹牙型面上，所测得的尺寸就是螺纹的实际中径。

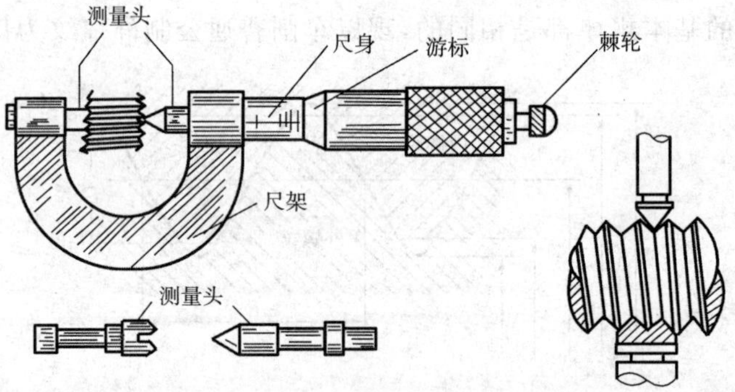

图 6-49　螺纹千分尺

生产中常用图 6-50 所示的螺纹环规和螺纹塞规分别测量外螺纹和内螺纹的牙型、螺距和中径。如果通端能拧进去，而止端拧不进去，则加工的螺纹合格。螺纹精度要求不高或单件加工且没有合适的螺纹规时，常常用与被加工螺纹相配合的螺母或螺钉校验。

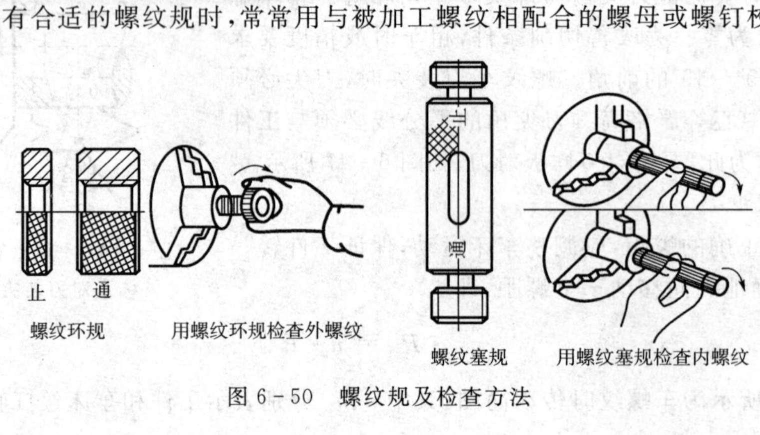

图 6-50　螺纹规及检查方法

4. 车削螺纹步骤

车螺纹有多种方法，最常用的是正反车法。车螺纹的操作步骤如图6－51所示。

(1)开车，使车刀刀尖与工件轻微接触。记下读数，向右退出车刀，如图6－51a所示。

(2)合上开合螺母，在工件表面划上一条螺旋线，横向退刀，停车，如图6－51b所示。

(3)开反车使车刀退到工件右端，停车。用钢板尺或牙规等检查螺距是否正确，如图6－51c所示。

(4)利用刻度盘调整背吃刀量，开车切削，如图6－51d所示。

(5)开车将至行程终了时，应做好退刀准备，行程终了先快速横向退出车刀，然后停车、反车退刀，如图6－51e所示。

(6)多次调整背吃刀量继续切削。此时，用螺纹规或其他检测工具牙形和中径，直至达到加工要求。如图6－51f所示。

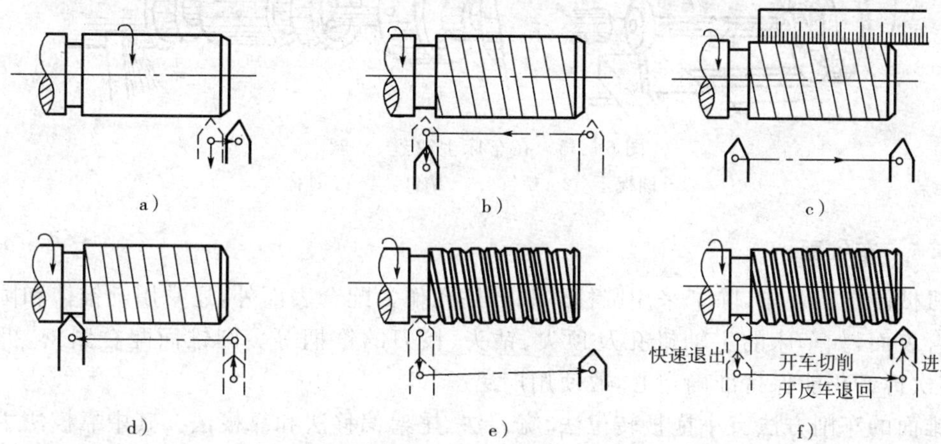

图6－51　车螺纹操作

5. 车螺纹的进刀方法

常用的车削螺纹进刀方法，如图6－52所示。

(1)直进法　直进法只用中拖板横向进刀。该方法由于左右刀刃和刀尖全都直接参加切削，所以容易扎刀，但操作简便，能得到正确的牙形。因此常用于小螺距或脆性材料的螺纹加工。此外，直进法还用于最后一次进刀精车螺纹，如图6－52a所示。

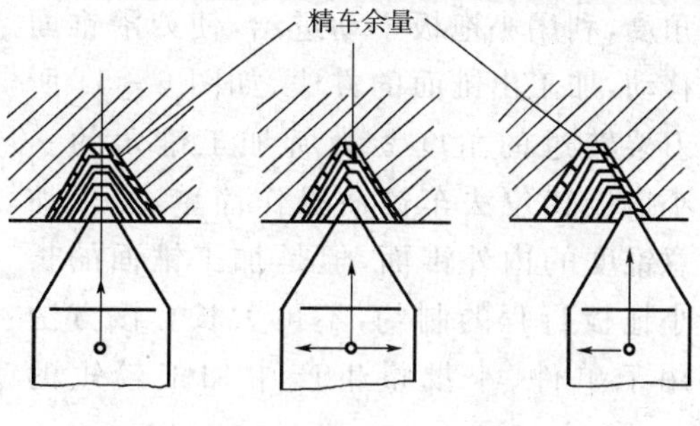

图6－52　车螺纹的进给方法

(2)左右切削法　左右切削法除了用中拖板横向进刀外，同时用小拖板带动车刀左右微量进给，使左右刀刃交替切削，常用于粗车，如图6－52b所示。

(3)斜进法　斜进法除了用中拖板横向进刀外，小拖板也同时向一个方向进给。由于是单面车削，所以不容易扎刀，而且散热和排屑条件好，适用于粗车，如图6－52c所示。

6. 避免乱牙

车螺纹应避免乱牙，每次进刀必须保证车刀落在已车出的螺旋槽内，否则就称为乱牙。当车床丝杠螺距与工件螺距的比值成整数倍时，打开或闭合开合螺母，不会产生乱牙现象。当车床丝杠螺距与工件螺距比值不是整数倍时，只能用正反车方法车螺纹，在车出合格螺纹前，开合螺母与丝杠始终闭合，不能随意打开。正车进刀，反车退刀，否则易造成乱牙。为避免乱牙，还应注意调整攘条松紧适度，保证中拖板和小拖板移动平稳。车削过程中若更换刀具或刃磨刀具，均须重新对刀，保证刀尖准确无误地落入螺旋槽内。

对于公称直径较小的内外螺纹，也可以在车床上用丝锥攻螺纹，用板牙套螺纹，如图 6-53所示。

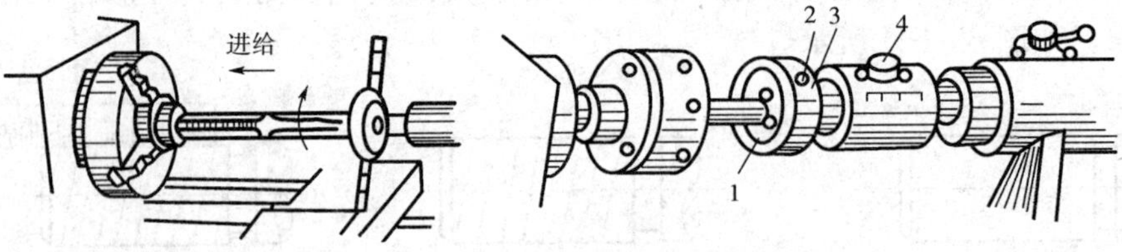

图 6-53　在车床上攻丝、套丝

1—圆板牙　2—螺钉　3—销钉　4—工具体

6.6.5　车锥面

在机械制造工业中，除了采用圆柱体和圆柱孔作为配合表面外，还常用圆锥体和圆锥孔作为配合表面，如车床的主轴锥孔及顶尖、钻头、铰刀的锥柄等。圆锥面配合紧密，拆卸方便，且多次拆卸仍能保持准确定心，故使用广泛。

圆锥面的车削方法有小拖板转位法、宽刀法、尾架偏移法和靠模法。其中靠模法主要用于批量生产之中，宽刀法和尾架偏移法适宜于加工短锥面和长锥面，小拖板转位法是最常用的加工锥面方法。

1. 小拖板转位法

小拖板转位法是将小拖板随转盘扳转一定的角度，利用小拖板手动进给，使刀沿锥面母线移动，加工出锥面的方法，如图 6-54 所示。刀架转过的角度 α 为所加工锥角的一半。小拖板转位法车锥面操作简单，可以加工任意锥度的内外锥面，但是加工锥面的长度受小拖板行程的制约，不可太长。该方法主要用于单件、小批量生产中加工较短的锥面。

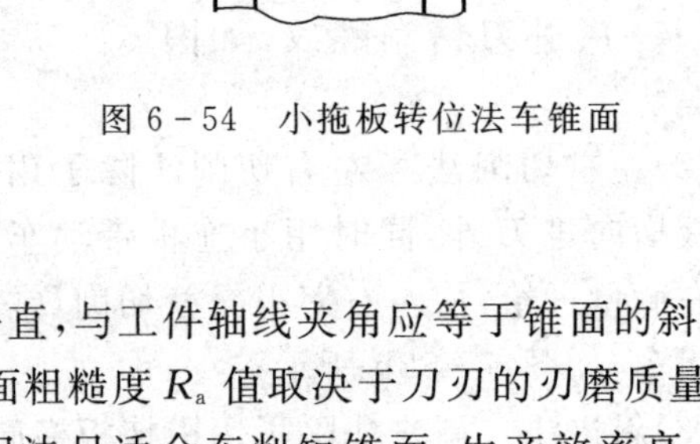

图 6-54　小拖板转位法车锥面

2. 宽刀法

宽刀法车锥面，如图 6-55 所示，刀刃必须平直，与工件轴线夹角应等于锥面的斜角 α，工件和车刀的刚性要好，否则容易引起振动。表面粗糙度 R_a 值取决于刀刃的刃磨质量和加工时的振动情况，一般可达 R_a6.3～3.2μm。宽刀法只适合车削短锥面，生产效率高，在批量加工中用的比较多。

3. 尾架偏移法

尾架体相对于尾架底座可以通过丝杠横向调节位置，把尾架偏移一个位移量 h，使工件的旋转轴线与机床主轴轴线相交一个角度，利用车刀在大拖板带动下纵向进给，就车出了圆锥面。如图 6－56 所示。

尾架偏移法的优点是可以用自动走刀车削较长的外锥体，但斜角一般小于 8°。可以用于单件或批量生产。尾架偏移法的缺点是不能加工圆锥孔和大锥角，而且精确调整尾架偏移量很费时。

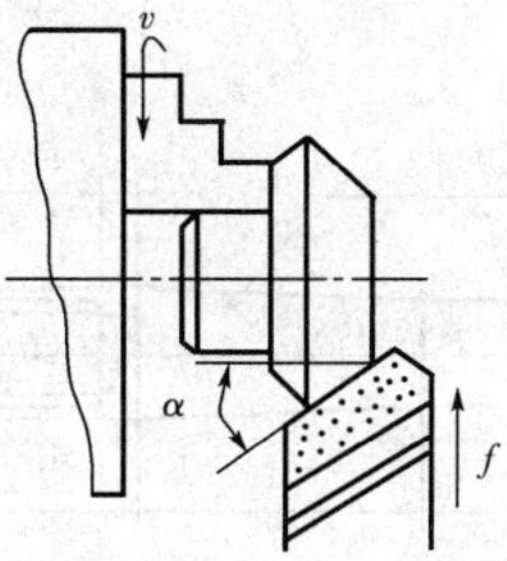

图 6－55　宽刀车锥面

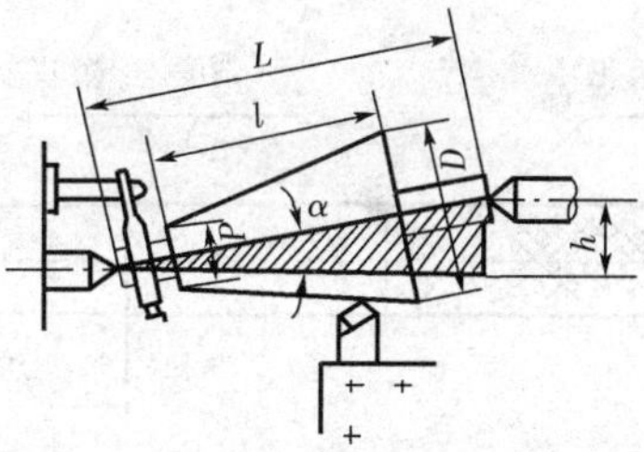

图 6－56　尾架偏移法车锥面

4. 靠模法

用此种方法，要在车床上安装靠模装置，同时横向进给丝杠与螺母要脱开，小拖板要转过 90°以作进刀调节之用。靠模法可加工长度较大而圆锥角小于 24°的内外锥面，适用于大批量加工。

6.6.6　滚花

为了便于握持和增加美观，常常在工具的手握部位加工出各种花纹。例如千分尺的套筒。这样的花纹一般是在车床上用滚花刀滚压而成的，如图 6－57 所示。

滚花是用滚花刀挤压工件，使其表面产生塑性变形而形成花纹，滚花时的径向力很大，因此，加工时工件的转速要低，应充分供给切削油冷却、润滑，以免损坏滚花刀，防止细屑滞塞在滚花刀内而产生乱纹。滚花刀分为直纹滚花刀和网纹滚花刀，如图 6－58 所示。

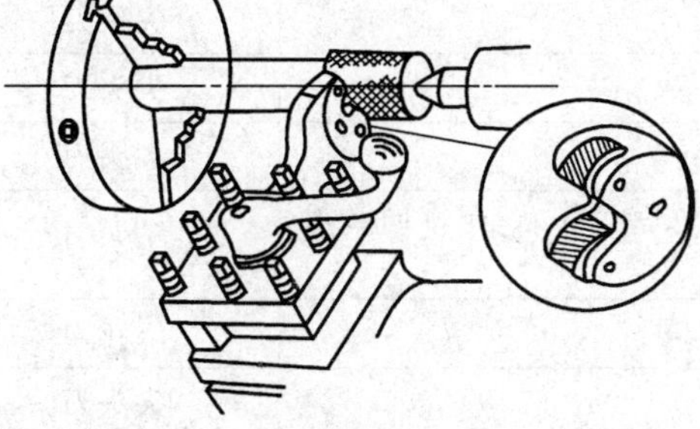

图 6－57　滚花加工

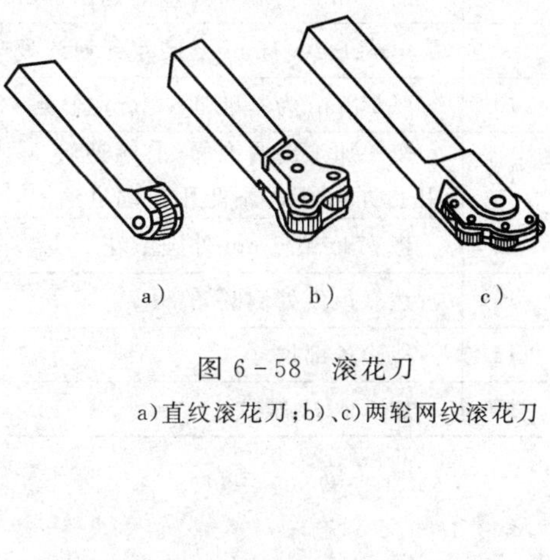

a)　　b)　　c)

图 6－58　滚花刀

a)直纹滚花刀；b)、c)两轮网纹滚花刀

6.7　车削加工实习作业件

图 6－59 是一个车工实习零件——手锤柄，该零件的材料为 45 钢，长度为 200，最大直径为 14mm，可以选用 215×ϕ16mm 的圆钢毛坯。该工件属于细长轴类零件，因此需利用顶尖装夹。零件的精度和表面粗糙度要求均不高，车削可以独立完成此件。其车削步骤表见图 6－1。

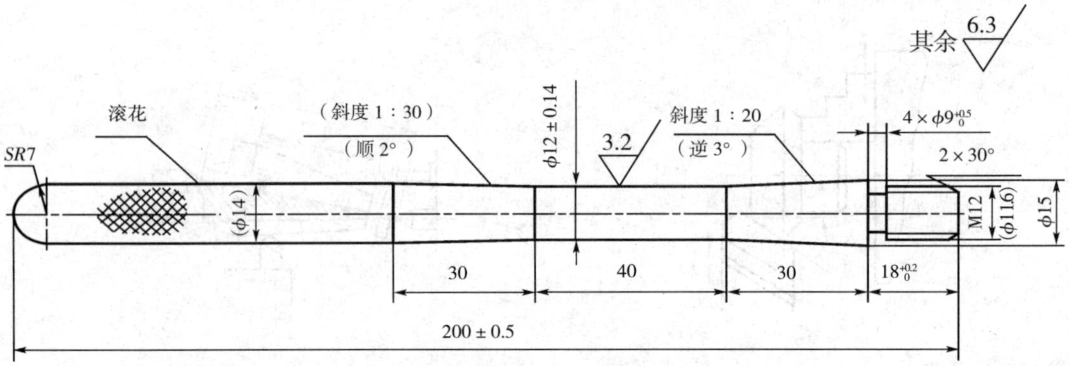

图 6－59　手锤柄

表 6－1　锤柄加工工艺

序号	工 序 内 容	使用工具
1	将工件伸出卡爪 215mm 并夹紧，在距端面 201mm 处切断	切刀
2	将工件伸出卡爪 30mm 并夹紧，将端面车平	90°外圆刀
3	以车平端面为基准划线长 18mm，并将其车至 ϕ11.6±0.1mm	90°外圆刀
4	按图切出退刀槽 4×$\phi 9^{+0.5}_{0}$	切刀
5	调头将工件伸出约 30mm，加工另一端面并保证总长 200±0.2mm	90°外圆刀
6	打 A4 中心孔	A4 中心钻
7	将工件夹紧在 ϕ11.6±0.1 处且伸出约 10mm，同时将工件的另一头用尾架顶尖顶上，调整尾架套筒伸出长度约 70mm，锁紧尾架，顶住工件，锁紧套筒	活动顶尖
8	以 18mm 长端面为基准划出 30mm 长度线	尖头刀
9	车 ϕ14±0.1mm 至尺寸到划线处	尖头刀
10	以 18mm 为基准划 70mm，车至 ϕ40mm 长	尖头刀
11	按图加工出两锥面（前端逆转 3°，后端顺转 2°）。注意：车锥面必须用手动小拖板，不能用自动进给	尖头刀
12	将 ϕ14±0.1mm 外圆滚花	滚花刀
13	在靠顶尖处倒圆角 *SR*7	尖头刀
14	检验各部尺寸	游标卡尺
15	加工 M12 螺纹	M12 板牙

复习思考题

1. 车床型号依据什么编制？车床型号表示的内容包括哪些方面？举例说明。
2. 切削时工件和刀具各作哪些运动？切削有哪三要素？
3. 车削能加工什么表面？其尺寸精度和表面粗糙度一般要达到什么范围？
4. 简述车床各组成部分的名称和功能。
5. 车床上装夹工件的方法有哪些？各适用于哪些类型和要求的零件？
6. 简述三爪卡盘和四爪卡盘的结构原理及应用。
7. 车床尾架起什么作用？
8. 中心架和跟刀架的区别在哪里？在什么场合下使用？
9. 采用心轴装夹的工件定位与夹紧是如何实现的？
10. 常用车刀的材料有哪些？其性能有哪些要求？
11. 车刀的几何角度有哪些？它们的改变对切削过程有什么影响？
12. 车刀装夹的正确与否对切削过程有什么影响？
13. 装夹切断(切槽)刀时,为什么刀尖一定要和工件中心等高？
14. 试述在普通车床上能完成哪些工作？
15. 车床中拖板刻度盘每小格示值表示什么？怎样确定？它对控制工件直径尺寸有什影响？
16. 车削时为什么要将车削过程分为粗车和精车？粗车和精车时对切削用量的选择有什么不同？
17. 螺纹加工时能否用光杠代替丝杠进行传动？为什么？
18. 在车床上加工圆锥面和成形面的方法有哪些？
19. 工件上的中心孔有何作用？如何加工中心孔？
20. 螺纹的三个基本要素是什么？加工中应对三要素中哪个要素加强控制？为什么？
21. 车螺纹必须满足什么样的传动关系？怎样满足这个传动关系？
22. 简述车削细长轴的方法及操作步骤。

第 7 章　铣削、刨削和磨削加工技术

【实训目的与要求】

(1)理解普通铣床、刨床、磨床的加工原理和运动组成；

(2)掌握普通铣、刨、磨床刀具(磨具)的种类、性能和结构特点；

(3)了解普通铣床、刨床、磨床的加工方法及其精度范围；

(4)了解齿轮加工机床的组成、运动和加工原理。

7.1　铣削加工

7.1.1　概述

在铣床上用铣刀对工件进行切削加工的方法称为铣削。机械加工中，铣削是最常用的切削加工方法之一，可用来加工各种平面、斜面、垂直面、沟槽、齿轮、花键以及成形表面等。铣削加工的应用范围非常广泛，图 7－1 所示为铣削加工常见加工的几个示例。

铣削加工时，由铣床主轴带动铣刀旋转对工件进行切削。铣刀的旋转为主运动，工作台带动工件做直线或曲线的进给运动。

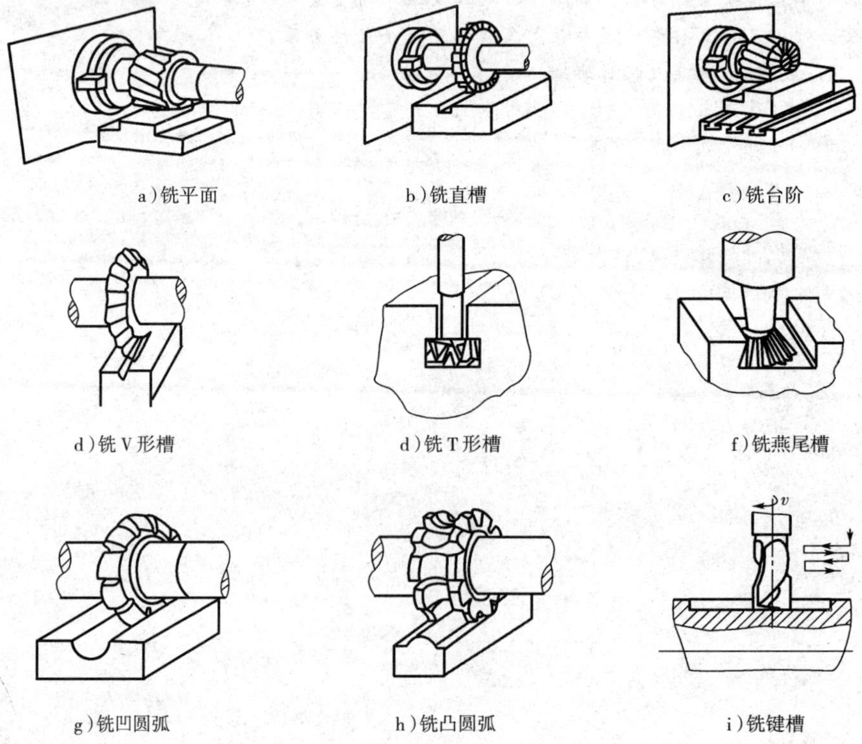

图 7－1　铣削加工范围

铣削加工切削速度较高，而且铣刀为多刃刀具，故铣削的生产效率较高，但铣削时铣刀每个刀齿为断续切削，使切削力不断变化，所以铣削也易产生冲击和振动。

铣削的加工精度一般可达 IT9～IT7 级，表面粗糙度 R_a 值可达 6.3～1.6μm。

7.1.2　铣床

铣床的种类很多，有卧式铣床、立式铣床、龙门铣床、特种铣床等，最常用的是卧式和立式铣床。

1. 卧式铣床

主轴与工作台平行的铣床称为卧式铣床。卧式铣床又可分为卧式万能铣床和卧式普通铣床，它们的主要区别是卧式万能铣床带有转台，可使工作台在水平面内扳转一定的角度。

现以 X6132 型万能卧式铣床为例，介绍铣床的组成。在型号中：X 为铣床类代号；61 为卧式万能升降台组系代号；32 为主参数工作台面宽度的 1/10，即工作台面宽为 320mm，图 7－2 所示为其外形图。

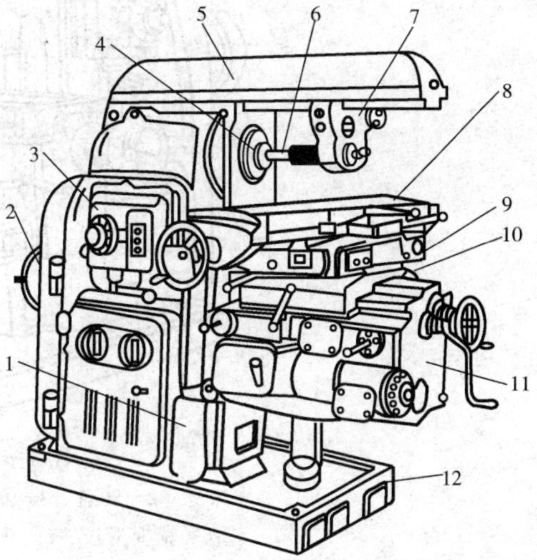

图 7－2　万能卧式铣床

1—床身　2—电动机　3—变速机构　4—主轴
5—横梁　6—刀轴　7—吊架　8—纵向工作台
9—转台　10—横向滑板　11—升降台　12—底座

(1)床身　床身用来固定和支承铣床上所有的部件。内部装有主电动机、主轴变速机构、主轴等。上部有横梁，下部与底座相连，前部垂直导轨，供升降台上下移动。

(2)横梁　横梁一端装有吊架，用以支承刀轴。横梁可沿床身的水平导轨移动，其伸出长度由刀轴的长度决定。

(3)主轴　主轴是一根空心轴，前端有精密锥孔，其作用是安装铣刀刀轴并带动铣刀旋转。

(4)纵向工作台　纵向工作台由纵向丝杠带动在转台的导轨上作纵向移动，以带动台面上的工件作纵向进给。台面上的 T 形槽用以安装夹具或工件。

(5)横向滑板　横向滑板位于升降台上面的水平导轨上，可带动纵向工作台一起作横向进给。

(6)转台　转台可将纵向工作台在水平面内扳转一定的角度(±45°)，以便铣削螺旋槽等。

(7)升降台　升降台可以带动整个工作台沿床身的垂直导轨上下移动，以调整工件与铣刀的距离和实现垂直进给。升降台内部装有进给运动的电动机及传动和变速系统。

(8)主轴变速机构　调整和变换主轴转速，从而使铣刀获得不同的转速。

(9)底座　底座用以支承床身和升降台，内盛切削液。

2. 立式铣床

立式铣床如图 7－3 所示，立式铣床与卧式铣床的主要区别是立式铣床的主轴与工作台面相垂直。立式铣床有整体式和回转式两种。整体式立式铣床的立铣头与床身连成一体，铣床刚性好，可使用较大的切削用量，但加工范围小。回转式立式铣床的立铣头主轴相对于工作台面左右扳转一定角度，可加工各种斜面等，其他组成部分及运动与卧式铣床基本相同。

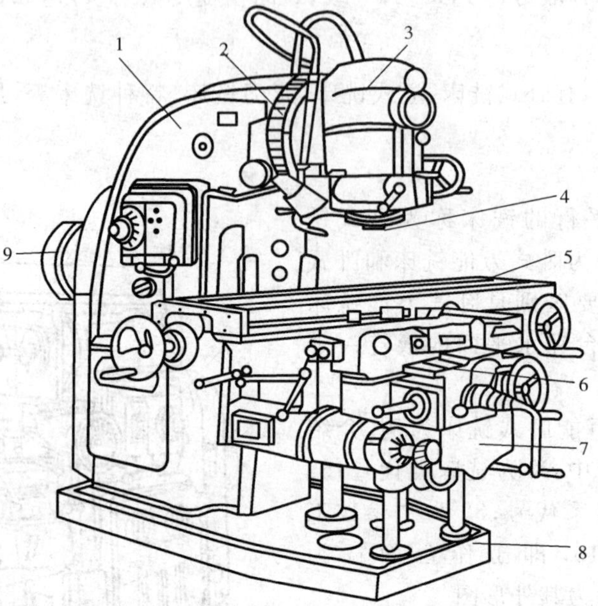

图 7-3　立式铣床

1—床身　2—转盘　3—立铣头　4—主轴　5—纵向工作台　6—横向滑板　7—升降台　8—底座　9—电动机

7.1.3　分度头及其工作

常用铣床附件有万能分度头（简称分度头）、万能铣头、平口钳、回转工作台等，这里只介绍分度头。

分度头是铣床的主要附件之一，其外形如图 7-4 所示。在铣削加工中，经常会遇到铣四方、六方、齿轮、花键和刻线等工作。该类工件加工需要每铣过一个面或一个槽，就要转过一个角度，再铣下一个面或一条槽，依次类推，这种工作叫分度。在铣床上用来分度的机构就是分度头。分度头是能对工件在圆周、水平、垂直、倾斜方向上进行等分或不等分地进行分度工作。分度头还可以配合工作台的移动使工件连续转动，从而铣出螺旋槽，如铣螺旋齿轮、麻花钻等。

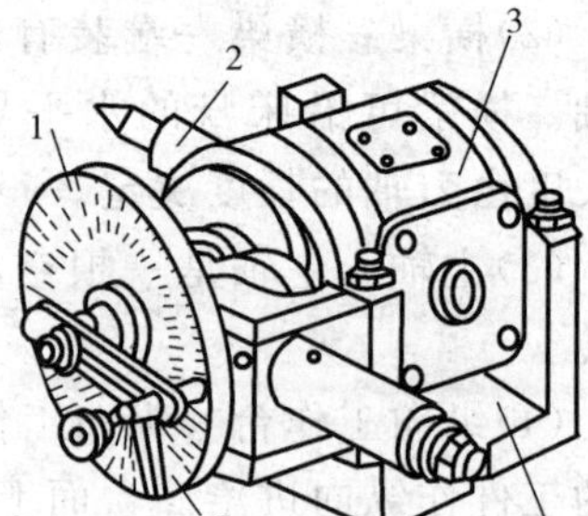

图 7-4　分度头的结构

1—分度盘 2—主轴 3—回转体 4—基座 5—扇形叉

分度头由底座、转动体、分度盘、主轴等组成。分度头的主轴前端锥孔内可安放顶尖，用来支撑工件。主轴的前端外部锥体可安装卡盘，以便用来安装工件。主轴装在回转体内，并可随转动体在垂直平面内，扳转成水平、垂直或倾斜位置。工作时，分度头的底座用螺栓紧固在工作台上。分度头的侧面有分度盘和分度手柄。分度时摇动分度手柄，通过蜗杆、蜗轮带动分度头主轴旋转进行分度。

图 7-5 为分度头传动系统图。分度头蜗杆蜗轮的传动比为 1∶40，即当与蜗杆同轴的手柄转过一周时，主轴只转 1/40 周。这样当手柄连续转动 40 圈后蜗轮正好转过一周。由

于主轴与蜗轮相连，故主轴带动工件也转过一周。

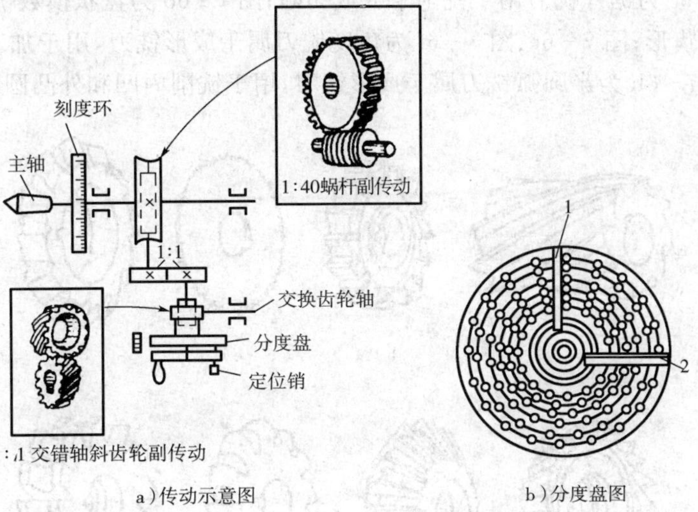

a）传动示意图　　b）分度盘图

图 7－5　分度头工作原理示意图

如使工件 Z 等分分度，每分度一次，工件（主轴）应转动 $1/Z$ 转，则分度头手柄转数 n 与 Z 的关系为：

$$1:40=\frac{1}{Z}:n,\qquad 即\ n=\frac{40}{Z}$$

式中：n—手柄转数；Z—工件等分数；40—分度头定数。

例如，现欲铣一六面体，每铣完一面后工件应转过 1/6 转，按上述公式，手柄转数应为：

$$n=\frac{40}{Z}=\frac{40}{6}$$

即手柄要转动 6 整圈再加上 2/3 圈，此处 2/3 圈一般是通过分度盘来控制的。

分度头一般备有两块分度盘，正反两面各圈孔数分布如下：

第一块正面各圈的孔数依次为 24、25、28、30、34、37；反面依次为 38、39、41、42、43。

第二块正面各圈的孔数依次为 46、47、49、51、53、54；反面依次为 57、58、59、62、66。

可利用分度盘上孔数为 3 的倍数（如 30）的孔圈，即将定位销调整至分度盘上 30 的孔圈上，转 6 圈又 20 个孔距，主轴便准确地转了 6 又 2/3 周。调整分度盘上扇形叉 1 和 2 之间的夹角，使之正好控制 20 个孔距定位销依次分度，既方便操作，又可使手柄每次转过的孔距数准确无误。这是最简单的分度法，也是最常用的分度方法。此外还有直接分度法、差动分度法等。

7.1.4　铣刀及其安装

铣刀实质上是一种由几把单刃刀具组成的多刃标准刀具。刀齿常用高速钢或硬质合金制造。铣刀种类很多，分类方法也很多，根据安装方法的不同，可分为带孔铣刀和带柄铣刀两大类。

1. 带孔铣刀及其安装

带孔铣刀，多用于卧式铣床。典型的带孔铣刀如图 7－6 所示。其中图 7－6a 为圆柱铣刀,用于铣削中小型平面;图 7-6b 为三面刃铣刀,用于铣削小台阶面、直槽和四方或六方螺钉小侧面等;图 7-6c 为锯片铣刀用于铣削窄缝或切断;图 7-6d 为盘状模数铣刀属于成形铣刀,用于铣削齿轮的齿形;图 7-6e、图 7-6f 为角度铣刀属于成形铣刀,用于加工各种角度槽和斜面;图 7-6g、图 7-6h 为半圆弧铣刀属于成形铣刀,用于铣削内凹和外凸圆弧表面。

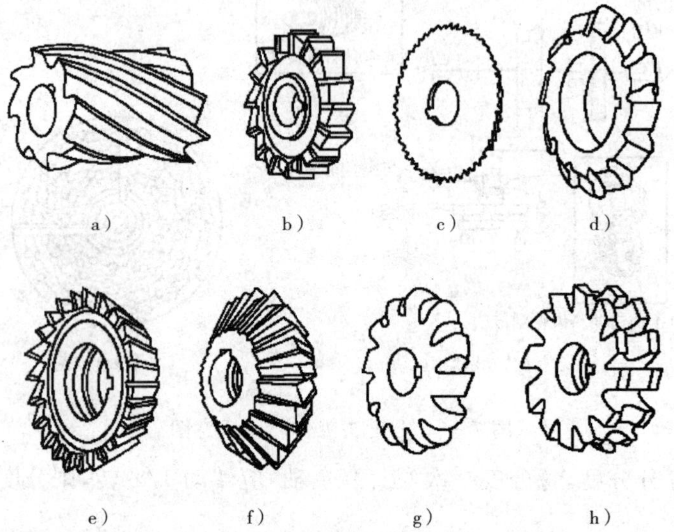

图 7-6 带孔铣刀

加工时,铣刀安装在刀轴上,如图 7-7 所示。刀轴一端为锥体,装入机床主轴锥孔中,由拉杆拉紧。主轴旋转运动通过主轴前端的端面键带动,刀具则套在刀轴上由刀轴上的键来带动旋转,刀具的轴向位置由套筒来定位,为了提高刀轴的刚度,刀轴另一端由吊在机床横梁上的支架支承。

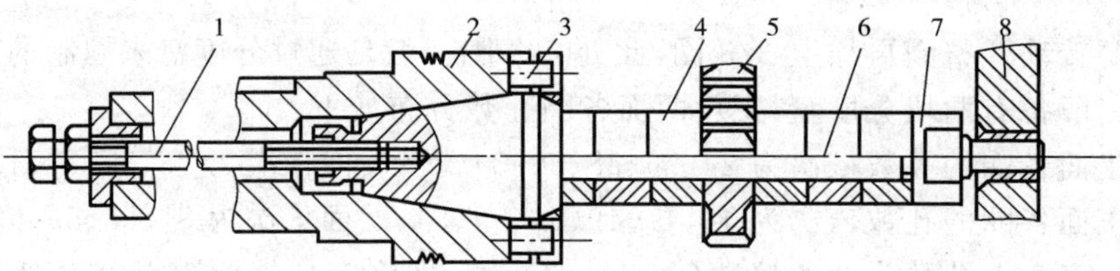

图 7-7 卧式铣床主轴结构

1—拉杆 2—主轴 3—端面键 4—套筒 5—铣刀 6—刀轴 7—螺母 8—刀轴支架

安装时,铣刀应尽可能靠近主轴或吊架,使铣刀有足够的刚度;套筒与铣刀的端面均要擦净,以减小铣刀的端面跳动;在拧紧刀轴压紧螺母之前,必须先装好吊架,以防刀轴弯曲变形。拉杆的作用是拉紧刀轴,应使之与主轴锥孔紧密配合。

2. *带柄铣刀及其安装*

带柄铣刀,多用于立式铣床,有时亦可用于卧式铣床。典型的带柄铣刀如图 7-8 所示。其中图 7-8a 为镶齿端铣刀,一般在钢制刀盘上镶有多片硬质合金刀齿,用于铣削较大的平面,可进行高速铣削;图 7-8b 为立铣刀,端部有三个以上的刀刃,用于铣削直槽、小平面、台阶平面和内凹平面等;图 7-8c 键槽铣刀,其端部只有两个刀刃,用于铣削轴上键槽;

图 7－8d、图 7－8e 分别为 T 形槽铣刀和燕尾槽铣刀，用于铣削 T 形槽和燕尾槽。

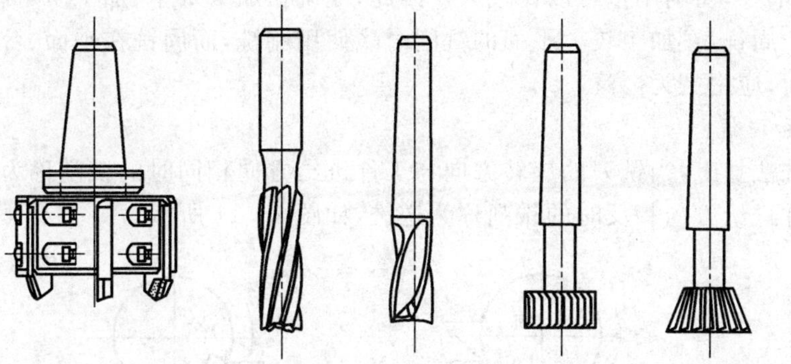

a)　b)　c)　d)　e)

图 7－8　带柄铣刀

带柄铣刀，按刀柄形状不同，可分为直柄和锥柄两种。

锥柄铣刀安装如图 7－9a 所示。安装时，先根据铣刀锥柄的尺寸，选择合适的过渡套(变锥套)，将各配合表面擦净，然后用拉杆将铣刀和过渡套一起拉紧在主轴锥孔内。

直柄立铣刀安装如图 7－9b 所示。多用弹簧夹头进行安装，铣刀的柱柄插入弹簧套的光滑圆孔中，用螺母压紧弹簧套的端面，使弹簧套的外锥面受压而缩小内孔径，从而夹紧铣刀刀柄。弹簧套有多种孔径，可以安装直径≤20mm 以内的各种直柄立铣刀。

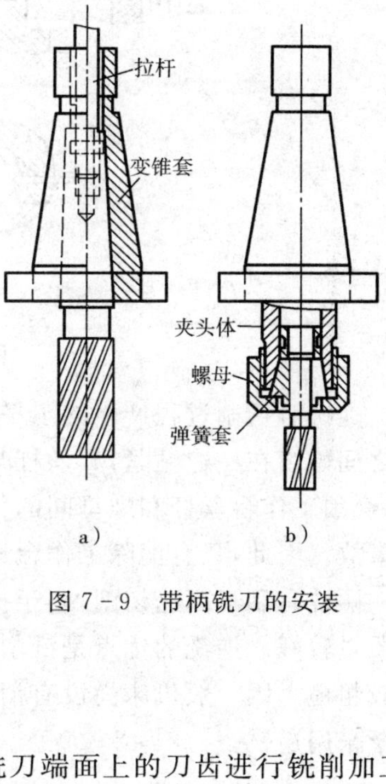

a)　b)

图 7－9　带柄铣刀的安装

7.1.5　铣削方式

铣削方式对铣刀的耐用度、工件表面质量、铣削平稳性和生产效率都有很大的关系。铣削时应根据它们的各自特点、采用合适的铣削方式。

1. 端铣与周铣

周铣是用铣刀圆周上的切削刃进行铣削加工，周铣铣刀轴线与加工平面平行，如图7－10a所示。端铣是用端铣刀端面上的刀齿进行铣削加工，端铣铣刀轴线与加工平面垂直，如图 7－10b 所示。

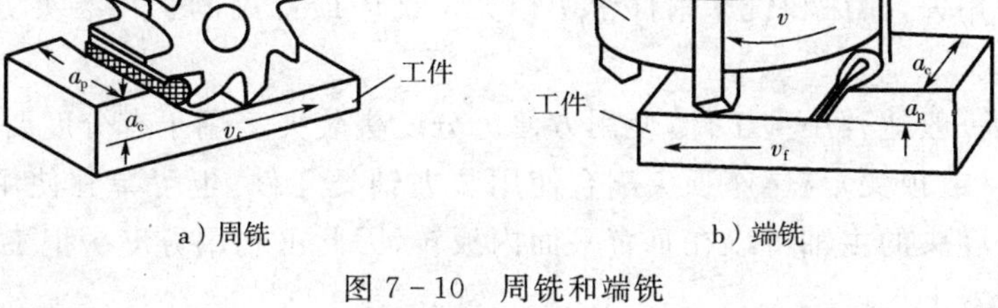

a) 周铣　　b) 端铣

图 7－10　周铣和端铣

端铣同时参与切削的刀齿数较多，又能使用硬质合金刀片和修光刃口，切削厚度变化小，切削比较平稳，切削用量可以比较大。因此，端铣在加工效率、加工质量和铣刀的耐用度等方面均优于周铣，在加工较大平面的铣削时多使用端铣，而周铣在平面、台阶、沟槽及成型面的加工方面，应用更为广泛。

2. 顺铣和逆铣

采用周铣法加工，当铣刀的旋转方向与工件进给方向相同时的铣削称为顺铣；铣刀的旋转方向与工件进给方向相反时的铣削称为逆铣，如图 7-11 所示。

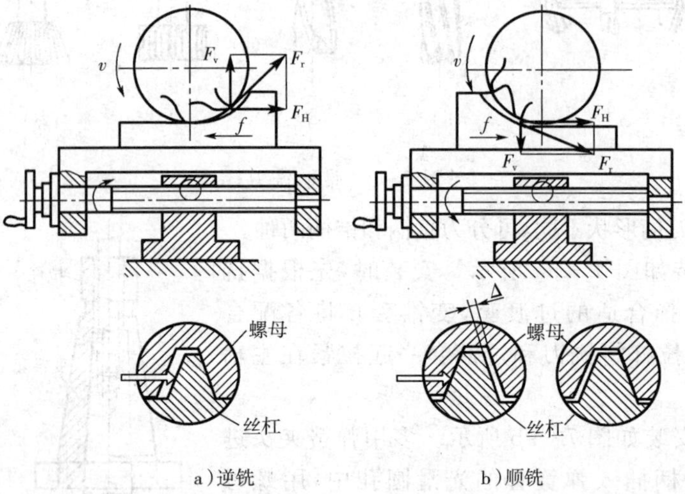

图 7-11　逆铣和顺铣铣削工作

逆铣时切削过程产生的水平分力方向与进给方向始终相反，使工作台的传动丝杠与螺母之间始终在一边贴紧，其丝杠与螺母之间的间隙不会影响加工过程的进行，但顺铣时就不同，会因工作台丝杆和螺母间的传动间隙，使工作台窜动，容易啃伤工件，损坏刀具，甚至造成事故。因此，只有消除工作台进给丝杠与螺母之间隙装置的铣床，才采用顺铣。

顺铣有利于高速切削，利于提高刀具的耐用度，有助于装夹稳固，并且加工后的工件表面质量较好。逆铣的优点是铣削过程平稳，工件装夹可靠，但缺点是刀具磨损较快，工件表面较粗糙。因一般机床尚没有消除工作台进给丝杆与螺母间隙的装置，所以，在实际生产中广泛采用逆铣。

7.1.6　基本铣削工作

1. 工件装夹

铣床加工时，必须将工件在铣床工作台上定位并夹紧。铣削加工的方法很多，其工件的装夹与铣削方法相关，往往和铣床附件密切相关。铣床最常用的工件装夹方法有平口钳装夹和分度头装夹。

平口钳装夹一般适合小型工件，使用方便。分度头装夹多用于有分度要求的工件，它既可用分度头卡盘（或顶尖）与尾座顶尖配合使用装夹轴类零件，也可单独使用分度头卡盘装夹工件。由于分度头的主轴可以在垂直平面内扳转，因此可利用分度头把工件装夹在水平、垂直或倾斜的位置上。

此外，用压板螺栓装夹以及利用斜铁、V型铁、角铁装夹工件的方式也比较常见。当零件的生产批量较大时，可采用专用夹具或组合夹具装夹工件，这样既能提高生产效率，又能保证产品质量。

图7－12、图7－13、图7－14是在铣床上装夹工件方式的几个示例。

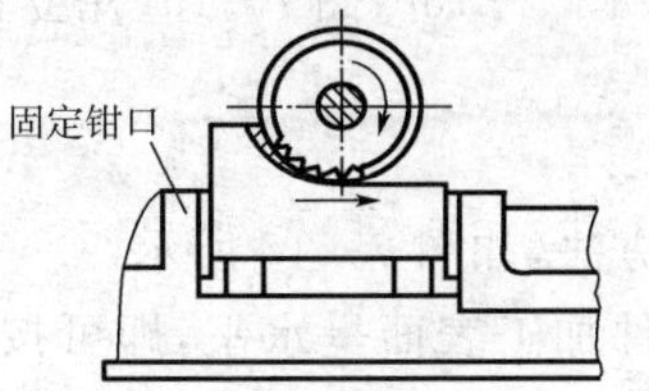

图7－12　用平口钳装夹工件

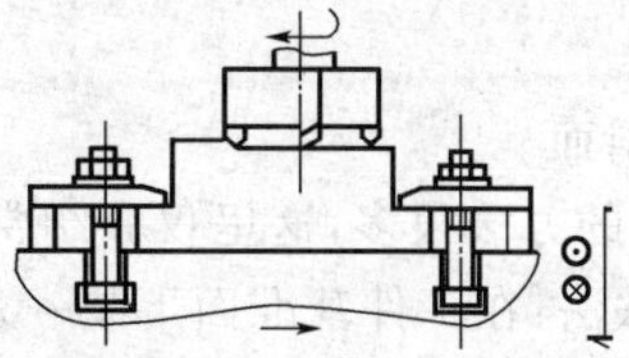

图7－13　用压板螺栓装夹工件

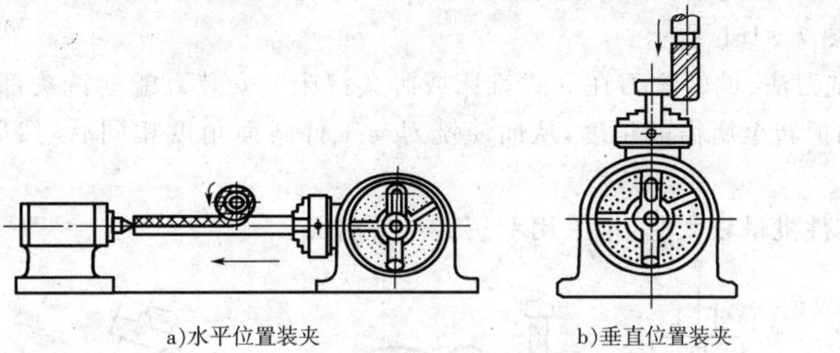

图7－14　用分度头装夹工件

2. 铣削加工

铣床的加工范围很广，常见的铣削加工有铣平面、铣台阶面、铣沟槽、铣成形面、钻孔、镗孔以及铣螺旋槽等。

(1)铣水平面和垂直平面

铣削铣水平面和垂直平面，可以在卧式铣床上进行，也可以在立式铣床上进行，如图7－15所示。

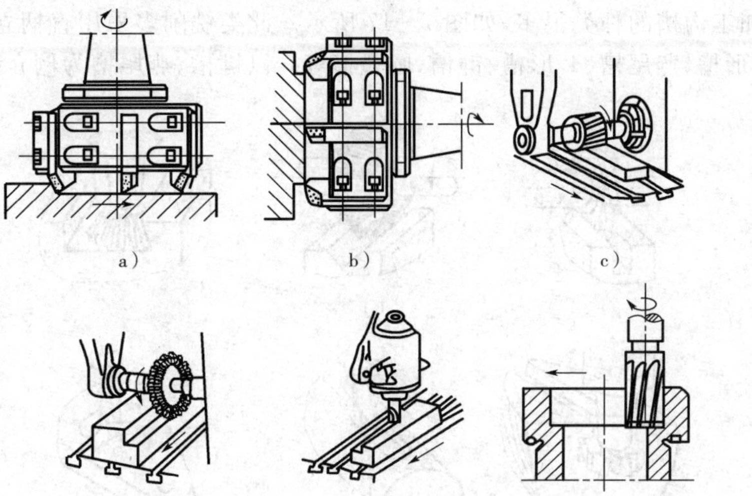

图7－15　铣平面

铣削水平面和垂直平面，常用镶齿端铣刀、圆柱铣刀、立铣刀等，其中镶齿端铣刀最常用。铣削时，工件可以装夹在机用平口钳上，也可以用螺栓压板等直接装夹在工作台面上，并校正夹紧。图 7－15a 镶齿端铣刀直接装夹在立铣上铣水平面。图 7－15b 用万能铣头装夹镶齿端铣刀，在卧铣上铣垂直面。图 7－15c 将圆柱铣刀装夹在卧铣主轴上铣水平面。图 7－15d 将三面刃铣刀装夹在卧铣主轴上铣台阶面。图 7－15e、图 7－15f 用立铣刀铣台阶面和内凹台阶面。

(2)铣削斜面

铣削斜面的方法很多，这里仅介绍常用的几种方法，如图 7－16 所示。

① 垫斜铁法：在工件基准面下垫一斜铁，使工件加工表面呈水平，即可按水平面铣削。改变倾斜垫铁的角度，即可加工出不同角度的斜面，如图 7－16a 所示。

② 分度头法：在万能分度头上装夹工件，并将分度头转至铣削斜面所需的角度位置后进行加工，如图 7－16b 所示。

③ 偏转铣刀法：偏转铣刀在立式铣床或卧式铣床上安装万能立铣头都可以实现。加工时将铣刀主轴扳转至所需的角度，从而使铣刀与工件斜面角度相同后，然后铣削加工，如图 7－16c 所示。

当加工零件批量较大时，常采用专用夹具铣斜面。

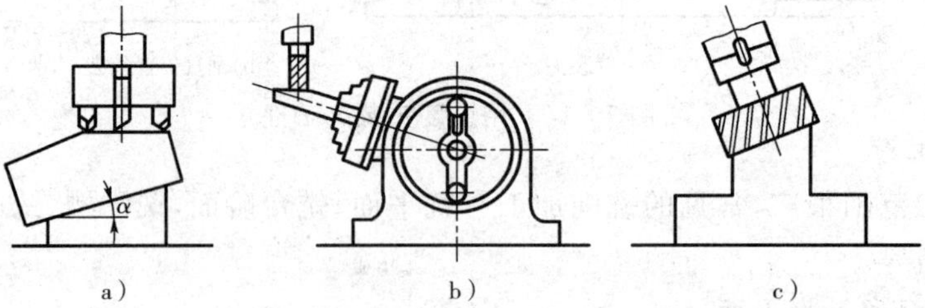

图 7－16　铣斜面

(3)铣沟槽

铣床能加工沟槽的种类很多，如图 7－17 所示。此类铣削多采用直柄立铣刀或盘铣刀，如铣直槽、V 形槽、燕尾槽、T 形槽、键槽、圆弧槽等。以键槽、燕尾槽为例介绍铣削加工。

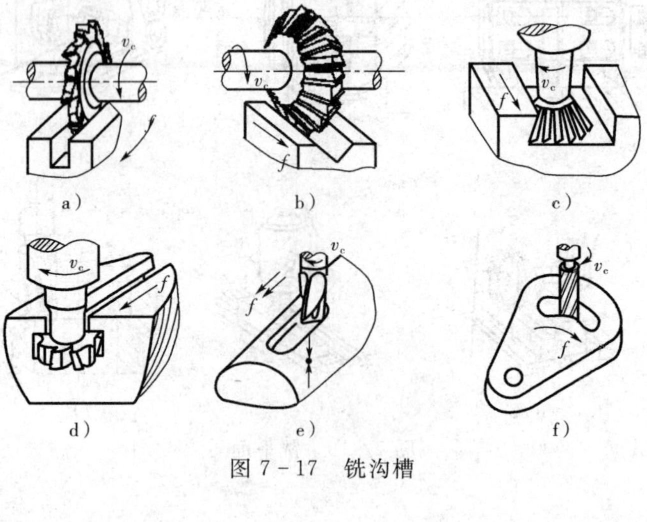

图 7－17　铣沟槽

① 铣键槽：一般传动轴上都有键槽，常见的有封闭式和敞开式键槽。在轴上铣键槽，如图 7-18 所示，通常使用平口钳、V 形铁或分度头来装夹工件。要保证键槽的宽度尺寸和对称度要求（即槽的中心与轴中心线重合）：一是对工件找正；二是对刀即使铣刀中心平面对准工件轴线，以保证键槽的对称性。

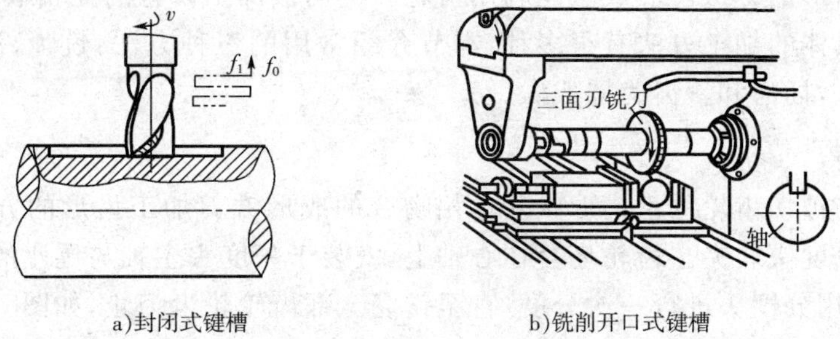

a)封闭式键槽　　b)铣削开口式键槽

图 7-18　铣键槽

铣封闭式键槽，单件小批生产时，一般在立式铣床上用键槽铣刀或立铣刀进行铣削加工，应根据槽宽优先选用键槽铣刀加工。

用键槽铣刀铣键槽时，键槽铣刀的端齿可以直接向下走刀进行切削（相当于钻削），但进给量应小，用手动控制，进刀步骤如图 7-18a 所示。

用立铣刀加工时，因为立铣刀端部中心部位无切削刃，不能向下进刀，因此必须预先在键槽的一端钻一个落刀孔，才能用立铣刀铣键槽。

铣削开口式键槽，单件小批生产时，一般在卧铣上用平口钳装夹，用三面刃铣刀加工，如图 7-18b所示，也常用分度头装夹工件，见图 7-14a。当批量较大时，多使用专用夹具装夹工件，如使用轴用虎钳，其优点是能自动对中，工件不需要找正，如图 7-19 所示。

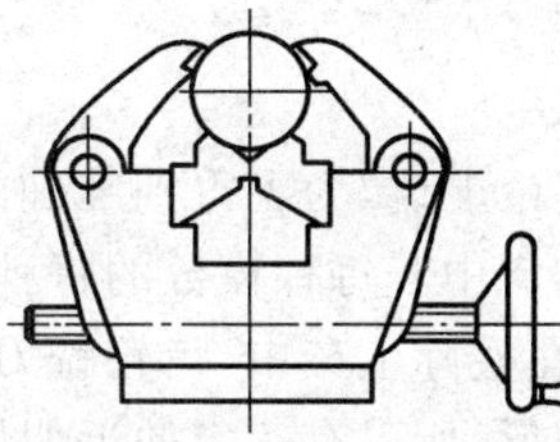

图 7-19　使用轴用虎钳铣装夹工件

② 铣燕尾槽：先用立铣刀或三面刃铣刀铣出直槽，然后用燕尾槽铣刀铣左燕尾，再铣右燕尾，最后形成燕尾槽，如图 7-20 所示。

铣燕尾槽时，铣刀切削条件差，排屑困难，铣削时应取较小的进给量，并施加充足的切削液。

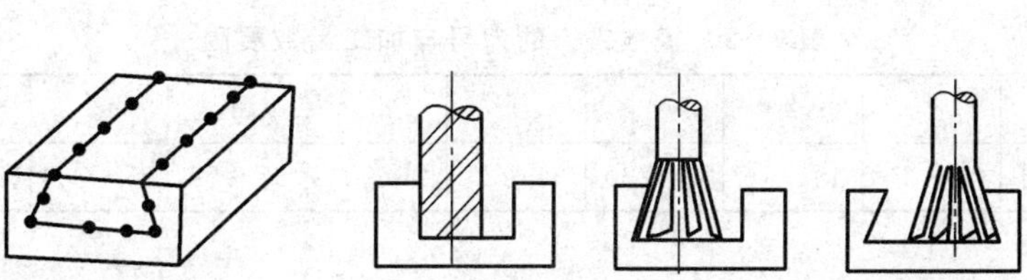

a)划线　　b)铣直槽　　c)铣左燕尾　　d)铣右燕尾

图 7-20　铣燕尾槽

7.2 齿形加工简介

齿轮齿形的加工方法可分为成形法和展成法两类。成形法是用与加工齿轮槽相符的成形铣刀加工出齿形的方法。展成法是利用齿轮刀具与被加工齿轮的互相啮合运动而加工出齿形的方法。具体的加工方法有很多种，本节介绍常用的三种方法：铣齿、滚齿和插齿。其中铣齿为成形法，插齿和滚齿为展成法。

7.2.1 铣齿

铣齿是用与被切齿轮的齿槽形状基本相吻合的成形铣刀加工齿形的方法。加工时，工件在卧铣上用分度头装夹。齿轮坯套在心轴上，安装于分度头主轴与尾座的两顶尖之间，每铣完一齿，就利用分度头进行一次分度，直至铣完全部齿轮轮齿为止，如图 7－21 所示。

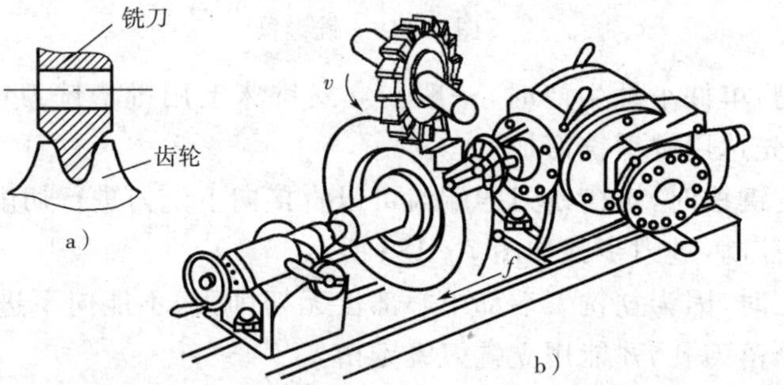

图 7－21 卧铣上铣齿轮

从理论上讲，为了得到准确的齿形，必须对同一模数的每种齿数的齿轮加工均配备一把铣刀。生产中若每种模数的每种齿数的齿轮加工都用一把专用铣刀加工齿形是非常不经济的，所以在实际生产中，齿轮铣刀在同一模数中分成 n 个号数，每号铣刀允许加工一定范围齿数的齿形，所以有一定的近似性。铣刀的形状是按该号数范围中最小齿数的形状来制造的，这样对该组其他齿数的齿轮只能得到近似齿形。最常用的是一组八把的模数铣刀，表 7－1 是铣刀刀号数及适用的齿数范围。选刀时，先选择与工件模数相同的一组铣刀，再根据欲铣齿轮齿数从表中查得铣刀号数即可。

铣齿的特点是：设备简单；刀具成本低；加工精度低，一般情况下只能达到 IT11～IT9 级；生产率低，适用于小生产或修配。

表 7－1 模数铣刀的刀号与加工齿数展围

刀 号	1	2	3	4	5	6	7	8
加工齿数范围	12～13	14～16	17～20	21～25	26～34	35～54	55～134	135 以上及齿条

7.2.2 滚齿

滚齿是在滚齿机上用齿轮滚刀加工齿轮的方法。滚齿过程与齿轮齿条啮合相近似。齿轮滚刀的刀齿呈螺旋线方向排列，其外形像一个蜗杆，在垂直螺旋线方向（或轴向）开出若干刀槽，磨出切削刃，其法向剖面具有齿条形状。因此当滚刀连续旋转时，滚刀的刀齿可以看成是一个无限长的齿条在作连续直线运动，由于滚刀刀齿轮廓线是具有切削能力的刀刃，在强制滚刀与被切齿坯保持啮合运动过程中，滚刀刀齿的轨迹即可包络成渐开线齿轮的齿形，如图 7－22 所示。

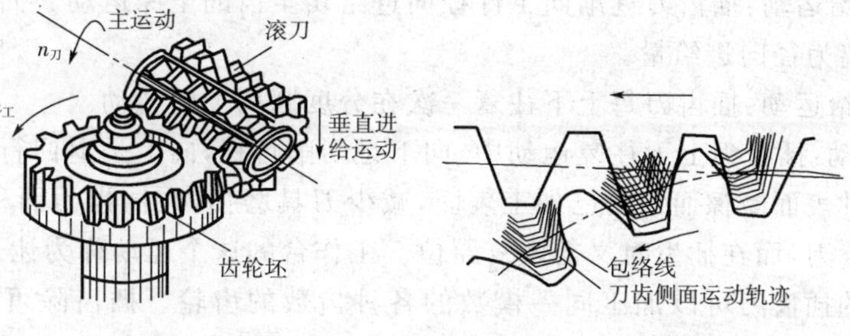

a)滚刀及其运动　　b)滚刀切去齿间金属的情况

图 7－22　滚齿工作原理

滚齿时，应使滚刀的齿向与被加工齿轮的方向一致，因此滚刀刀轴须扳转一定角度。滚齿须具备以下三种运动：

① 主运动：滚刀的旋转运动。

② 分齿运动：滚刀与被切齿轮坯之间保持严格的强制啮合关系的运动，即滚刀每转一周，齿轮应转过 k 个齿（k 为滚刀的头数）。

③ 垂直进给运动：为了在轴向切出整个齿宽，滚刀还应沿工件轴向作垂直进给运动。

滚齿除可加工直齿、圆柱齿轮外，还可以加工斜齿圆柱齿轮、蜗轮和链轮等。每一把滚刀可加工出模数相同而齿数不同的渐开线齿轮，且滚齿加工是连续切削。因此滚齿加工是展成法中切齿效率最高的一种方法。

滚齿加工一般能达到的精度为 IT8～IT7 级，齿面粗糙度 R_a 值为 1.6～3.2μm。

7.2.3　插齿

插齿是在插齿机上用插齿刀加工齿轮的方法。插齿过程相当于一对直齿圆柱齿轮啮合运动。将其中一个齿轮的轮齿磨出前角、后角，使之形成刀刃，即是一把插齿刀。

加工时，插齿刀作上下往复切削运动，同时插齿刀和被切齿轮坯之间必须严格地保持一对渐开线齿轮的啮合传动关系。这样插齿刀就能把工件上齿间的金属切除而形成渐开线齿形，如图 7－23 所示。

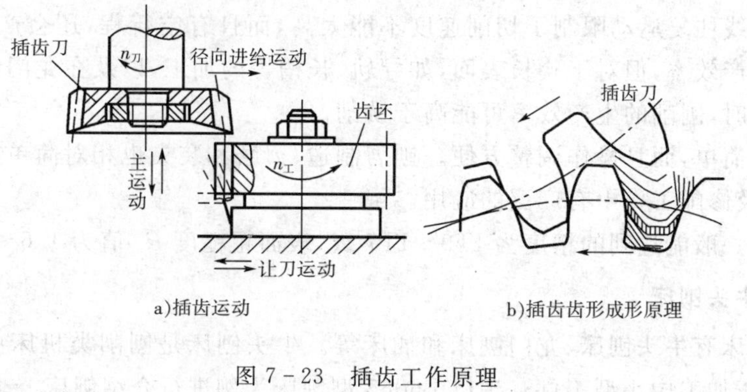

a)插齿运动　　b)插齿齿形成形原理

图 7－23　插齿工作原理

插齿必须的五种运动：

① 主运动：插齿刀上下往复直线运动(切削运动)。

② 分齿运动：插齿刀与被切齿轮坯之间强制地保持一对齿轮传动的啮合关系的运动。

③ 径向进给运动：插齿刀逐渐向工件径向进给切至齿的全深运动。插齿刀每往复一次径向移动的距离为径向进给量。

④ 圆周进给运动：插齿刀每上下往复一次在分度圆周上的转动。

⑤ 让刀运动：插齿刀上下往复运动中，向下是切削行程，向上是退回行程。为避免插齿刀回程时与工件表面摩擦而划伤已加工表面，减少刀具磨损，在插齿刀回程时，工作台要带着工件让开插齿刀，而在插齿时又需恢复原位。工作台的这个运动称为让刀运动。

一种模数的插齿刀可以加工同一模数的各种齿数的齿轮。插齿除可加工外圆柱齿轮外，特别适于加工内齿轮、双联和多联齿轮。

插齿加工一般能达到的精度为IT9～IT7级，齿面粗糙度 R_a 值为1.6～3.2μm。

7.3 刨削加工

7.3.1 概述

在刨床上用刨刀对工件进行加工的方法叫刨削。刨削主要用来加工具有平面、沟槽(直槽、T型槽、V形槽、燕尾槽等)及成形面等类零件。如图7-24所示。

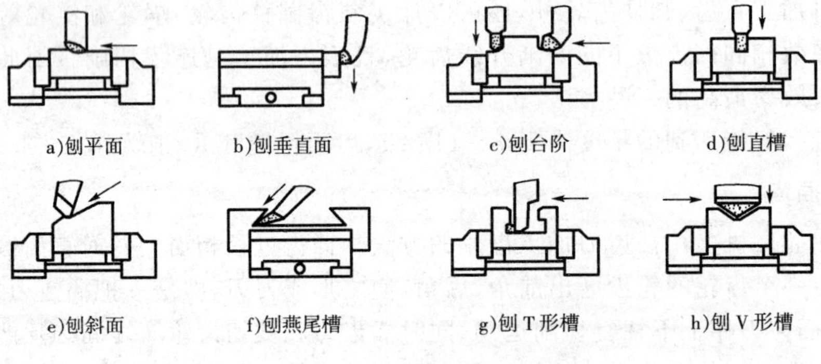

图7-24　刨削加工范围简图

刨削加工时，刨刀的直线往复运动为主运动，而工作台带动工件间歇移动为进给运动。刨削加工的直线往复运动限制了切削速度不能太高，而且有空行程，还会产生冲击和振动，从而影响了生产效率，但对于狭长表面，如导轨、长槽等的加工，以及在龙门刨床上能进行多件或多刀加工时，刨削的生产效率可能高于铣削。

刨床结构简单，而且操作调整方便。刨刀制造、刃磨和装夹也相对简单方便。刨削在单件、批量生产及修配工作中有广泛的应用。

刨削加工一般能达到的精度为IT9～IT7级，表面粗糙度 R_a 值为1.6～6.3μm。

7.3.2 牛头刨床

刨削类机床有牛头刨床、龙门刨床和插床等。牛头刨床是刨削类机床中应用较广泛的一种，主要用于加工中小型工件。现以B6065型刨床为例进行介绍刨床。

在编号 B6065 中，B 是“刨床”二字汉语拼音的第一个字母，为机床类别代号；6 为牛头刨床的组别代号；0 为牛头刨床的系别代号；65 为最大刨削长度的 1/10，即最大刨削长度为 650mm。

1. 牛头刨床的组成

牛头刨主要由床身、滑枕、刀架、工作台、横梁、底座等部分组成。图 7-25 为 B6065 型牛头刨床外形图。

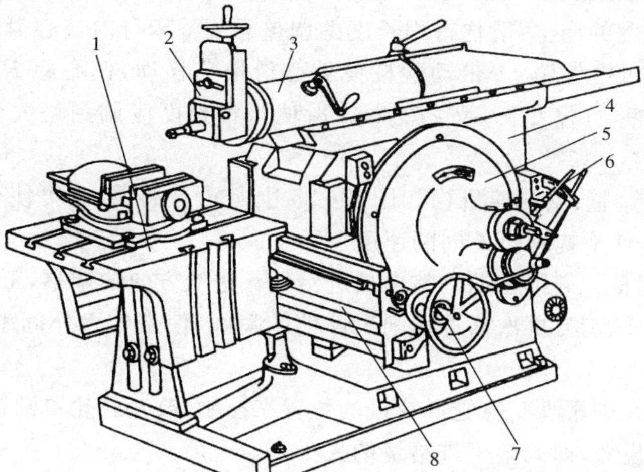

图 7-25　牛头刨床外形图

1—工作台　2—刀架　3—滑枕　4—床身　5—摆杆机构外壳
6—变速机构　7—进刀机构　8—横梁

(1)床身　床身用来支承刨床各部件，是个箱形铸铁壳体固定在底座上，其顶面有燕尾形导轨供滑枕作往复运动使用，垂直面导轨供横梁带动工作台升降移动。床身内部有传动机构。

(2)滑枕　前端装有刀架，滑枕主要用来带动刨刀作直线往复运动。

(3)刀架　刀架用来夹持刨刀，它通过转盘固定在滑枕上，如图 7-26 所示。摇动刀架手柄，滑板可沿转盘上的导轨带动刨刀上下移动。松开转盘上的螺母，转盘扳转过一定角度后，刨刀能作斜向进给。滑板上还装有可偏转角度的刀座。刨刀装夹在刀夹上，刨刀返回行程时，抬刀板可绕 A 轴上抬，刨刀便可离开工件表面，不与工件摩擦。

(4)工作台　工作台用来装夹工件和夹具，它可随横梁上下移动，并可沿横梁水平方向移动或作进给运动。

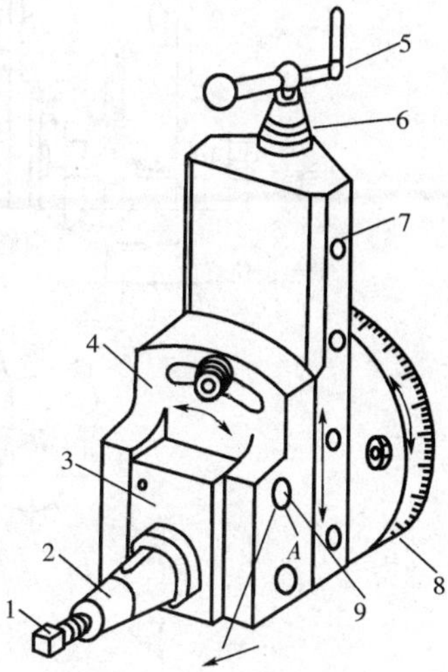

图 7-26　刀架

1—紧固螺钉　2—刀夹　3—抬刀板
4—刀座　5—手柄　6—刻度盘
7—滑板　8—刻度转盘　9—轴

2. 刨床的调整

牛头刨床的调整包括主运动调整和进给运动调整。

(1)主运动调整　主运动调整包括滑枕的起始位置、行程长度及速度的调整,如图 7-27 所示。

① 滑枕起始位置调整:滑枕起始位置调整靠调整摆杆机构实现,松开锁紧手柄 3,转动方榫 1,通过一对锥齿轮传动使丝杠 4 旋转,由于螺母固定不动,所以丝杠带动滑枕 5 移动,从而调整了滑枕的起始位置,即改变了刨削的起始位置。调整好后将锁紧手柄拧紧。

② 滑枕行程长度的调整:滑枕行程长度的调整靠调整床身内偏心滑块机构实现。调整时,转动方榫 12,通过锥齿轮 11 带动丝杠使偏心滑块 7 移动,偏心距 R 越大,滑枕行程越长。顺时针转动方榨,行程变长,反之变短。滑枕行程长度应调到略大于工件刨削表面的长度。

③ 滑枕速度的调整:整变速机构如图 7-25 中所示 6 的手柄,可使变速机构内滑移齿轮得到不同的组合,使滑枕获得不同的速度。

(2)进给运动调整　进给运动调整包括进给量与进给方向的调整,工作台的横向进给运动是在滑枕回程终了、刨刀再次前进切削工件前的瞬间,使工作台作间歇横向进给,实现这一动作是棘轮机构。

横向进给量的大小靠改变棘轮罩缺口的位置来拉制,改变棘轮罩缺口的位置,即改变棘爪每次拨过棘轮的齿数,即调整了进给量的大小。

横向进给方向的调整则通过改变棘爪方向来实现,将棘爪提起翻转 180°,返回原齿槽中再将棘轮罩反向转动,即可改变横向进给方向。

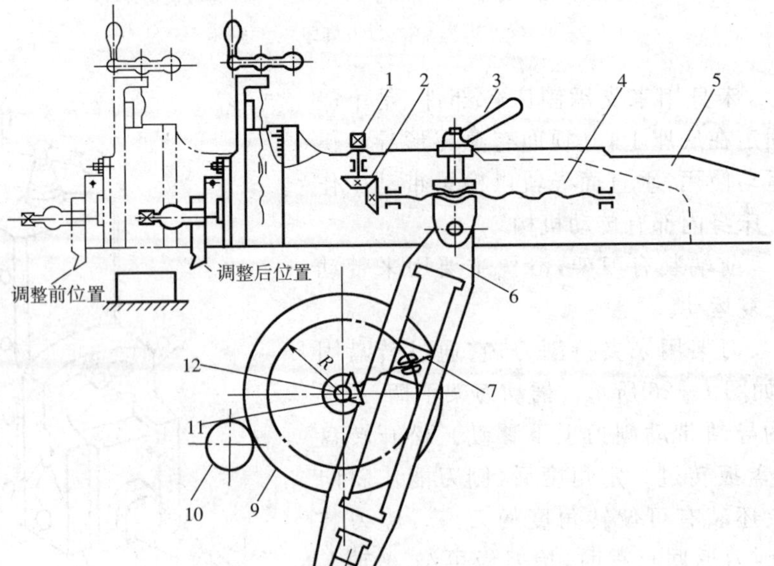

图 7-27　调整滑枕起始位置和行程长度

1、12—方榫　2、11—伞齿轮　3—锁紧手柄　4—丝杆　5—滑枕
6—摆杆　7—偏心滑块　8—支架　9—摆杆齿轮　10—小齿轮

7.3.3　刨刀及其装夹

1. 刀的种类及结构特点

刨刀的种类很多，按加工用途的不同，常用的有平面刨刀、偏刀、切刀、角度偏刀及成形刀等。平面刨刀用来加工水平表面；偏刀用来加工垂直表面或斜面；切刀用来加工槽或切断工件；角度偏刀用来加工具有相互成一定角度的表面；弯头刀用来加工成形表面，如图 7－28 所示。

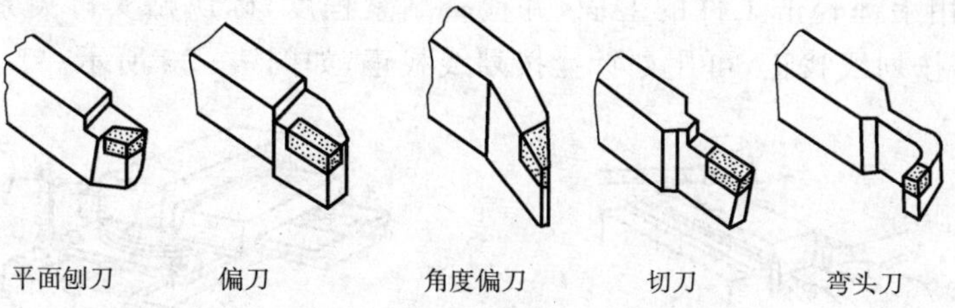

图 7－28　常用刨刀

刨刀形状与车刀相似，但由于刨削加工的不连续性，刨刀切入工件时，受到较大的冲击力，所以一般刨刀刀杆的横截面较车刀大 1.25 至 1.5 倍。为增加刀尖强度，一般应将刨刀的刀尖磨成小圆弧并选刃倾角为负值。另外刨刀往往做成弯头，这样可使刀杆受力产生弹性弯曲变形时刀杆能绕 O 点转动，使刀刃离开工作表面，从而不至啃入工件或折断刀头，如图 7－29 所示。

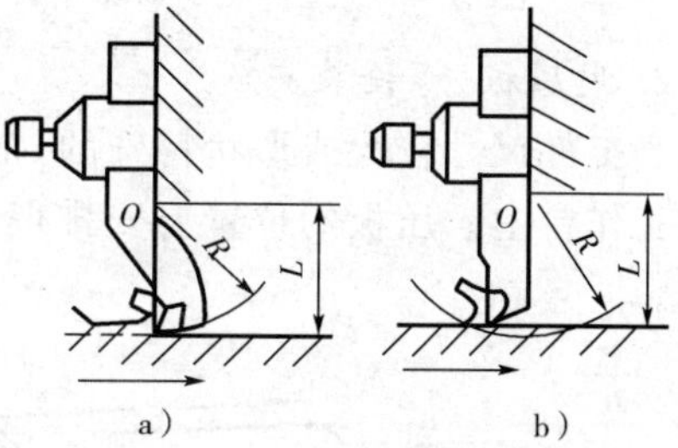

图 7－29　弯头刨刀和直头刨刀比较

2. 刨刀的装夹

刨刀的正确装夹与否直接影响工件加工质量。装夹时将转盘对准零线，以便准确控制吃刀深度，如图 7－30 所示。

刀架下端应与转盘底部基本对齐，以增加刀架的刚度。直刨刀的伸出长度一般为刀杆厚度 H 的 1.5～2 倍，夹紧刨刀时应使刀尖离开工件表面，防止碰坏刀具和擦伤工件表面，如图 7－31 所示。

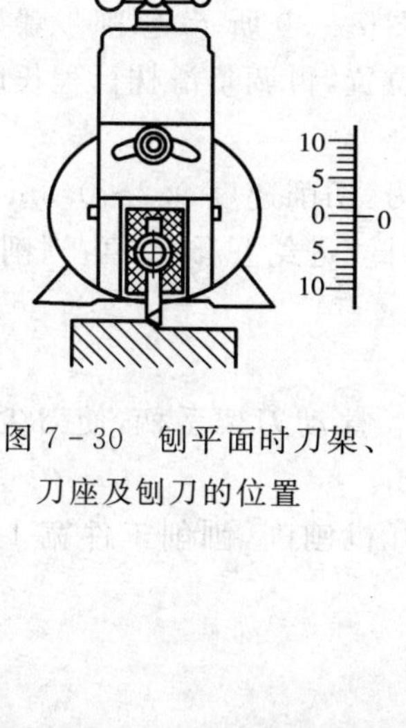

图 7－30　刨平面时刀架、刀座及刨刀的位置

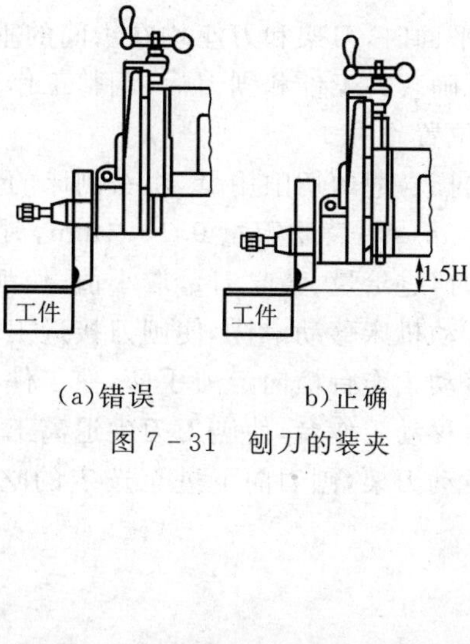

(a)错误　　b)正确

图 7－31　刨刀的装夹

7.3.4 工件的装夹方法

在刨床上装夹工件的方法有平口钳装夹、压板螺栓装夹和专用夹具装夹等。

1. 用平口钳装夹

平口钳是一种通用夹具，多适于装夹形状规则的小型工件。使用时先把平口钳钳口找正并固定在工作台上，然后再装夹工件。

装夹时，工件的被加工面要高出钳口。如果工件高度不够，可用平行垫铁将工件垫高，一面夹紧，一面用手锤轻击工件的上面，并检查贴紧程度，确认贴实再夹紧，如图 7－32 所示。如果工件需按划线找正，可用划针盘按划线找正，如图 7－33 所示。

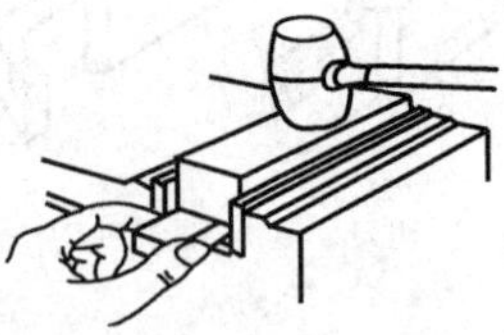

图 7－32　工件在平口钳中装夹

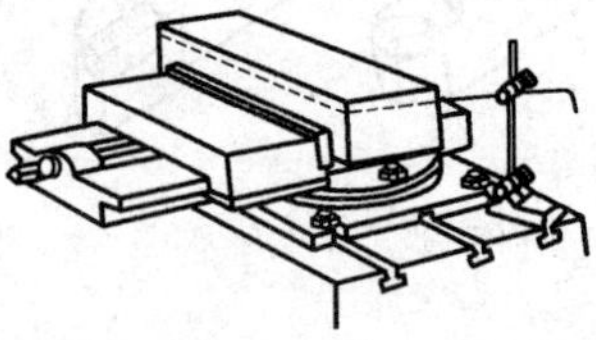

图 7－33　按划线找正工件装夹位置

2. 用压板、螺栓装夹

当工件尺寸较大或形状特殊的，常采用压板螺栓和 V 形铁、垫铁等组合，把工件直接固定在工作台上。压板的位置要安排得当，压点要靠近切削面，压力大小要合适，如图 7－34 所示。

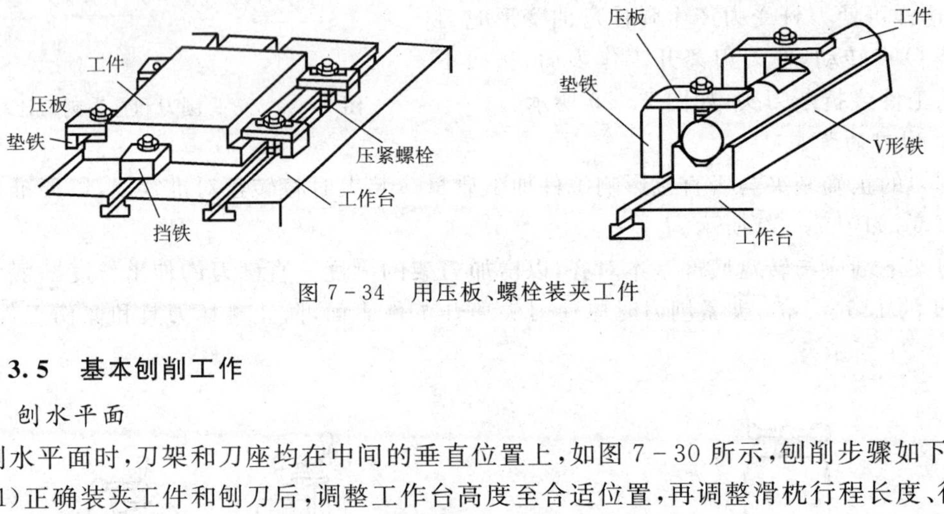

图 7－34　用压板、螺栓装夹工件

7.3.5 基本刨削工作

1. 刨水平面

刨水平面时，刀架和刀座均在中间的垂直位置上，如图 7－30 所示，刨削步骤如下：

(1)正确装夹工件和刨刀后，调整工作台高度至合适位置，再调整滑枕行程长度、行程速度和起始位置。

(2)选择合适的切削用量，牛头刨床的切削用量一般为：切削速度 0.2～0.5m/s；进给量 0.3～0.6mm/str；背吃刀量 0.1～4mm。粗刨时，背吃刀量、进给量取大值，刨削速度取小值。精刨时，进给量、背吃刀量取小值，切削速度取大值。

(3)开动机床移动滑枕，使刨刀接近工件后停车。

(4)转动工作台横向走刀手柄，使工件移至刨刀下面。摇动刀架手柄，使刀尖接触工件表面，然后移动工作台，使刨刀刀尖退离工件一侧 3～5mm。

(5)摇动刀架，刨刀向下进至选定的吃刀深度，然后开机刨削，刨削工件宽 1～2mm 时停车，效验调整进刀尺寸后继续刨削。若刨削余量较大，可分几次走刀完成切削。

2. 刨垂直面

刨垂直面常用刀架垂直进给加工方法，主要用于加工狭长工件的两端面或其他不能在水平位置加工的平面，如图 7－35 所示。

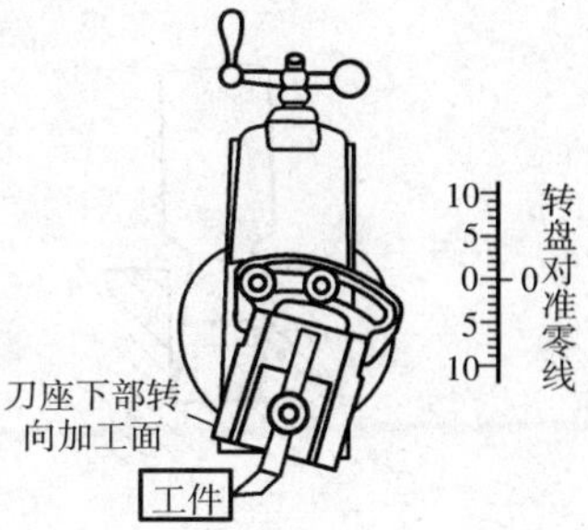

图 7－35　偏转刀座刨垂直面

刨削步骤如下：

(1)将刀架转盘刻度线对准零线，以保证垂直进给方向与工作台台面垂直。

(2)刀座相对于滑板偏转一个角度(约 10°～15°)，刨刀在回程时能抬离已加工表面，防止在已加工表面留下拖刀痕迹。

(3)摇动刀架垂直进给手柄，刀架作垂直进给刨削。

3. 刨斜面

刨削斜面最常用的方法是倾斜刀架法，刀架的倾斜角度等于工件待加工斜面与机床纵向垂直面的夹角，如图 7－36 所示。

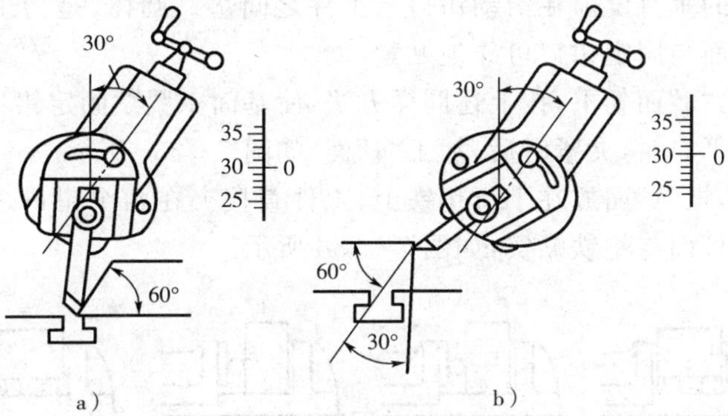

图 7－36　倾斜刀架刨斜面

刨削步骤如下：

(1)扳转刀架，刀架转盘转过的角度等于工件斜面与垂直面间的夹角。

(2)刀座相对于滑板偏转一个角度(同刨垂直面)。

(3)摇动刀架进给手柄，刀架沿斜向进给刨削。

4. 刨 T 形槽

刨削 T 形槽的顺序，如图 7－37 所示，步骤如下：

(1)先装夹工件，在纵、横方向上进行校正。

(2)用切断刀刨出直角槽，使其宽度等于 T 形槽口的宽度，深度等于 T 形槽的深度，如图 7－37a 所示。

(3)用弯头切刀刨削一侧的凹槽，如图 7－37b 所示。如果凹槽的高度较大，一刀不能刨完时，可分几次刨完。

(4)换上方向相反的弯头切刀，刨削另一侧的凹槽，如图 7－37c 所示。

(5)换上 45°刨刀，完成槽口倒角，如图 7－37d 所示。

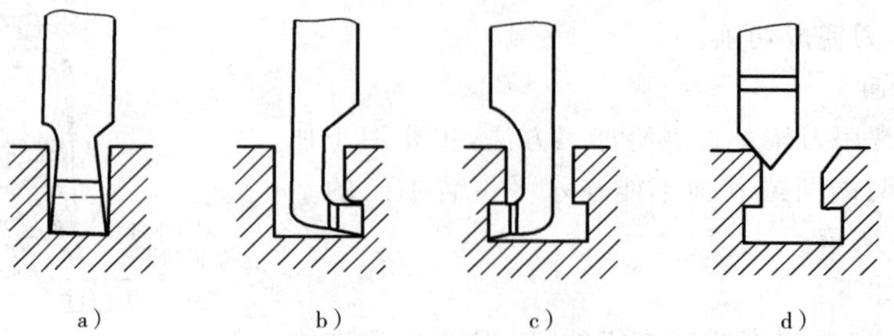

图 7－37　刨 T 形槽

5. 矩形体工件刨削示例

矩形零件要求对面平行，还要求相邻的平面成直角。当工件采用平口钳装夹时，刨矩形体一般采用图 7－38 所示的加工步骤：

(1)一般是先刨出“1”面，作为加工基准面，如图 7－38a 所示。

(2)将已加工的“1”面作为基准面，贴紧固定钳口，在活动钳口与工件之间的中部垫一圆棒后夹紧，然后加工相邻的“2”面，如图 7－38b 所示。“2”面对“1”面的垂直度取决于固定钳口与水平走刀方向的垂直度。在活动钳口与工件之间垫一圆棒，是为了使夹紧力集中在钳口中部，以利于“1”面与固定钳口可靠地贴紧。

(3)把加工过的“2”面朝下，按上述同样方法，使基面 1 紧贴固定钳口。用手锤轻轻敲击工件，使“2”面贴紧平口钳，夹紧时后，加工“4”面，如图 7－38c 所示。

(4)加工“3”面，把“1”面放在平行垫铁上，工件直接夹在两个钳口之间。夹紧时要求用手锤轻轻敲打，使“1”面与垫铁贴实，如图 7－38d 所示。

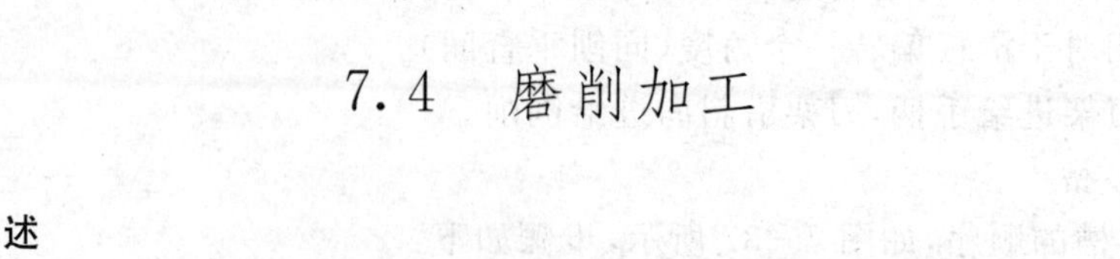

图 7－38　保证四个面垂直度的加工步骤

7.4　磨削加工

7.4.1　概述

磨削加工是零件精加工的主要方法，常用砂轮、油石、砂带等作为磨具。最常用的磨削方法是在磨床上用砂轮对工件表面进行加工。

砂轮表面上坚硬的棱角颗粒称为磨粒，每一磨粒相当于一个切削刃随机分布，切削厚度也不相同，可小到数微米，故每个磨粒的切削条件均不相同。砂轮高速旋转时，磨粒以不同的形态作用于工件表面，因此，磨削实际上一种高速、多刃、微量的切削、刮削、摩擦的综合过程。磨粒与结合剂之间有许多空隙，起着散热和容纳磨屑的作用。砂轮的结构与原理，如图 7－39 所示。

由于砂轮磨粒的硬度极高，不但可以加工碳钢、铸铁等金属材料，还能加工一般刀具难以加工，甚至不能加工高硬度、高脆性材料，如淬火钢、硬质合金等，但磨削不适宜加工硬度低而塑性很好的有色金属材料。

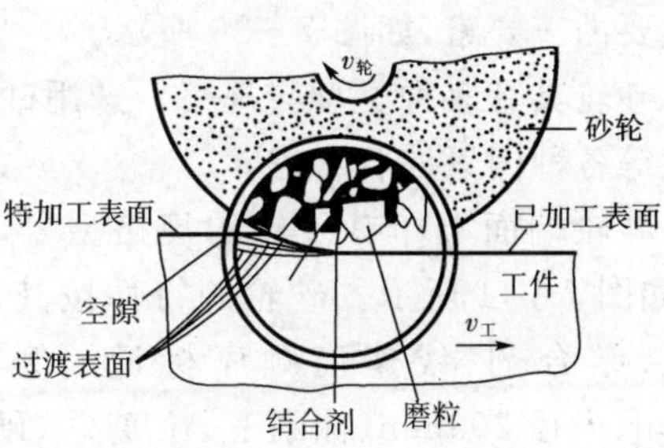

图 7－39　砂轮的结构与原理

磨削速度很高，一般为 30～35m/s，高速磨削砂轮线速度已达到 60m/s 以上，故磨削时温度很高，磨削区的瞬时温度可达 800℃～1000℃。同时，炽热的磨屑在空气中发生氧化作用，产生火花。在这样的高温下，会使工件材料的性能改变而影响质量。因此，为了减少摩擦和散热，降低磨削温度，及时冲走磨屑和磨粉，保证工件表面质量，在磨削时一般都要大量使用切削液。

一般磨削能达到的精度为 IT6～IT5，表面粗糙度 R_a 值为 0.8～0.2μm。

磨削加工范围很广，不仅可以加工内外圆柱面、内外圆锥面和平面，还可加工螺纹、花键轴、曲轴、齿轮、叶片等特殊的成形表面，图 7－40 所示为常见的磨削方法。

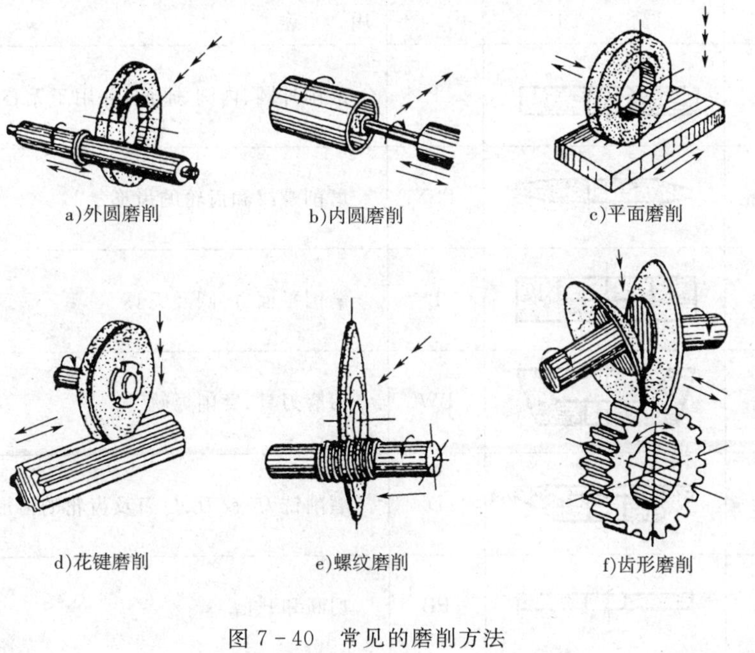

图 7－40　常见的磨削方法

磨削作为精加工方法，已广泛用于各种表面的精密加工。特别是随着精密铸造、精密锻造等现代成形技术的发展以及磨削技术自身的不断进步，越来越多的零件可以用铸坯、锻坯直接磨削就能达到精度要求。因此，磨削在机械制造业中的应用日益广泛。

7.4.2　砂轮

1. 砂轮的组成、特性及应用

砂轮是由磨粒、结合剂和空隙经压坯、干燥、烧结制成的多孔物体。砂轮特性包括磨料、粒度、结合剂、硬度、组织、形状和尺寸六项基本要素，其中磨粒、结合剂和空隙是构成砂轮的最重要的三要素，如图 7－39 所示。

砂轮具有多种类型与规格。选用砂轮时，应根据工件的加工要求、形状、材料及和磨床条件等各种因素综合考虑。

砂轮端面上印有砂轮的规格型号，表明它的特性，便于选用，如图 7－41 所示。砂轮的特性按其尺寸、磨料、粒度、硬度、组织、结合剂、线速度顺序标记。例如，外径 400mm、厚度 50mm、内径 203mm、棕刚玉、粒度 60、硬度为 L、6 号组织、陶瓷结合剂、最高工作速度 35m/s 的平形砂轮表示为：P—400×50×203—A60L6V35。

图 7－41　砂轮的标志

(1)砂轮的形状和尺寸　为适应各种磨床结构和磨削加工的需要，砂轮制成各种形状和尺寸。常用砂轮的形状、代号及选用途见表 7－2。在考虑尺寸大小时，应尽可能把外径选得大些，以提高砂轮的圆周速度，有利于提高磨削生产率、降低表面粗糙度。磨内圆时，砂轮的外径取工件孔径的 2/3，有利于提高磨具的刚度，但应特别注意的是不能使砂轮工作时的线速度超过所标的数值。

表 7－2　常用砂轮的形状、代号及用途

砂轮名称	简　图	代　号	用　途
平行砂轮	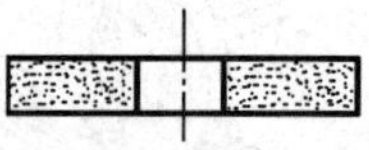	P	磨削外圆、内圆、平面，并用于无心磨
双斜边砂轮	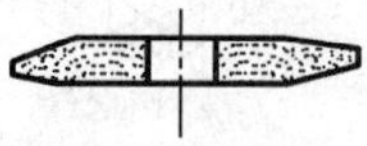	PSX	磨削螺纹和齿轮的齿形
杯形砂轮	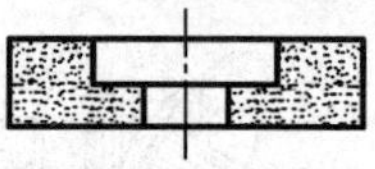	B	磨削平面、内圆及刀具
碗形砂轮	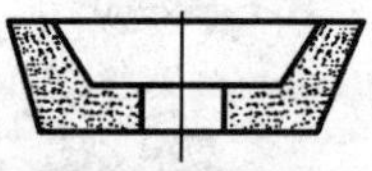	BW	刃磨刀具、磨削导轨
碟形砂轮	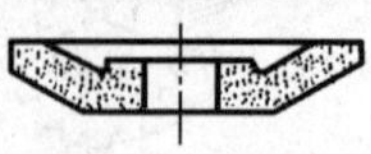	D	磨削铣刀、铰刀、拉刀及齿轮的齿形
薄片砂轮	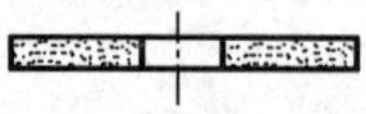	PB	切断和开槽

(2)磨料　磨料是砂轮的主要成分，它直接担负切削工作，应具有很高的硬度和锋利的棱角，并要有良好的耐热性。常用的磨料有氧化物系、碳化物系和高硬磨料系三种，其代号、性能及应用选择如表 7－3 所示。

(3)粒度　粒度指的是磨料颗粒的大小。通常以粒度号表示，粒度号为磨粒所通过的筛网号，粒度号越大，磨粒颗粒越小，极小的磨粒用其自身的尺寸表示。磨粒大，磨削效率高，表面粗糙；磨粒小，磨削效率低、表面光洁。因此，粗磨应选用大颗粒，精磨应选用小颗粒。磨削外圆和平面常用的粒度号为 36#～60#。

表 7-3　磨料代号及使用范围

系　列	磨料名称	代　号	特　性	适用范围氧
氧化物系 Al_2O_3	棕色刚玉	A	硬度较高、韧性较好	磨削碳钢、合金钢、可锻铸铁、硬青铜
	白色刚玉	WA		磨削淬火钢、高速钢及成形磨
碳化物系 SiC	黑色碳化硅	C	硬度高、韧性差、导热性较好	磨削铸铁、黄铜、非金属等
	绿色碳化硅	GC		磨削硬质合金、玻璃、玉石陶瓷等
高硬磨料系 CBN	人造金刚石	SD	硬度很高	磨削硬质合金、宝石、玻璃、硅片等
	立方氮化硼	CBN		磨削高温合金、不锈钢、高速钢等

(4)结合剂　结合剂的作用是将磨粒粘结在一起，并使砂轮具有所需要的形状、强度、耐冲击性和耐热性等。粘结愈牢固，磨削过程中磨粒就愈不易脱落。常用结合剂有陶瓷结合剂和树脂结合剂等，其中以陶瓷结合剂最为常用。

(5)硬度　硬度是砂轮表面上的磨粒在磨削力的作用下脱落的难易程度。磨粒容易脱落，则砂轮的硬度低，称为软砂轮。磨粒难脱落，则砂轮的硬度就高，称为硬砂轮。同一种磨料可以做不同硬度的砂轮。砂轮的硬度主要取决于结合剂的粘结能力及含量，与磨粒本身的硬度无关。砂轮的硬度对磨削加工及质量都有很大影响，可分为软、中、硬三等及不同级别。

砂轮的硬度主要根据工件的硬度选择：磨削软材料时应选用硬砂轮；磨削硬材料时磨粒易钝，为保持自锐，应选用软砂轮；一般磨削采用中等硬度的砂轮。

此外，粗磨和导热性差的材料也应选择软一些的砂轮，以提高磨削效率。精磨削和成形磨削应选用硬砂轮，以保持砂轮的形状精度，提高加工精度。

(6)组织　砂轮的组织是指磨粒和结合剂的疏密程度，它反映了磨粒、结合剂、气孔三者之间的体积比例。砂轮组织分为紧密、中等和疏松三大类。砂轮的组织对磨削生产率和工件表面质量有直接影响。一般的磨削加工广泛使用中等组织的砂轮。表面要求高、成形磨削和精密磨削则采用紧密组织的砂轮。平面端磨、内圆磨削等接触面积较大的磨削以及磨削薄壁工件、韧性大而硬度不高工件时应选用疏松组织的砂轮。

2. 砂轮的安装、平衡安装和修整

(1)砂轮的安装

在磨床上安装砂轮时应严格按安装要求进行。因砂轮转速很高，如安装不当，会使砂轮破裂飞出，造成事故。

砂轮安装前一般要进行裂纹检查，先通过外观检查确认无表面裂纹的砂轮，然后将砂轮吊起，用木锤轻击，声音清脆的为没有裂纹的好砂轮，如响声沙哑则是有裂纹，严禁使用有裂纹的砂轮。

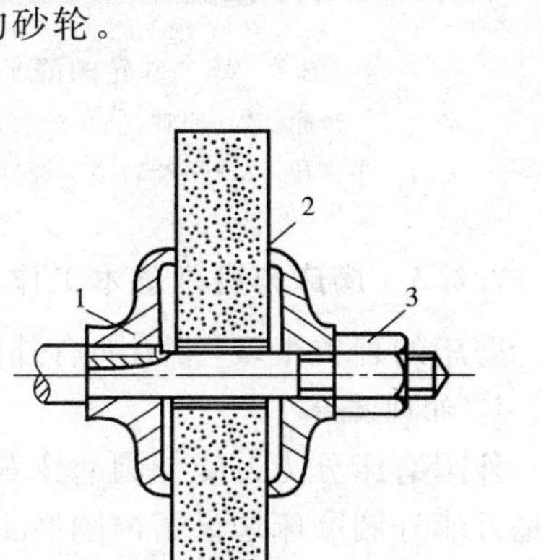

图 7-42　砂轮的安装
1—法兰盘　2—弹簧垫片　3—紧固螺母

图 7-42 为平形砂轮安装是示意图，在砂轮两端面对称装法兰盘，砂轮和法兰盘之间应垫上 0.5～1mm 的弹性垫板(由皮革或橡胶制成)。砂轮与

轴的配合间隙一般为 0.1～0.8mm 较为合适。

(2)砂轮的平衡

由于砂轮各部分密度不均匀、几何形状不对称以及安装偏心等各种原因,往往造成砂轮重心与其旋转中心不重合,即产生不平衡现象。不平衡的砂轮在高速旋转时会产生振动,影响磨削质量和机床精度,严重时还会造成机床损坏和砂轮碎裂。因此在安装砂轮前都要进行平衡。砂轮的平衡有静平衡和动平衡两种。一般情况下,只须作静平衡,但在高速磨削(线速度大于 50m/s)和高精度磨削时必须进行动平衡。

静平衡的过程是:将安装好的砂轮 1 装在平衡心轴 2 上,心轴放在已调水平的平衡架 6 的导轨 5 上,调整法兰盘 3 端面环形槽内的平衡块 4 的位置,转动砂轮,待其在任意位置上均能静止不动,而不平衡的砂轮,其较重部分总是转到下面,这时可移动平衡块的位置使其达到平衡,即达到砂轮重心线与旋转轴线重合时,调整完毕。新安装的砂轮,第一次平衡后,打磨圆周与端面之后,须再作一次静平衡才能使用。砂轮使用一段时间后,须作一次静平衡。如图 7－43 所示。

(3)砂轮的修整

砂轮工作一定时间后,出现磨粒钝化、表面空隙被磨屑堵塞、外形失真等现象时,必须除去表层的磨料,重新修磨出新的刃口,以恢复砂轮的切削能力和外形精度。砂轮修整常用金刚石修整器进行修整,如图 7－44 所示。修整时要用大量切削液,以避免金刚石因温度剧升而破裂。

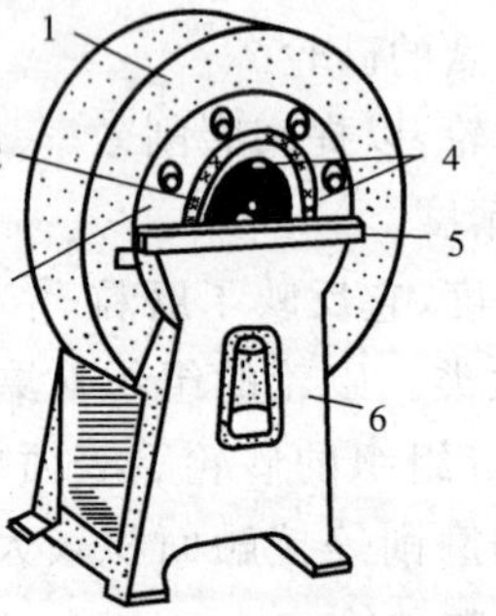

图 7－43　砂轮的静平衡

1—砂轮　2—心轴　3—法兰盘

4—平衡块　5—平衡轨道　6—平衡架

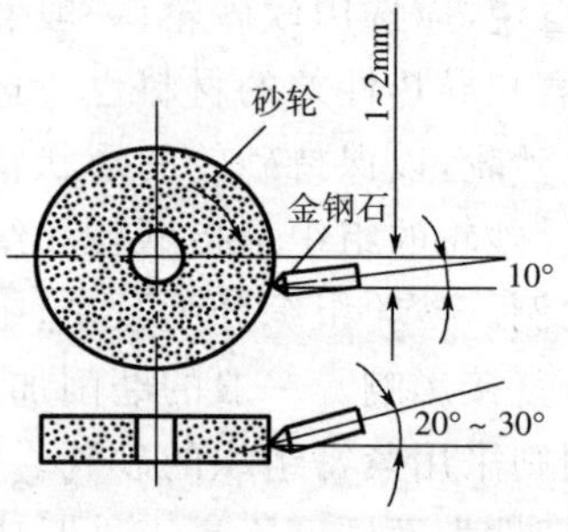

图 7－44　砂轮的修正

7.4.3　磨床与磨削基本工作

磨床的种类很多,常用的有外圆磨床、内圆磨床、平面磨床。

1. 外圆磨床

外圆磨床分为万能外圆磨床和普通外圆磨床。万能外圆磨床与普通外圆磨床的主要区别是万能外圆磨床增设了内圆磨头,且砂轮架和工件头架的下面均装有转盘,能围绕自身的铅垂轴线扳转一定角度。因此,万能外圆磨床除了磨削外圆和锥度较小的外锥面外,还可磨削内圆和任意锥度的内外锥面。

以 M1432A 万能外圆磨床为例,在型号 M1432A 中,M 为磨床代号;1 为外圆磨床的组别代号;4 为万能外圆磨床的系别代号;32 为最大磨削直径的 1/10,即最大磨削直径为

320mm；A 表明在性能和结构上做过一次重大改进。

M1432A 万能外圆磨床是由床身、工作台、头架、尾架和砂轮架等部件组成，如图 7-45 所示。

(1)床身　床身是一箱形铸件，其纵向导轨上装有工作台，横向导轨上装有砂轮架。床身内部还装有液压装置、横向进给机构和纵向进给机构等。

(2)工作台　工作台分上下两层，下工作台作纵向往复运动，上工作台可相对下工作台在水平面内偏转一定角度，以便磨削锥度较小的圆锥面。

(3)头架　头架上装有主轴，可用顶尖或卡盘安装工件并带动工件旋转。头架内装有变速机构，可使工件获得几种不同的转速。万能外圆磨床的头架可逆时针偏转 90°，因此可磨削任意锥角的锥面及端面。

(4)尾架　尾架套筒内装有顶尖，可与主轴顶尖一起支承轴类工件，它在工作台上的纵向位置可根据工件长度调整。

(5)砂轮架　砂轮架安装在床身的横向导轨上，砂轮装在砂轮架的主轴上。砂轮由单独的电机经 V 形皮带直接带动高速旋转。操纵横向进给手轮或通过液压传动，可实现砂轮架沿床身后部的横向导轨前后移动，可作周期性的自动进给、快速引进和退出以及手动横向移动。砂轮架还可绕垂直轴线回转一定角度，以便磨削圆锥面。

(6)内圆磨头　内圆磨头是磨削内圆表面用的，在它的主轴上可安装内圆磨削砂轮，由另一个电动机带动，内圆磨头可绕支架旋转，使用时翻下来，不用时翻向砂轮架上方。

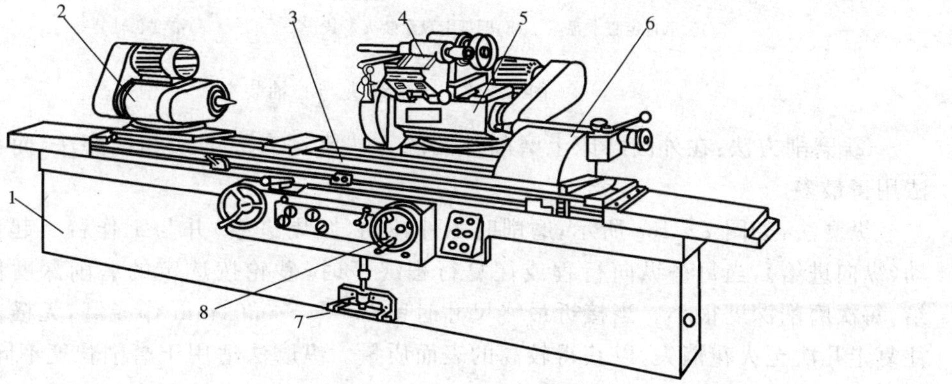

图 7-45　M1432A 万能外圆磨床

1—床身　2—头架　3—工作台　4—内磨装置
5—砂轮架　6—尾架　7—脚踏操纵板　8—横向进给手轮

2. 外圆磨床的基本工作

(1)磨削外圆柱面

磨削外圆柱面是 M1432A 磨床的主要功能。磨削有一个主运动(即砂轮的高速旋转)；三个进给运动：圆周进给运动(即工件的回转运动)，纵向进给运动(即工件随工作台作纵向往复运动)，横向进给运动(即砂轮沿工件径向的间歇进给运动)。

① 工件的装夹：工件装夹有顶尖装夹、卡盘装夹和心轴装夹三种方式。

顶尖装夹：适用于轴两端有中心孔的工件，也是轴类零件常采用的装夹方式，其特点是装夹方便快捷，加工精度高。磨床上为了避免顶尖转动可能产生径向跳动的误差而多采用固定顶尖。尾顶尖靠弹簧推力顶紧工件，可自动控制松紧程度。如图 7－46 所示。

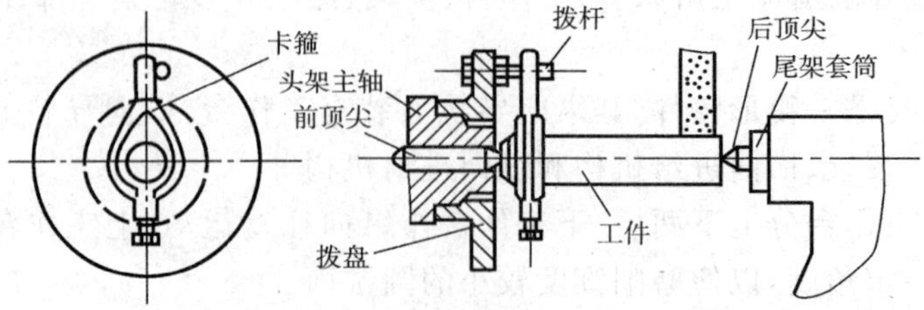

图 7－46 顶尖装夹

卡盘装夹：适用于短工件，一般采用三爪自定心卡盘。对夹持部分是非圆柱表面的工件，则采用四爪单动卡盘，并用百分表找正，如图 7－47a、图 7－47b 所示。

心轴装夹：适用于盘套类零件，应在工件内孔精磨后，用高精度心轴装夹磨外圆，如图 7－47c所示。

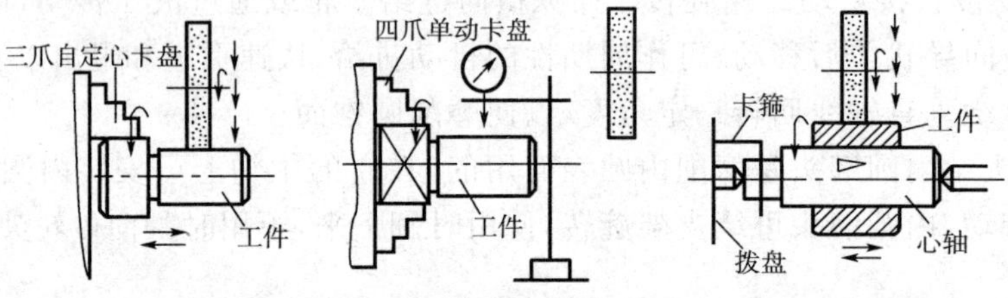

a)三爪自定心卡盘 b)四爪卡盘盘装夹及找正 c)锥度心轴装夹

图 7－47 卡盘装夹与心轴装夹

② 磨削方法：在外圆磨床上磨削外圆的方法常用有纵磨法和横磨法，而其中又以纵磨法用得最多。

纵磨法：如图 7－48a 所示，磨削时工件转动（圆周进给）并与工作台一起作直线往复运动（纵向进给），当每一纵向行程或往复行程终了时，砂轮按选定的磨削深度作一次横向进给，每次磨削深度很小。当接近最终尺寸时留 0.005～0.01mm 作光磨，无横向进给地纵向往复走几次至火花消失，以获得较高的表面质量。纵磨法适用于磨削长度不同的各种工件，磨削精度较高，但磨削效率较低，在生产中应用较广，特别是在单件小批生产中或精磨时均采用这种方法。

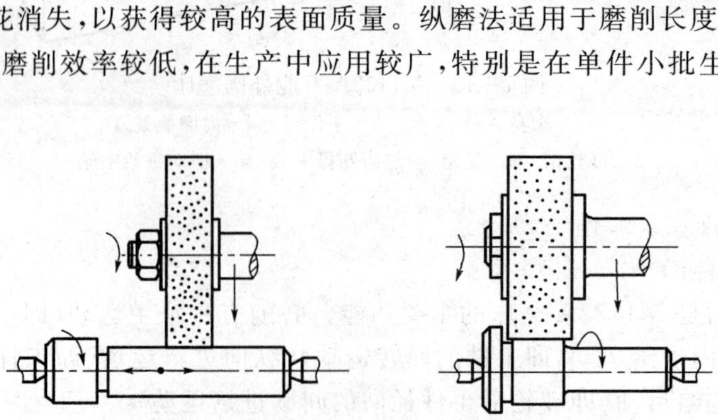

a)纵磨法 b) 横磨法

图 7－48 磨削外圆的方法

横磨法：如图 7－48b 所示。磨削时工件只转动，不作纵向进给运动，而砂轮以很慢的速度连续地或断续地向工件作横向进给运动，直至把磨削余量全部磨掉为止。横磨法适用于磨削长度小于砂轮宽度工件的外圆，效率较高，但精度没有纵磨法高。

(2)磨削内圆柱面

先将内圆磨头头架放下，再将传动带套在电动机及磨头的带轮上，方可磨削。工件的装夹采用三爪或四爪卡盘，以工件外圆和端面定位，工件和砂轮按相反的方向旋转，同时砂轮还沿被加工孔的轴线作往复运动和横向进给，如图 7－49 所示。

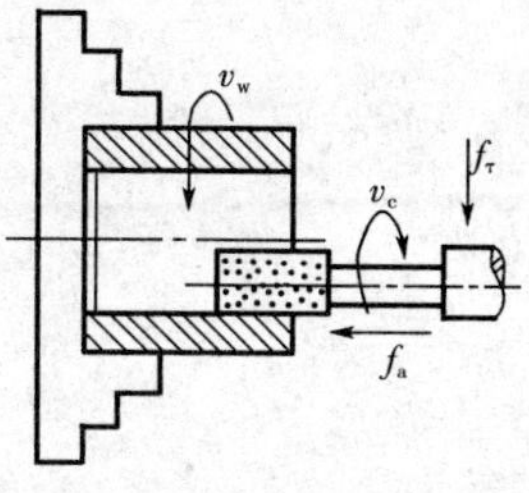

图 7－49　磨削内圆柱面

磨内孔与磨外圆的方法基本相同，分纵磨法和横磨法，其中纵磨应用较多。

磨削内孔时，由于砂轮与工件接触面积大，发热量大，且砂轮的轴向刚性差，所以加工精度和生产效率都比外圆磨削低。

(3)磨削圆锥面

在外圆磨床上有两种磨削锥面的方法。

转动工作台法：将上工作台相对下工作台转为工件圆锥半角 $\alpha/2$，使工件的回转轴线与工作台的进给方向成斜角 $\alpha/2$，如图 7－50a 所示。由于工作台转角有限，所以这种方法只适用于磨削圆锥半角小，锥面长的工件。

转动头架法：将头架相对于工作台转动圆锥半角 $\alpha/2$，如图 7－50b 所示。此种方法适用于磨削圆锥半角大，锥面短的工件。

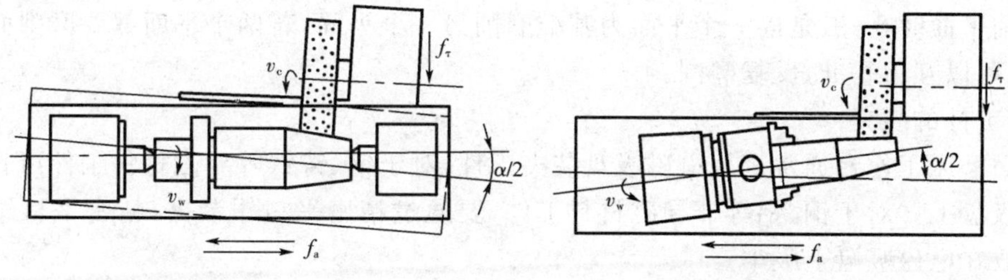

a)转动工作台磨削外圆锥面　　b)转动头架磨削外圆锥面

图 7－50　磨削圆锥面的方法

7.4.4　平面磨床与磨削平面

1. 平面磨床

平面磨床用于磨削平面。平面磨床有卧轴和立轴两种类型。图 7－51 所示为常用的卧轴矩台式 M7120A 平面磨床。

在型号 M7120A 中，M 为磨床代号；7 为平面及端面磨床的组别代号；1 表示卧轴矩台平面磨床系别代号；20 表示工作台宽度的 1/10，即工作台宽度为 200mm；A 表示在性能和结构上做过一次重大改进。

M7120A 平面磨床由床身、工作台、立柱、磨头及砂轮修整器等部件组成。

矩形工作台装在床身导轨上，由液压驱动作往复运动，也可以转动手轮操纵，以进行必要的调整。工作台上装有电磁吸盘或其他夹具，用来装夹工件。砂轮架沿着磨头拖板的水平导轨可以作横向进给运动，这可由液压驱动或手轮操纵。拖板可沿立柱的导轨垂直移动，这一运动也可由液压驱动或手动操纵。砂轮由装在磨头内的电机直接驱动旋转。

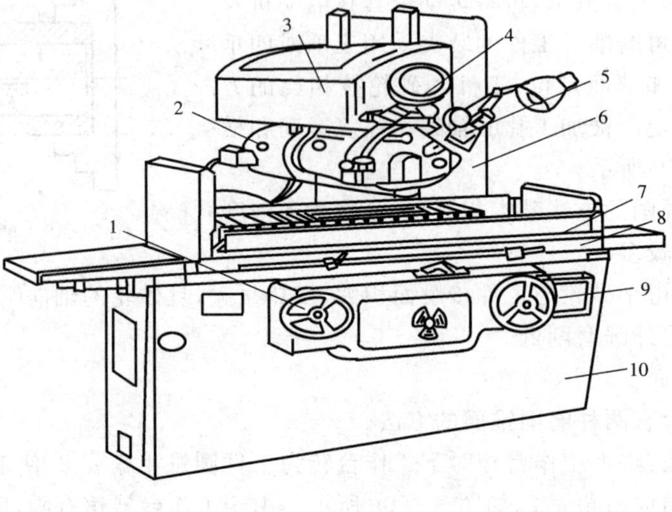

图 7－51　平面磨床

1－驱动工作台手轮　2－磨头　3－拖板　4－横向进给手轮　5－砂轮修整器　6－立柱　7－行程挡块　8－工作台　9－垂直进给手轮　10－床身

2. 平面磨削

磨削平面时，一般是以一个平面为基准磨削另一个平面，若两个平面都要磨削而且要求平行时，可以互为基准，反复磨削。

(1)工件的装夹

平面磨床工作台通常采用电磁吸盘装夹工件，对于钢、铸铁等导磁材料工件可直接安放在电磁吸盘上。对于铜、铝等非导磁材料工件，要通过精密平口钳装夹，精密平口钳的底平面直接放在电磁吸盘上吸牢。

电磁吸盘的工作原理如图 7－52 所示。在钢制吸盘体 1 的中部有凸起的芯体 A，芯体 A 上绕有线圈 2，钢制盖板 3 被绝磁层 4 隔成一些小块。当线圈 2 中通过直流电时，芯体 A 被磁化，磁力线经芯体 A、钢盖板、工件、钢盖板、吸盘体、芯体面闭合(图中用虚线表示)，工件被吸住。绝磁层用绝磁性材料制成，它的作用是使绝大部分磁力线都能通过工件形成闭合回路，从而保证工件被牢固地吸在工作台上。

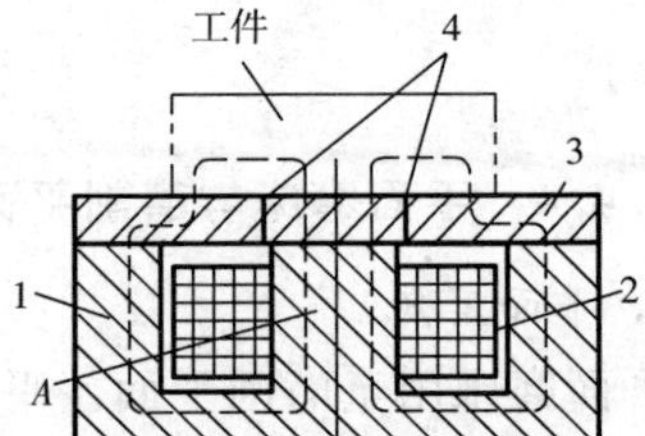

图 7－52　电磁吸盘工作原理

1－钢制吸盘体　2－线圈

3－钢制盖扳　4－绝磁层

当磨削键、垫圈等尺寸小而壁又薄的零件时，因零件与工作台接触面积小，因而吸力小，容易被磨削力弹出去而造成事故，装夹时需采取适当的措施，给予加固。

(2)平面磨削方法

平面磨削常用的方法有周磨削和端磨削两种。

圆周磨削是用砂轮的圆周表面磨削工件平面,如图 7－53a 所示。这种磨削方法,砂轮与工件的接触面积小,磨削力小,从而产生的磨削热量少,冷却和排屑的条件好,砂轮磨损均匀,故工件变形小,加工质量高。M7120 平面磨床即为此种磨削方法,但它的缺点是生产效率低,一般用于精磨。

端面磨削是用砂轮端面磨削平面,如图 7－53b 所示。这种磨削方法,砂轮轴伸出较短,刚性好,可采用较大的磨削用量,生产效率高,但磨削力大,产生的磨削热多,工件热变形大,冷却和排屑条件差,砂轮磨损不均匀,加工质量较周磨低,一般用于粗磨。

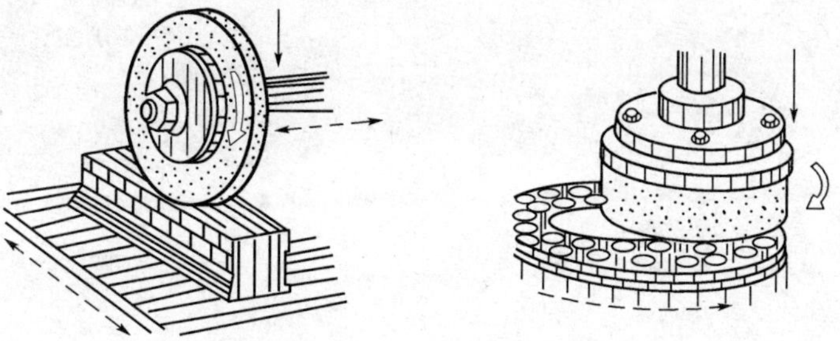

a)圆周磨削　　b)端面磨削

图 7－53　平面磨削方式

复习思考题

1. 铣削加工的主运动、进给运动是什么?

2. 立式铣床与卧式铣床有何区别?

3. 卧式万能铣床有哪些主要组成部分? 它们各自所起的作用是什么?

4. 铣削的主要加工范围是什么? 各用什么刀具?

5. 铣床的主要附件有哪几种? 万能分度头的主要功能是什么?

6. 在轴上铣键槽可选用什么机床和刀具?

7. 顺铣和逆铣有何区别?

8. 常用铣刀的种类和功能有哪些?

9. 齿轮加工方法有哪几种? 在铣床上用什么方法加工齿轮? 此方法有何特点?

10. 牛头刨床主要由哪几部分组成? 各有何功用?

11. 刨削前,牛头刨床需作哪些方面的调整? 怎样调整?

12. 在牛头刨床上,刀具和工件如何运动?

13. 刨刀与车刀相比有何特点? 为什么刨刀往往做成弯头的?

14. 牛头刨床最适合加工什么类型的工件?

15. 使用机用平口钳时校正的方法有哪几种?

16. 刨削垂直面和斜面时,如何调整刀架的各个部分?

17. M1432A 的含义是什么?

18. 万能外圆磨床由哪几部分组成? 各有何作用?

19. 外圆磨削时，工件和砂轮需作哪些运动？

20. 内圆磨削有什么特点？

21. 平面磨削常用的方法有哪几种？应如何选用？

22. 砂轮的特性由哪些因素决定？

23. 为什么磨床上多用死顶尖？工件的中心孔为什么要修磨？

24. 磨削外圆的常用方法有几种？具体过程有何不同？

25. 磨削用于精加工，为什么不适宜加工有色金属材料？

26. 为什么砂轮在装夹前要进行平衡校验，如何进行砂轮安装和平衡？

27. 砂轮使用一段时间后，为何要进行修整？

28. 磨削加工为什么能达到高精度与高表面质量？

第 8 章　钳工加工技术

【实训目的与要求】

(1)了解钳工技术在机械制造过程中的作用和地位；

(2)掌握钳工制作中的常用工具及用途和技术测量；

(3)掌握钳工操作的基本技能和要领，并完成简单零件的制作；

(4)了解钳工制作中的常用设备及其应用；

(5)了解和掌握零部件的装配方法和要领。

8.1　概　述

8.1.1　钳工工作的性质与特点

钳工是主要使用各种手工工具和一些机械设备进行零件加工、机器维修和装配的工种，其基本操作有划线、锯削、锉削、钻孔、攻丝与套丝、刮削、研磨、维修与检测、装配与调试等。随着工业生产的发展与科学技术的进步，要求钳工掌握的技术知识与实践技能也越来越多，以至形成了专业化分工。钳工分为普通钳工和工具钳工两类，有些企业进一步细分为划线钳工、维修钳工、装配钳工、模具钳工等。

钳工工作范围广泛，主要包括：

(1)零件加工前准备工作，如毛坯清理、划线等。

(2)零件加工过程中的工作，如钻孔、铰孔、攻丝、套丝等；对精密零件的加工，如刮削零件、量具的配合表面和模具、样板制作等。

(3)机器或零部件的装配，对互相配合的零件进行修配，装配后机器进行调试等。

(4)机器设备维修等。

钳工是操作技术要求高、实践能力强的工种。钳工使用工具大多数结构简单，而且大部分工作是手工操作，劳动强度大，生产效率低，加工质量随机性大，但在机器制造业中却起着十分重要的作用。目前虽然有各种先进的加工方法，但仍有很多工作需要由钳工来完成，并且还可以完成某些情况下用机械加工不方便或难以完成的工作。钳工是机械加工业中历史悠久又充满活力的不可缺少的重要工种之一。

8.1.2　钳工工作台

钳工工作台由台虎钳和钳桌组成。钳桌一般用坚实的木材或钢材制作，要求牢固平稳。台虎钳固定安装在钳桌台面上，台面高度一般为 800～900mm，以钳口高度恰好齐人手肘为宜。工作台应设有防护网。

台虎钳是夹持工件的主要工具，一般有固定式和回转式两种。虎钳规格用钳口宽度表示，常用的为 100～150mm。工作台及台虎钳结构，如图 8－1 所示。

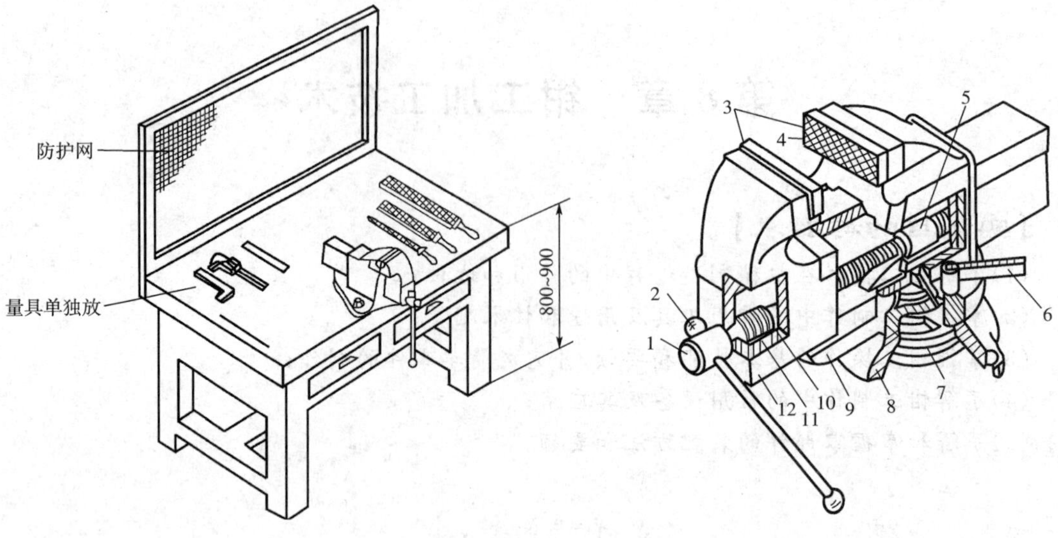

图 8-1　工作台及台虎钳

1—丝杆　2—摇动手柄　3—钳口　4—钳口螺钉　5—螺母　6—紧固手柄
7—夹紧盘　8—转动盘座　9—固定钳身　10—弹簧　11—垫圈　12—活动钳身

8.1.3　钳工工作台的使用

钳工有很多工作是在钳工工作台上进行的，工作时工具、量具与工件应该分类放置于合理的位置。虎钳夹持工件应尽可能夹在钳口中部，使钳口受力均匀，夹持工件的光洁表面时，应垫铜皮或铝皮加以保护。装夹工件时，转动虎钳手柄，一般不能用套管等接长手柄，也不能用手锤敲击手柄，以免损坏虎钳。锤击工件时，只能在钳口砧上敲击，以防损坏虎钳。

8.2　划　线

根据图纸和工艺要求，在毛坯或半成品工件上划出加工界线的操作称为划线。

8.2.1　划线的作用和种类

1. 划线的作用

(1)明确表示出工件的加工余量、加工位置或工件安装时的找正线，作为工件加工或安装工件的参照依据。

(2)合理分配加工余量、正确排料，使材料合理使用。

(3)借划线来检查毛坯形状和尺寸是否合格，及早剔出不合格品，避免造成后续加工浪费。

2. 划线的种类

划线分为平面划线和立体划线两类。在工件的一个平面上划线称为平面划线。在工件的长、宽、高三个方向上划线称为立体划线，如图 8-2 所示。

划线是机械加工工艺过程中的重要工序，是一项复杂、细致的工作。如果将线划错，就会极易导致工件后续加工产生次品，甚至废品。对划线的要求是：尺寸准确，位置正确，线条清晰，冲眼均匀。

应当指出，划线只是划出工件的加工界线，故在加工过程中，不能以此加工界线作为工件最终尺寸和形状的依据，仍须用量具来测量工件的实际尺寸和形状。

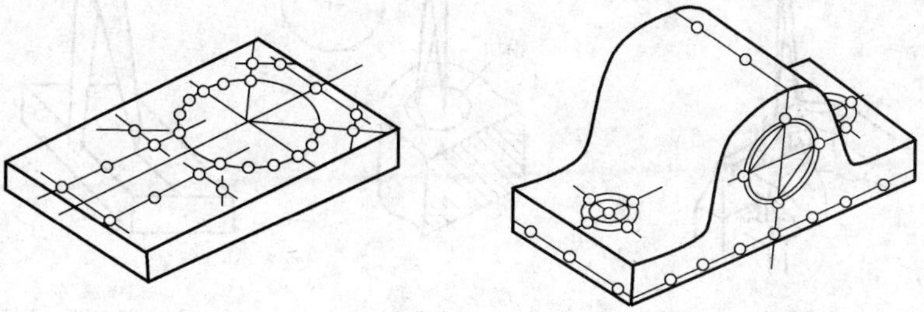

a)平面划线　　b)立体划线

图 8-2 平面划线和立体划线

8.2.2 划线工具及使用方法

划线操作常用的工具有划线平板、划针、划规、划卡、划针盘、样冲、方箱、直角铁、V形铁、高度尺、高度游标卡尺等，还要用到其他一些量具，如钢直尺、直角尺、游标卡尺等。

(1)划线平板　划线平板是划线的平面基准工具。一般由铸铁制成，上平面是基准平面，要求平直光洁，精度较高。平板应安放稳固，且上平面应保持水平。要均匀地使用整个表面，以免局部磨损凹陷，严禁敲击、碰撞。划线平板有多种规格。图 8-3 所示是一种小型划线平板。

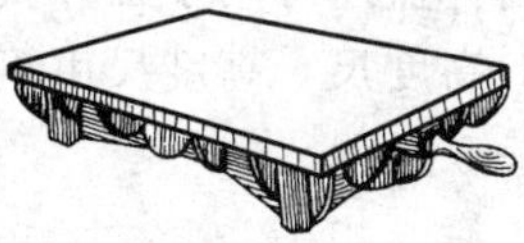

图 8-3 划线平板

(2)划针　划针是在工件上划线的工具，用工具钢或高速钢制成，其端部淬硬后磨尖。划线时，划针尖应紧贴钢尺等导向工具移动，尽量做到线条一次划出，使线条清晰、准确，如图 8-4 所示。

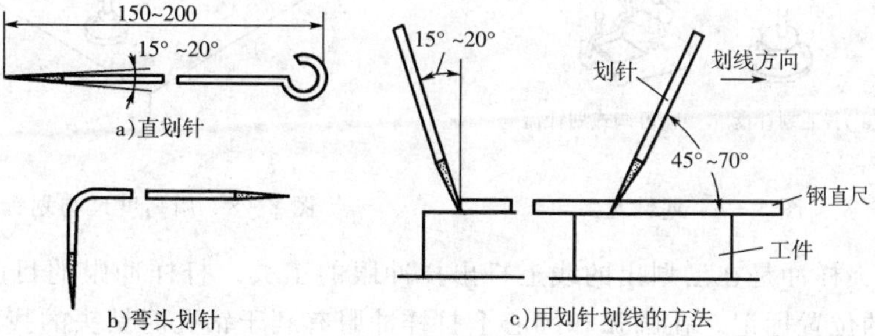

图 8-4 划针

(3)划规　划规是划圆、圆弧和等分线段及量取尺寸等的平面划线工具，分为普通划规、定距划规和弹簧划规等几种，如图 8-5 所示，它的用法与制图中圆规类似。

(4)划卡　划卡又称单脚规，主要用于确定轴和孔中心位置，其结构和用法如图 8-6 所示。

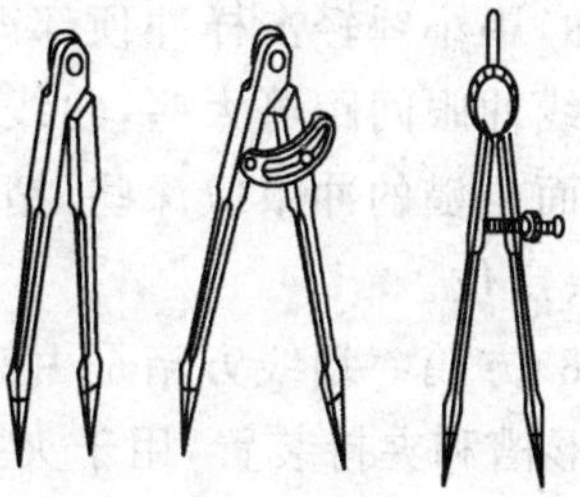

图 8-5 划规

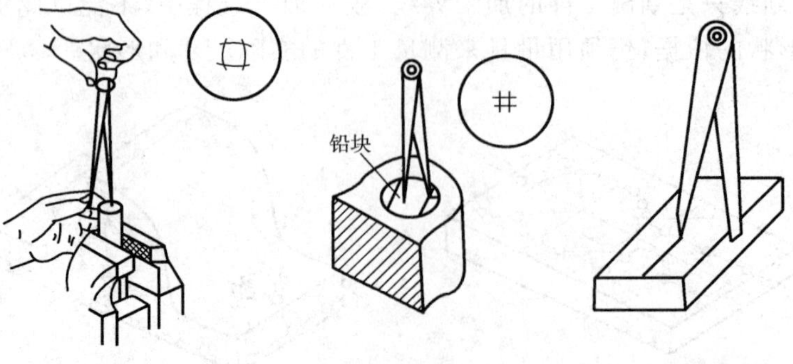

a)定轴心　　b)定孔心　　c)划直线

图 8-6　划卡及其应用

(5)划针盘　划针盘是立体划线和校正工件位置的主要工具,分为普通划针盘和可调式划针盘,如图 8-7 所示。

用划针盘划线时,划针装夹要牢固,伸出长度要适中,将划针在高度尺上调至要求的高度尺寸,并在平板上移动划针盘,即可在工件上划出与平板平行的水平线,如图 8-8 所示。此外,划针盘还可用于工件找正。

(6)高度尺　高度尺由钢直尺和尺座组成。通常与划针盘配合使用,以确定划针高度,如图 8-8 所示。

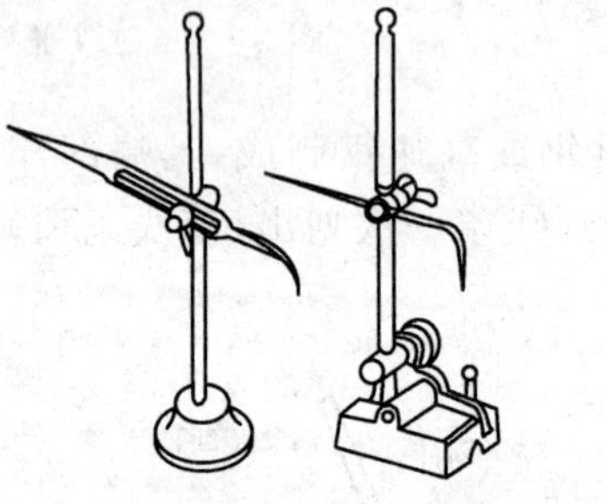

a)普通划针盘　b)可调式划针盘

图 8-7　划针盘

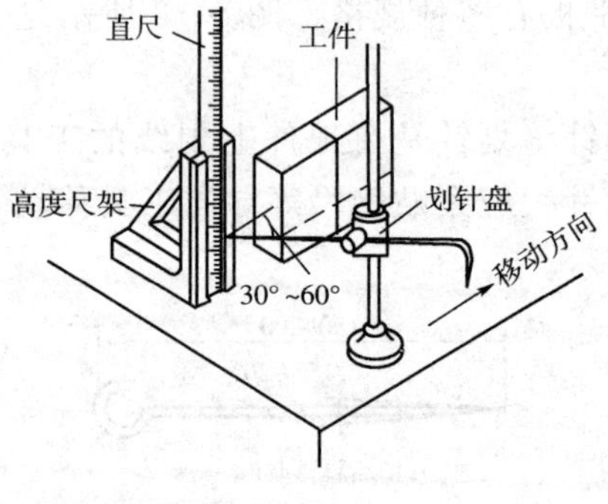

图 8-8　用高度尺与划针盘划线

(7)样冲　样冲是在已划出的线上打出样冲眼的工具。打样冲眼的目的是使划出的线条留下长久的位置标记。在圆弧和圆心上打样冲眼有利于钻孔时钻头的找正和定心。

打样冲眼的操作要点:打样冲眼时,开始样冲向外倾斜,以便样冲尖头与线对正,然后摆正样冲,用小锤轻击样冲顶部即可,如图 8-9 所示。冲眼中心不能偏离线条,冲眼间距应均匀,直线冲眼间距可大些,曲线间距可小些,转折点处应打冲眼。工件薄、材料软的冲眼应浅些,表面粗糙的冲眼应深些,精加工表面一般不允许打冲眼。钻孔时,圆心样冲眼应大些,便于钻头定位。

(8)方箱　划线方箱是由铸铁制成的空心立方体,其尺寸和形状精度均较高。方箱上带有 V 形槽和夹持装置,用于夹持、支承较小的工件。通过翻转方箱,便可在工件表面划出互相垂直的线条,如图 8-10 所示。

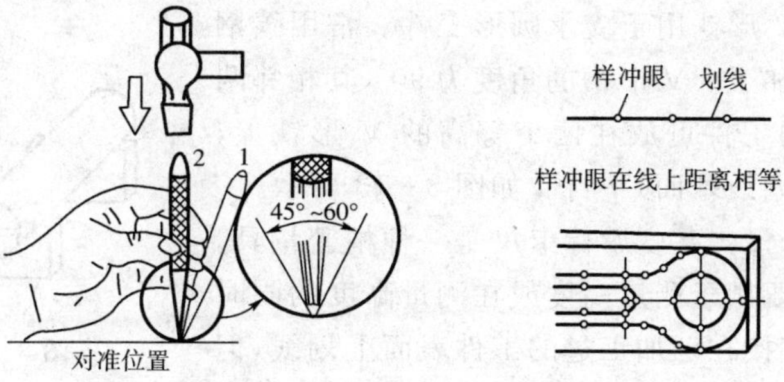

图 8-9　样冲及其使用方法

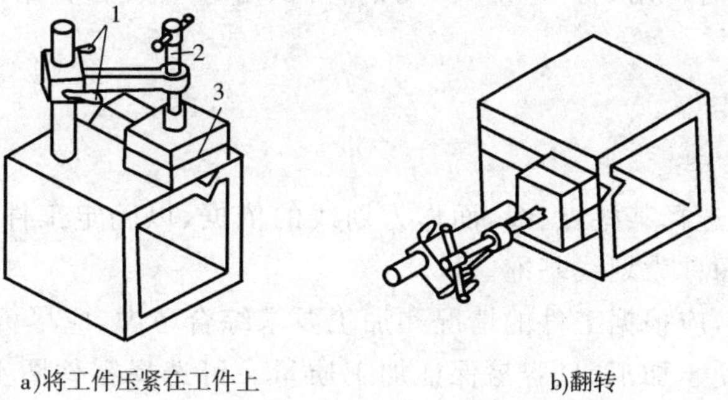

图 8-10　方箱及应用

1—紧固手柄　2—压紧螺栓　3—划出水平线

(9)直角铁　直角铁有两个经过精加工的互相垂直的平面，平面上有孔或槽用于固定工件时穿压板螺栓使用，如图 8-11 所示。

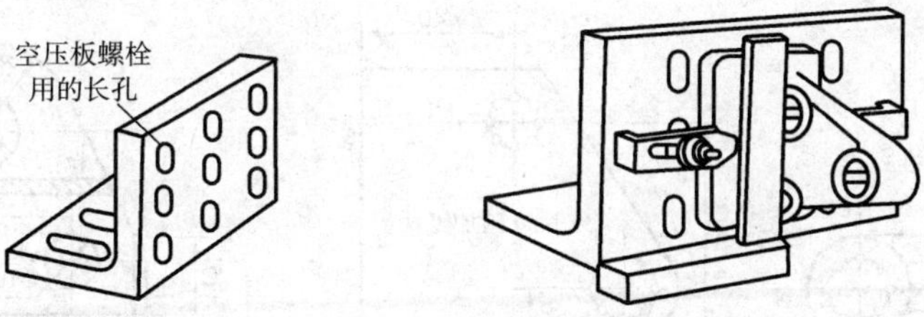

图 8-11　角铁及应用

(10)千斤顶　千斤顶用来支承较大或不规则的工件，通常三个为一组，分别调整其高度对工件进行找正，如图 8-12 所示。

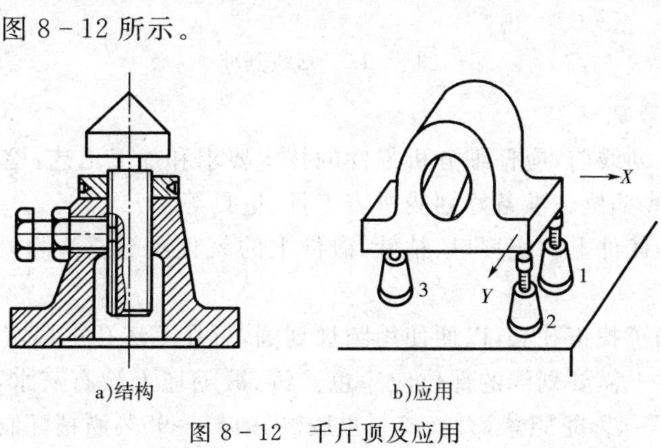

图 8-12　千斤顶及应用

(11)V 形铁　V 形铁用于支承圆形工件。常用碳钢制成,淬火后经磨削加工。V 形槽的角度为 90°,其相邻两边互相垂直。较长的工件可放在两个等高的 V 形铁上,使工件轴线与平板(划线基面)平行。如图 8-13 所示。

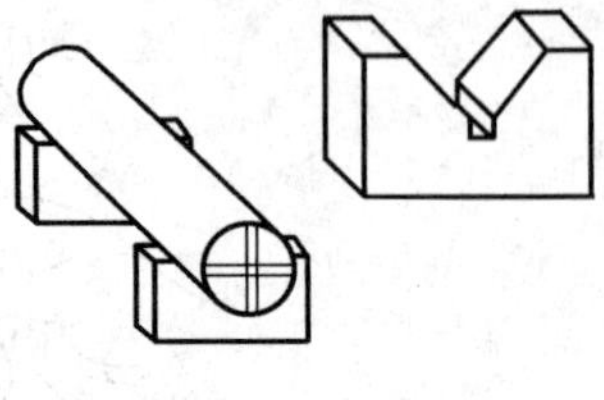

图 8-13　V 形铁

(12)高度游标卡尺　高度游标卡尺是一种精密量具,兼有划线的功能,主要用于测量高度或在测量高度的同时用其锐而硬的测爪直接在已加工过的工件表面上划线,但不允许用它在毛坯表面上划线,以防损坏测爪。

(13)量具　划线时常用到一些量具,如钢直尺、游标卡尺和直角尺等,参见本教材 5.6 节相关内容。

8.2.3　划线操作

1. 划线基准及选择

划线时在工件上选择某些点、线、面作为划线的依据,以确定工件其他点、线、面的位置关系,这样的点、线、面称为划线基准。

选择划线基准时,应根据工件的情况和加工要求综合考虑,应尽可能与设计基准和工艺基准保持一致,使其便于加工,且容易保证加工质量。可选择零件图上较重要的要素,如主要孔的中心线、较大的平面等,并充分利用工件上已加工表面。

常用的划线基准有:两条互相垂直的中心线,如图 8-14a 所示。两个互相垂直的加工面平面,如图 8-14b 所示。一个平面和一条中心线等,如图 8-14c 所示。

基准线一般用于平面划线,基准面一般用于立体划线。

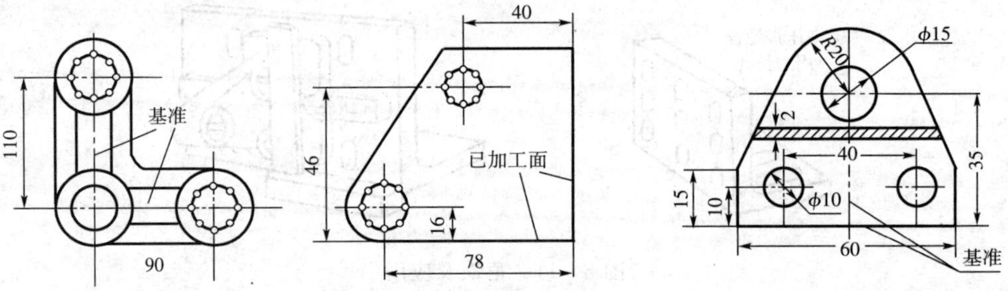

a)以孔的中心线为基准　b)以已加工面为基准　c) 以一个平面和一条中心线为基准

图 8-14　划线基准

2. 划线方法与步骤

(1)技术准备　划线前,应仔细分析零件的技术要求和加工工艺,检查和分配加工余量,确定划线基准和划线部位。准备好划线所需工具、量具等。

(2)清理工件　铸件上的浇冒口、粘砂、锻件上的氧化皮等要清除,已加工工件的锐边、毛刺都要去掉。

(3)找孔心　为了找正孔心,以便使用圆规划圆,可在毛坯孔中填塞上木块或铅块。

(4)涂色　工件上需要划线的部位应涂色。铸、锻毛坯上涂石灰水,光坯一般涂薄而匀的蓝油,蓝油由 2%～4%龙胆紫,3%～5%虫胶漆,91%～95%酒精配制而成。

(5)找正工件　对毛坯划线时，通过调整支承工具，使毛坯的划线基准（或重要表面）处于合适的位置，以便合理分配各表面加工余量，并使划线方便简单。工件支承要稳妥，以防滑倒或移动。

(6)划线　一般先划出划线基准，再划直线、圆和圆弧连线。同一面上的线条应在一次支承中划全，避免补划时因再次调节支承而产生误差。划出的每条线都应正确、清晰。

(7)打上样冲眼　检验划出的线是否正确，确认无误后，按要求打出样冲眼。

3. 划线示例

图 8－15 所示为轴承座立体划线的方法和步骤。

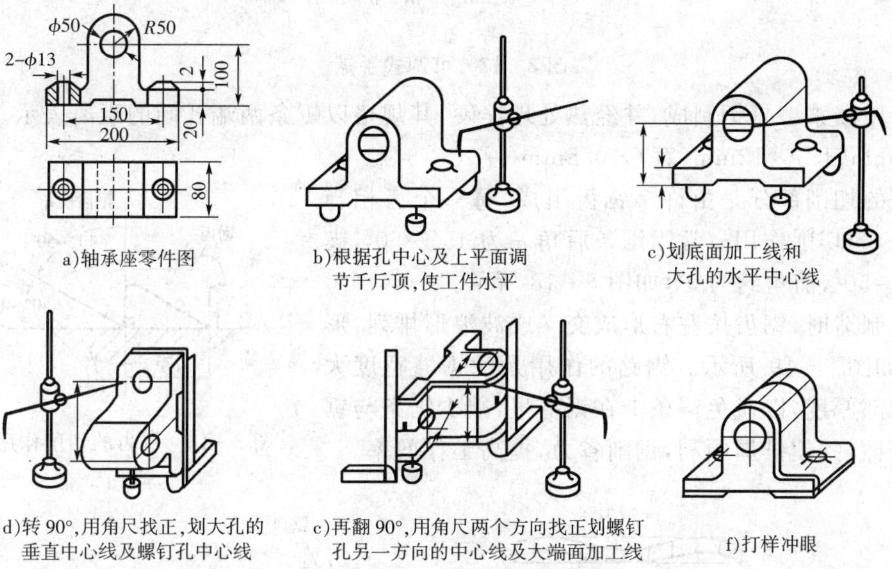

a)轴承座零件图　b)根据孔中心及上平面调节千斤顶，使工件水平　c)划底面加工线和大孔的水平中心线

d)转 90°，用角尺找正，划大孔的垂直中心线及螺钉孔中心线　e)再翻 90°，用角尺两个方向找正划螺钉孔另一方向的中心线及大端面加工线　f)打样冲眼

图 8－15　立体划线示例

8.3　锯　削

锯削是用手锯对工件进行分割或切槽的一种操作。锯削具有方便、简单和灵活的特点，应用较广，但加工精度低。如图 8－16 所示。

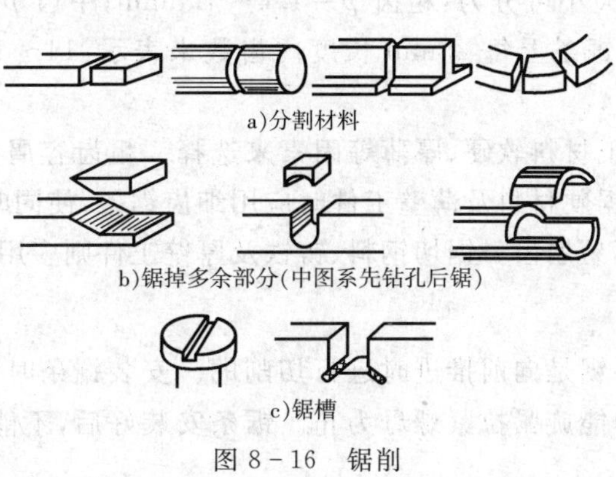

a)分割材料

b)锯掉多余部分（中图系先钻孔后锯）

c)锯槽

图 8－16　锯削

8.3.1 手锯

手锯由锯弓和锯条组成。锯弓用来夹持和拉紧锯条，锯弓有固定式和可调式两种，图8-17所示为可调式手锯。

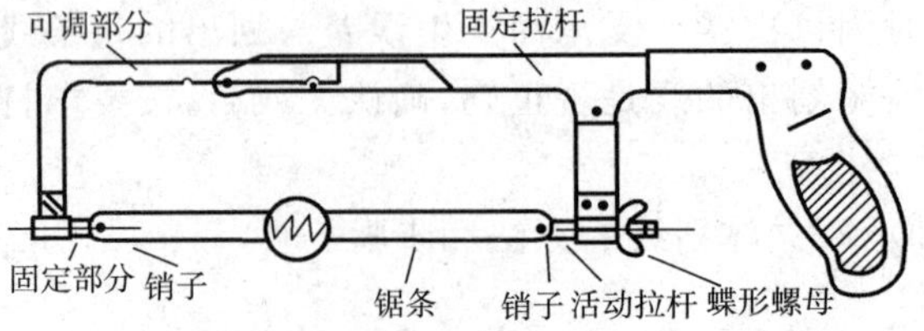

图 8-17　可调式手锯

锯条用碳素工具钢制成，并经热处理淬硬，其规格以锯条两端孔间的距离表示。常用规格为 300mm(长)×12mm(宽)×0.8mm(厚)。

锯条的切削部分是由许多锯齿组成，每一个齿相当一把錾子，起切削作用。常用锯条后角 α 为 45°～50°，楔角为 40°～50°，前角约为 0°，如图 8-18 所示。

锯条制造时，锯齿按左右形成交叉或波浪形排列，形成锯路，如图 8-19 所示。锯路的作用是使锯缝宽度大于锯条背部厚度，以避免锯条卡在锯缝里，减少锯条与锯缝间的摩擦，并使排屑顺利，锯削省力，提高工作效率。

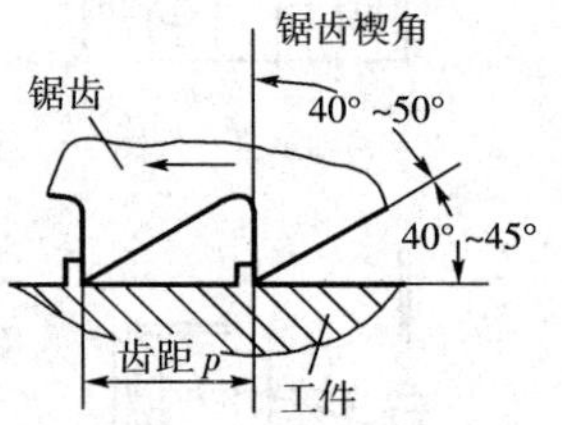

图 8-18　锯齿的切削作用机理

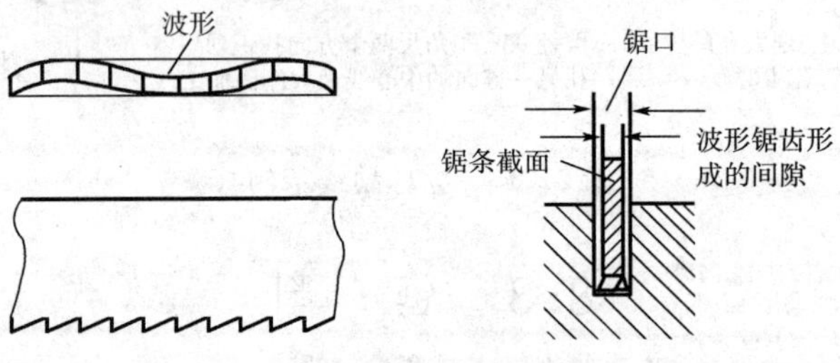

图 8-19　锯齿波形排列

锯齿粗细按齿距 p 大小可分为：粗齿 p=1.4～1.8mm；中齿 p=1.2mm；细齿 p=0.8～1mm 三种。习惯上按锯条上每 25mm 长度内齿数来表示：14～18 齿为粗齿，24 齿为中齿，28～32 齿为细齿。

锯齿粗细应根据加工材料软硬、厚薄等因素来选择。粗齿容屑空间大，适用于锯铜、铝等软金属及厚的工件。锯硬材料及薄壁工件时应用细齿锯条，使同时参与锯削齿数增加，每个锯齿承受的力减小，不易崩齿。锯切钢料、铸铁及厚壁工件则多用中齿锯条。

8.3.2 锯削操作

(1)锯条的安装　手锯是向前推进时进行切削的。安装锯条时，锯齿应向前方，松紧合适，一般用两个手指的力能旋紧拉紧螺母为止。锯条安装好后，不能有歪斜和扭曲，否则锯削时易折断。

(2)工件的装夹　工件尽可能装夹在钳口左侧,且锯割线不应离钳口过远。夹紧力要适度。已加工面上须衬软金属垫,不可直接夹在钳口上。

(3)起锯　起锯是锯削的开始,起锯有远边起锯和近边起锯两种方式。一般情况下采用远边起锯,如图 8-20a 所示。为了使起锯的位置准确,可用右手握锯弓手柄,锯条靠住左手大拇指,拇指按在工件上,指甲避开锯齿而轻靠锯条。起锯角度以 15°左右为宜,过大锯齿易崩齿,过小锯齿不易切入工件。起锯时施压要小,往复行程要短,锯条与工件表面要垂直。待锯缝深度达到 1～2mm 后,可将手锯逐渐处于水平位置,进入正常锯削。

(4)锯削姿势　锯削由起锯过渡到正常锯削后,需双手握锯。锯削的推力和压力均由右手发出,左手只是扶正锯弓前进。锯条前进时施压要均匀,返回时不要加压,让锯条从工件上轻轻滑过,速度可快些。要尽量利用锯条全长参加锯削,一般往复长度不应少于锯条长度的 3/4,以提高效率。推锯时锯弓运动方式有两种:一种是直线运动,适用于锯薄形工件和直槽,如图 8-20b 所示。另一种是锯弓作上、下摆动,操作自然,可减轻疲劳,常用于切断。要注意锯缝的平直情况,发现歪斜及时纠正。

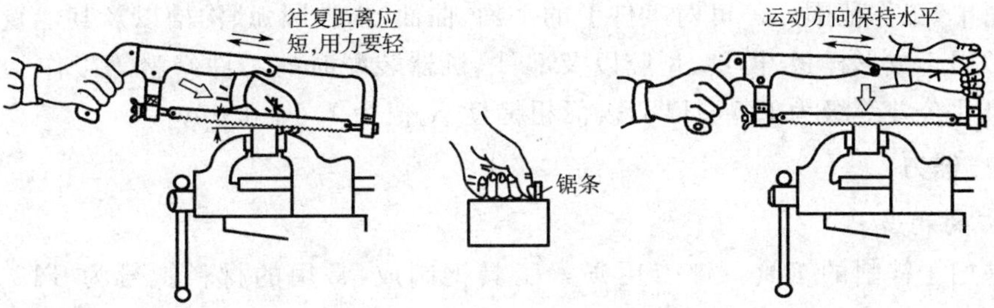

a)起锯　　b)锯削

图 8-20　锯削方法

(5)锯削速度　锯削速度以每分钟 20～40 次为宜,不宜过快。锯削较硬、较厚钢料时,可加水或切削液冷却润滑,以提高锯条寿命。

(6)结束锯削　锯削快要结束时,用力要轻,速度要慢,锯条的行程要短些。

8.3.3　锯削实例

(1)锯扁钢　锯扁钢应在宽面下锯,这样锯缝线易平整,如图 8-21 所示。

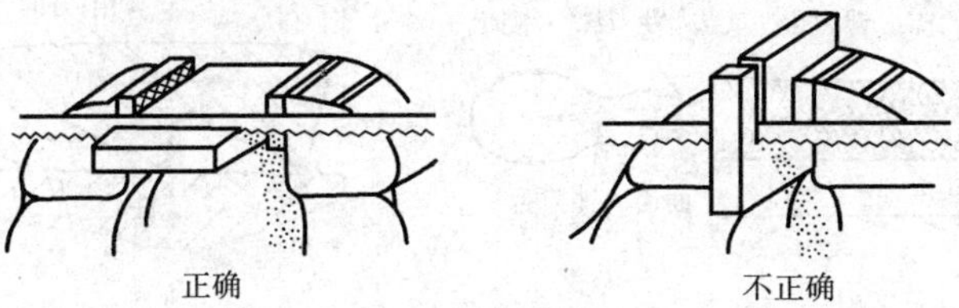
正确　　不正确

图 8-21　锯扁钢

(2)锯圆管　锯圆管不可从上到下一次锯断,因锯齿锯穿圆管内壁后,很容易被管壁勾住而崩齿或折断,而应每锯到内壁则将工件向推锯方向转过一定角度再锯,如图 8-22 所示。

(3)锯深缝　当锯缝的深度超过锯弓高度时，应将锯条转过90°度重新安装，把锯弓转到工件旁边进行锯削，如图8-23所示。

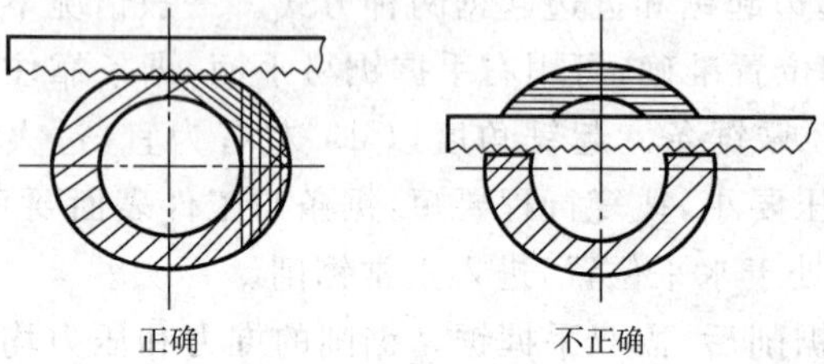

图8-22　锯圆管

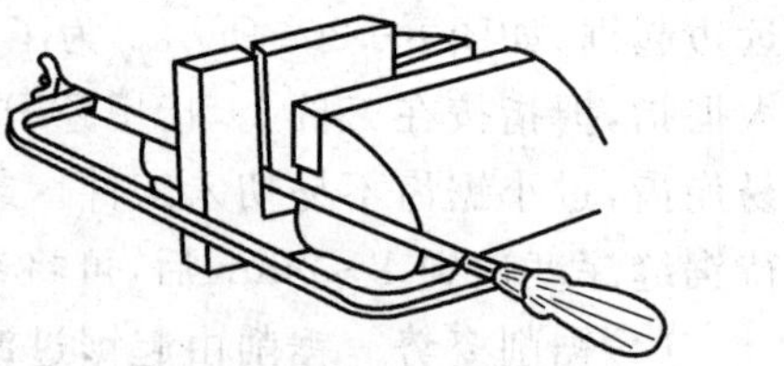

图8-23　深缝的锯削方法

8.4　锉　削

锉削是用锉刀对工件表面进行修整的加工操作，用于錾削、锯削等之后的进一步加工。锉削加工简单，工作范围广。可对工件上的平面、曲面、内外圆弧、沟槽以及其他复杂表面进行加工。常用于成形样板、模具、型腔以及部件、机器装配时的工件修整等工作。锉削一般能达到的尺寸公差等级为IT7～IT8，表面粗糙度 R_a 值为1.6～0.8μm。

8.4.1　锉刀

1. 锉刀的构造

锉刀是用于锉削的工具。锉刀用碳素工具钢制成，常用的材料牌号为T12、T12A和T13A等，并经过热处理，其硬度值可达62～65HRC，耐磨性好，但热硬性低，性脆易折，挫削速度过快时易钝化。

锉刀结构如图8-24所示，由锉刀面、锉刀边、锉刀舌、锉刀尾，木柄等部分组成。锉齿是在剁锉机上剁出的，其锉齿形状与锉齿切削工件，如图8-25所示。锉齿交叉排列，形成锉齿和存屑槽。锉刀齿纹有双齿纹、单齿纹两种，多制成双纹，以利挫削时铁屑碎断，锉面不易堵塞，锉削时省力。

锉刀按每10mm锉面上齿数多少划分为：粗齿锉(4～12齿)、中齿锉(13～24齿)、细齿锉(30～40齿)和油光锉(50～62齿)。

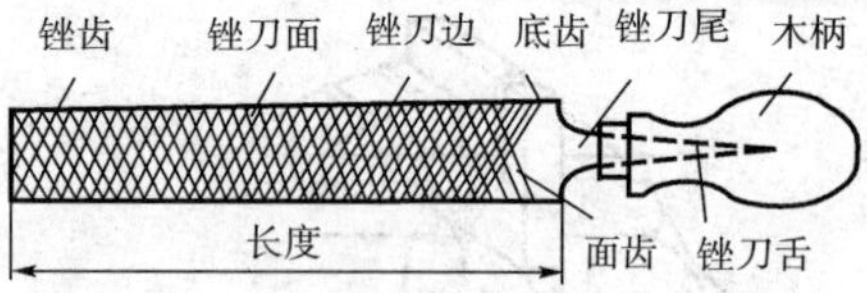

图8-24　锉刀的结构

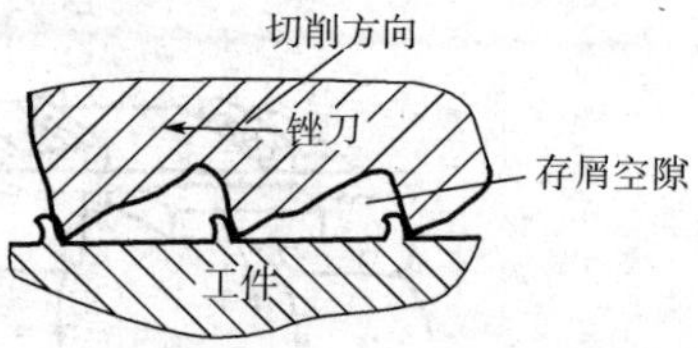

图8-25　锉齿形状与锉削

2. 锉刀的种类

锉刀种类较多，按用途可分为普通锉、整形锉(什锦锉)和特种锉三类，常用的是普通锉。

(1)普通锉　按其截面形状可分为平锉、半圆锉、方锉、三角锉和圆锉等。按其规格以工作部分的长度表示，常用的有100mm、150 mm、200 mm、300 mm等，如图8-26所示。

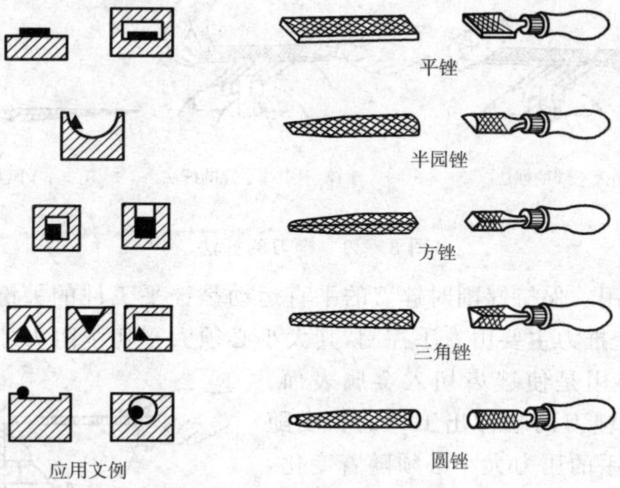

图 8－26　普通锉

(2)整形锉(什锦锉)　由若干把不同断面形状的锉刀组成一套,主要用于修理工件的细小部位或精密工件加工,如图 8－27 所示。

(3)特种锉　用于加工各种工件上的特殊表面,它有直的、弯的两种,其截面形状较多,如图 8－28 所示。

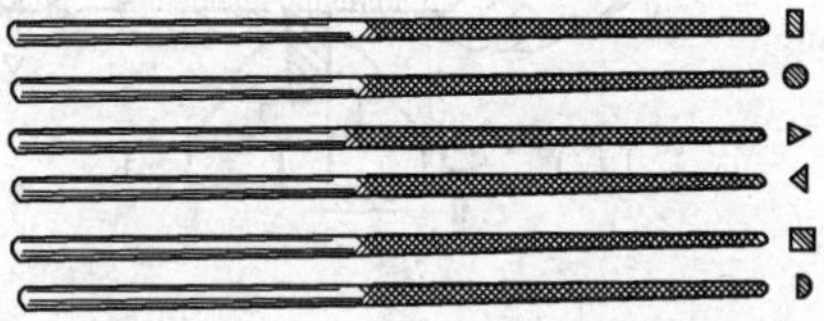

图 8－27　整型锉

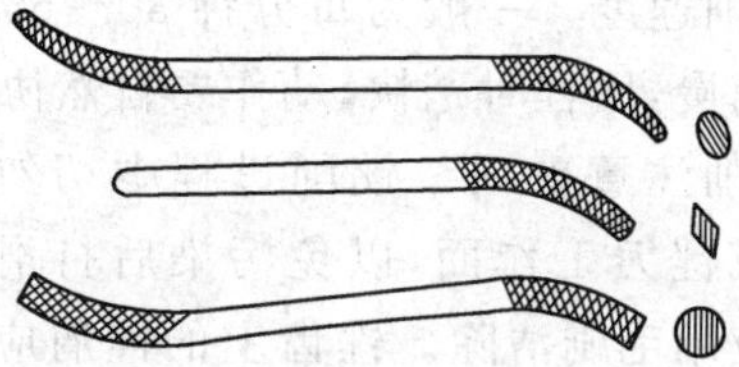

图 8－28　特种锉

3. 锉刀的选用

首先根据加工面形状和大小选择锉刀的截面形状和规格,然后根据工件材料性质加工余量大小、加工精度和表面粗糙度要求选用锉刀的粗细。粗加工或锉削铜、铝等软金属多选出粗齿锉刀;半精加工或锉削钢、铸铁多选用中齿锉刀;细齿锉刀和油光锉只适用于工件表面最后修光。

8.4.2　锉削操作

(1)工件的装夹　工件表面有硬皮或砂粒时,应先在砂轮上打去。工件要尽量夹在台虎钳钳口的中间,不要伸出太远,以免锉削时变形和振动。装夹要牢固,但不能使工件变形。装夹已加工面时,在钳口要衬较软的材料,以免夹坏表面。

(2)锉刀的握法　根据锉刀大小和形状的不同,应采用相应的握法,如图 8－29 所示。正确的握法有助于提高锉削质量和锉削效率。

(3)锉削的姿势　锉削时,操作者的双手握住锉刀放在工件上面,左臂自然弯曲,步位和姿势与平时站立基本相同,只是左腿弯曲,右腿伸直,身体稍向前倾斜,重心落在左腿上,以便于用力。正确的锉削姿势,能减轻疲劳,提高锉削效率。

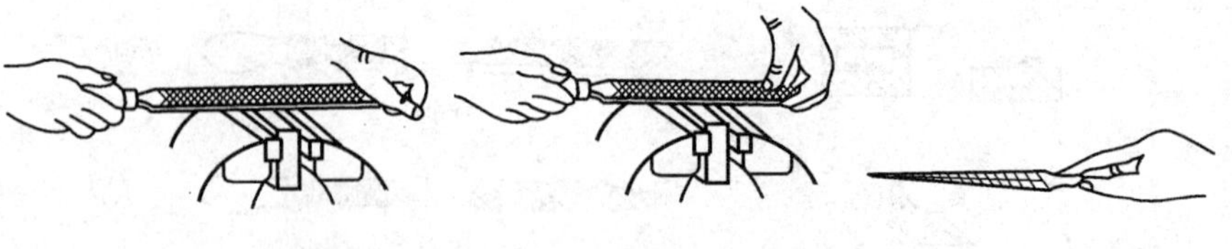

a)使用大平锉的握法　b)使用中等平锉的握法　c)小锉刀的握法

图 8-29　锉刀的握法

(4)锉削力的运用　保持锉削时锉刀的平直运动是锉平工件的关键。锉削力有水平推力和垂直压力两种。推力主要由右手控制,其大小必须大于切削阻力才能锉去切屑。压力是由两手控制,其作用是使锉齿切入金属表面。在锉削过程中,由于锉刀两端伸出工件的长度随时都在变化,因此两手的压力大小必须随着变化,使两手压力对工件中心的力矩相等。从而使锉刀在任意位置都能保持水平。锉削时对锉刀压力,一般以在向前推进时手上有一种韧性感觉为适宜。锉刀返回时锉齿不切削,应在工件表面轻轻滑过或提起,以免磨钝锉齿和损伤工件已加工表面。锉削施力变化如图 8-30 所示。

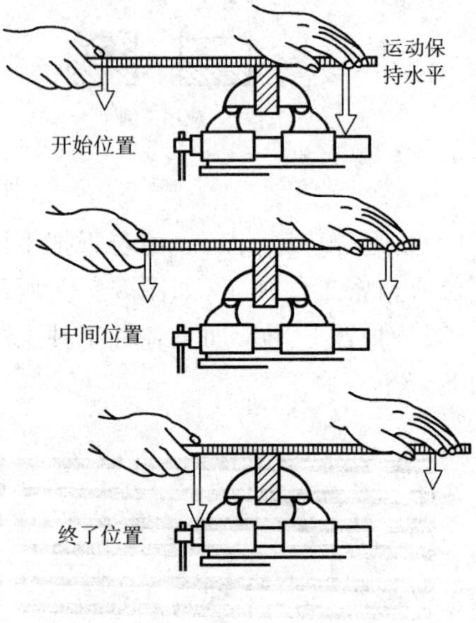

图 8-30　锉削时施力的变化

(5)锉削速度　一般为每分钟 30～50 次。推锉前行时稍慢,回程时稍快,动作要自然协调。

(6)锉削注意事项　锉削过程中切勿用手摸锉削表面或锉刀工作面,以免污染后打滑。工件上的锉屑应用毛刷清除。锉齿上的锉屑应用细铜丝刷顺着锉纹方向刷去。锉刀材质硬脆,应防止跌落而断裂。

8.4.3　锉削方法

1. 平面锉削

平面锉削是最基本的锉削,常用的方法有三种,如图 8-31 所示。

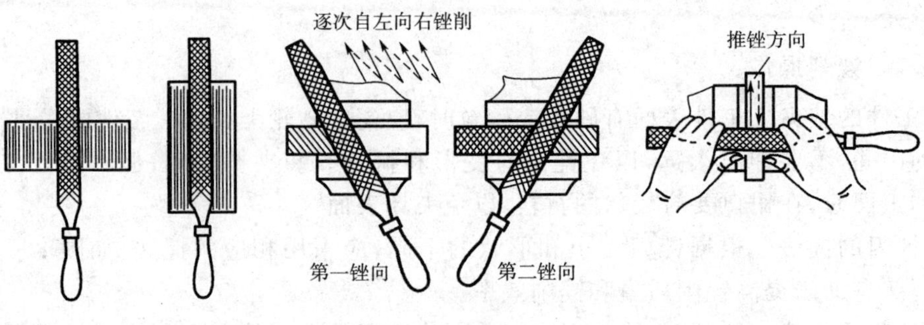

a)顺向锉法　b)交叉锉法　c)推锉法

图 8-31　平面锉削方法

(1)顺向锉法　顺向锉时锉刀沿着工件横向或纵向移动,可得到正直的锉痕,比较平直、美观,一般用于工件锉光、锉平或锉顺锉纹等。

(2)交叉锉法　交叉锉时,锉刀以交叉的两个方向顺序对工件进行锉削。由于锉痕是交叉的,所以容易判断锉削表面的平直情况,去屑较快,效率高,常用于较大面积的粗锉。

(3)推锉法　推锉时两手对称横握锉刀,垂直于锉刀轴线方向锉削。这种方法适用于较窄表面和加工余量小的情况,以修正尺寸和减小表面粗糙度。

2. 圆弧面(曲面)的锉削

外圆弧面锉削时锉刀要同时完成两个运动,即锉刀的前推运动和绕圆弧面中心的转动,前推是完成锉削,转动是保证锉出圆弧面形状。

常用的外圆弧面锉削方法有两种:

(1)滚锉法　使锉刀边向前推边顺着圆弧面中心转动进行锉削,此法用于精锉外圆弧面,如图 8-32a 所示。

(2)横锉法　使锉刀边向前推边沿着圆弧面移动锉削,此法用于粗锉外圆弧面或不能用滚锉法的情况,如图 8-32b 所示。

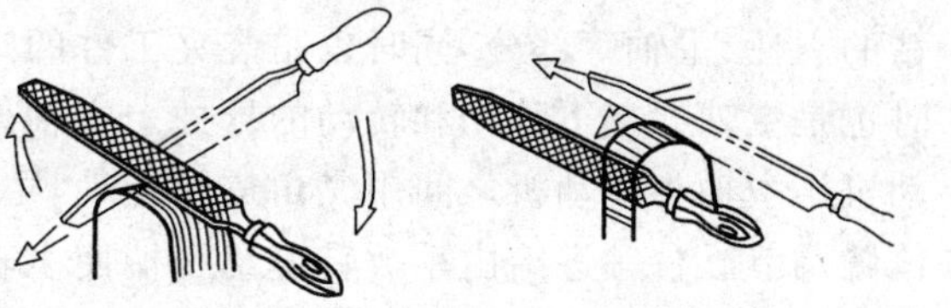

a)滚锉法　　b)横锉法

图 8-32　外圆弧面锉削

内圆弧面锉削用圆锉或半圆锉完成沿着圆弧线的前推,同时绕圆弧中心和锉刀自身轴线旋转,只有三个运动正确组合才能锉出所需表面,如图 8-33 所示。

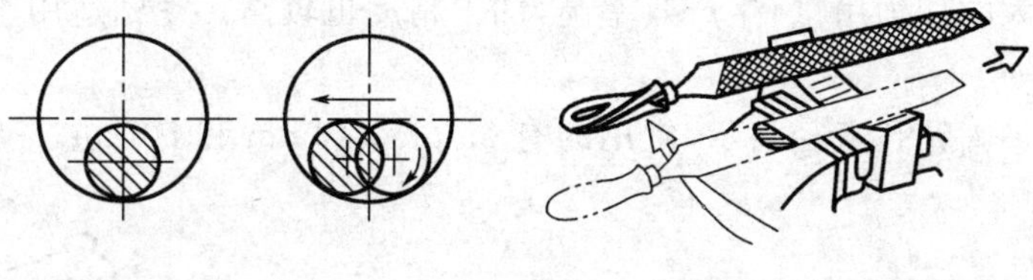

图 8-33　内圆弧面锉削

8.4.4　锉削质量的简单检查

(1)直线度检查　用钢直尺或直角尺等以透光法来检查,如图 8-34a 所示。

(2)垂直度检查　用直角尺采用透光法检查,应先选择基准面,然后对其他各面进行检查,如图 8-34b 所示。

(3)粗糙度检查　一般可用眼睛观察即可,如要求较高,可用表面粗糙度样板对照检查。

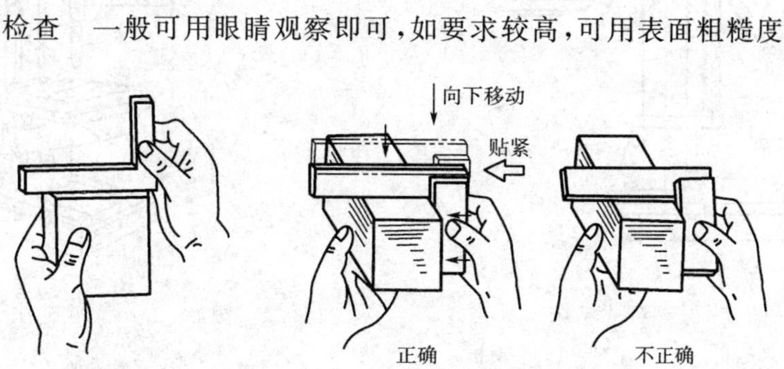

a)检查直线度　　b)检查垂直度

图 8-34　用 90°角尺检查直线度和垂直度

8.5 钻孔、扩孔、铰孔和锪孔

各种零件上孔的加工，除一部分由车、铣等机床完成外，很大一部分是钳工利用钻床来完成的。钳工加工孔的方法有钻孔、扩孔、铰孔和锪孔等。

8.5.1 钻床

钻床种类很多，常用的有台式钻床、立式钻床、摇臂钻床三类。

1. 台式钻床

台式钻床是放在台桌上使用的小型钻床，简称台钻，如图 8-35 所示。底座用以支撑台钻的立柱、主轴等部分，同时也是装夹工件的工作台。立柱用以支撑主轴架及变速装置，同时也是主轴架上下移动和转动的导柱。主轴架前端装有主轴和进给操纵手柄，后端装有电动机。主轴与电动机之间用三角皮带传动，主轴转速可通过改变三角皮带在塔式带轮上的位置调节。台钻进给由手扳转进给手柄使主轴轴向移动实现。主轴下端带有锥孔，用来安装钻夹头。

台钻结构简单，操作方便，适于加工小型零件上直径≤12mm 的孔。

2. 立式钻床

立式钻床(简称立钻)，如图 8-36 所示。立钻是一种中型钻床，它特点是主轴转速由主轴变速箱控制，进给量可由进给箱控制，进给运动即可自动也可手动。立钻刚性好，功率大，因而允许采用较大的切削用量，生产效率高，加工精度也较高。立钻适用于加工中小型工件上的中小孔。

立钻规格用最大钻孔直径表示，常用的有 25mm、40mm 和 50mm 等几种。

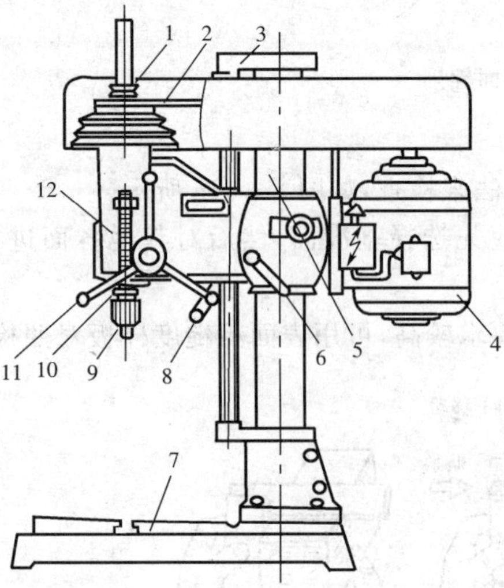

图 8-35 台式钻床

1—塔轮 2—皮带 3—丝杆架 4—电动机 5—立柱 6—锁紧 7—工作台 8—升降手柄 9—钻夹头 10—主轴 11—进给手柄 12—头架

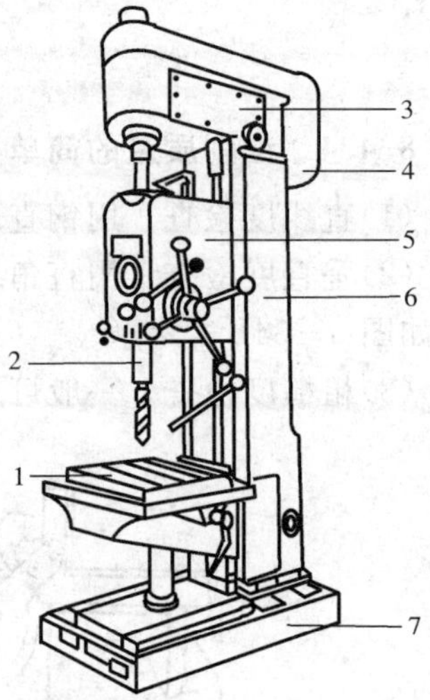

图 8-36 立式钻床

1—工作台 2—主轴 3—主轴变速箱 4—电动机 5—进给箱 6—立柱 7—底座

3. 摇臂钻床

摇臂钻床，如图 8－37 所示，它有一个能绕立柱旋转的摇臂，摇臂带主轴箱可沿立柱垂直上下移动，同时主轴箱还能在摇臂上作横向移动。加工操作时，利用这些特点能很方便地调整刀具位置，以对准待加工孔的中心，而不需移动工件来进行加工。

此外，主轴转速范围和进给量范围很大，因此适用于大型工件及多孔工件的孔加工。

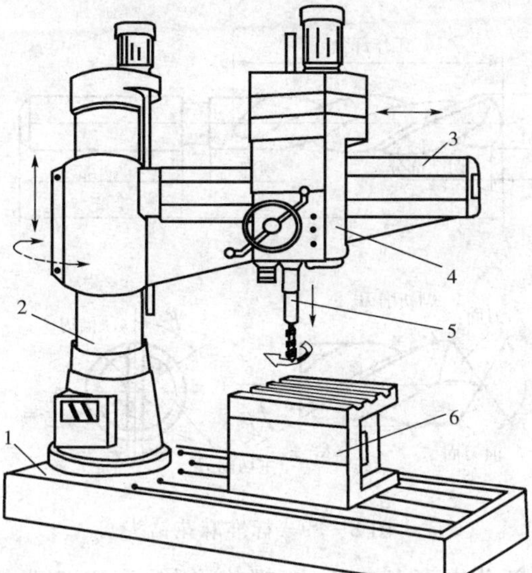

图 8－37　摇臂钻床

1—机座　2—立柱　3—摇臂　4—主轴箱　5—主轴　6—工作台

8.5.2　钻孔

钻孔是用钻头在实体工件上加工孔的方法。在钻床上钻孔，如图 8－38 所示，工件固定不动，钻头应同时完成两个运动：一是主运动，即钻头做旋转运动；二是进给运动，即钻头沿着轴线方向对着工件移动。钻孔的加工精度低，一般可达 IT11～IT13，表面粗糙度 R_a 值为 50～12.5μm。

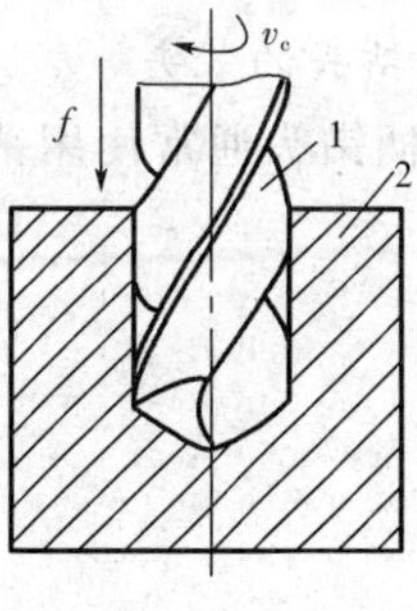

图 8－38　钻孔

1—钻头　2—工件

1. 钻头

用于钻孔的刀具称为钻头，一般由工具钢或高速钢制成。钻头有许多种，主要有麻花钻、中心钻、扁钻和深孔钻等，其中麻花钻应用最广。麻花钻由柄部、颈部和工作部分组成，如图 8－39 所示。

(1)柄部　是钻头的夹持部分，主要起传递动力作用，有直柄和锥柄两种。直柄传递扭矩力较小，一般用在直径≤12mm 的钻头。锥柄可传递较大扭矩，锥柄顶部是扁尾，起传递扭矩作用。

(2)颈部　制造钻头时砂轮磨削的退刀槽，钻头直径、材料、厂标一般也刻在颈部。

(3)工作部分　包括导向部分与切削部分。

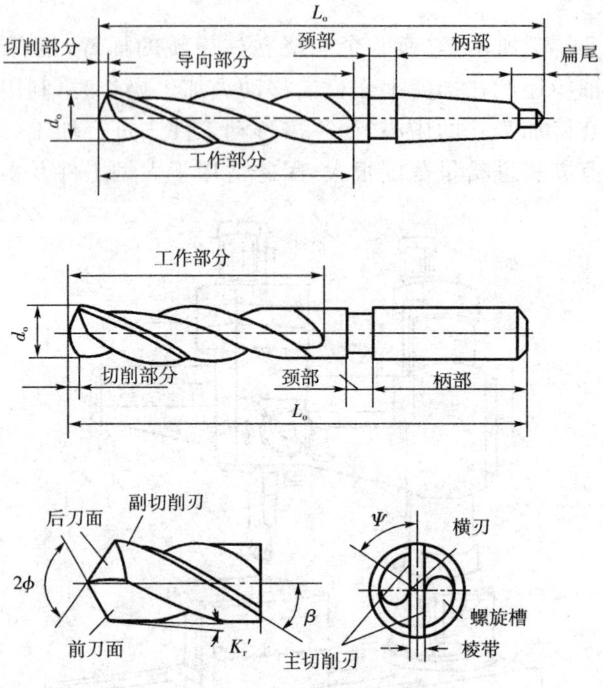

图 8 - 39　标准麻花钻头

① 导向部分　导向部分有两条狭长的、螺旋形的、高出齿背约 0.5mm～1mm 的刃带，它的直径前大后小，略有倒锥。棱带与工件孔壁接触，起修光孔壁导向以及减少钻头与孔壁摩擦的作用。两条对称螺旋槽，用来排除切屑和输送切削液。

② 切削部分　由前刀面和后刀面相交形成两条对称的主切削刃，其夹角为 118°±2°；由两后面相交形成横刃，横刃增加了钻削轴向力，所以常采取修磨横刃的办法，缩短横刃。

2. 钻头的装夹

直柄钻头通常使用钻夹头装夹。钻夹头的结构原理及应用，如图 8 - 40 所示。

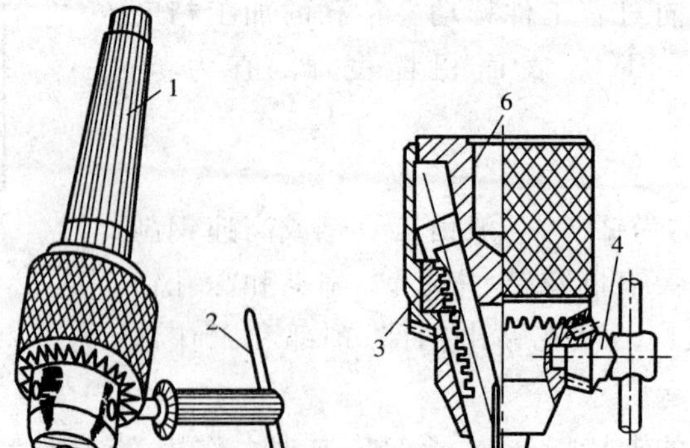

图 8 - 40　钻夹头及其应用

1—锥柄　2、4—扳手　3—环形螺纹　5、7—自动定心夹爪　6—锥柄安装孔锥柄钻头用钻套(又称过渡套筒)装夹。钻套依其尺寸不同分为5个型号(1～5号莫氏锥度)。使用时,根据钻头锥柄和钻床主轴内锥孔锥度来选用。卸下钻头靠轻击楔铁,如图8-41所示。

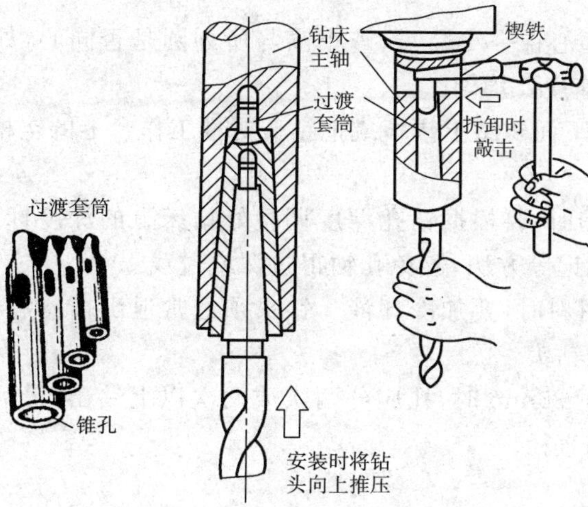

图8-41　钻套及安装与拆卸

3. 工件的装夹

工件常用手虎钳、平口钳、V形铁和压板等夹具装夹,如图8-42所示。加工时,应根据工件钻孔直径、形状、大小和数量等来选择。薄壁小工件可用手虎钳夹持,如图8-42a所示;对于轴或套类工件可用V形铁夹持,如图8-42b所示;中小型平整工件用平口钳夹持,如图8-42c所示;大型工件用压板螺栓直接将其装夹在钻床工件台上,如图8-42d所示。此外,在成批和大量生产中广泛应用钻模夹具。

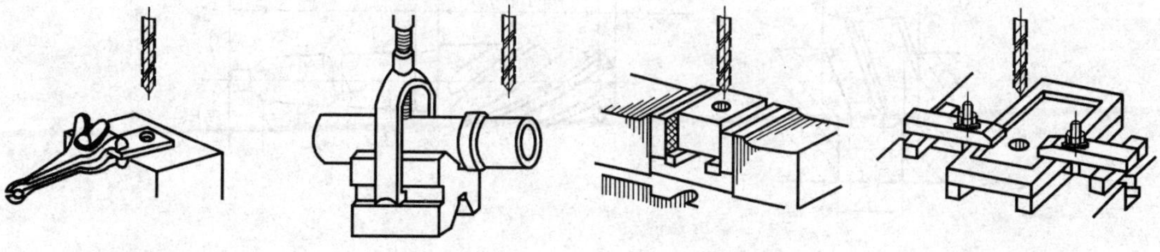

a)手虎钳夹装　　b)V形铁夹装　　c)平口钳夹装　　d)压板螺栓夹装

图8-42　工件夹装方法

4. 钻孔操作

(1)钻孔前准备

① 工件划线　钻孔前,工件一般要划线定心,并打上样冲眼。孔中心眼要打得大一些,以便起钻时找正、对中心。要求较高时,还要划出加工圆和检查圆。

② 装夹工件　根据工件加工要求确定装夹方法,要使孔中心线与钻床工作台垂直,装夹要稳固,不使工件变形。

③ 选择和安装钻头　根据孔径选用钻头,并检查切削刃是否锋利,顶角是否合适,是否

需要修磨，如不合乎要求则应认真修磨。装夹时，应先轻轻夹紧钻头，开车检查是否偏心摆动，若不对中，应停车校正，最后用力夹紧。松紧钻夹头必须用扳手，不能用手锤或其他东西敲打。

(2)钻孔操作

① 先用钻头在孔中心锪一小窝，检查小窝与所划圆是否同心，如有偏位则需矫正。手动进给时，钻头的进给速度要均匀。

② 钻通孔时，工件下面要垫上垫板或把钻头对准工作台上的空槽，快要钻透时，应减少进给速度。

③ 钻盲孔(不通孔)时，要根据钻孔深度调整好钻床上的深度标尺挡块，安置控制长度量具或用粉笔划线作标记等方法，避免孔钻得过深或过浅。

④ 钻深孔或韧性材料时，要加冷却液。钻头须经常退出排屑和冷却，防止钻头过热和切屑阻塞而卡断或烧损钻头。

⑤ 钻大孔孔径大于 30mm 时，孔应分两次或两次以上钻出，最后一次用所需直径的钻头将孔扩大到所要求的直径。

8.5.3 扩孔

扩孔是对工件上已有的孔进行扩大孔径的加工称为扩孔。麻花钻也可用来扩孔，但当扩孔精度要求较高或生产批量较大时，应采用专用的扩孔钻。扩孔钻有 3～4 条切削刃，无横刃，其顶端是平的，螺旋槽较浅，故钻芯粗实，刚性好，导向性能好，切削较平稳，经扩孔后能提高孔的加工质量。图 8-43 所示为扩孔钻和扩孔时的情形。

用扩孔钻扩孔，多用于扩孔加工余量较小的情况(0.5～4mm)。扩孔精度一般可达 IT10～IT9，表面粗糙度 R_a 值为 3.2～6.3μm。

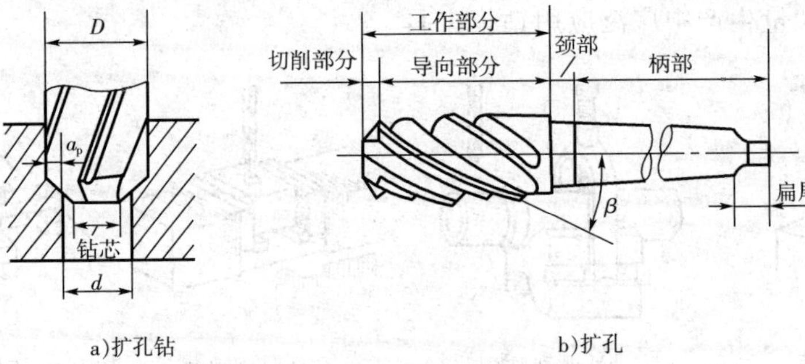

图 8-43　扩孔钻与扩孔

8.5.4 铰孔

用铰刀从工件孔壁上切除微量金属层的方法称为铰孔。铰孔是应用较为普遍的孔精加工方法之一。加工精度一般可达 IT7～IT6 级，表面粗糙度 R_a 值为 0.8～1.6μm。

铰刀按其外型可分为圆柱铰刀、可调铰刀、螺旋铰刀和锥铰刀等。

按使用方法分为手用和机用两种，如图 8-44a、图 8-44b 所示。手用铰刀为直柄，柄尾有方头，工作部分较长。机用铰刀多为锥柄，装夹在机床上的锥孔上进行铰孔，且一般应采用浮动夹头连接。

铰刀工作部分的前端作为前导锥，便于引入工件；切削部分起主要切削作用；校准部分用以修光和校准孔，且起导向作用，并磨有倒锥，可减小与孔壁摩擦。

铰刀有 6～12 个切削刃，由于刀齿的齿槽很浅，铰刀的横截面大，因此刚性好。铰孔加工余量很小，如图 8-44c 所示，且切削刃的前角 $\gamma_o=0°$，所以铰孔实际上是刮削过程。特别是手工铰孔时，切削力和切削热都很小，切削速度很低，加工时铰刀和工件的受力受热变形非常小，故加工质量较高。

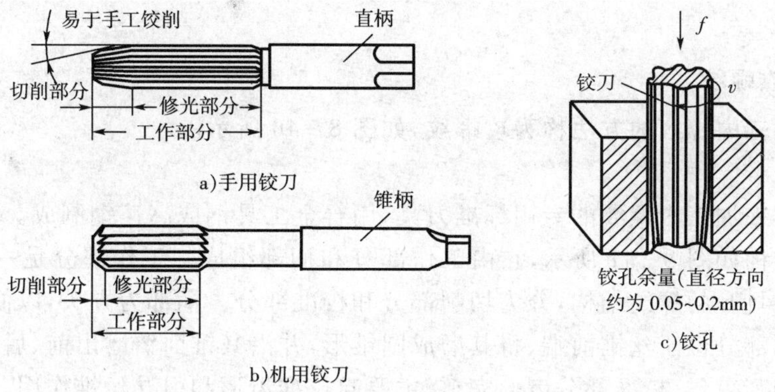

图 8-44　铰刀和铰孔铰刀

铰孔注意事项：

(1)要合理选择铰孔余量，铰削余量太大，铰不光且刀易磨损；余量过小，不能纠正上道工序留下的加工误差，达不到铰孔的精度要求。

(2)铰孔时要选用合适的切削液进行润滑和冷却。铰削钢件一般用乳化液，铰削铸铁一般用煤油。

(3)机铰时要选择较低的切削速度、较大的进给量。

(4)铰孔时，铰刀在孔中绝对不能倒转，否则铰刀和孔壁之间易挤住切屑，造成孔壁划伤。机铰时，要在铰刀退出孔后再停车，否则孔壁有拉毛痕迹。

8.5.5　锪孔

锪孔是用锪钻加工埋头螺钉沉头孔、锥孔和小凸台面等的加工方法，如图 8-45 所示。

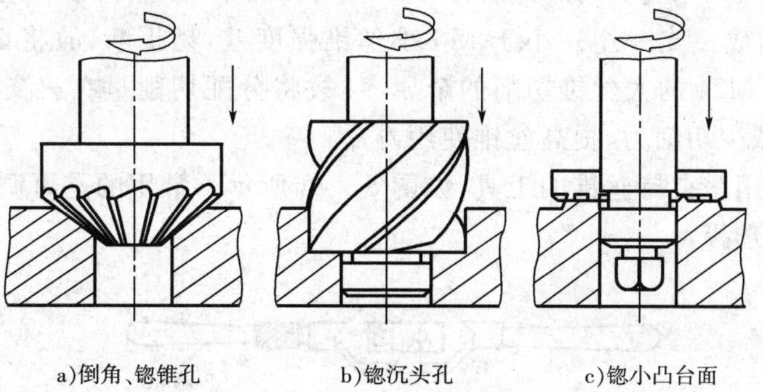

图 8-45　锪钻与锪孔

图 8-45a 为用锥度锪钻加工锥孔或孔口倒角，这种锪钻的钻锥角为 60°、90°和 120°三种。图 8-45b 为带导柱的平底锪钻加工圆柱沉头孔，这种锪钻的端面和圆周上都有刀齿，用于加工六角螺母、圆柱头螺钉的沉头孔。图 8-45c 为带导柱的端面锪钻加工小凸台面，这种锪钻只在端面有刀齿，多用于加工铸件螺钉(螺栓)孔端的小凸台表面。

锪钻柄部多为锥柄，在钻床上的装夹方法与钻头相同。

8.6　攻螺纹与套螺纹

8.6.1　攻螺纹

用丝锥加工内螺纹的方法称为攻螺纹，如图 8-46 所示。

1. 丝锥

丝锥是用来加工内螺纹的专用标准刀具，用合金工具钢或高速钢制成。

丝锥的结构如图 8-47 所示，它由工作部分和柄部组成。工作部分是一个形状类似于带有沟槽(容屑槽)的螺纹结构，分为切削部分和校准部分。柄部为方头，以便与铰杠配合传递扭矩。切削部分位于丝锥前端，将其磨成圆锥形，并沿其锥面铲磨出前、后角形成刀齿，承担着主要的切削工作，校准部分齿形完整，主要起校准齿形和引导丝锥作用。

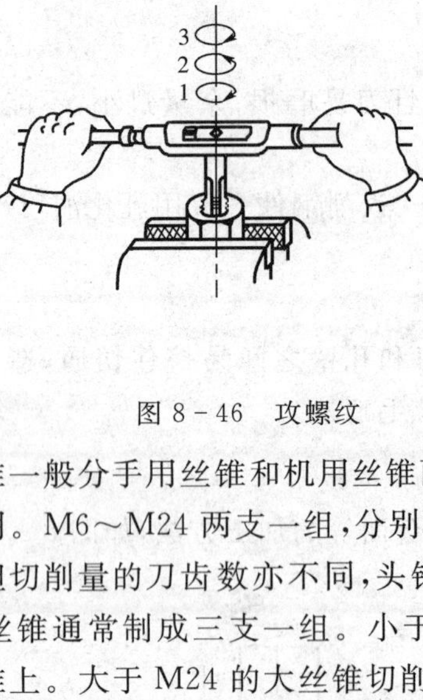

图 8-46　攻螺纹

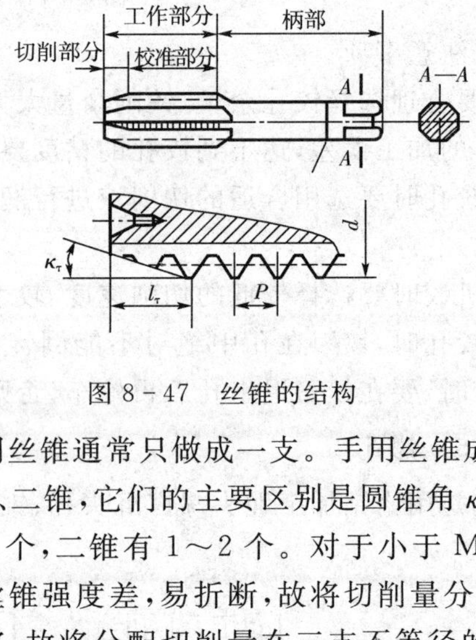

图 8-47　丝锥的结构

丝锥一般分手用丝锥和机用丝锥两类，机用丝锥通常只做成一支。手用丝锥成组制造，成组使用。M6～M24 两支一组，分别称为头锥、二锥，它们的主要区别是圆锥角 κ_τ 不同，相应地承担切削量的刀齿数亦不同，头锥有 5～7 个，二锥有 1～2 个。对于小于 M6 和大于 M24 的丝锥通常制成三支一组。小于 M6 小丝锥强度差，易折断，故将切削量分配在三支等径丝锥上。大于 M24 的大丝锥切削的金属多，故将分配切削量在三支不等径的丝锥上，分层逐渐切除，以减少切削力，提高丝锥使用寿命。

铰杠(铰手)是用来夹持丝锥的工具，如图 8-48 所示。常用的是可调式铰杠，铰杠规格应根据丝锥规格来选择。

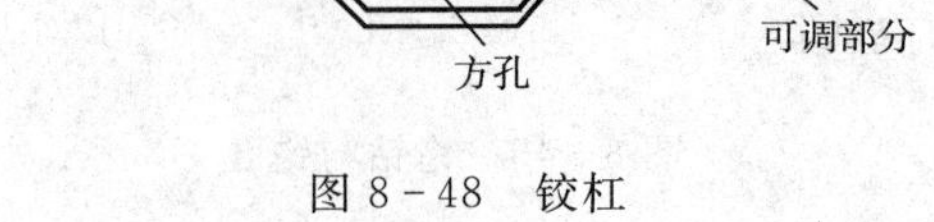

图 8-48　铰杠

2. 攻螺纹前钻底孔直径和深度的确定

攻螺纹前钻出的孔称为螺纹底孔。攻螺纹时丝锥的主要作用是切削金属，但也有挤压金属使孔壁凸起的作用。如底孔直径过小，将使挤压力过大，导致丝锥崩刃，卡死甚至折断。加工塑性好的材料时，挤压作用尤其显著。

因此攻螺纹前的底孔直径必须稍大于螺纹标准中规定的螺纹内径。确定底孔钻头直径 d_0 的方法，可采用查表法（见有关手册资料）确定，或用下列经验公式计算：

$$钢料及塑性材料：d_0 = D - P$$

$$铸铁及脆性性材料：d_0 = D - (1.05 \sim 1.1)P$$

式中：d_0——底孔直径(mm)；D——螺纹大径(mm)；P——螺距(mm)。

攻螺纹盲孔(不通孔时)，因丝锥不能攻到底，所以孔的深度要大于螺纹长度，盲孔深度可按下列公式计算：

$$底孔深度 = 螺纹有效长度 + 0.7D$$

3. 攻螺纹操作

攻螺纹时应预先将螺纹底孔端口倒角，以利于丝锥切入。

丝锥方头夹于铰杠方孔内，先用头锥垂直进入孔内，两手均匀加压，转动铰杠，旋入 1～2 圈，检查丝锥是否与孔端面垂直(可用目测或直角尺在互相垂直的两个方向检查)，然后继续使铰杠轻压旋入。当丝锥的切入工件 3～4 圈后，只转动而不加压，每转 1～2 圈后再反转 1/2 圈左右，以便断屑，如图 8-46 所示。

在攻螺纹过程中两手使力要均匀，否则会将丝锥折断。攻完头锥再继续攻二锥、三锥。每更换一锥，先要用手旋入 1～2 圈，扶正定位，再用铰杠，此时不加压。

攻盲孔螺纹时，要及时注意观察丝锥顶端是否碰到孔底，并及时清除积屑。攻钢料工件时，应加机油润滑，以减少刀具的磨损，并延长丝锥寿命，并使螺纹光洁，攻铸铁件工件时，采用手攻可不加润滑油。

8.6.2　套螺纹

用板牙切制外螺纹的方法称为套螺纹。

1. 板牙

板牙是加工外螺纹的标准刀具，由合金工具钢或高速钢制成。

板牙外形像一个圆螺母，上面钻有几个排屑孔，并形成切削刃。板牙由切削部分、校正部分和排屑孔组成。板牙两端呈 2ϕ 内锥度体为切削部分，板牙中间是一段定径校正部分，起修光和导向作用。

板牙外圆有一条 V 形槽和四个 90°锥坑，其中两个锥坑用于定位和紧固板牙。通过紧固螺钉将板牙固定在板牙架上用来传递扭矩，带动板牙转动，如图 8-49 所示。

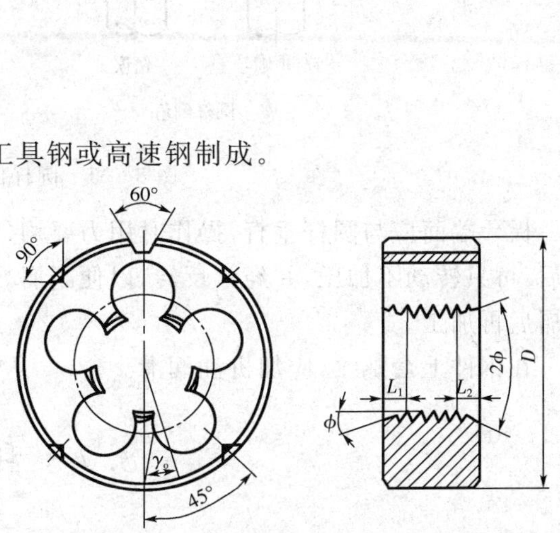

图 8-49　板牙

另外两个和介于其间的 V 形槽是调整板牙工作尺寸用的，当板牙因磨损而尺寸扩大后，可用砂轮片沿 V 形槽切开，用螺钉顶紧槽旁的锥坑，以缩小板牙的工作尺寸。

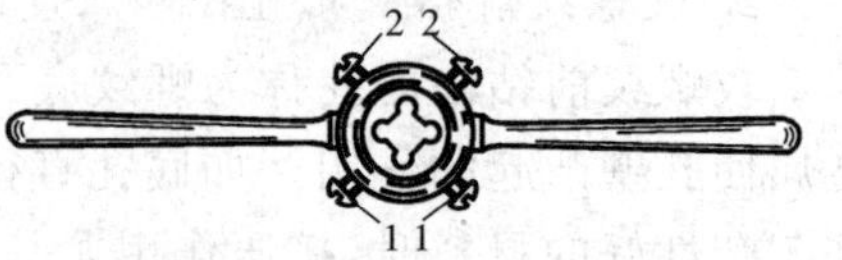

图 8-50　板牙架
1—紧固螺钉　2—调整螺钉

板牙装在板牙架上使用，如图 8-50 所示。工具厂按板牙外径规格制造了各种配套的板牙架，供选用。

2. 套螺纹前圆杆直径的确定

与攻螺纹的切制过程类似，板牙的切削刃除起切削作用外，还会挤压圆杆表面使之凸出，故圆杆直径不宜过大，否则同样会使板牙切削刃受损。若圆杆直径过小，则螺纹牙形不完整。

圆杆直径可用下面经验公式计算：

$$圆杆直径=螺纹外径-0.13\times p$$

式中：p——螺距，mm。

3. 套螺纹操作

套螺纹的圆杆端部应倒角，即小端直径应比外螺纹小径小，可避免套螺纹后螺纹端部出现峰口，影响使用，如图 8-51a 所示。

工件伸出钳口的长度，在不影响螺纹要求的前提下，应尽量短。套螺纹的操作过程与攻螺纹相似，如图 8-51b 所示。

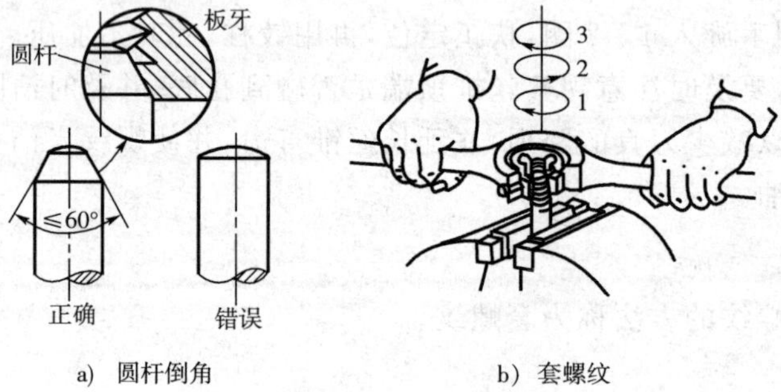

a) 圆杆倒角　　b) 套螺纹

图 8-51　圆杆倒角和套螺纹

板牙端面应与圆杆垂直，操作时用力要均匀。开始转动板牙时，要稍加压力，套入 3～4 扣后，可只转动不加压，并经常反转，以便断屑。切削过程中，如手感较紧，应及时退出，清理切屑后再加工。

在钢件上套螺纹，应加机油润滑。

8.7　刮　削

用刮刀在工件的表面上刮去一层很薄的金属，以提高工件加工精度的方法叫刮削。刮削技术要求高，且耗费体力。但刮削具有切削量小、切削力小、产生热量小和装夹变形小等特点，可以获得很高的加工精度和表面质量。

金属工件在受刮削时，表面反复受到刮刀的压力，刮削后不但能形成光洁的表面，而且还能使其表面金属层变得更加致密。同时，刮削后的工件表面有着分布均匀的微坑，形成了良好的储油条件，改善了相对运动零件之间的润滑情况，大大提高了零件表面抗疲劳破坏的能力与耐磨性。刮削还能使零件表面显示出明暗层次清晰、均匀整齐的花纹，使零件外观美化。

精密机械零件的配合滑动表面，如机床导轨、滑动轴承等，为达到配合精度，增加接触表面，减少摩擦磨损，提高使用寿命，一般都需刮削加工。刮削在机械制造、工具、量具制造和修理工作中占重要地位，得到广泛的应用。

8.7.1　刮削工具

1. 刮刀

刮刀是刮削工作中的主要工具，要求刃口必须锋利，刀头部分具有足够的硬度。刮刀一般用工具钢 T10A、T12A 或弹性好的轴承钢 Gr15 锻制而成，经热处理后硬度可达 60HRC 左右。刮削硬工件时，也可焊上硬质合金刀头。刮刀分平面刮刀和曲面刮刀两大类。

平面刮刀主要用来刮削平面，如平板、工作台等，也可用来刮外曲面。平面刮刀有普通刮刀和活头刮刀等形式，如图 8-52 所示。

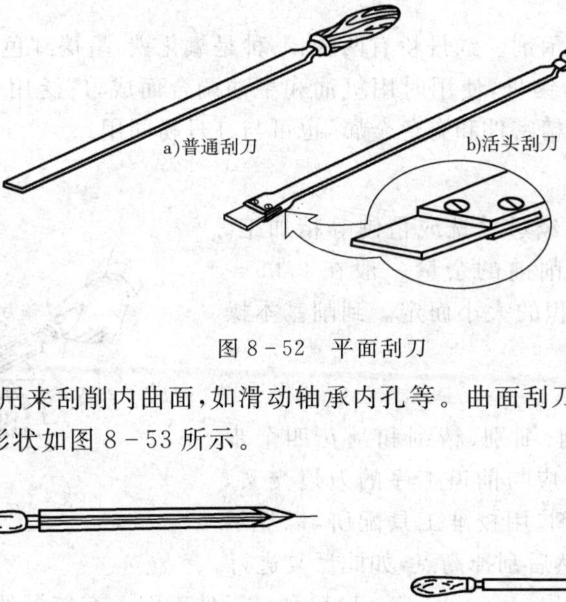

图 8-52　平面刮刀

曲面刮刀主要用来刮削内曲面，如滑动轴承内孔等。曲面刮刀有多种形状，如三角刮刀和蛇头刮刀等，其形状如图 8-53 所示。

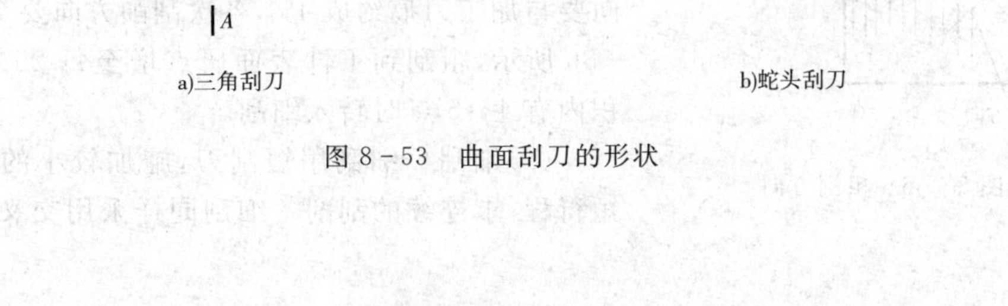

图 8-53　曲面刮刀的形状

2. 刮刀的用法

使用前刮刀端部应在砂轮上刃磨出刃口、然后用油石磨光。刮刀的握法如图 8－55 所示：右手握刀柄，推动刮刀前进，左手握在接近端部的刀体上施力并引导刮刀沿刮削方向移动，整个操作过程分为压、推、抬三个动作。刮刀与工件保持 25°～30°角，刮削时刮刀要拿稳，施力要均匀，以免刮刀刃口两端的棱角将工件划伤。

3. 校准工具

校准工具又称研具，用于研磨接触点和检验刮削质量，鉴定表面的接触精度。常用的有校准平板，用于校验尺寸较宽的平面；校准直尺，用于校验狭长的平面（如导轨）的直线度等：标准角度直尺，用于检验工件角度。校准工具如图 8－54 所示。

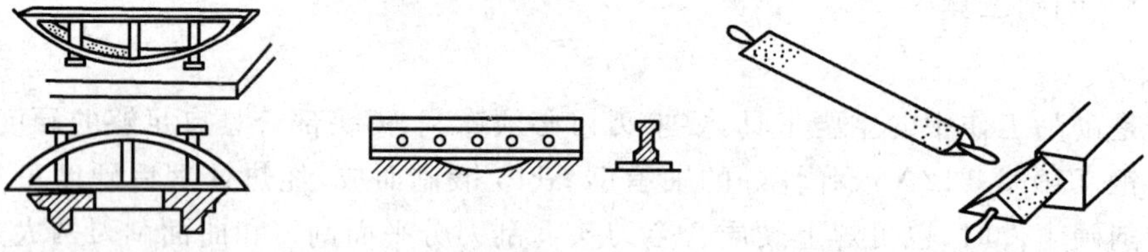
a)校准平板　b) 校准直尺　c)角度直尺

图 8－54　校准上具

4. 显示剂

红丹粉是最常用的显示剂。红丹粉有两种：一种是氧化铁，呈褐红色，称为铁丹；另一种是氧化铅，呈橘黄色，称为铅丹，使用时用机油和牛油调合而成，广泛用于铸铁和钢的工件上。普鲁士篮油常常用于精密件和有色金属，也可与红丹粉同用。

8.7.2　刮削方法

刮削前工件表面必须经过精铣或精刨等精加工。由于刮削的切削量小，刮削前的余量一般在 0.05～0.2mm 之间，根据刮削面积的大小而定。刮削基本操作如图 8－55 所示。

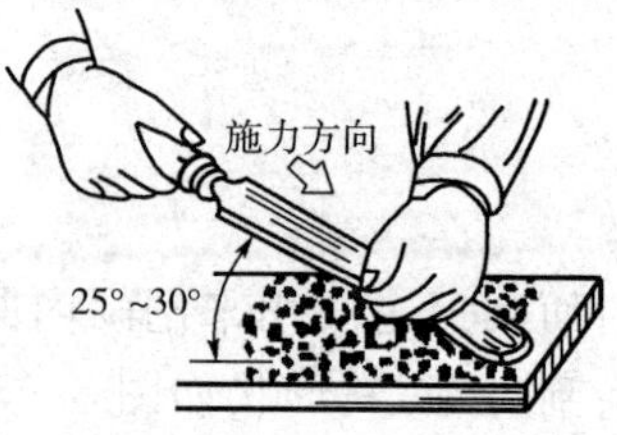

图 8－55　刮削操作

1. 平面刮削

平面刮削可分为粗刮、细别、精刮和刮花四个步骤。工件表面的刮削方向应与前道工序的刀痕交叉，每刮削一遍后，涂上显示剂，用校准工具配研，以显示加工而上的高低不平处，然后刮掉高点，如此反复进行。

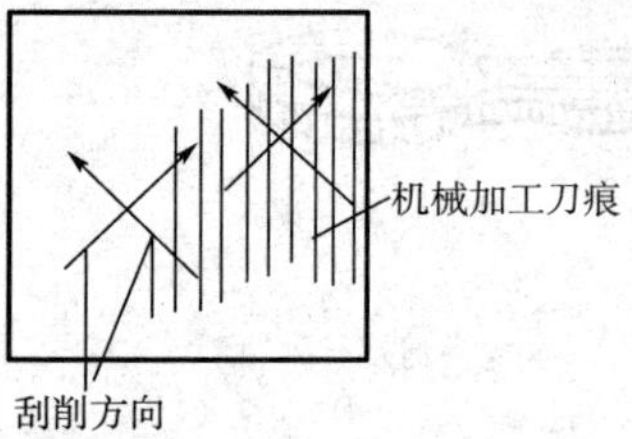

图 8－56　粗刮方向

（1）粗刮　工件表面上有较深的加工刀痕、锈蚀或刮削余量较多时要进行粗刮。粗刮时应使用长柄刮刀且施力要大，刮刀痕迹要连成长片，不可重复，粗刮方向要与加工刀痕约成 45°，各次刮削方向要交叉，如图 8－56 所示，粗刮到工件表面研点增至每 $25\times25mm^2$ 面积内有 4～5 点时转入细刮。

（2）细刮　细刮用短刮刀，施加较小的压力，进行短行程、求连续的刮削。细刮同样采用交叉刮削方法，每次显示剂要涂得薄而均匀，以便显点清晰。将粗刮后的高点刮去，整个刮削面达到每 25×25mm^2 面积内有 12～15 个点时，细刮结束。

(3)精刮　精刮采用点刮法，刮刀对准点子，落刀要轻，提刀要快，每一点只刮一刀。经反复配研、刮削能使被刮削面每 25×25mm^2 面积内有 25 个点以上。

(4)刮花　刮花的目的一是增加刮削表面的美观度，保证良好的润滑性，二是可根据刀花的消失程度，判断平面的磨损程度。常见的花纹如图 8-57 所示。

图 8-57　刮花的花纹

2. 曲面刮削

曲面刮削与平面刮削相似，但方法略有不同。内圆弧面的刮削操作时，刮刀作螺旋运动，刀痕与轴线约成 45°。粗刮时用刮刀根部，用力要大，切削量多，刮削面积大；精刮时，用刮刀端部，作修正浅刮。

内孔刮削常用与相配的轴或标准轴做效准工具，用红丹粉涂布在孔的表面，用轴在孔中来回转动，显示接触点进行刮削。图 8-58 为用三角刮刀刮削轴瓦的示意图。

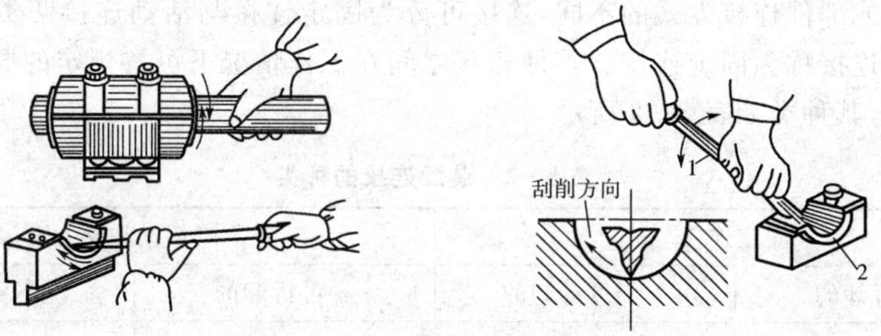

图 8-58　用三角刮刀刮削轴瓦

8.7.3　刮削质量检验

刮削后的表面，按接触点检验时，用边长 20mm 的方框罩在与校准工具配研过的被检查表面上，检测框内接触斑点数目，合格件应达到表 8-1 所列的要求。

表 8-1　接触斑点

平面种类	斑点数	应用范围
普通平面	8～12	普通基准面、密封结合面
	12～16	机床导轨面、工具基准面
精密平面	16～20	精密机床导轨、直尺
	20～25	精密量具、一级平板
超精密平面	大于 25	0 级平板、高精度机床导轨

8.8 装配的基本知识

任何一台机器都是由许多零件组成的。将零件按照技术要求和装配工艺组装起来，并经调整、检验使之成为合格机器的操作过程称为装配。

在整个机器的生产过程中，装配是最终工序。装配质量的好坏直接影响机器质量。生产中有时会出现这样的情况，组成机器的零件加工质量很好，但整机却达不到设计要求，其主要原因就是装配工艺不合理或是装配操作不正确。反之，即使零件制造精度稍低，但装配过程中经仔细修配调整和严格的检验，仍能装配出符合设计要求的机器。由此可见，装配工作在机器制造业中占有很重要的地位。

8.8.1 装配的组合形式

一部复杂的机器，很少由零件直接装配而成。为使装配工作有序进行，一般分为组件装配、部件装配和总装配。

(1)组件装配　将若干个零件安装在一个基础零件上而构成组件的装配过程。

(2)部件装配　将若干个零件、组件安装一个基础零件上构成一个具有相对独立功能的组合体的装配过程。

(3)总装配　将若干个零件、组件、部件安装在基础零件上而构成完整机器的装配过程。

8.8.2 装配零件连接的种类

按照零件或部件连接方式的不同，连接可分为固定连接与活动连接两类。零件相互间没有相对运动连接称为固定连接。零件相互之间在工作情况下可按规定的要求作相对运动称为活动连接，其种类如表 8-2 所示。

表 8-2　装配连接的种类

固定连接		活动连接	
可拆卸的	不可拆卸的	可拆卸的	不可拆卸的
螺纹、键、销等	铆接、焊接、压合、胶合、热压等	轴与轴承、丝杆与螺母、柱塞与套筒等	任何活动连接的铆合头

8.8.3 装配方法

为保证机器装配精度，必须保证零件、部件之间配合要求。根据零件的结构、生产条件和生产批量的不同，常用的装配方法有互换法、修配法和调整法。

(1)完全互换法　装配时各配合零件不经任何选择、修配和调整，即可达到规定的装配精度。其特点是装配过程简单，便于组织流水作业，方便企业间的协作，维修时零件互换方便，但对零件的加工精度要求比较高，提高了加工成本。

(2)不完全互换法　为克服完全互换法对零件精度要求高和成本高的缺点，可以适当降低零件精度等级，使制造方便。但在装配时要将少量超差的零件(出现概率小于 0.27%)剔除，其余零件进入装配工序装配，适用于大批量生产的情况。

(3)分组互换法　在成批量生产中，零件的制造精度可适当降低，将零件按实测尺寸分组，然后按相应的组分别装配。其特点是以相对低精度的零件，却能装配出高精度的机器。该方法降低了加工成本，但增加了零件测量分组工作量。

(4)修配法　在装配过程中，修去某一配合件上的少量预留量，以消除其积累误差而达到装配精度。这种由钳工边修、边装的方法的特点是需增加修配的工作量、生产效率较低，且要求工人的技术水平较高。该方法适用于单件、小批量生产。

(5)调整法　装配时，调整一个或几个零件的位置，使装配精度达到要求。调整法用来更换的零件称为调整件(如垫片、调整螺钉、楔块等)，通过改变其尺寸大小或零件的相应位置，来消除相关零件在装配过程中形成的累积误差。其特点是可进行定期调整，易于保证和恢复配合精度，可降低零件的制造成本，但需增加调整件或一个调整机构的调整时间。此法适合单件、批量生产。

8.8.4　装配步骤

(1)熟悉装配图纸、工艺文件和技术要求，了解产品的结构、零部件的作用及相互间的连接关系和装配精度要求等。

(2)按照装配工艺规程确定的装配方法、顺序，准备所需的工具。

(3)备齐零件，对零件进行清洗和整理。对有些零件进行刮削和修配，旋转零部件的平衡，密封零部件的密封性试验等。

(4)一般按照组件装配——部件装配——总装配的顺序进行。

(5)对机器的零件或机构的相互位置、配合精度等进行调整，试车并检验各部分的几何精度、工作精度和整机性能，如灵活性、温升、转速、功率、密封性、噪音等。

(6)涂油、装箱　为防止生锈，机器的加工表面应涂防锈油，然后装箱入库。

8.8.5　几种典型的装配

1. 轴、键、传动轮的装配

传动轮(如齿轮、皮带轮、齿轮等)与轴一般采用键连接，其中又以普通平键连接最为常用，如图 8-59 所示。键与轴槽、轴与轮孔多采用过渡配合，键与轮槽常采用间隙配合。在单件小批生产中，轴、键、传动轮的装配要点如下：

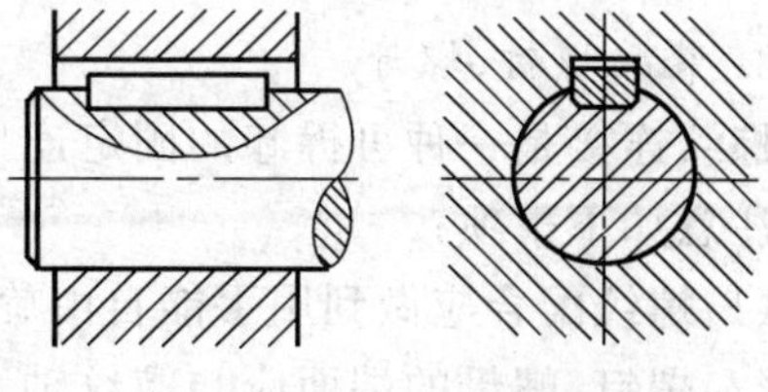
图 8-59　普通平健连接

(1)清理键及键槽上的毛刺。

(2)用键的头部与轴槽试配，使键能较紧地嵌入轴槽中。

(3)锉配键长，使健与轴槽在轴向有 0.1mm 左右的间隙。

(4)在配合面上加机油，用铜棒或虎钳(钳口应加软钳口)将键压入轴槽中，并与槽底接触良好。

2. 滚动轴承的装配

滚动轴承是标准件，其外径按基轴制、内径按基孔制制造。一般滚动轴承的内圈与轴采用较小的过盈配合，而外圈与箱体等零件上的孔多采用过渡配合。

因此，轴承装入箱体的轴承孔时，可采用将轴承徒手轻推装入，或用铜棒轻敲就位，或垫套筒压轴承外圈将其压入。轴承内圈与轴颈的装配方法，则随配合过盈量的大小而定：过盈量小，可垫套筒敲击就位；过盈量较大，可垫套筒用压力压入；若将轴承同时压到轴上和箱体孔中，则要在轴承内、外圈端面垫套筒同时加压装入，如图 8－60 所示。

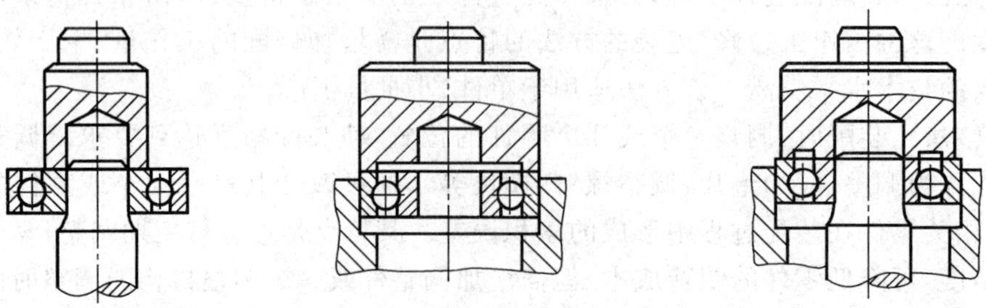

a)内圈轴颈的装配　　b)外圈、轴承孔的装配　　c)内外圈同时压入轴颈与轴承孔

图 8－60　使用垫套压装滚动轴承

另外，如果过盈量很大，可采用温差法装配(热装)。为避免轴承接触到比油温高得多的箱底，将其在油浴的网格上加热或用吊钩挂在油中加热，如图 8－61 所示。油温至约 80℃～100℃时，立即进行热装配。

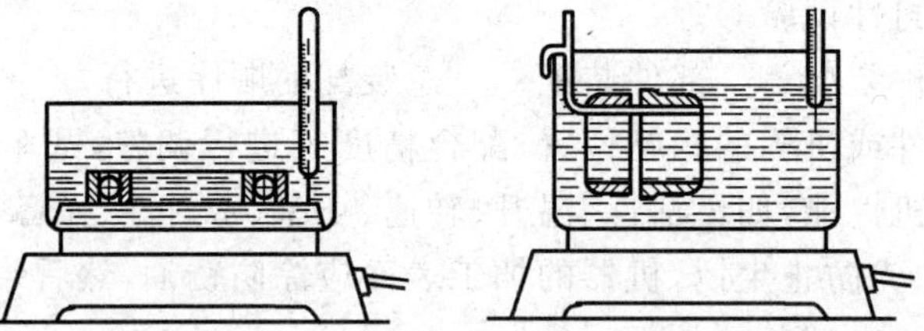

a)在网格上加热　　b)在吊钩上加热

图 8－61　轴承在油浴中加热

3. 装配螺钉、螺母

螺纹连接是一种可拆卸的固定连接。在装配工作中要碰到大量的螺钉螺母装配，装配时要注意如下事项：

(1)螺纹配合应做到用手能自由旋入，不宜过紧或过松。

(2)螺钉、螺母的端面应与螺纹轴线垂直，以达到受力均匀。

(3)装配成组螺钉、螺母时，为了保证零件贴合面受力均匀，应按一定的顺序，分两次或三次逐步拧紧。如图 8－62 所示。

(4)零件与螺钉、螺母的贴合面应平整光洁，否则螺纹容易松动。

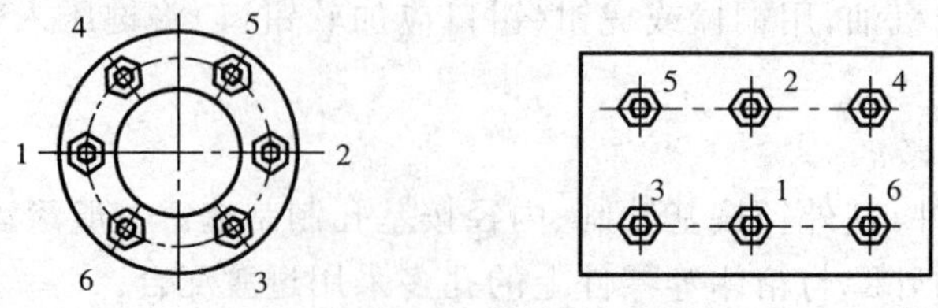

图 8－62　拧紧螺母顺序

螺纹连接在很多情况下要有防松措施，以免机器在使用的过程中螺母回转松动。常用的防松措施有双螺母、弹簧垫圈、开口销、止动垫圈等，如图 8 - 63 所示。

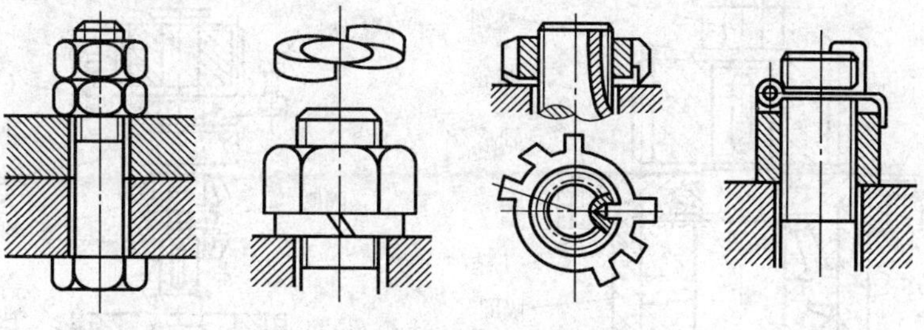

图 8 - 63　螺母防松措施

4. 销钉的装配

销钉在机器装配中的作用是定位和联接，如图 8 - 64 所示，通常由专业生产厂制成标准件，常用的有圆柱销和圆锥销。销钉一般采用过盈配合固定在孔中。因此对销孔的尺寸、形状精度和表面粗糙度 R_a 值要求较高。

装配时，被定位或连接件的两零件应配钻、配铰。圆柱销钉表面可涂机油，用铜棒轻轻敲入。圆锥销配钻、铰时，按圆锥销小头直径选钻头（圆锥销的规格用小头直径和长度表示），使用锥度 1∶50 的铰刀。铰孔时用试装法控制孔径，以圆锥销能自由插入 80%～85% 为宜，最后用手锤敲入，销钉的大头可稍微露出或与连接件表面平齐。

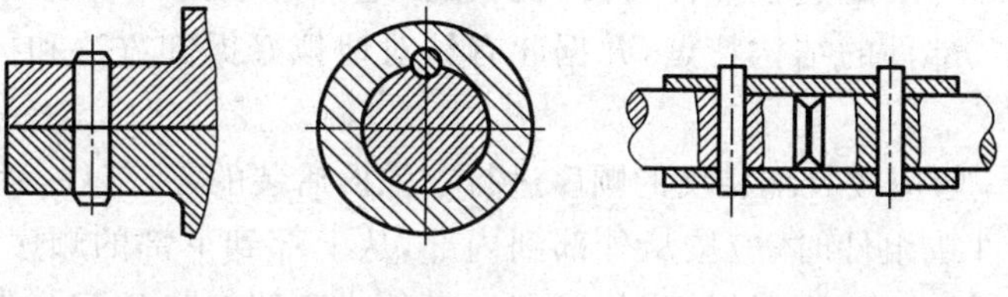

图 8 - 64　销钉及其作用

8.8.6　装配示例

图 8 - 65 所示为轴承套组件，装配前应根据装配图将零件编号，并且零件对号计件；清洗，去除油污、灰尘和切屑；修整，修挫锐角、毛刺。然后，根据装配图制定装配顺序，装配步骤如下：

(1)先将衬垫装在基准件锥齿轮轴上；

(2)将下端轴承外圈压入轴承套(并装在锥齿轮轴上)；

(3)压入下端轴承内圈(包括滚动体)；

(4)放上隔圈；压入上端轴承内圈，再压入外圈；

(5)把毛毡放入轴承盖内，装在锥齿轮轴上，用螺钉与轴承套连接好；

(6)将键配好，轻打装在轴上，压装齿轮，放上垫圈，拧紧螺母；

(7)按装配图检查各装配组件和零件是否装配正确，检验装配质量，如轴的转动灵活性、平稳性等；

(8)入库。

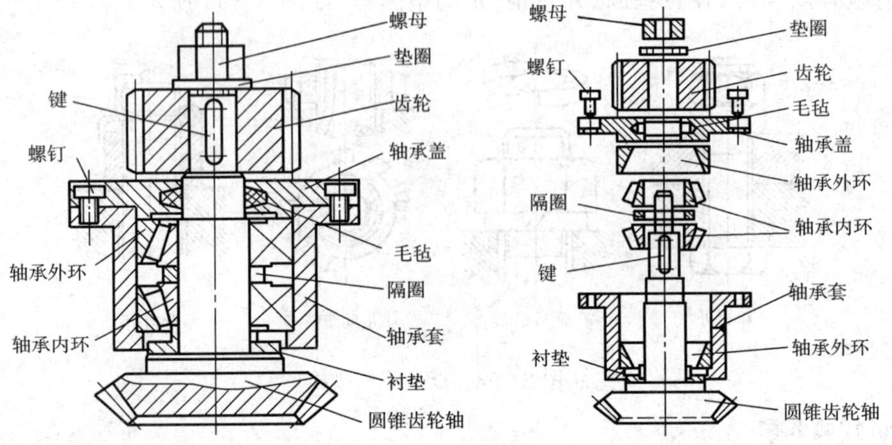

a) 轴承套组件装配图　　b)轴承套组件装配顺序

图 8－65　轴承套组件

8.8.7　机器的拆卸

工作一段时间后,需对机器进行检查和维修,这时就须对机器进行拆卸。拆卸就是采用正确的方法解除零、部件相互间的约束和联接,将它们无损伤地分解出来。

拆卸应按如下要求进行:

(1)机器的拆卸与装配过程一样,拆卸机器前,应熟悉装配图,尤其要搞清零、部件之间的装配关系以及零、部件的结构特点,并据此有针对地拟好拆卸方法和拆卸程序。盲目拆卸会使零件受损。

(2)拆卸过程一般应按装配相反的顺序进行。先拆后装的零、部件,后拆先装的零、部件。

(3)在拆卸部件或组件时,应按从外部到内部,从上部到下部的顺序,依次拆卸组件或零件。有些零、部件拆卸时要作好标记(如成套加工件或不能互换的配合件等),以便维修后再次装配。有些零件拆下后要按次序摆放整齐或按原来结构套(装)在一起(如轴上的零件可按原次序装到轴上,或用钢丝串起来)。对销钉、止动螺钉、键等小零件,拆下后按原位置临时装好,以免丢失。对丝杠、长轴等零件要用布包好,并用绳索垂直吊起,防止弯曲变形或碰伤。

(4)对不同的联接方式和配合性质,使用的工具时必须保证零件不受损伤,采用不同的拆卸方法:击卸、拉卸或压卸。并且要尽可能使用专用工具(铜棒、木锤、拉出器,拔销器等),以免损伤零、部件。严禁用手锤直接在零件的配合表面上敲击。

(5)紧固件上的防松装置(如开口销等),拆卸后一般要更换,避免再次使用时断裂而造成事故。拆卸螺栓时,应注意旋向(左、右螺纹)必须辨别清楚。

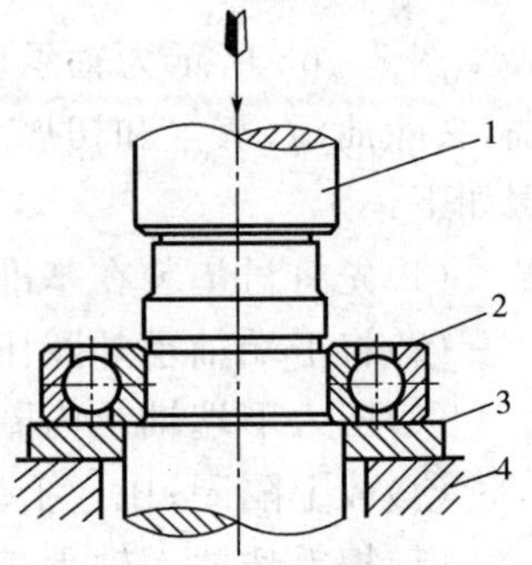

图 8－66　心轴拆卸法
1—心轴　2—滚动轴承
3—衬垫　4—漏盘

图 8－66 所示的是滚动轴承部件的拆卸方法。使用压力或冲力拆除心轴。图 8－67 所示为使用拉出器为将滚动轴承

从轴颈上卸下。

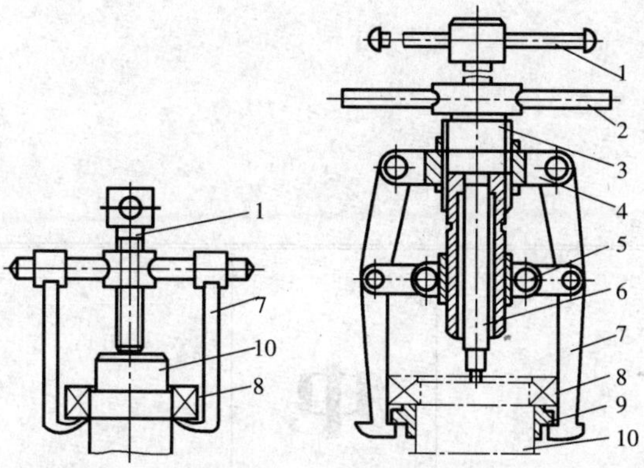

图 8-67　拉出器拆卸法

1、2—手柄　3—螺母套　4—右旋螺母　5—左旋螺母
6—螺杆　7—拉杆　8—轴承　9—卡环　10—轴颈

复习思考题

1. 钳工加工的特点是什么？
2. 什么叫划线基准？如何选择划线基准？
3. 划线的作用是什么？如何划出工件上的水平线和垂直线？
4. 常用划线工具有哪些？划线方箱、V 形铁、千斤顶各有何用途？
5. 划线前需要作哪些准备工作？
6. 如何选择锉刀的粗细和断面形状？
7. 常用的锉刀有哪几种？如何选择？
8. 平面锉削有哪几种？各适合于何种场合？
9. 交叉锉、顺向锉和推锉法各适宜什么场合？
10. 如何选择锯条？起锯和锯削时的操作要领有哪些？
11. 如何正确使用丝锥和板牙？
12. 攻螺纹时如何确定底孔直径？
13. 试述攻螺纹和套螺纹的操作方法。
14. 套螺纹时如何确定圆杆直径？
15. 刮削表面精度如何检验？
16. 说明麻花钻各部分的名称和作用。
17. 扩孔和铰孔的用途是什么？
18. 扩孔钻与麻花钻在结构上有何不同？
19. 铰刀与扩孔钻在结构上有何不同？
20. 铰孔时，铰削余量为什么不能太大和太小？
21. 直径大的孔为什么多采用二次钻出？
22. 什么是装配？常用的装配方法有哪些？
23. 装配前和拆卸前各需要作哪些准备？

中篇 先进制造技术基础

第 9 章　先进制造技术简介

【实训目的与要求】

(1)了解先进制造技术基本概念；

(2)了解先进制造技术的特征；

(3)了解先进制造技术的体系结构；

(4)了解先进制造技术的分类；

(5)了解先进制造技术的发展方向。

9.1　先进制造技术基本概念

制造业是国民经济的重要支柱。2006 年国家颁布《国家中长期科学和技术发展规划纲要》，提出我国制造业的发展思路：①提高装备设计、制造和集成能力。以促进企业技术创新为突破口，通过技术攻关，基本实现高档数控机床、工作母机、重大成套技术装备、关键材料与关键零部件的自主设计制造。②积极发展绿色制造。加快相关技术在材料与产品开发设计、加工制造、销售服务及回收利用等产品全生命周期中的应用，形成高效、节能、环保和可循环的新型制造工艺。制造业资源消耗、环境负荷水平进入国际先进行列。③用高新技术改造和提升制造业。大力推进制造业信息化，积极发展基础原材料，大幅度提高产品档次、技术含量和附加值，全面提升制造业整体技术水平。

先进制造技术是我国振兴制造业，实现国民经济持续发展经济的重要手段。先进制造技术的基本定义是：传统制造技术不断汲取计算机、信息、自动化、新材料和现代管理技术，并将其综合应用于产品的研究与开发、设计、生产、管理和市场开拓、售后服务等产品的整个产品生命周期，从而取得显著社会和经济效益的综合技术。

先进制造技术由于专业和学科间不断渗透、交叉和融合，已日趋系统化、集成化，并发展成为集机械、电子、信息、自动化、材料和管理技术为一体的新兴交叉学科。先进制造技术的核心和基础是优质、高效、低耗、无污染的工艺，并与计算机、信息自动化、新材料及管理技术进行集成，实现可持续发展。

9.2　先进制造技术的特征

先进制造技术已发展成为以制造学科为主体，多学科交叉、渗透、集成和不断创新的综合技术。它具有以下特征：

(1)先进性　先进制造技术体现优质、高效、低耗、洁净和灵活的生产方式，将传统工艺要素与高新技术紧密结合，并实现局部或系统的集成。

(2)集成性　先进制造技术是综合现代信息技术、自动化技术、管理技术的有机集成，并已发展成为集机械、电子、信息、材料和管理技术为一体的交叉学科。

(3)广泛性　先进制造技术覆盖了产品设计、生产准备、加工制造、售后服务、回收再生等全过程。

(4)动态性　先进制造技术是针对一定的应用目标，不断吸收各种高新技术逐渐形成并不断发展的新技术。

(5)系统性　先进制造技术是有个能驾驭产生过程中的物资流、信息流和能量流的系统工程。

9.3　先进制造技术的体系结构

先进制造技术所涉及的学科门类多，技术内容广泛，如图 9-1 所示。经过不断发展，已初步形成了以提高竞争能力为目标的高新技术体系结构，即先进制造技术的三个层次技术群体系：主体技术群，支撑技术群，管理技术群。在该体系中，核心是优质、高效、低耗、清洁、灵活的基础制造技术，体系包括三个层次。

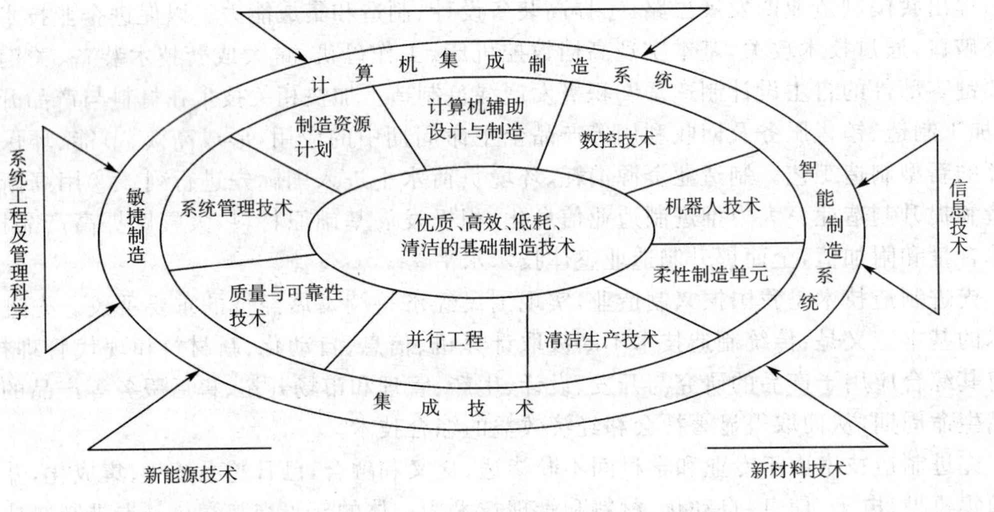

图 9-1　先进制造技术的体系结构

第一层次：现代设计、制造工艺基础技术，包括 CAD、CAPP、NCP、精密下料、精密成形、精密加工、精密测量、毛坯强韧化、精密热处理、优质高效连接技术、功能性保护涂层、现代管理技术等。

第二层次：新型制造单元技术，这是在市场需求及新兴产业的带动下，制造技术与电子、信息、新材料、新能源、环境科学、系统工程、现代管理等高新技术结合而形成的崭新制造技术，如制造自动化单元技术、极限加工技术、制造与可靠性技术、系统管理技术、CAD/CAE/CAPP/CAM、清洁生产技术、新材料成形加工技术、激光与高密度能源加工技术、工艺模拟与工艺优化技术等。

第三层次：系统集成技术，这是应用信息技术和系统管理技术，通过网络与数据库对前两个层次的技术集成而形成的，如FMS、CIMS、IMS及虚拟技术等。

9.4 先进制造技术的分类

先进制造技术已不是传统概念中的"加工制作"，而具有更广泛的内容和概念，是指产品形成过程中的一组相关操作和活动的集合。它包括从市场调研、概念设计、产品设计、工程制图、工艺和技术准备、加工制作、装配、质量检验、生产管理到销售服务、产品报废回收等一系列生产活动环节。先进制造技术包括现代设计技术、先进的制造工艺、系统综合自动化技术和现代经营管理技术等。

9.4.1 现代设计技术

1. 现代设计方法

现代设计方法主要有基于专业人员协同工作的并行设计方法；基于推陈出性的反求工程；基于方便下游制造环节的DFX(DesignforX)方法，X为产品设计以外的其他一系列活动环节，如制造(DFM)、装配(DFA)、维修(DFR)等；基于提高产品质量稳定性的健壮或鲁棒设计(RobustDesign)；基于节约能源、减少公害的绿色产品设计；基于原型实拟评估的虚拟产品设计技术。

2. 设计自动化技术

包括计算机辅助设计(CAD)，计算机辅助工程(CAE)，逆向工程(RE)等。自动化设计技术还包括：开发"交钥匙"式的CAD软件；产品轮廓造型、色彩和艺术渲染设计；复杂的工程运算和动力学性能运算及模拟动画仿真；在多媒体环境下，进行新产品开发、拟实运行和性能评价，减少新产品开发的风险。

9.4.2 先进的制造工艺技术

1. 概述

先进的工艺方法是先进制造技术的基础，主要有数控加工技术(NC/CNC/DNC)；高速和超高速及超精密切削加工技术；少/无切削加工技术；非切削加工制造技术(特种加工技术)；现代成形及改性制造技术；快速原型制造技术(快速成形技术RPM)；柔性制造技术(FM)；工业机器人技术(Robet)；敏捷制造技术(AM)；精益生产(LP)；绿色制造(GM)和基于延长零件使用寿命的再生工程等。

2. 超高速加工

通常把比常规切削速度高5～10倍以上的切削称为超高速切削，此时主轴转速在12000转/分钟以上，进给速度在40～60米/分钟以上，而常规主轴转速为一般在1200～1600转/分钟。超高速切削是提高生产效率的主流技术。研究表明，在超高速切削时，切削力将会随切削速度的提高而下降，从而导致切削温度下降，从而可以用现有的刀具进行高质量、高精度、高效率的加工。超高速切削技术复杂，它是涉及数控机床制造(CNC系统、伺服系统、主轴)、CAD/CAM系统、材料学、振动学、管理等各个领域的一个复杂的系统工程。

3. 成组技术(group technology — GT)

成组技术是对零件的相似性进行标识、归类和应用的技术，它按零件的相似程度进行分类编组，再对成组的零件制定统一的加工方案，实现生产过程的合理化。成组技术是应用系统工程的观点，把多品种、中小批生产中的设计、制造和管理等方面，作为一个生产系统的有机整体，统一协调生产系统的各个方面，以取得最优的综合经济效益。成组技术在产品设计、制造及生产管理等方面的主要应用为：一是在产品设计方面，可以促进零部件设计的标准化，避免不必要的重复设计；二是在产品制造方面，可以促进工艺设计的标准化、规范化和通用化，减少重复劳动，实施成组加工和应用成组夹具，提高生产效率和系统的柔性；三是在生产管理方面，可以缩短生产周期，简化作业计划，减少在制品数量，提高设备的利用率，提高质量和降低成本。成组技术作为指导多品种、中小批量生产的基本哲理，也是先进制造技术的重要基础技术之一，尤其是计算机辅助设计、计算机辅助工艺计划、计算机辅助制造柔性制造系统的重要基础。

4. 成形及改性制造技术

成形制造技术是铸造、塑性加工、连接、粉末冶金等单元技术的总称。进入21世纪，成形制造技术正在从制造工件的毛坯，向直接制成精密成形工件或称净成形的方向发展，向精密、精确、少能耗、无污染方向发展。据国际机械加工技术协会预测，塑性成形与磨削加工相结合，将取代大部分中小零件的切削加工。

改性技术主要是指热处理及表面工程各项技术。主要发展趋势是通过各种新型精密热处理和复合处理以及纳米技术来改变零件表面的物理、化学性质，达到零件形状、尺寸精密以及获得各种特殊性能要求的表面(涂)层，同时大大减少能耗及完全消除对环境的污染。

9.4.3 制造系统综合自动化技术

制造系统综合自动化技术主要包含计算机集成制造系统(CIMS)、分布式数控系统(DNC)、柔性制造系统(FMS)、智能制造系统(IMS)、网络制造等。

1. 计算机集成制造系统(CIMS)

(1) 计算机集成制造系统的基本概念。计算机集成制造系统是现代企业都在追求和完善的现代管理系统计算机集成制造系统，它充分体现了先进制造技术的哲理和全新的生产模式。计算机集成制造的两个特点是：制造企业生产活动的各个环节，即从市场分析、经营决策、工程设计、制造过程、质量管理、生产指挥到产品销售、售后服务，通过计算机技术互相紧密联系成一个不可分割的整体；整个制造过程本质可以抽象成一个数据收集、传递、加工和利用的过程，最终产品可以看着是数据物化的表现。

(2) 计算机集成制造系统主要系统组成。

① 工程技术信息分系统(EIS或TIS)，主要功能是产品设计、生产准备及工艺过程和装配过程设计。具体内容包含计算机辅助设计(CAD)、计算机辅助工程分析(CAE)、计算机辅助工艺过程设计(CAPP)、计算机辅助工装设计(CATD)、数控程序编制(NCP)等。

② 管理信息分系统(MIS)，通常以MRPII(制造资源计划)或ERP(企业资源计划)为核心，根据企业管理的高层决策，对生产活动进行计划和控制。具体内容包括经营管理(BM)、生产管理、物料管理、人事管理、财务管理等。

③ 制造自动化分系统(MAS)，主要功能是完成零件加工、检验、运输及产品装配、检测、包装等。如：数控机床、加工中心、柔性制造单元、柔性制造系统、工业机器人、自动装配等。

④ 质量信息分系统(QIS)，主要是采集、存储、处理与评价各种质量数据，对生产过程进行控制。该系统包括计算机辅助检验、计算机辅助质量控制、三坐标测量机等。

⑤ 计算机网络与数据库分系统(Network & DB) 这是CIMS的核心，是一个支持系

统。它将以上四个分系统通过计算机网络(多为局域网)联接起来,采用标准网络协议,以实现各分系统信息的集成和资源共享。数据库用于储存企业生产活动的全部信息,并支持各分系统的运行。

2. 数控加工技术

数控加工技术(DNC Direct Numerical Control 或 Distributed Numerical Control 的简称),意为直接数字控制或分布数字控制。数控技术综合运用了机械加工技术、自动控制技术、检测技术、计算机和微电子技术,以其高精度、高速度、高可靠性等特点,已成为现代制造技术的技术基础。随着数控机床技术的不断发展,它可将若干台数控设备直接连接在一台中央计算机上,由中央计算机负责 NC 程序的管理和传送。它不但具有直接数字控制的所有功能,而且具有系统信息收集、系统状态监视以及系统控制等功能。随着计算机技术、通讯技术和 CIMS 技术的发展,数控加工技术的功能不断丰富,它已发展成为具有信息集成和针对车间的生产计划、技术准备、加工操作等基本作业进行集中监控与分散控制以及把生产任务通过局域网分配给各个加工单元并使之信息相互交换的功能。

3. 网络制造技术

网络制造是指企业利用以因特网(Internet)为标志的信息高速公路,灵活而迅速地组织社会制造资源,把分散在不同地区的现有生产设备资源、智力资源和各种核心能力,按资源优势互补的原则,迅速地组合成一种没有围墙的、超越空间约束的、靠电子手段联系的、统一指挥的经营实体——网络联盟企业,以便快速推出满足用户需要的新产品。

网络制造环境下,企业的组织形态、经营模式和管理机制需要有全方位的创新,使之适应网络化制造的要求。

4. 柔性制造系统

柔性制造系统是由统一的信息控制系统、物料储运系统和一组数字控制加工设备组成,能适应加工对象变换的自动化机械制造系统(Flexible Manufacturing System,即 FMS)。柔性制造系统的工艺基础是成组技术,它按照成组的加工对象确定工艺过程,选择相适应的数控加工设备和工件、工具等物料的储运系统,并由计算机进行控制,能自动调整并实现一定范围内多种工件的成批高效生产,即具有“柔性”,并能及时地改变产品,以满足市场需求。柔性制造系统兼有加工制造和部分生产管理两种功能。因此,能综合地提高生产效益。FMS 的工艺范围正在不断扩大,可以包括毛坯制造、机械加工、装配和质量检验等。20 世纪 80 年代中期投入使用的 FMS,大都用于切削加工,也有用于冲压和焊接。

典型的柔性制造系统由数字控制加工设备、物料储运系统和信息控制系统组成。加工设备主要采用加工中心和数控车床。前者用于加工箱体类和板类零件,后者则用于加工轴类和盘类零件。中、大批量少品种生产中所用的 FMS,常采用可更换主轴箱的加工中心,以获得更高的生产效率。

9.5 先进测量技术

在现代工业生产中,测量是精细加工和生产过程自动化的基础,没有先进的测量技术就没有现代化的制造业。在产品设计和生产工程中,为了检查、监督、控制生产全过程和产品的质量,必须进行在线监控各种参数,并及时反馈到监控系统进行实时调整。生产水平越高，测量的要求越高，测量技术和测量仪器越先进。

随着传感技术、控制技术、图像处理技术和计算机视觉等相关技术的发展，出现了许多先进的测量方法。一般测量分为无损测量和破坏性测量两大类，无损测量又可分为接触式和非接触式数据测量。接触式有触发式和连续扫描式；非接触式主要有激光三角测量、激光测距、图像分析、全息法、工业 CT 等。

接触式测量常用的有测高仪和三坐标测量仪，如图 9－2 所示。

非接触式测量主要有快速三维光学数字化测量仪（三维抄数机）、影像式测量系统等，如图 9－3 所示。

图 9－2　三坐标测量仪

图 9－3　影像式测量系统

9.6　先进制造技术的发展方向

（1）数字化。制造技术是制造技术、计算机软硬件技术、网络技术等技术的交叉、融合、发展和应用的结果，它包含数字化设计、数字化制造和数字化控制等，而将数字化技术注人产品就获得了数字化产品。

（2）精密化。加工的精密化体现为精密加工、超精密加工、微细加工、纳米加工等。显然，没有先进制造技术，就很难实现制造的精密化。

（3）自动化。制造的自动化从最初的刚性自动化起步，已进人综合自动化阶段，从自动控制、自动调节、自动补偿、自动辨识等发展到自学习、自组织、自维护、自修复等更高的自动化水平，控制理论、控制技术、控制系统、控制元件等都有了很大的发展。

（4）集成化。包括设计、加工工艺、制造过程监控等方面的各种技术的集成，也包括制造过程所涉及的相关设备的集成。技术的集成往往能形成新的结合点，对先进制造技术的发展很有意义。信息的集成，即通过计算机集成制造系统，实现信息的集成共享，使各个“自动化孤岛”有机地联系起来。企业管理的集成，则是通过先进的生产模式实现生产过程的集成、产品全寿命周期过程的集成。

（5）网络化。制造技术的网络化消除了制造资源在现实中的空间分布，尤其是异地分布的“距离”，成为一种全新的业务操作模式。在网络化平台上，相关的技术和管理共同构成了制造的增值链。制造技术网络化的发展会导致一种新的制造模式，即形成动态的“企业联盟”，联盟中各企业致力于自己的核心业务，实现优势互补和资源优化动态组合与共享。

(6)智能化。制造系统不但要具备柔性，而且还要表现出某种智能，以便应对大量复杂信息的处理、瞬息万变的市场需求和激烈竞争的复杂环境。制造智能已表现在制造过程的多个方面，如智能调度、智能设计、智能加工、智能控制、智能诊断等。

复习思考题

1. 简单叙述先进制造技术的基本概念。
2. 先进制造技术包括哪四方面内容？
3. 为什么在超高速切削时，可以使用常规刀具？
4. DNC 现在的含义和 20 世纪 70 年代有什么不同？
5. 网络制造的含义是什么？
6. 先进测量技术在现代工业生产中的作用是什么？

第 10 章　计算机辅助设计与制造技术

【实训目的与要求】

(1)了解 CAD/CAM 一体化内容及其应用；

(2)了解 CAD/CAM 系统硬件的组成；

(3)了解 CAD/CAM 系统软件及其功能；

(4)掌握利用“CAXA 制造工程师”软件进行三维曲面和实体造型的方法；

(5)初步掌握利用“CAXA 制造工程师”软件进行自动编程和自动加工方法；

(6)初步掌握“CAXA 电子图板”、“CAXA 实体设计”软件的基本操作。

10.1　计算机辅助设计与制造技术(CAD/CAM)的基本概念

CAD/CAM 技术有广义和狭义之分。广义的 CAD/CAM 技术是指利用计算机技术进行产品设计和制造的全过程以及与其相关联的一切活动，它包括产品设计(几何造型、分析计算、工程绘图、结构分析、优化设计等)、工艺准备(工艺计划、工艺装备设计制造、NC 自动编程、工时和材料定额等)、生产计划、物料作业计划和物流控制(加工、装配、检验、传递和存储等)，另外还有生产控制、质量控制及工程数据管理等。狭义的 CAD/CAM 仅仅是指利用 CAD/CAM 系统进行产品设计造型、计算分析和自动编制数控加工程序(包括刀具路径规划、刀位文件生成、刀具轨迹的生成和仿真检验、NC 代码文件的生成和后置处理等)。

本章主要介绍狭义的 CAD/CAM 技术，即实现从产品设计到完成产品加工的全过程的技术，也就是学会应用几个与 CAD/CAM 相关的软件。

10.1.1　CAD/CAM 系统的组成

由于应用领域的不同，CAD/CAM 系统的软硬件组成也不尽相同，特别是软件区别较大。CAD/CAM 系统有硬件系统和软件系统构成。硬件系统主要有计算机和外围设备组成，包括主机、存储器、输出输入设备、网络通讯设备、生产加工设备等；软件系统包括系统软件、支撑软件和应用软件(通常指程序和相关文档)。

10.1.2　CAD/CAM 系统的分类

(1)根据支撑软件的规模大小分类有：①CAD 系统：它具有较强的几何造型、工程绘图、模拟仿真、工程分析与计算、文档管理等功能。②CAM 系统：这类系统具有数控自动编程、加工过程仿真、生产系统及设备控制和管理、生产信息管理等。③CAD/CAM 一体化系统：这类系统规模较大、功能较全、集成度高，同时具备 CAD 和 CAM 的功能，以及系统间信息、资源共享的能力，是目前发展的主流。

(2)根据使用的计算机及其信息处理方式分类：①主机系统：以一台主机为中心，系统集中配备公用外围设备，同时支持多个用户工作站及字符终端。②工程工作站系统：工作站具有强大的分布式计算功能，支持复杂的CAD/CAM作业和多任务进程。③微机系统：由于个人机的进步，以往一些对计算机硬件要求高的、在工作站运行的CAD/CAM软件逐步移植到微机上来，现代网络技术也将多台微机和公共外设连接起来，实现资源共享。

(3)根据CAD/CAM系统是否使用网络分类有单机系统和网络化系统之分。

10.1.3　CAD/CAM系统的功能

一个比较完善的CAD/CAM系统是由数值与处理、交互绘图与图形输入输出、存储和管理设计制造信息的工程数据库三大模块组成。它的功能有：

(1)造型功能：实体造型(Solid Modeling)、曲面造型(Surface Modeling)并能处理各种曲面的过渡。

(2)2D与3D图形的互换。

(3)参数化设计：设计者在任何阶段修改尺寸，系统会自动完成实体形状的改变。

(4)三维几何模型的显示处理的功能。

(5)三维运动机构的分析和仿真功能。

(6)物体质量特征计算功能。

(7)有限元分析，对产品模型的名称分布、强度、变形、振动等进行有限元分析。

(8)各种优化功能。

(9)极强的图形处理功能：绘制图、编辑、图形输出、参数化图素，各类特征图库。

(10)先进的二次开发工具。

(11)数控加工功能：具有三、四、五坐标机床加工产品零件的能力，并可以对加工过程的状态进行仿真。

(12)数据处理和数据交换功能(包括与数控机床的通讯)。

10.1.4　CAD/CAM应用系统软件

(1)二维设计及工程制图类：美国Autodesk公司研制的AutoCAD；我国北航海尔软件公司研制的CAXA电子图板；我国开目集成技术公司生产的开目CAD等。

(2)三维实体设计及装配类：美国PTC公司开发的Pro/ENGINEER；美国Theorem公司研发的Solidworks；我国北航海尔软件公司研发的CAXA实体设计；北京清华英泰信息技术中心研制的TiGEMS；英国CIS公司的产品MEDUSA等。

(3)CAD/CAM一体化类：美国UNIGRAPHICS公司研发的UG；美国CNC软件公司研制的MsterCAM等系列软件；我国北航海尔软件公司研发的CAXA制造工程师等系列软件；以色列研发的Cimatron；法国Dassault公司开发的CATIAV5等。

目前国内外流行的CAD/CAM软件品牌繁多，但它们的功能和操作方法基本相似。本章只要介绍CAXA电子图板、CAXA制造工程师和CAXA实体设计等软件的应用。

10.2　二维设计软件CAXA电子图板的使用

CAXA电子图板是一种功能齐全的计算机辅助二维设计软件。CAXA电子图板是我国自行开发、设计的CAD软件，按照我国国家标准和我国设计人员的使用习惯设计制作，实用性强，简单易学。

CAXA电子图板可以绘制各种曲线组成的二维图，编辑功能强大。它还备有众多的图库，可随时调用。CAXA电子图板拥有许多种标注方式，有标准的标题栏、技术要求栏、零件明细表等，使用方便。

CAXA电子图板，除了机械制图以外，也同样适用于绘制电子、建筑、特殊零件、液压设计图等二维绘图。CAXA电子图板允许用户根据自己的需要，通过开发平台，进行二次开发，扩充电子图板的使用功能。CAXA电子图板还能方便地与AutoCAD等其他同类型软件进行数据交换，并能为三维设计造型软件提供“草图”(二维轮廓图)。

10.2.1　CAXA电子图板绘图功能简介

1. 工作界面

图10-1启动CAXA电子图板软件，显示的CAXA电子图板的界面，如图10-1所示，自上而下显示区域为：第一行为文件名和文件的存盘路径；第二行为主菜单，用鼠标单击后即出现下拉菜单供用户选用；第三行为工具条，提供了用户常用的编辑和绘图工具按钮；倒数第一行为系统状态提示，让你每进行一步操作都要看一看系统提示信息，了解你正在操作的内容和具体步骤；倒数第二行为立即菜单，可以选择你要采用的绘图方法；界面中间的空白区域为绘图区。

图10-1

2. 基本操作

(1)常用键操作

鼠标左键：选择某个对象元素或某个选项菜单、按钮等。

鼠标右键：确认拾取；终止当前操作；在命令状态下重复上一条命令。

回车(Enter)：确认和结束数据的输入或确定默认值，在命令状态下重复上一条命令。

空格键(Space)：弹出工具点拾取菜单；选取各项菜单。

方向键：移动光标和平移图形。

PageUp：图形放大；PageDown：图形缩小。

(2)点的输入

点是最基本的图形元素，是各种绘图操作的基础。这里专门介绍点的输入方法和技巧。CAXA电子图板的点输入方式有以下几种：

① 由键盘输入

绝对坐标：在系统提示后，直接通过键盘输入 X、Y 坐标，坐标值之间用英文逗号字符“,”隔开。例如“30,40”、“－20,10”等。

相对坐标：分直角坐标和极坐标。直角相对坐标的输入方法为在待输入的坐标前面加一个符号@，以表示相对。例如，输入“@60,30”，它表示对前一点为原点来说，输入了一个 X 坐标为60、Y 坐标为30的点。

极坐标方式：输入相对坐标时要输入相对参考点的半径及与 X 轴的夹角。例如，@60<30表示输入了一个相对当前点用极坐标表示的点，其极坐标半径为60，半径与 X 轴正方向的逆时针夹角为30°。

② 用鼠标输入点的坐标

移动鼠标的十字光标线，选择需要输入的点的位置，选中后按下鼠标左键，该点的坐标即被输入，鼠标输入的都是绝对坐标。鼠标输入(拾取)方式与工具点捕捉配合使用可以准确地定位特征点，如端点、切点、垂足点等，用功能键F6可以进行捕捉方式的切换。

(3)工具点的捕捉

工具点就是图形自身具有的几何特征点，如圆心、切点、中点等。工具点捕捉就是用鼠标对特征点进行搜索和锁定，以便快速准确地使用它们，它们都包含在工具点的菜单中。

图10－2工具点捕捉的方法有三种：工具点菜单方式、键入命令字母、自动捕捉方式(智能)。在工具点菜单方式下，当需要输入特征点时，按空格键即调出如图10－2所示菜单，用鼠标在工具点菜单上选取，然后再由鼠标光标线捕捉。工具点的名称及含义分别为：

屏幕点(S)：屏幕上的任意位置点；

端点(E)：曲线的端点；

中心(M)：曲线的中点；

圆心(C)：圆或圆弧的圆心；

交点(I)：两直线或曲线的交点；

切点(T)：欲绘曲线和现有曲线的切点；

垂足点(P)：曲线的垂足点；

最近点(N)：曲线上距离捕捉光标最近的点；

孤立点(L)：屏幕上已存在的点；

象限点(Q)：圆或圆弧的象限点。

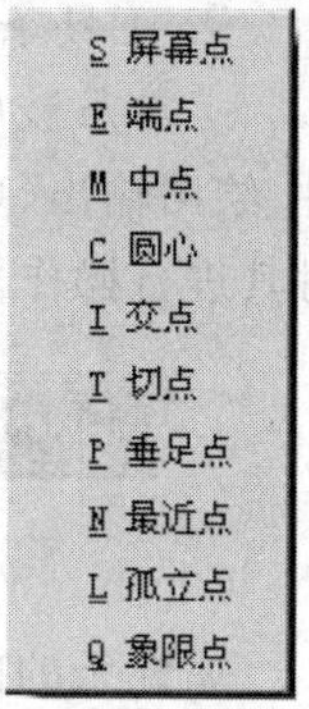

图10－2

工具点的缺省状态为屏幕点，操作者拾取了其他的点状态，即在提示区右下角工具点状态栏中显示出当前工具点捕捉的状态。当使用工具点捕捉时，其他设定的捕捉方式将被抑制，这就是工具点捕捉优先原则。灵活、正确地使用工具点可以大大加快绘图速度和提高绘图的准确性。

(4)右键直接操作功能

为提高交互速度,减少作图过程中的菜单操作,系统对常用命令提供了一种便捷的操作,即右键直接操作,方法如下:

① 在无命令状态下拾取实体图形。

② 单击鼠标右键,弹出相应的菜单,如图 10-3。

③ 选择需要的命令。

拾取元素的种类不同,快捷菜单的内容也不同,图 10-3 的右键功能菜单是在单击界面上直线等元素时弹出的菜单。

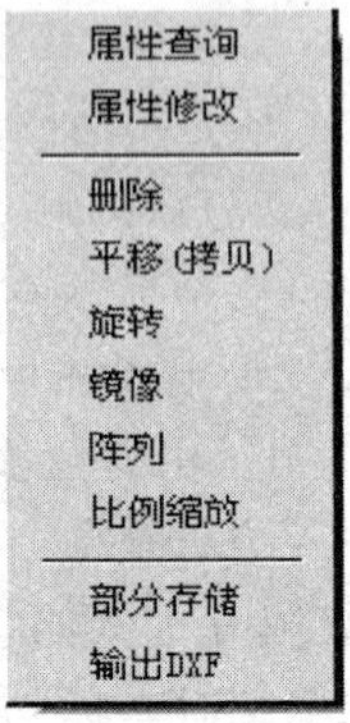

图 10-3

(5)菜单系统

电子图板的菜单系统包括下拉主菜单、子主菜单、立即菜单、工具菜单及属性条等,如图 10-1 所示。

① 下拉主菜单

下拉主菜单位于屏幕的顶部。它由一行菜单条及下拉菜单组成,菜单条包括【文件】、【编辑】、【视图】、【格式】、【幅面】、【绘图】、【标注】、【修改】、【工具】和【帮助】等。其中每一项都含有若干个下拉菜单,用鼠标左键单击其中的一个菜单,立即弹出一个下拉菜单。

② 立即菜单

立即菜单位于绘图区的左下方,对应用子菜单的操作通常都会弹出立即菜单。立即菜单的内容包括当前作图、编辑等各种操作的方式和执行该操作的具体条件。例如,图 10-1 中所示的是以两点绘制直线的立即菜单,包括"1:两点线,2:连续,3:非正交",其中"1:两点线"为绘制直线的作图方式,而"2:连续"及"3:非正交"为作图条件,即允许操作者用两点连线的作图方式绘制出一系列连续的非正交的直线段。

③ 工具点菜单和快捷菜单

工具点菜单可通过按空格键用于选取作图所需的特征点,如图 10-2 所示。

快捷菜单是在无命令状态下,将鼠标光标指某图形元素,单击鼠标右键出现的菜单,图形元素不同,菜单的内容也不同,如图 10-3 所示。

④ 工具条与属性条

工具条被放置在屏幕顶部菜单条的下面,它的内容包括建立新文件、打开文件、存储文件、绘图输出、剪切、复制、粘贴,如图 10-4 左侧所示,通过鼠标左键单击相应的按钮图标可对其进行操作。

图 10-4

属性条的内容包括系统当前的一部分属性,如当前的图层、颜色和线型等,如图 10-4 右侧所示,用鼠标左键单击相应的按钮可以对其进行操作,可以修改原有的属性。

(6)状态显示与提示

电子图板提供了多种显示及操作提示功能,以使操作者及时掌握系统状态并做出相应的反应。它主要包括当前坐标点显示、操作信息提示、工具点设置显示及捕捉方式显示等,下面分别予以介绍。

① 当前坐标点显示

当前坐标点的坐标值被显示在屏幕底部的状态显示区，如图 10－1。移动鼠标的十字光标线，其坐标值随之发生动态变化，从而便于操作者尽快确定所需点的位置。

② 操作信息提示（系统提示）

操作信息提示区位于屏幕的左下角，如图 10－1 所示。一般情况下会显示在立即菜单的下方，当没有立即菜单时，该显示将占据立即菜单所在的位置。操作信息提示用于操作者选择操作命令或命令要求执行的有关操作。操作者应随时注意该处的提示要求，并根据该要求尽快做出相应操作。

③ 工具点设置显示

工具点设置显示位于屏幕底部状态显示区的右侧。工具点设置显示的缺省状态为屏幕点，当用工具点菜单捕捉切点、端点等时，工具点设置方式将显示出来。

④ 点捕捉方式显示

系统对屏幕上的点可以进行不同形式的控制，习惯上把这种控制方式称为捕捉。电子图板的点捕捉方式有自由、智能、栅格及导航等四种，如图 10－1 右下角。

(7)汉字和特殊符号的输入

① 汉字输入

汉字输入时执行的命令按下 后选用“文字标注”，再按系统提示进行。

② 尺寸标注中的特殊符号输入

在标注尺寸时，一些特殊符号，如直径符号“ϕ”、角度符号“°”、公差的上下偏差等，可通过电子图板规定的前缀、后缀符号来实现：

直径符号：前缀为％c。例如，输入％c40，则标注为 ϕ40。

角度符号：后缀为％d。例如，输入 30％d，则标注为 30°。

公差符号“±”：前缀为％p。例如，50％p0.5，则标注为 50±0.5，偏差值字高与尺寸值相同。

上、下偏差值，前缀为％＋或％－。例如，输入字串％c35％＋0.018％－0.002，标注尺寸上、下偏差为 $\phi=35^{+0.018}_{-0.002}$。

配合代号的输入：在输入区内输入“％&”。例如，输入字串％c80％&K7/h6，则标注配合尺寸。

乘号：％x。

(8)图层的应用

CAXA 电子图板提供了分层绘图的功能，预先定义了七个图层，这七个图层的层名分别为“0 层”、“中心线层”（即“点划线”）、“虚线层”、“细实线层”、“尺寸线层”、“剖面线层”和“隐藏层”。所有图层的坐标系是统一的，各个图层都可以设置为打开和关闭，在绘制装配图尤为方便，如图 10－5 所示。每个图层都按其名称预设了相应的线型和颜色，可根据需要通过对话框修改图层状态，也可进行设置当前层、建立新层和修改层状态等操作。启动后的当前层为“0 层”，线型为粗实线，如需要绘制中心线（点划线），必须把“中心线层”置为当前层，如

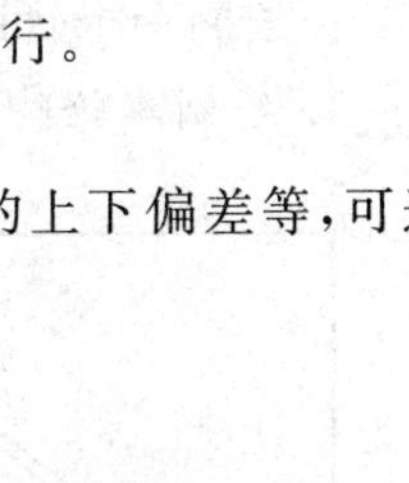

图 10－5

图 10-6 所示。

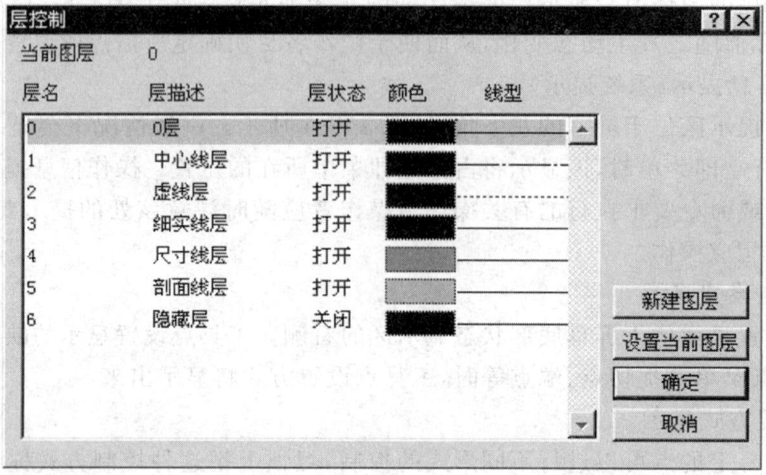

图 10-6

10.2.2　CAXA 电子图板绘图入门

以绘制一个轨道车行走机构部件图为例，介绍 CAXA 电子图板的基本操作。

1. 绘制车轮(如图 10-7 所示)

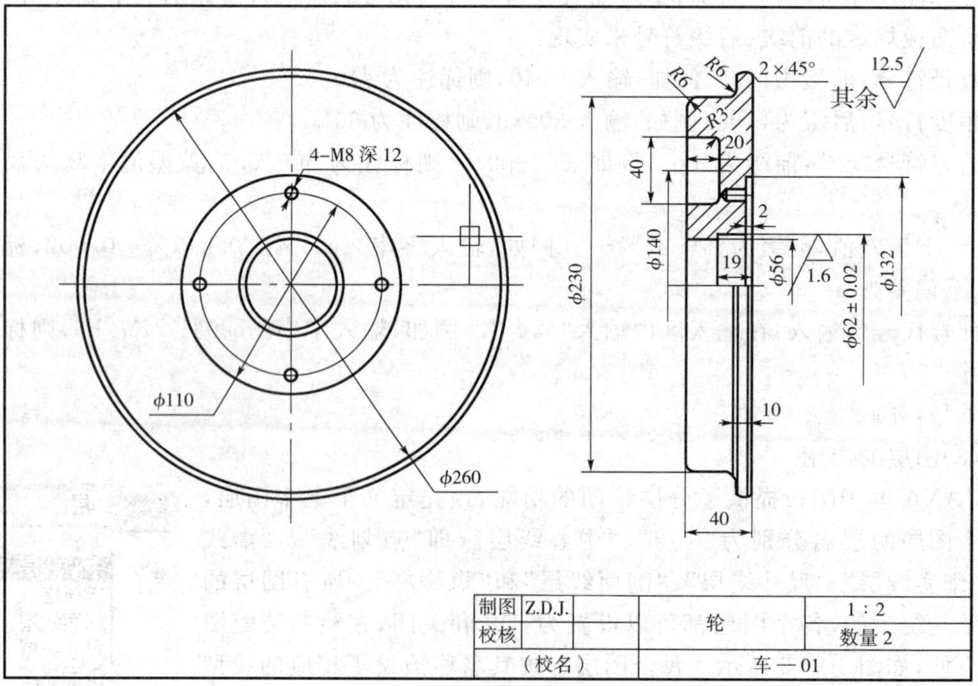

图 10-7

(1)幅面设置

打开一新文件，点击“保存”对话框中输入文件名，如“轮”。点击【幅面】→【图幅设置】，在对话框中设置图纸幅面为“A4”，图纸方向为“横放”，绘图比例为“1∶2”，调入图框，选择“横 A4”，如图 10－8 所示。点击【幅面】→【调入标题栏】，选择合适的标题栏，如“院校暂用格式”。点击【填写标题栏】填入相关信息。

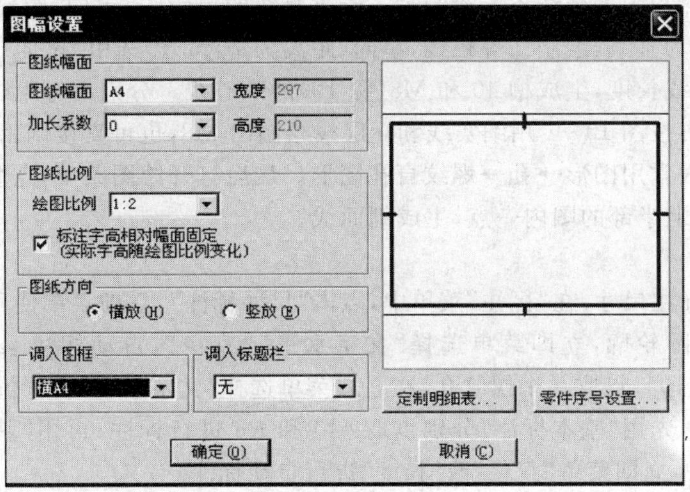

图 10－8

(2)绘制中心线

① 选择当前层：在图层菜单中，选取“中心线层”。

② 在绘图菜单中，选取“直线”，在立即菜单中，选“两点线”、“单个”、“正交”、“点方式”，输入坐标(－130,16)和(12,16)确定，输入坐标(140,16)、(183,16)并回车确定，再回车输入(－57,82)、(－57,－53)，三条中心线绘制完。坐标输入时，仅输入坐标值，“()”不需输入，坐标值中间的分隔符是在英文状态下的逗号，坐标值依次是(X,Y,Z)，下同。

(3)绘制主视图

选用“0 层”图层，“绘图”菜单中选择“圆”，立即菜单选“圆心、直径”，圆心点选两垂直相交线的交点，直径输入 260，确定。按右键，再拾取圆心、输入直径 132，再分别拾取圆心和输入直径 256、62、56。图层改为“中心线层”，点取圆心、输入直径 110。

选用“0 层”图层，圆心选取直径 110 圆轮廓线与直径 260 中心线的交点，直径输入 6.7，确定。图层改为“细实线层”，绘制直径为 8 的圆。选中刚绘制的两圆，按右键，在快捷菜单中选“阵列”，在立即菜单中选“圆形阵列”，数目为 4，点击 $\phi 260$ 圆心完成，如图 10－7 左侧部分所示。

(4)绘制左视图(如图 10－9 所示)

① 选用“0 层”图层，应用菜单选“等距线”，在立即菜单中选择单个拾取、指定距离、双向、空心、130 和 115，鼠标点击以上绘制的左视图中心线，形成两组直线。用直线连接等距线(130)两端，分别再作该连线的单向等距线、距离为 40 和 10。选择“修改”菜单中的“裁剪”，在立即菜单中选“快速裁剪”，裁去多余线条。在“过渡”菜单中，选用“圆过渡”“半径＝6”，按图

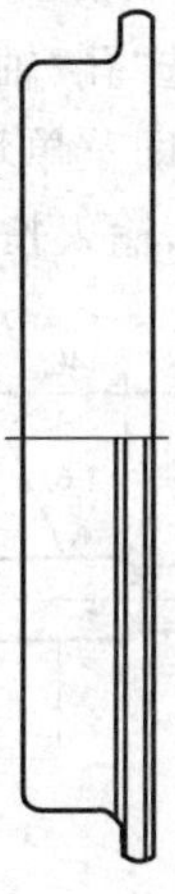

图 10－9

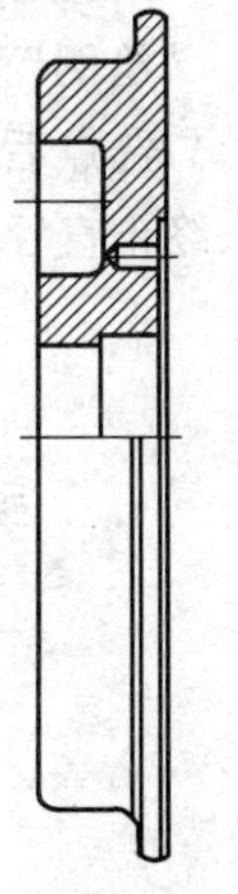

图 10－10

10－7 进行过渡。选用“倒角”和外倒角、长度＝2、倒角＝45，按图和提示进行倒角。

② 绘制半剖视图(如图 10－10 所示)

绘制垂直边的等距线，单向、距离 19。绘制轮中心线的等距线，单向、距离分别为 28、31。用“快速裁剪”裁去多余线条。绘制另一端垂直线的等距线，单向、距离为 20。在“中心线层”以轮中心线为基线，绘制二等距线，单向、距离为 70、55。选用“拉伸”拾取刚绘制的中心线，按图调整该线长度，生成槽 40 和 M8(深 12)的中心线。分别用等距线绘制出宽 40 的环槽，将图放大，再按图 10－7 用细实线和 0 层线绘制出 M8，也可直接调用“绘图”菜单→库操作→提取图符→常用图形→孔→螺纹盲孔图形。最后打开绘图菜单，点取“剖面线”，按提示点取图 10－10 上半部的图内一点，生成剖面线。

(5)尺寸标注

按图 10－7 标注尺寸：在“标注”菜单中，点击“尺寸标注”，立即菜单使用“基本标注”，在主视图点取 ϕ260 圆轮廓，立即菜单选择“文字水平”“直径”，自动标注 ϕ260；点取中心圆 ϕ110，自动标注 ϕ110。点取一个螺纹孔，在立即菜单选择“文字水平”尺寸值改为“4－M8 深 12”。在侧视图中，先用“基本标注”分别点取 ϕ40 和 R6 进行标注；再用“基本标注”拾取长度 40、10、2、20、19，立即菜单“直径”改“长度”进行自动标注。

接下来将“基本标注”改为“半标注”，先拾取中心线上的一点(可用交点)，再拾要标注的那条线，分别完成 ϕ140、ϕ132、ϕ62、ϕ56 的标注。当前点取“粗糙度”数值为 12.5，在图右上角标注。

在“标注”菜单中，选“倒角标注”，拾取倒角部分，进行自动标注。

车轮零件图绘制完成，保存该图形。

2. 绘制轮轴

(1)幅面设置

打开一新文件，点击“保存”对话框，输入文件名，如“轮轴”。点击【幅面】→【图幅设置】，在对话框中设置图纸幅面为“A4”，图纸方向为“横放”，绘图比例为“1∶2”，调入图框，选择“横 A4”。点击【幅面】→【调入标题栏】，选择合适的标题栏，如“院校暂用格式”。点击【填写标题栏】填入相关信息。

(2)绘制轮轴(如图 10－11 所示)

“绘图”菜单选“孔/轴”，立即菜单选择“轴”、“直接给出角度”，系统提示输入起始点(插入点)。选点后在立即菜单填写：起始直径＝20、终止直径＝20，输入长度 28，回车；起始直径＝25、终止直径＝25，输入长度 40，回车；起始直径＝30、终止直径＝30，输入长度 125，回车。

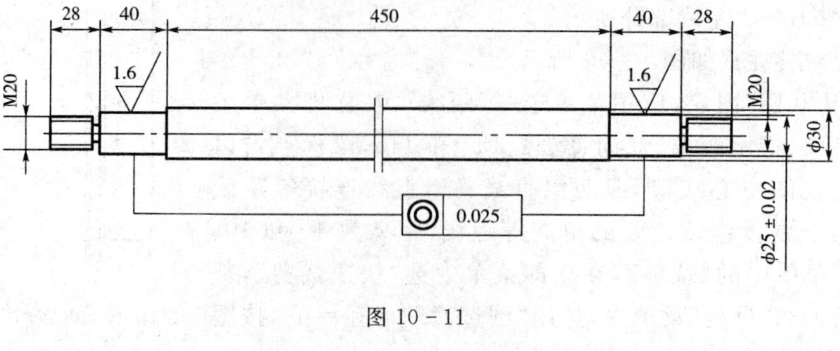

图 10－11

绘制退刀槽：用“等距线”和“线裁剪”绘制 17×3 退刀槽。

镜像：选择“修改”菜单中的“镜像”，立即菜单为“选择轴线”、“拷贝”，用鼠标选择绘制的半轴，图变红，按右键，系统提示“选择轴线”，鼠标拾取长 125 的外端线。镜像完成，删除外端线，轴中间绘制两条双点划线。

(3)尺寸标注

按图 10－11 标注 M20、ϕ25、ϕ30、17×3 退刀槽、长度 28、40、450 等，选取“形位公差”和“粗糙度”，按图标注有关数据。

保存该图形文件，文件名“轮轴”。

3. 绘制挡块(如图 10－12 所示)

(1)幅面设置

打开一新文件，点击“保存”对话框中输入文件名，如“挡块”。点击【幅面】→【图幅设置】，在对话框中设置图纸幅面为“A4”，图纸方向为“横放”，绘图比例为“1∶1”，调入图框，选择“横 A4”。点击【幅面】→【调入标题栏】，选择合适的标题栏，如“院校暂用格式”。点击【填写标题栏】填入相关信息。

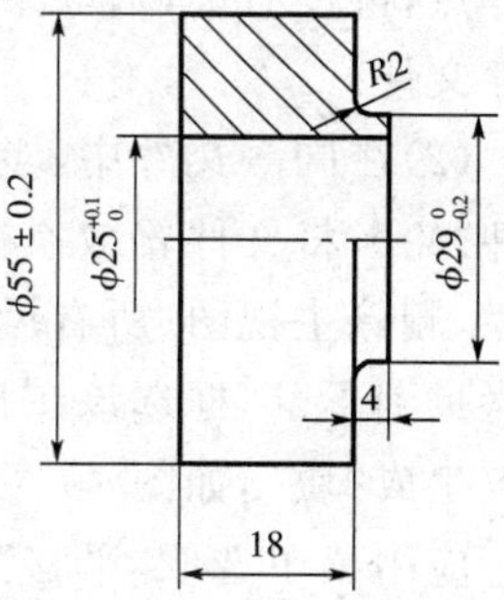

图 10－12

(2)绘制挡块(如图 10－12 所示)

选取“中心线“层，绘制中心线，再回到“0 层”用等距线绘制 ϕ55、ϕ29，ϕ25。绘制一端线，再绘制 18 和 22 两等距线。用“修改”菜单中“裁剪”或“拉伸”清除无关线条。进行 $R2$ 过渡。绘制剖面线。

(3)尺寸标注

按图 10－12 标注 ϕ55、ϕ29、ϕ25、长度 18、长度 4，$R2$ 等。

保存该图形文件，文件名“挡块”。

4. 绘制轮盖(如图 10－13 所示)

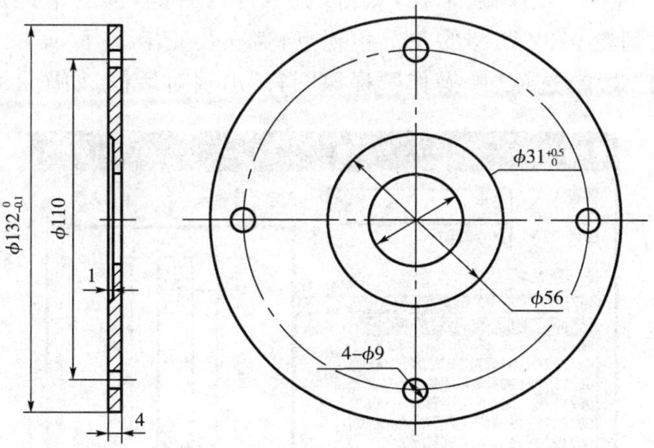

图 10－13

(1)打开一新文件，点击“保存”对话框中输入文件名“轮盖”。点击【幅面】→【图幅设置】，在对话框中设置图纸幅面为“A4”，图纸方向为“横放”，绘图比例为“1∶2”，调入图框，选择“横 A4”。点击【幅面】→【调入标题栏】，选择合适的标题栏，如“院校暂用格式”。点击

【填写标题栏】填入相关信息。

(2)按上述 10.2.2 节的(2)、(3)步骤所述方法绘制中心线、主视图和侧视图，即分别绘制出 ϕ132、ϕ56、ϕ31、4－ϕ9、ϕ110(中心线层)、长度 4 和 1 的各轮廓及线条。

(3)按图 12－13 标注 ϕ132、ϕ110、ϕ56、ϕ31 以及长度 4 和 1 等。

保存该图形文件，文件名“轮盖”。

5. 绘制行走机构装配图

(1)打开文件“轮轴”，用鼠标点取所有尺寸标注，按右键，点击“删除”，将此文件另存为“装配图”。用鼠标框选整个轴，按右键后，点击“绘图菜单”、“块操作”、“块生成”，点击图形上一点，再按右键，选取菜单“幅面”，改写标题栏名称为“行走机构装配图”，图号为车—00，保存文件。

(2)在同一文件中，点取菜单“文件”→“并入文件”→点取文件“轮”，将文件置放空白处(比例 1、角度 0)。删除图框、标题栏，删除主视图、所有尺寸标注及轮的下部线条，将轮上部镜像拷贝到下部，框选该图形按右键，点取“块生成”点击图形上一点生成“块”，如图 10－14 所示。

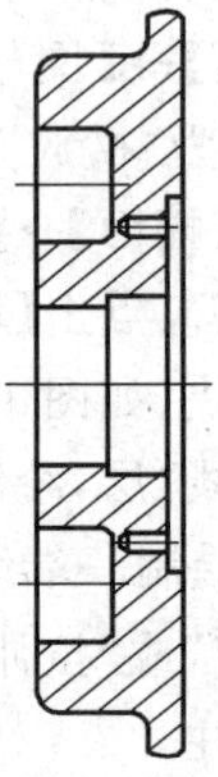

图 10－14

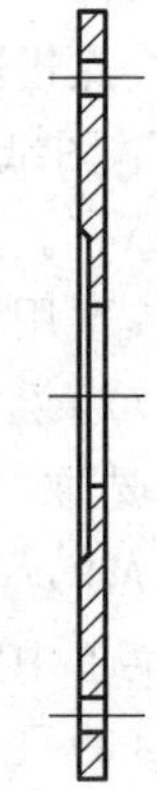

图 10－15

应用菜单选取“平移”用两点平移，点击“轮”，再按右键，按空格键选“交点”，用鼠标拖动轮中心线和该轮右侧直线的交点到轮轴左边 ϕ30 与中心线的交点，轮安装完毕。

(3)打开文件“轮盖”，删除图框、标题栏，删除侧视图和所有尺寸标注。选取轮盖图，按“Ctrl＋C”键，打开“装配图”再按“Ctrl＋V”键将该图置复制在该图空白处(比例 1、角度 0)，框选该轮盖图，按右键，选取“块生成”点击图形上一点，生成“块”，如图 10－15 所示。

应用菜单选取“平移”，用两点平移，点击“盖”，再按右键，按空格键选“交点”，用鼠标拖动盖上面左拐角点到轮 ϕ132 凹圆的左上角拐点，盖安装完毕。

(4)点取“绘图”菜单，选取“库操作”“提取图符”出现对话框，如图 10－16 所示，选择“轴

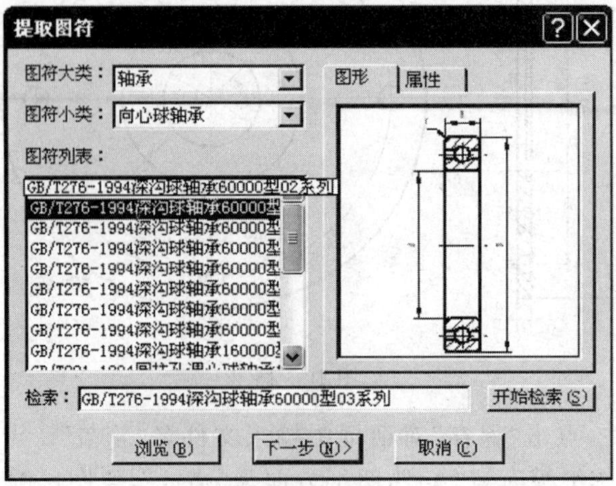

图 10－16

承”“向心球轴承”，“图符列表”选 GB/T276－1994 深沟球轴承 60000 型 03 系列，点击下一步，在尺寸规格选择中选“6305”、“尺寸开关”选关，“图符处理”选“消隐”，确定。选择图符点，角度输入 0，按右键确定，6305 向心球轴承出现在图纸空白处。

鼠标点击轴承，右键，快捷菜单选“平移”选轴承中心线与轴承右侧线的交点，将轴承拖到盖左侧线与轴中心线的交点。

(5)打开菜单文件“挡块”，删除图框、标题栏，删除尺寸标注和该图下半部，镜像重绘制下半部，如图 10－17 所示，将该图和上步一样进行“块生成”选取该图形，按“Ctrl＋C”键，打开“装配图”再按“Ctrl＋V”键将该图置复制在该图空白处(比例 1、角度 0)，鼠标点击挡块，按右键，快捷菜单选“平移”点击挡块中心线与右侧线的交点，将挡块拖到轴承左侧线与轴中心线的交点，挡块安装完毕。

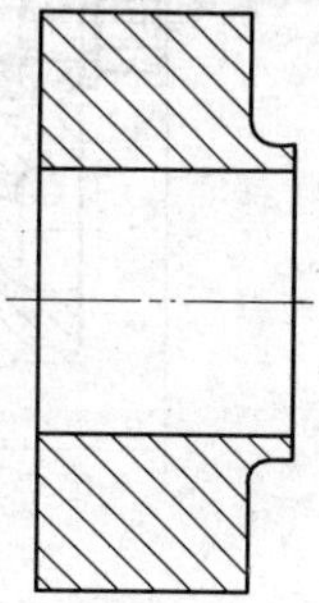

图 10－17

(6)点取“绘图”菜单，选取“库操作”、“提取图符”，出现对话框，选“螺母”、“开槽螺母”，“图符列表”选 GB6179－1986(1 型六角开槽螺母－C 级)，点击下一步，在尺寸规格选择中选“M20”，“尺寸开关”选“关”，“图符处理”选“消隐”，确定。选择图符点，角度输入 90，按右键确定，开槽螺母出现在图纸空白处。

鼠标点击螺母，按右键，快捷菜单选“平移”，点螺母块中心线与右侧线的交点，将螺母拖到挡块左侧线与轴中心线的交点，开槽螺母安装完毕。在螺母槽内绘制一个 $\phi 4.5$ 的圆，作为开口销。

(7)点取“绘图”菜单，选取“库操作”、“提取图符”，出现对话框，选“螺栓和螺柱”，“六角头螺栓”，“图符列表”选 GB/T5783－2000 六角头螺栓－全螺纹，点击下一步，在尺寸规格选择中选“M8、长度改为 12”、“尺寸开关”选“关”、“图符处理”选“消隐”，确定。选择图符点，角度输入 180，按右键确定，M8 螺栓出现在图纸空白处。

鼠标点击该螺栓，按右键，快捷菜单选“平移”，立即菜单选“移动”改“拷贝”，点击螺栓中心线与六角部分左侧线的交点，分别将螺栓拖到盖上、盖下 $\phi 9$ 孔中心线和右侧线的交点。两螺栓安装完毕，删除空白处多余螺栓。

(8)按顺序点击轴，按右键快捷菜单中点击“消隐”，再点击轴承、挡块、螺母、螺栓，进行“消隐”，至此左半轴的安装完成如图 10－18 所示。

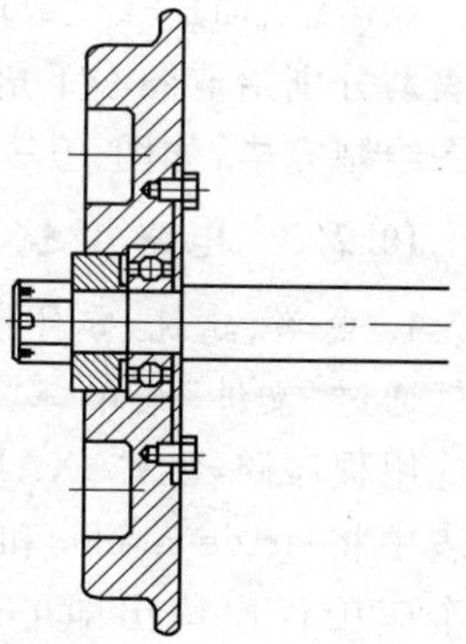

图 10－18

(9)将图 10－9“轮”的上部删除、下半部进行镜像(拷贝)，并将该图生成块，再按上面的方法将该图复制到“装配图”，再按图 10－19 装配到轴的右侧适当位置。将开槽螺母通过轴垂直中心线，镜像到右侧。按图绘制出“挡块”、“盖”、“螺栓”显露部分，并进行块和消隐处理。

(10)标注总体尺寸、轮距等，完成整个装配图，如图 10－19 所示。

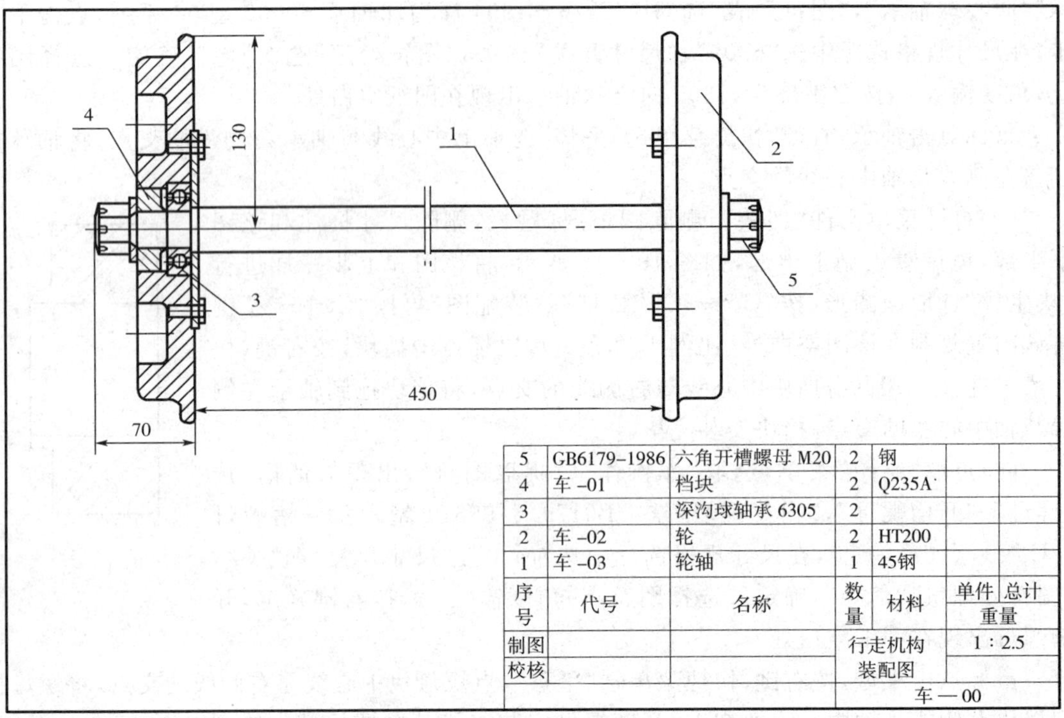

序号	代号	名称	数量	材料	单件	总计
5	GB6179-1986	六角开槽螺母 M20	2	钢		
4	车 -01	档块	2	Q235A		
3		深沟球轴承 6305	2			
2	车 -02	轮	2	HT200		
1	车 -03	轮轴	1	45钢		
					重量	
制图			行走机构装配图		1 : 2.5	
校核						
			车 — 00			

图 10 - 19

6. 生成零件序号和明细表

点击【幅面】→【生成序号】,按图给七个零件标上号。点击【幅面】→【明细表】→【填写明细表】,分别拾取图右下角的明细表中的序号,出现表格,在框内按图所示填写相关数据。装配图绘制完毕,如图 10 - 19 所示。

10.2.3　电路、建筑、零件模块的加载和应用

1. 电路、建筑、零件模块加载

通过“文件”菜单→“应用程序管理器”,找到应用程序路径:CAXAEB\APP,在应用程序列表中将 artdesn. eba 和 Gear. eba 和 sch. eba 三个应用程序调出即可确定,如图 10 - 20 所示。

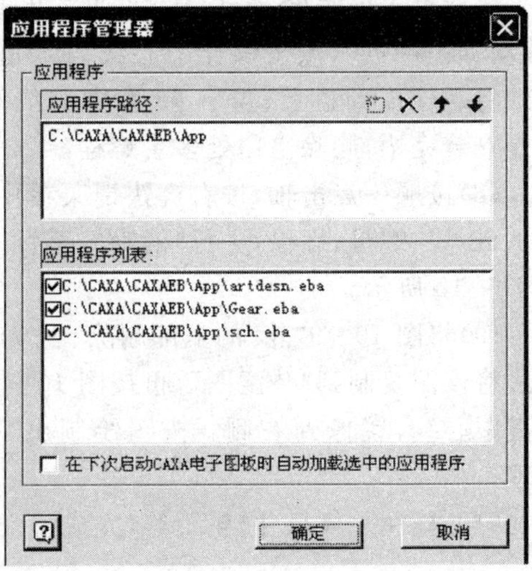

图 10 - 20

2. 电动机过载、欠压、断相保护器电路绘制

点击菜单“电路”。下拉菜单“新建”可以创建一个绘制电路图的界面,确定图纸大小。下拉菜单“参数”可以对绘图的线条和栅格进行设定。下拉菜单“绘图工具”设有多种电路设计的标准模块,可以通过立即菜单填写有关数据,完成电路图的绘制。另外,在应用菜单的图库中选择“电气符号”,可以提取许多电气和电子元件符号。图 10 - 21 是一电动机过载、欠压、断

相保护器电路图。

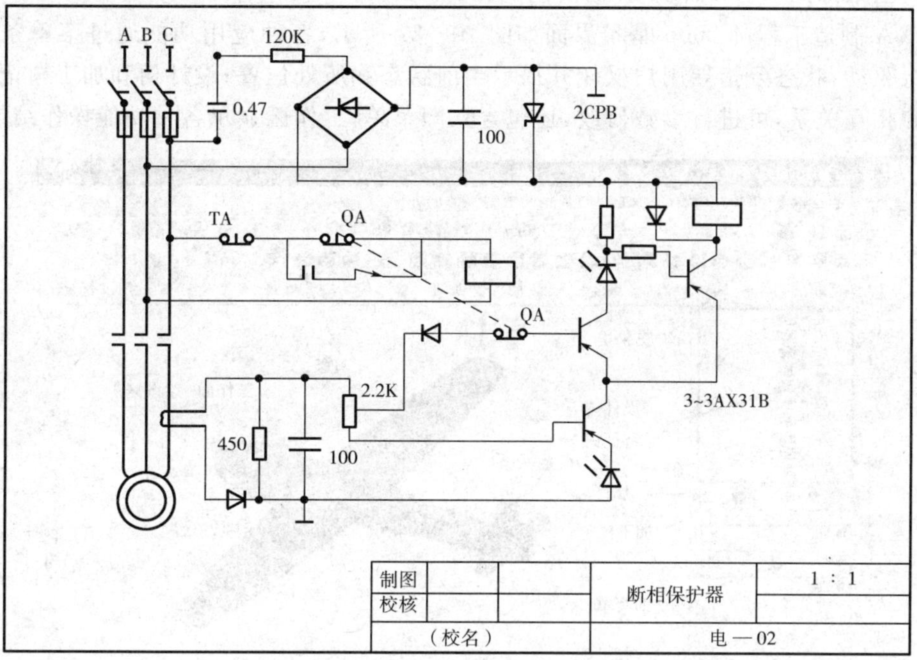

图 10 - 21

3. 绘制建筑图

点击菜单“建筑”。菜单提供了许多绘制建筑设计图和编辑建筑设计图的工具。一般应先设计平面图的轴网(数量及网长和框),然后绘制墙线(墙体),接下来再进行柱子、门窗、楼梯、阳台、台阶等的设计,最后进行尺寸标注。

4. 绘制齿轮零件图

齿轮是我们进行机械设计中用得较多的零件,电子图板专门提供了“齿轮”设计、绘图模块。点击菜单“零件”就可使用该模块,进行各种齿轮的设计和绘制工作图。请点击该模块,试着给出你设计齿轮的参数,最后绘制出齿轮工作图。

10.2.4　文件管理

“文件”菜单的下拉菜单提供了许多文件管理的服务。如:“文件存储”可以转换到电子图板的各个版本、各种数据交换格式(如 DXF、DWG 等)与其他软件兼容、位图文件(bmp)等;“实体设计数据接口”可以将在 CAXA 实体设计软件的造型,转变到电子图板中形成视图,也可以将电子图板中绘制的二维图,输出到“实体设计”或“制造工程师”中作为草图。

10.3　CAD/CAM 一体化软件:CAXA 制造工程师

CAXA 制造工程师(简称 Mxe 系统)是国产化的技术先进、功能强大的应用软件。它可以方便的进行三维实体的特征造型、自由曲面造型和灵活的曲面实体造型。它还具有通过造型,快速、高效的进行自动编写数控加工程序的能力,将 CAD 模型与 CAM 加工技术无缝集成，直接对曲面、实体模型进行一致的加工操作。该软件主要是针对在数控铣床和加工中心上进行三维加工（3～5 轴联动）而研制的。

CAXA 制造工程师 2006 基本界面如图 10－22 所示，各种应用功能通过菜单条和工具条等进行驱动；状态条指导用户操作并提示当前状态和所处位置；设计树和加工树记录了历史操作和相互关系，可进行参数修改，还包含立即菜单；工作区显示各种功能操作结果。

图 10－22

在桌面上双击制造工程师图标，进入本系统。一般特征图（三维实体图）的制作要先绘制草图，再进行三维实体制作。平面轮廓图和三维曲面在非草图（空间状态）下产生。作图的过程，即为零件设计过程（无图纸设计）。在计算机自动生成加工程序的过程中，填写好一系列加工参数表格是搞好加工的关键。

通过 CAXA 制造工程师的各种菜单，可以进行三维实体和曲面造型，也可以使用工具条中的快捷图标操作，常用的快捷图标如下：

三维旋转；图形缩放；显示窗口；显示全部；刷新重绘制；图形平移；删除；草图开关；曲线裁剪；构造基准面；样条线；直线；圆弧；整圆；曲线过渡。

10.3.1　手工编程及 ISO 代码反读（逆向工程）训练

（1）程序输入

本软件可用 Windows 自带的“记事本”程序编写和输入零件的数控加工程序，并可保存成文本文件“*.txt”格式。按 ISO 指令代码和规则，输入以下零件程序，程序前应用标识符“%”，每行为一个程序段，用 M30 指令结束程序。将以下数控加工程序输入计算机（字母用大写；空格、不空格均可；注意区分字母 I 和数字 1），输入完毕，必须保存该文件。

```
%
N10 G90
N20 M03 S200 F200
N30 G00 X-27 Y-15
N40 G01 Z-0.7
N50 G03 X-20 Y-22 I7 J0
N60 G01 X20 Y-22
N70 G03 X27 Y-15 I0 J7
N80 G01 X27 Y15
N90 G03 X20 Y22 I-7 J0
N100 G01 X-20 Y22
N110 G03 X-27 Y15 I0 J-7
N120 G01 X-27 Y-15
N130 G00 Z2.4
N140 X10 Y0
N150 G01 Z-2.4
N160 G02 X10 Y0 I-10 J0
N170 M30
```

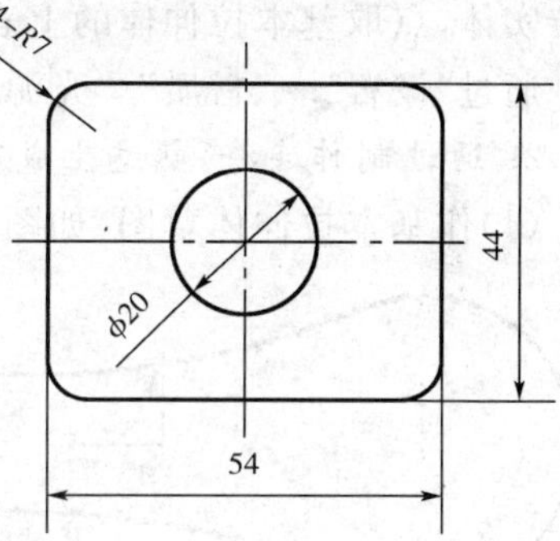

图 10-23

(2)代码反读,生成加工轨迹图

点击"加工"→"后置处理"→"校核 G 代码",弹出对话框,输入"文件名 .txt"并打开。出现一对话框,定义圆心,选"圆心对起点",按"确定"生成加工轨迹图形如图 10-23 所示,按 F8 生成轴测图,放大,观察该图形的特点(注意加工内圆前的抬刀、下刀轨迹)。

用这种方法验证数控加工程序,反求加工轮廓图,其结果可输送到数控机床上进行加工。

10.3.2　曲面、实体造型训练

1. 设计一饭盒(如图 10-24 所示),熟悉制作特征图的拉伸、过渡、抽壳等功能

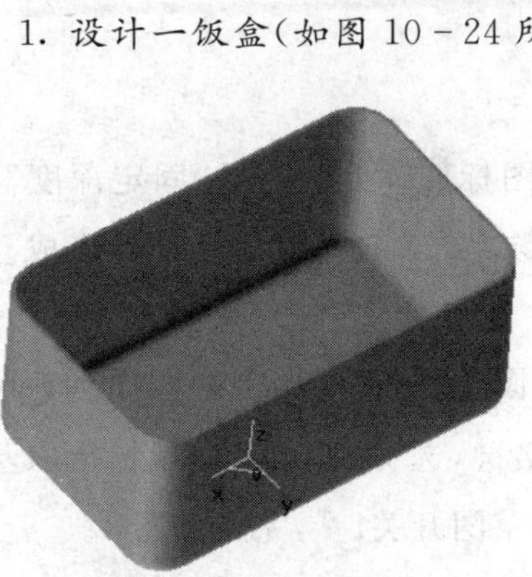
图 10-24

(1)作草图:在特征树中点击"平面 *XY*",打开草图开关(处于按下状态),点击直线图标,回车,出现坐标输入框,依次输入每点坐标值(*X*,*Y*,*Z*):(100,65,0)、(−100,65,0)、(−100,−65,0)、(100,−65,0)、(100,65,0),每次仅输入一组坐标确定一个坐标点,回车后,再输入下一个点的坐标,全部输入后单击鼠标右键确认。

(2)关闭草图图标,(处于未按下状态)。

(3)按 F8 键,使图形转为轴测图。

(4)拉伸基本体:点击"造型"→"特征生成"→"增

料”→“拉伸”或点击图标，在对话框中输入深度 70，单位 mm，下同。若显示“草图未准备好”，需用鼠标点取草图，或到设计树中点取该草图的记录。

(5)竖直棱边的过渡：点击“造型”→“特征生成”→“过渡”或点击图标，在对话框中输入半径 20，点取基本拉伸体的四条竖直棱边，可用旋转图标，用鼠标中键选中实体后拖动旋转，对话框显示过渡边：“4 条边、0 个面”，点击“确定”。

(6)底面边(下表面)的过渡：点击“造型”→“特征生成”→“过渡”或点击图标，在对话框中输入半径 6，点击旋转图标拖动所绘制图形，观察基本拉伸体各个面，点取基本拉伸体下表面，点击“确定”，如图 10－24 所示。

(7)抽壳：点击“造型”→“特征生成”→“抽壳”或点击图标，在对话框中输入厚度＝2，旋转实体，点取基本拉伸体的上表面，点击“确定”即完成。

通过“设置”→“材质”/“光源”等可以设置模型相关材料的材质、颜色等信息。

2. 通过制作连杆，熟悉生成零件三维造型的过程

(1)作基本拉伸体草图，如图 10－25 所示

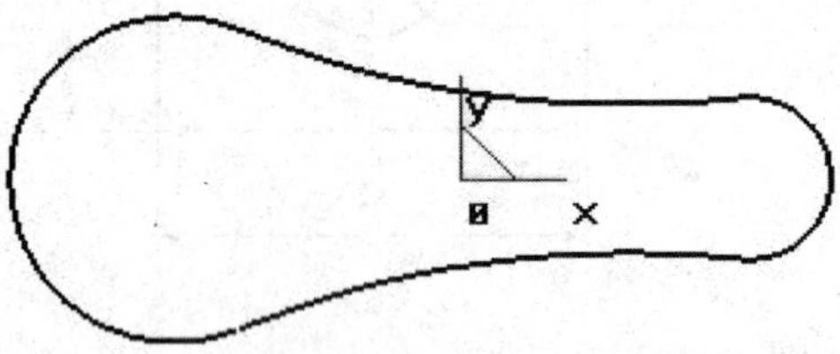

图 10－25

在特征树中，点击“平面 *XY*”，打开草图开关，点击圆图标，选“圆心－半径”，按回车键，出现坐标输入框，输入圆心坐标(70，0，0)，回车，输入半径 20，回车，单击鼠标右键确定，按回车键，输入圆心坐标(－70，0，0)，回车，输入半径 40，回车，单击鼠标右键确定。

选“两点－半径”，按空格键，选“切点”，用鼠标拾取两圆内侧上端(即左边圆的第一象限，右边圆的第二象限)，按回车键，输入半径值 250，形成圆 3，用鼠标拾取两圆内侧下端，按回车键，输入半径值 250，形成圆 4。

点击“造型”→“曲线编辑”→“曲线裁剪”或点击图标，点击圆 3 上端、圆 4 下端，以及 *R*40、*R*20 两圆内侧，裁掉多余部分，形成如图 10－25 所示的轮廓图。

关闭草图开关，完成草图制作，按 F8 键，转轴测图。

(2)生成基本拉伸体

点击“造型”→“特征生成”→“增料”→“拉伸”或点击图标，类型选择“固定深度”、输入深度＝10，选择“增加拔模斜度”、角度＝5，其余选项不变，按“确定”，基本拉伸体生成。

(3)拉伸小凸台

点击基本拉伸体的上表面，打开草图开关，制作草图 1(小圆)，点击整圆图标，选“圆心－半径”，回车，输入圆心坐标(70，0，0)，回车，按空格键，选“最近点”，用鼠标拾取基本拉伸体的边缘来确定半径，单击鼠标右键结束操作。关闭草图开关，完成草图 1。

点击“造型”→“特征生成”→“增料”→“拉伸”或点击图标，类型选择“固定深度”，输入深度＝10，选择“增加拔模斜度”，角度＝5，其余选项不变，按“确定”，小凸台生成，如图 10－26右侧。

(4)拉伸大凸台

点击基本拉伸体的上表面，打开草图开关，制作草图 2(大圆)，方法与草图 1 相同，圆心坐标改为(－70,0,0)。关闭草图开关，完成草图 2。

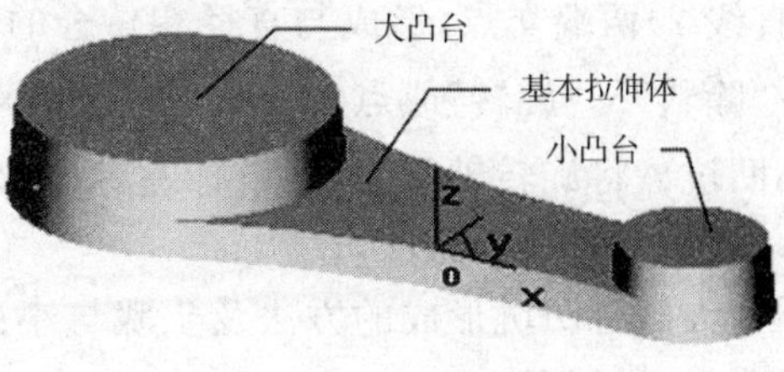

图 10－26

点击图标，类型选择“固定深度”、输入深度＝15，选择“增加拔模斜度”、角度＝5，其余选项不变，按“确定”，大凸台生成，如图10－26左侧。

(5)两凸台之间生成一凹槽

选中基本拉伸体上表面，打开草图开关、点取图标(相关线)，在立即菜单中选用实体边界，分别点取大小凸台与基本拉伸体的交线和基本拉伸体两侧面轮廓线，点取图标作等距线，方向向里，并取距离，距大圆 10、距小圆 7、距两侧边界 4。删除以上实体边界，用线裁剪去掉多余线条，并用线过渡工具对图形的四尖角进行过渡，过渡半径 3，如图 10－27 所示。

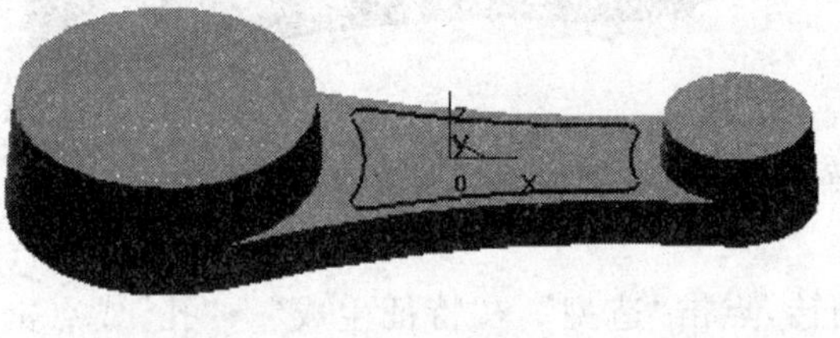

图 10－27

关闭草图开关，用拉伸除料，点击草图，深度选 3，确定，凹槽形成。

(6)形成小凸台凹坑

在设计树选中“平面 XZ”，打开草图开关、点直线图标，选“两点线”，按空格键，选取“端点”，点击小凸台上端面外端点(右侧边缘处)，再按空格键，选取“中点”，点击小凸台上端面外端点的对面圆弧线，形成小圆直径，记作直线 1；在立即菜单中选“平行线”，选取“距离”，填入距离为 10，用鼠标点击直线 1，再点击向上箭头，形成直线 2 如图 10－28 所示。

以直线 2 的中点为圆心，做圆：点击“整圆”图标，选“圆心－半径”，按空格键，选“中点”，点直线 2，回车，输入半径 15，回车，按右键确定。点击“编辑”→“删除”或点击图标，选直线 1，按右键，删除直线 1，点击“造型”→“线面编辑”→“曲线裁剪”，或点击图标，点击直线 2 圆外部分和上半圆，剩下下半圆，如图 10－29 所示。

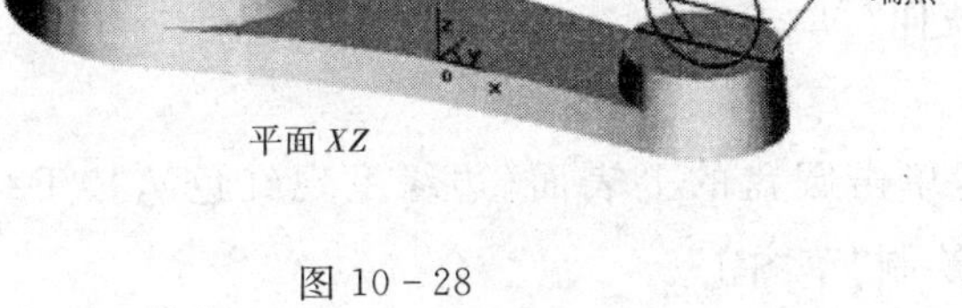

图 10－28

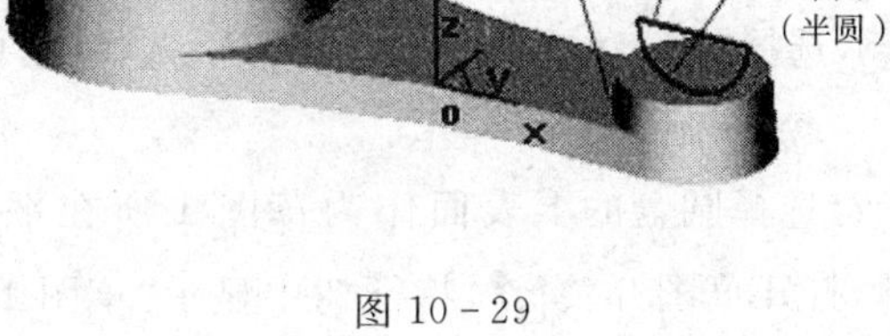

图 10－29

关闭草图开关，点击直线图标，选"两点线"，按空格键，选取"缺省点"，点半圆直径(直线 2)两端交点，形成与直径相重合的空间直线，作为旋转轴。点击"造型"→"特征生成"→"除料"→"旋转"或点击图标，弹出对话框，点取旋转轴和草图(半圆)，按"确定"，形成小凹坑。将旋转轴删除(用鼠标左键选取，按右键删除)。

(7)形成大凸台凹坑

大凸台凹坑形成的方法及步骤与小凸台凹坑相同，只需将平行线距离改为 20，圆半径的改为 30 即可。

(8)生成过渡

点击"造型"→"特征生成"→"过渡"或点击图标，在对话框中输入半径 10，点取大凸台和基本拉伸体的交线 1，如图 10－29 所示，按"确定"，点击过渡图标，输入半径 5，点取小凸台和基本拉伸体的交线 2，点击"确定"，点击过渡图标，输入半径 2，点取所有棱边(不包括底面棱边、凹槽只点取两条较长棱边)，点击"确定"，完成所有过渡，如图 10－30 所示。

图 10－30

在两凹坑中间打通孔：将特征(实体)图翻转，点击"造型"→"特征生成"→"孔"或点击图标，选取实体下表面，在"孔的类型"对话框中选择第一种类型，再用鼠标点击打孔的大概位置，回车，按 S 键(选缺省点)，输入大圆圆心坐标(－70，0，0)，点击参数表中的"下一步"，输入直径 20，选择"通孔"，单击"完成"。

用同样的方法，在小凹坑的中间位置钻一个直径为 10 的通孔。

连杆特征图完成，如图 10－30 所示。保存该图形文件。

3. 推进凸轮造型，熟悉直纹面的生成、曲面裁剪等功能

(1)产生基本拉伸体

① 绘制草图 0

在屏幕左侧特征树中选择"平面 XY"，打开草图开关，特征树中显示"草图 0"。

点击"整圆"图标，在左边立即菜单中选择"圆心－半径"，回车，输入圆心点坐标(0，0，0)后回车(也可直接用鼠标选取坐标原点)；按回车键，输入圆半径"123"后回车，再按回车键输入圆半径"85"后回车，点击鼠标右键确认。点击显示全部。

按 F2 键，关闭草图开关，完成草图 1 绘制。

② 拉伸增料

按"F3"(显示全部)和"F8"(轴测图)，在特征树中选择"草图 0"，单击"拉伸增料"图标，选择"固定深度"、深度取"15"、选择"反向拉伸"，单击确定。

③ 绘制草图 1

选择圆盘的上表面作为草图 1 所在平面，单击圆盘的上表面(边缘呈现红色)，按 F2 键，打开草图开关，特征树中显示"草图 1"，绘制"草图 1"。

按“F5”,点击“整圆”图标,左边立即菜单选择“圆心_半径”,回车,输入圆心点坐标(0,0,0),然后回车;按回车键,输入圆半径“85”后回车,再按回车键输入圆半径“100”后回车,点击鼠标右键确认。点击“整圆”图标,关闭绘制圆功能。关闭草图开关,结束草图1的绘制。

④ 拉伸增料

按“F3”和“F8”,在特征树中选择“草图1”,单击“拉伸增料”图标,选择“固定深度”、深度取“45”、不选“反向拉伸”,单击确定。

(2)生成裁剪曲面

① 绘制空间曲线1

点击“样条线”图标,在立即菜单中选择“插值”、“缺省切矢”、“闭曲线”,依次输入点坐标:(75,0,20)、(53.033,53.033,20)、(0,75,22.21)、(−53.033,53.033,30)、(−75,0,40)、(−53.033,−53.033,30)、(0,−75,22.21)、(53.033,−53.033,20),单击鼠标右键确定,完成封闭空间曲线1的绘制。

② 绘制空间曲线2

点击“样条线”图标,在立即菜单中选择“插值”、“缺省切矢”、“闭曲线”,依次输入点坐标:(110,0,20)、(77.7817,77.7817,20)、(0,110,22.21)、(−77.7817,77.7817,30)、(−110,0,40)、(−77.7817,−77.7817,30)、(0,−110,22.21)、(77.7817,−77.7817,20),单击鼠标右键确定,完成封闭空间曲线2的绘制,也可用等距线距离35,绘制该曲线。

③ 生成直纹面(作为裁剪曲面)

“造型”→“曲面生成”→“直纹面”或点击图标,在立即菜单中选择“曲线+曲线”,用鼠标分别拾取空间曲线1与空间曲线2(拾取点位置要靠近),形成一个直纹面,按右键结束。

(3)生成凸轮轨道

① 曲面裁剪

“造型”→“特征生成”→“除料”→“曲面裁剪”或点击图标,拾取直纹面(等待片刻,直纹面的边缘呈现红色即可)作为裁剪曲面,调整“除料方向选择”选项(使直纹面上的箭头向上),单击“确定”,曲面裁剪完成。拾取困难时,可将图形放大,下同。

② 删除辅助曲面和辅助曲线

拾取直纹面(直纹面的边缘呈现红色),按鼠标右键,删除直纹面,用同样的方法依次删除空间曲线1、空间曲线2。

(4)打孔

① 绘制草图2

选择“平面 XY”作为草图2所在平面:用鼠标在左边的特征树中点取“平面 XY”,打开草图开关,特征树中显示“草图2”,绘制“草图2”。

按“F5”,点击“整圆”图标,在左边立即菜单中选择“圆心_半径”,按回车键,输入圆心点坐标(112,0,0),然后回车;再按“回车”键,输入圆半径“6.5”后回车,单击鼠标右键确认。

点击“整圆”图标⊕，关闭绘制圆功能。

点击“造型”→“几何变换”→“阵列”或点击图标，在立即菜单中选取：“圆形”、“均布”、“份数＝8”，回车，用鼠标拾取圆，单击鼠标右键确定，按回车键，输入中心点坐标(0,0,0)，回车，单击鼠标右键确定，阵列结束。

关闭草图开关，完成草图 2 的绘制。

② 拉伸除料(打孔)

单击 F8，选取“造型”→“特征生成”→“除料”→“拉伸……”或点击图标，选择“固定深度”、深度“20”、拉伸对象选取特征树中的“草图 2”，单击确定。

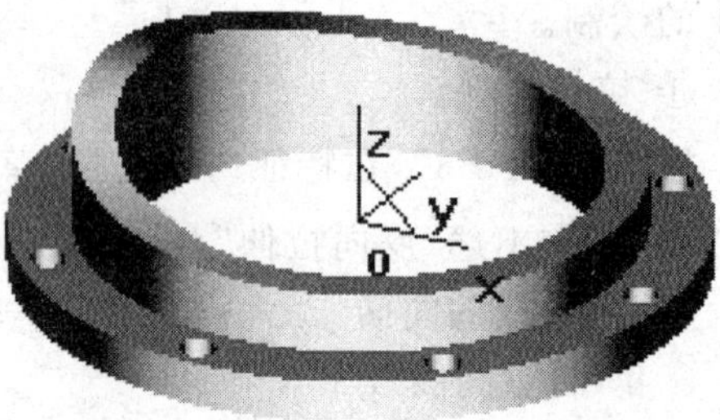

图 10－31

推进凸轮造型完成，如图 10－31 所示。

4．制作连杆的凸、凹模，练习“实体布尔运算”功能

(1)将图 10－30 所示连杆实体的文件打开，在下拉“文件”菜单中，选择“另存为”在对话框“保存类型”中选择“＊．x—t”文件格式，文件名定为“LG”，将此文件保存在相关的文件夹中，为进行布尔运算作准备，如图 10－32 所示。

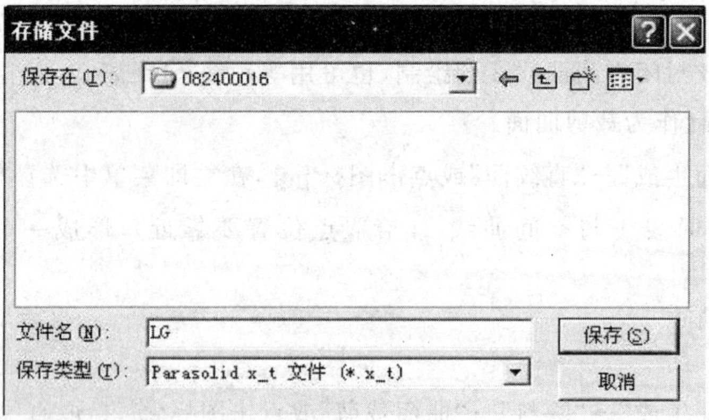

图 10－32

(2)制作一个长方体

① 建草图 0：新建一文件，点取特征树中“平面 XY”，打开草图开关。点击矩形图标，立即菜单选择“中心_长_宽”选项，输入长度＝220、宽度＝10，按回车键，输入矩形中心坐标(－10,0,0)，按回车键，单击鼠标右键确定。按 F2 键，关闭草图 0。

② 创建长方体实体：按“F8”和“F3”，选择草图 0，单击“拉伸增料”图标，选择“固定深度”、深度“10”、选择“反向拉伸”，单击确定。长方体实体生成。

(3)制作连杆的凸模

将连杆并入，与当前零件实现并的运算，制作连杆的凸模。

① 点击“造型”→“特征生成”→“实体布尔运算”或点击按钮，弹出打开对话框，选取

以上文件“LG. X_T”，单击“打开”，弹出布尔运算对话框，如图 10 - 33 所示。

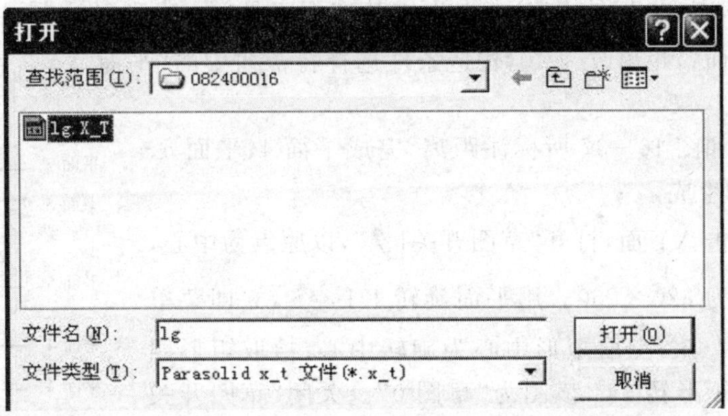

图 10 - 33

② 选择布尔运算方式：⊙ 当前零件U输入零件。给出定位点：用鼠标拾取实体上的坐标原点，如图 10 - 34 所示。

③ 在对话框中选择定位方式，“拾取定位的 X 轴”，点击“确定”，完成操作。连杆凸模制作完毕，如图 10 - 35 所示。

(4)制作连杆的凹模

① 创建长方体实体：按前述制作连杆凸模的方法创建草图 0。

选择草图 0，单击“拉伸增料”图标，选择“固定深度”、深度“30”、不选“反向拉伸”，单击确定。长方体生成。

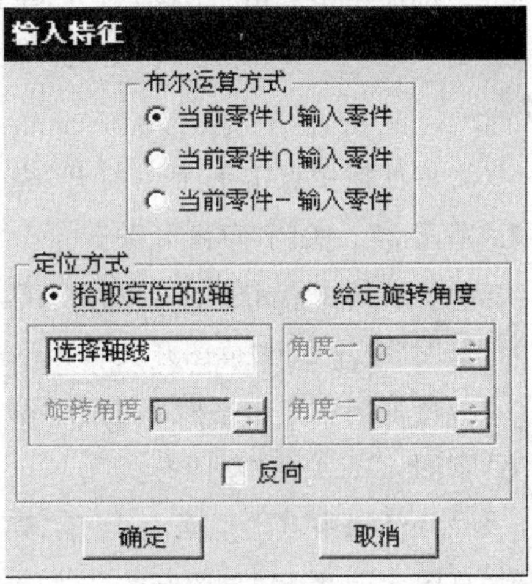

图 10 - 34

② 将连杆(仍选以上“LG. X_T”文件)并入，与当前零件实现差的运算：选择布尔运算方式⊙ 当前零件－输入零件。给出定位点：用鼠标拾取实体上的坐标原点。

③ 在对话框中选择定位方式，“拾取定位的 X 轴”，点击“确定”，完成操作。连杆凹模制作完毕，翻转该长方体，如图 10 - 36 所示。

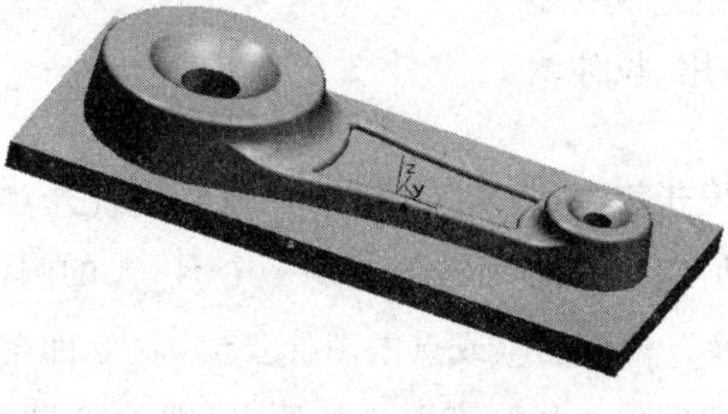

图 10 - 35

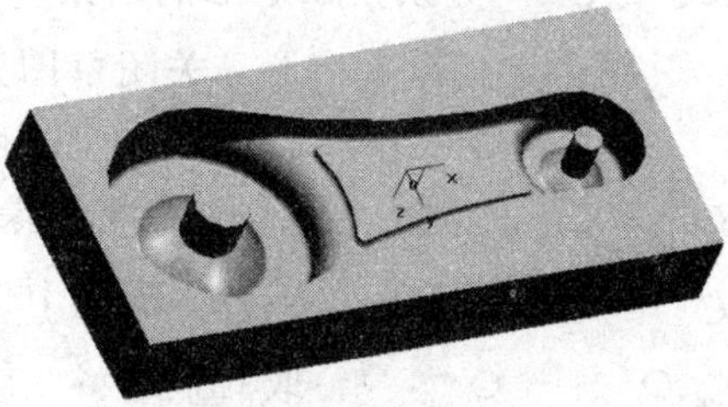

图 10 - 36

5. 纯平显象管造型，练习“实体放样”等功能

(1)在空间状态(非草图状态)点击生成基准面工具，出现对话框，构造方法选“等距平面确定基准平面”，距离改为 40，构造条件选择特征树中的“平面 XY”，点击确定，完成平面 3 的建立。

用同样方法和图 10-37 所标注距离，完成平面 4、平面 5、平面 6、平面 7 的生成。

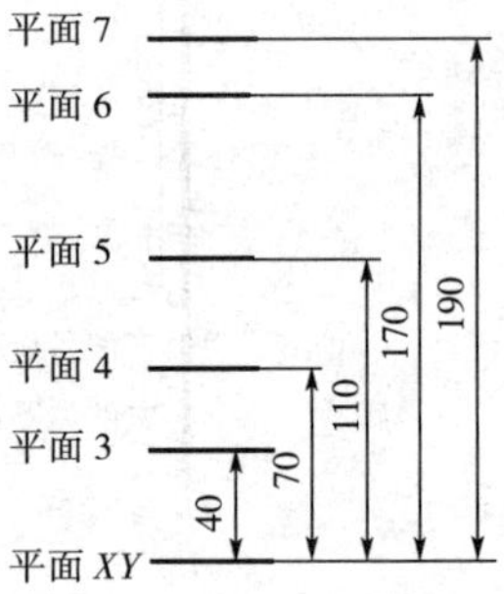

图 10-37

特征树中点击 XY 面，打开“草图开关”，以原点为中心，绘制以矩形边长为 320×260。用平面旋转工具，立即菜单选“移动”，角度填 45°，点取矩形中心为旋转中心、拾取矩形四边，按右键，将该矩形转 45°，该图为“草图 0”。关闭“草图开关”。

(2)特征树中点击平面 3，打开“草图开关”，以原点为中心，绘制半径为 100 的圆，该图为“草图 1”。关闭“草图开关”。

(3)特征树中点击平面 4，打开“草图开关”，以原点为中心，绘制半径为 35 的圆，该图为“草图 2”。关闭“草图开关”。

(4)特征树中点击平面 5，打开“草图开关”，以原点为中心，绘制半径为 18 的圆，该图为“草图 3”。关闭“草图开关”。

(5)特征树中点击平面 6，打开“草图开关”，以原点为中心，绘制半径为 17 的圆，该图为“草图 4”。关闭“草图开关”。

(6)特征树中点击平面 7，打开“草图开关”，以原点为中心，绘制半径为 12 的圆，该图为“草图 5”。关闭“草图开关”。

(7)点取放样增料工具，出现一对话框，在特征树里依次点取草图 5、草图 4、草图 3、草图 2、草图 1，最后点取绿色放样线所对应的矩形顶点。对话框点击“确定”，放样增料完成，如图 10-38 相关部分所示。

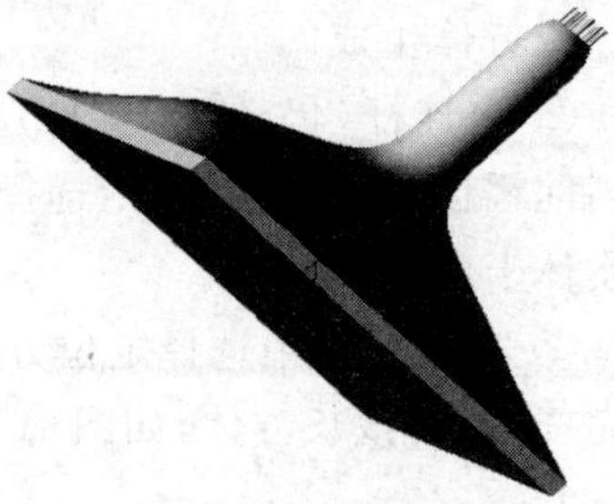

图 10-38

(8)生成显示屏：点取矩形面，打开草图开关，点击相关线工具，分别拾取矩形的四条边，草图中生成一矩形。关闭草图开关。用“拉伸增料”深度=10，确定。

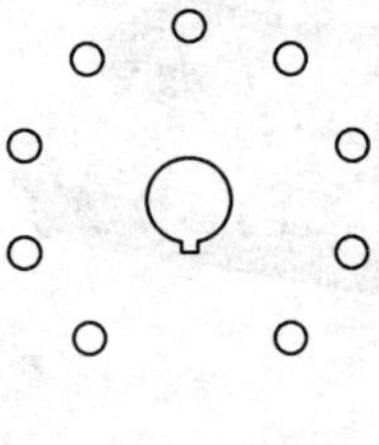

图 10-39

(9)将显象管翻转并放大，点取 $R12$(最小圆面)，打开草图开关，按图 10-39 所示的 $R12$ 圆内，先绘制一个 $R=1$ 的圆，再选取“造型”→“几何变换”→“阵列”(或点击图标)，在立即菜单中选择“圆形”、“均布”、“份数=10”，点取坐标原点(即 $R12$ 圆心)为阵列中心点，拾取 $R1$ 圆，回车，生成 10 个圆，删除其中 1 个圆。按

图 10－39 所示绘制出中间部分(一个 $R3$ 圆、半个矩形、剪去多余线段)。关闭草图开关。用“拉伸增料”深度＝12,确定,生成管脚。

(10)过渡:相关棱边进行 $R0.5 \sim R1$ 的圆角过渡。

纯平显象管造型完成,如图 10－38 所示。

10.3.3 实体造型和曲面造型以及自动编程进行数控加工

1. 通过鼠标造型,熟悉曲面裁剪和刀具加工轨迹,数控加工代码的自动生成

(1)创建鼠标正视截面草图

① 选取零件特征显示栏中“平面 XY”,显示虚线框,打开草图开关,建立草图 0。

② 点击直线图标,选“两点线”、回车,输入第一点坐标(－60,0,0),回车,输入第二点坐标(40,0,0),回车,按鼠标右键确定。

③ 点击立即菜单,改“两点线”为“平行线”,将“过点”改为“距离”,并定为 30、回车,用鼠标拾取直线,点取向上箭头,生成一条平行线。重复以上操作,向下作一条平行线。

④ 删除中间直线:点击“编辑”→“删除”或点击图标,用鼠标拾取中间的直线,按右键确定。

⑤ 点击直线图标,把立即菜单改为“两点线”,按空格键,选择“端点”,用鼠标拾取两个平行直线的左端,生成一条垂线,双击鼠标右键确认完成。

⑥ 绘制圆弧:点击“造型”→“曲线生成”→“圆弧”或点击图标,在立即菜单中选择“三点圆弧”,分别输入三点坐标:(10,30,0)、(40,0,0)、(10,－30,0),单击鼠标右键确定,生成一个与平行直线相切的圆弧。

⑦ 点击“造型”→“曲线编辑”→“曲线裁剪”或点击图标,选取圆弧右侧多余的直线,按鼠标右键确定。

⑧ 按 F2 键,退出绘制草图状态,完成一封闭的轮廓图。

(2)生成鼠标基本体

① 按 F8 键,生成轴测图。

② 点取生成的草图 0,执行“造型”→“特征生成”→“增料”→“拉伸”或点击图标,出现对话框,将深度定为 40,按“确定”,生成基本拉伸体。

③ 圆弧过渡:点击旋转图标,将实体旋转,直到可以看见左边两个竖直棱边。点击“造型”→“特征生成”→“过渡”或点击图标,弹出对话框,把半径定为 6,点取两条竖直棱边,对话框中显示“两条边、0 个面”,按“确定”,过渡完成。

④ 点击旋转图标,拖动实体旋转,显示实体底面,点击“造型”→“特征生成”→“拔模”或点击图标,出现对话框,选择“向里”,将拔模角度定为 2,用鼠标点击“中性面”下面的红框,点击实体底面,用鼠标点击对话框中“拔模面”下面的输白色框,再用鼠标点取实体的任一侧面,按“确定”,生成 2°的拔模斜度。

(3)创建鼠标顶面

① 生成样条曲线:点击“造型”→“曲线生成”→“样条线”,选“开曲线”,或直接点击图标

,按回车,依次输入坐标点(−62,0,15)、(−40,0,25)、(0,0,30)、(20,0,25)、(42,0,15),输入完毕后,单击鼠标右键确定,生成一条样条曲线。

② 生成裁剪曲面:点击“造型”→“曲面生成”→“扫描面”或点击图标,把立即菜单中的“起始距离”定为−40,“扫描距离”定为80,回车确认。系统提示:输入扫描方向,按空格键,选择“Y轴正向”,用鼠标拾取样条曲线,鼠标右键确定,生成一张曲面。

③ 用曲面裁剪实体:点击“造型”→“特征生成”→“除料”→“曲面裁剪”或点击图标,弹出对话框,点击“除料方向选择”,使箭头方向指向上,按“确定”,完成裁剪工作。用鼠标分别拾取曲面、曲线,单击鼠标右键,将曲面和曲线删除。

④ 顶部边界过渡:点击“造型”→“特征生成”→“过渡”或点击图标,弹出对话框,将半径定为3,拾取顶面,边界变红,按“确定”键,过渡完成。

⑤ 生成顶面刀具轨迹。

点击“加工”→“定义毛坯”出现对话框,选“参照模型”、“标准件”,按下“参照模型”按钮,按“确定”,如图10-40所示。

点击“加工”→“精加工”→“参数线精加工”,弹出对话框,点取“加工参数”选项,把“行距”改为3,“走刀方式”选“往复”,起始点填(−60,34,45),如图10-41所示;点取“刀具参数”选项,改$R=3$、$r=3$,其余选项不动,按“确定”。

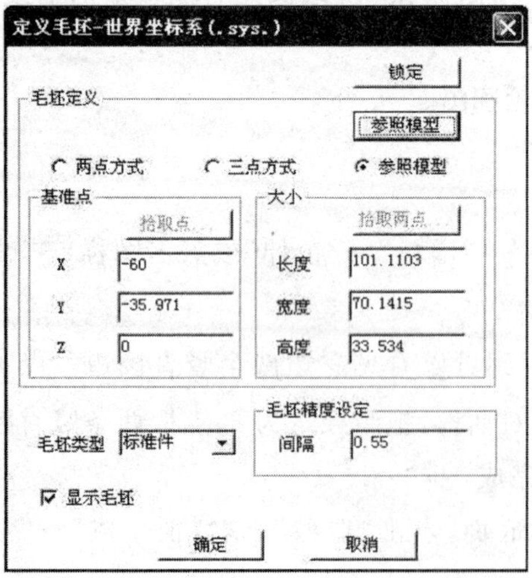

图10-40

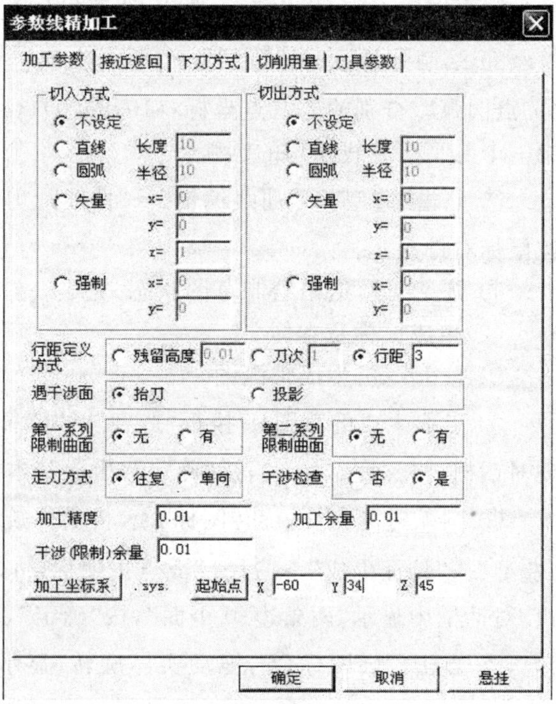

图10-41

系统提示:“拾取加工对象”,用鼠标单击实体顶部曲面,待出现箭头后,按鼠标右键确定。系统提示“拾取进刀点”,用鼠标在曲面左侧边缘点击一下,出现一个箭头,这时用鼠标左键可以切换箭头方向,即选择刀具加工时的行走方向,如图10-42所示,然后按鼠标右键确定。系统提示:“改变曲面方向”,按鼠标右键忽略。系统提示:“拾取干涉面”,按鼠标右键忽略。

顶面上显示出刀具轨迹和轨迹线,如图 10－43 所示,检查轨迹是否符合工艺要求,保存该图形文件。

⑥ 仿真加工:点击“加工”→“轨迹仿真”,按提示拾取刀具轨迹、按右键进入仿真显示界面。点“工具菜单”选“仿真”或使用快捷键 Alt＋k,出现仿真加工对话框如图 10－44 所示,点按钮 ,再点按钮 ,进行轨迹仿真,验证刀具轨迹及仿真结果是否满足要求。关闭轨迹仿真后返回。

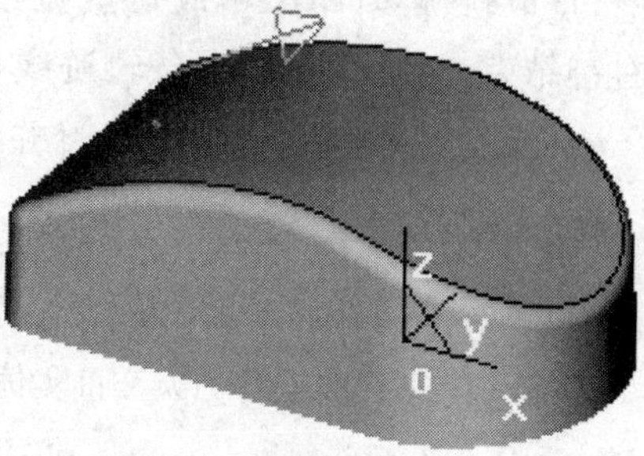

图 10－42

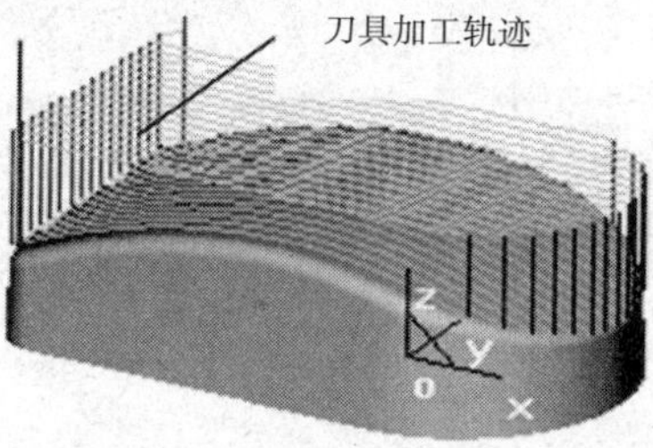

图 10－43

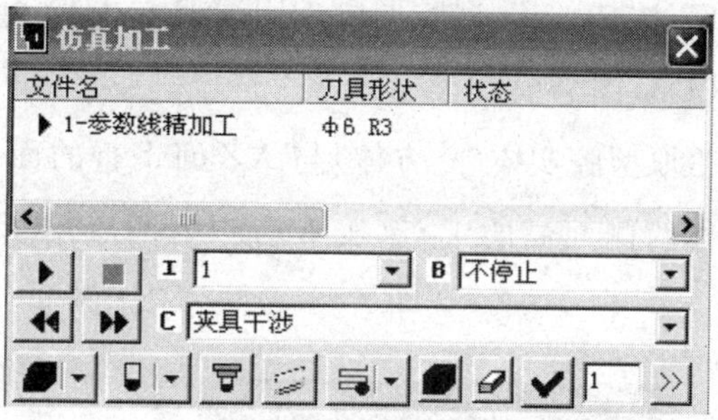

图 10－44

⑦ 输出自动生成的数控加工程序:点击“加工”→“后置处理”→“生成 G 代码”,弹出文件管理对话框,选择代码文件存放位置,输入文件名,按“保存”。系统提示:“拾取刀具轨迹”,用鼠标点取刚生成的刀具轨迹,然后按鼠标右键,系统自动生成加工鼠标顶面的数控加工程序。

2. 通过型腔、分模造型生成铸模,并进行粗加工和精加工

(1)点击特征树中 XY 面,以坐标原点为中心,按照图 10－45 的尺寸,绘制直线 1、直线 3、绘制圆弧(起点—半径(50)—起终角(90、180)),使用镜像工具 ,以直线 3 为镜像轴做镜像,生成图 10－45 所示图形,按系统提示,作好导动轨迹线。

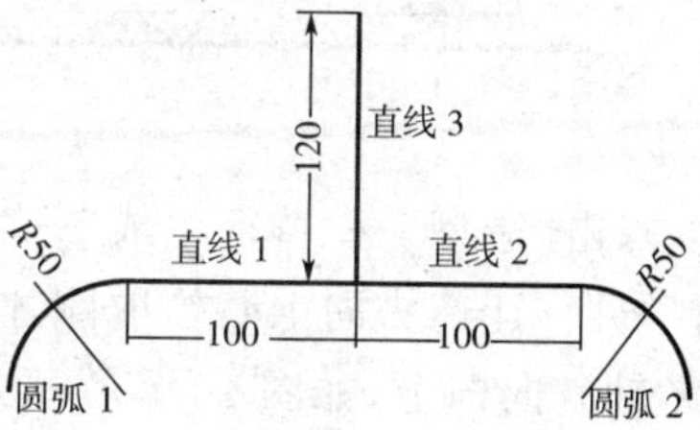

图 10－45

(2)完成三通实体造型(如图 10－46)

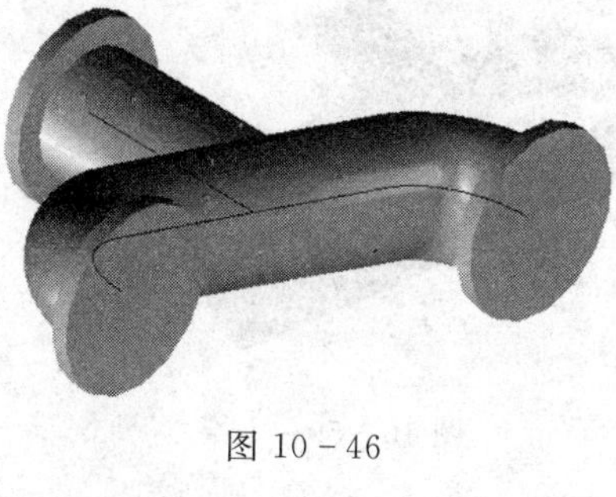
图 10－46

① 按 F8 键,点击“造型”→“特征生成”→“基准面”,选等距平面方式,给出距离－50,在特征树中选平面 XZ,确定,生成“平面 3”。用同样方法,生成距平面 XZ 为 120 的“平面 4”。

② 在特征树中选“平面 3”,打开草图开关 ,以弧线 1 的端点为圆心,35 为半径绘制一圆,生成草图 0。关闭草图开关 。点击实体导动 ,出现对

话框，点取轨迹线（单个拾取）：点弧线 1，选箭头向直线 1，点直线 1，点直线 2、弧线 2，按鼠标右键结束，对话框显示 4 条轨迹线，点取草图 0，选项控制中选择“固接导动”，按“确定”。

③ 在特征树中选“平面 4”，打开草图开关，以直线 3 的外端点为圆心，半径为 35 绘制一圆，生成草图 1。关闭草图开关。点击实体导动，出现对话框，点取直线 3，点向下箭头，按鼠标右键结束，点取草图 1，按“确定”，生成一直圆柱体。

④ 分别（分三次操作）以三通实体的三个端面为基准面，打开草图开关，绘制半径为 50 的圆为草图。关闭草图开关，用拉伸增料，生成三个高为 15 的增料实体，如图 10－46 所示。

（3）形成铸模（注塑模）型腔

点击“造型”→“特征生成”→“型腔（分模预处理）”，出现对话框，按图 10－47 所示参数填写后，按“确定”，型腔形成。用线架方式可观察实体内部。

（4）草图分模

拾取型腔实体（立方体）与 XZ 面平行的面为基准面，打开草图开关，点取，以型腔实体两侧面高的中点（按 M 键）为两点绘制一直线，如图 10－48 所示。关闭草图开关。

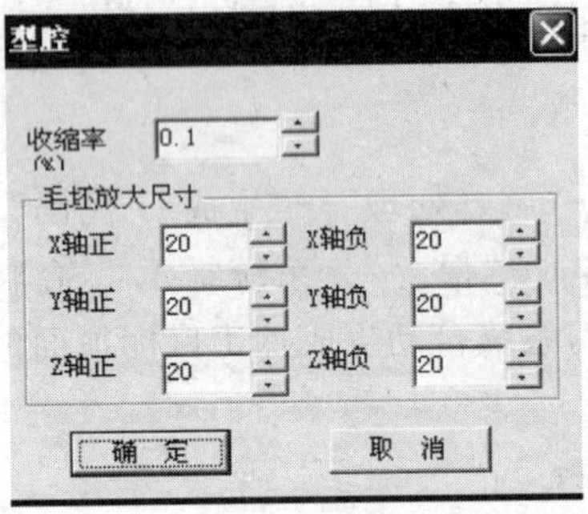

图 10－47

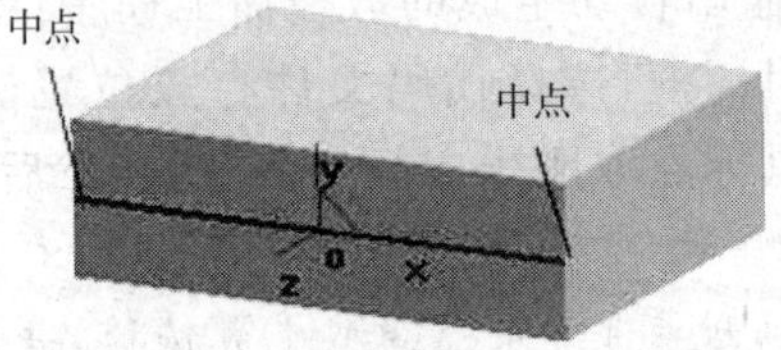

图 10－48

点击“造型”→“特征生成”→“分模”，出现对话框。按图 10－49 所示，选择分模形式和除料方向（让箭头向上），拾取刚才草图中绘制的直线，按确定，删除多余线条，分模完成，要求 Z 轴方向向上，如图 10－50 所示。

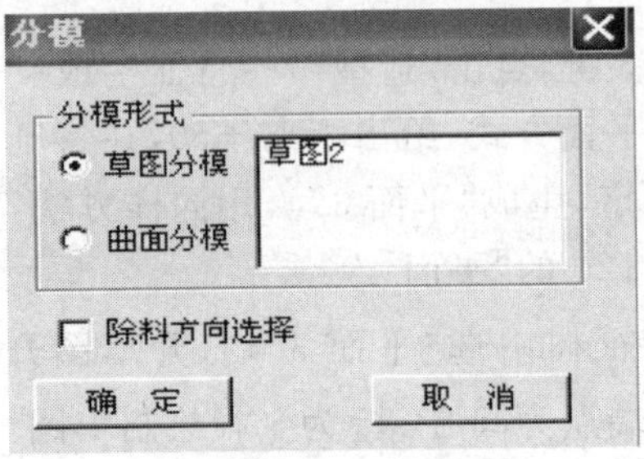

图 10－49

图 10－50

(5)等高线粗加工

① 点击“加工”→“定义毛坯”出现对话框，选“参照模型”，点击“参照模型”，确定。

② 点击“加工”→“粗加工”→“等高线粗加工”，弹出对话框，将加工参数 1 表按图 10-51修改，刀具参数改为 $R=3$、$r=3$、$b=4$，确定。

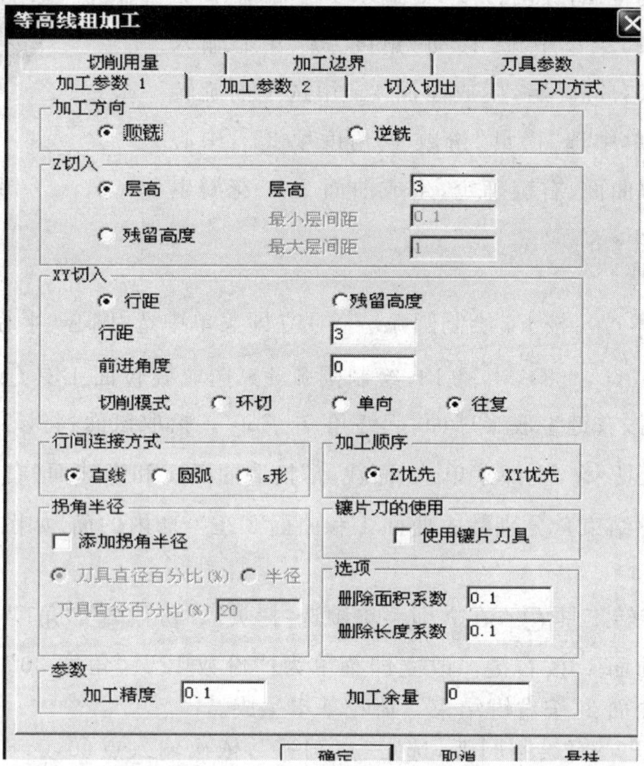

图 10-51

③ 按 W 键(拾取全部)，根据系统提示，分别按两次右键，系统提示正在计算，稍后自动生成刀具加工轨迹，保存该加工轨迹文件。

④ 按前述方法进行轨迹仿真和生成数控加工程序，只保存程度文件。

(6)等高线精加工

在生成粗加工轨迹的图形上，选取等高线精加工方法，将铣刀换成 6mm 球铣刀，生成精加工轨迹，并进行模拟仿真，最后生成精加工的数控加工程序，并保存。

3. 创作曲面模型——荷花

曲面模型以作空间三维曲面为主，三维空间操作键主要有：F5 键——XY 面，F6 键——YZ 面，F7 键——ZX 面，F8 键——零件轴测图，F9 键——在轴测图中进行三维变换。

(1)制作花瓣

① 在非草图状态下(草图开关不按下)，按 F7 键进入 XZ 面，选样条线(开曲线)输入以下各点：(0,0,0)、(12.5,0,2.5)、(22,0,17)、(20,0,42)、(0,0,84)，右键确定，生成母线，选取直线，输入点(0,0,0)、(0,0,84)，生成直线 1。

② 作旋转面

选取旋转面工具，在立即菜单中填入旋转终止角度150°，按提示选取转动轴（直线1）、选取方向向下、拾取母线（样条线），形成曲面。删除样条线（直线1需保留），拾取该曲面、按右键，选取适当的颜色。按F6显示 *YZ* 面，用平面旋转工具，在立即菜单中选“移动”角度15°、中心输入（0,0,0），拾取曲面、右键确定，生成曲面1。用选平面旋转工具，在立即菜单中选“拷贝”份数1、角度填35°，中心输入（0,0,10），拾取曲面、右键确定，生成曲面2，二花瓣生成，如图10－52所示。

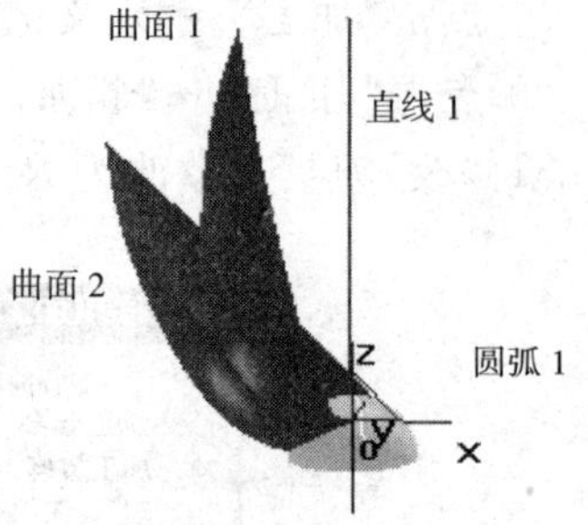

图 10－52

（2）制作花心（座）

① 作旋转面（半球）：按F6绘制圆弧：在立即菜单中选“圆心、半径、起终角”（起终角0—90°），输入圆心（0,0,—8），半径13，绘制圆弧1。选取旋转面工具，拾取直线1为转轴，圆弧1为母线，按右键生成半球面，起终角0～360°。拾取该面，将该面定为黄色。

② 用面裁剪工具，立即菜单选“面裁剪”拾取曲面1和半球面（右键结束）、再拾取曲面2和半球面（右键结束），分别裁去曲面1和曲面2在半球内的面，如图10－52所示。

（3）制作荷花

① 选用空间旋转工具，在立即菜单中选“拷贝”、“份数8”、“角度45”，拾取直线1的起点和终点，拾取曲面1，按右键。改立即菜单为：“份数12”、“角度30”。拾取直线1的起点和终点、再拾取曲面2，按右键结束。荷花基本生成。

② 作花托：按F7键，绘制圆弧，选“三点圆弧”，依次输入点（0,0,－13）、（8,0,－12）、（13,0,－8），生成圆弧。选取旋转面工具，拾取直线1为转轴，再拾取以上圆弧（母线），按右键，生成花托（选绿色）。

③ 作花杆：当前颜色选绿色，点绘制样条线（开曲线），输入（0,0,－12.5）、（5,－10,－38）、（－5,4,－70）、（－5,－5,－120）、（2,－12,－160），右键确定。按F5键，绘制圆，输入圆心（0,0,－12.5）、半径3.5，按右键确定。按F7键，选用导动面工具，在立即菜单中选“固接导动”，按提示拾取样条线为导动线、方向向下，拾取 $R=3.5$ 的圆，按右键生成花杆。删除所有线条。

（5）制作荷叶

① 线色选绿色，按F7键、再按F8键，用点工具输入点（170,0,0），按右键，绘制圆弧，选“三点圆弧”依次输入点（90,0,0）、（89.4,11.4,3）、（92.8,20.7,0），按右键结束。

② 选直纹面工具，立即菜单选“点＋曲线”，拾取点（170,0,0）再拾取以上绘制的圆弧，按右键生成荷叶的一部分（1/24）。

③ 按F5键，点取，平面旋转，在立即菜单中填入：拷贝、23份，角度15°。按提示拾取旋转中心（170,0,0），拾取以上做的直纹面，按右键结束，删除所有线条。一片荷叶基本

生成。

④ 分别复制荷叶 3～4 片：按 F7 键，用移动 工具，立即菜单选“两点”、“拷贝”、“非正交”，鼠标拾取荷叶（鼠标拖动，将要拷贝的荷叶框住），按右键，在荷叶上选移动的基点，再拖动到适当位置。用旋转工具 对每片荷叶进行适当处理（旋转角度 2～3 度），荷花完成，如图 10－53 所示。

图 10－53

10.3.4　体验模具设计与加工过程

本节将玩具小汽车简化成上、下两个模型，并以其上凸模的曲面造型和粗、精加工为例，介绍模具的 CAD/CAM 过程。

1. 玩具小汽车上凸模曲面造型

(1)作玩具汽车车身中部和尾部截面线（如图 10－54 所示）

在非草图状态下（草图开关未按下），绘出若干组空间曲线。

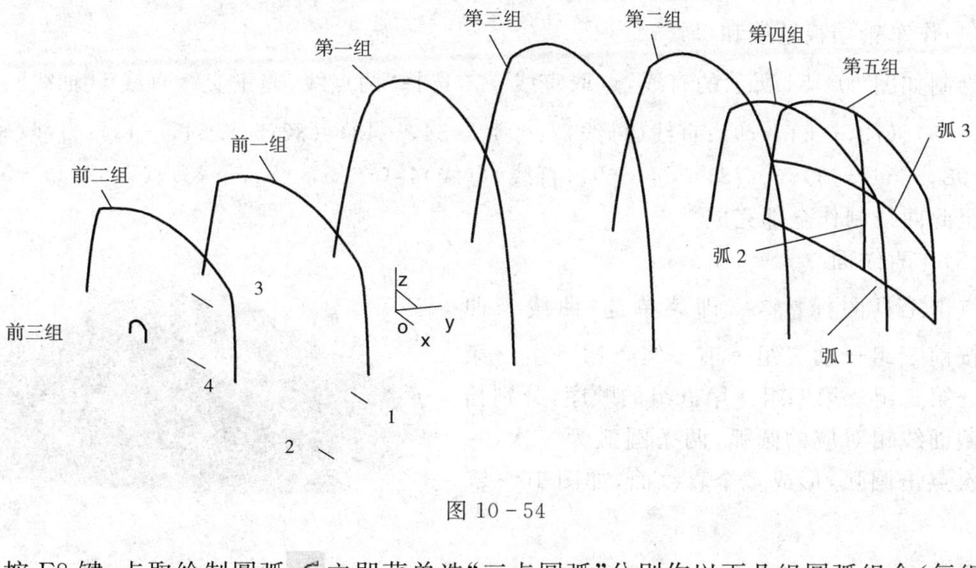

图 10－54

按 F8 键，点取绘制圆弧 立即菜单选“三点圆弧”分别作以下几组圆弧组合（每组合由三圆弧组成)。第一组：①(−62.9,15,92)、(0,15,113)、(62.9,15,92) ② (−62.9,15,92)、(−83.2,15,49.2)、(−94.5,15,−2)③(62.9,15,92)、(83.2,15,49.2)、(94.5,15,−2);第二组:① (−62.9,150,92)、(0,150,113)、(62.9,150,92)②(−62.9,150,92)、(−83.2,150,49.2)、(−94.5,150,−2)③ (62.9,150,92)、(83.2,150,49.2)、(94.5,150,−2);第三组：① (−62.9,82.5,104)、(0,82.5,125)、(62.9,82.5,104)②(−62.9,82.5,104)、(−87.6,82.5,42.6)、(−95,82.5,−2)③ (62.9,82.5,104)、(87.6,82.5,42.6)、(95,82.5,−2);第四组：①(−78.5,198,60.5)、(0,198,80.9)、(78.5,198,60.5) ② (−78.5,198,60.5)、(−88.7,198,30.2)、(−94.5,198,−2) ③(78.5,198,60.5)、(88.7,198,30.2)、(94.5,198,−2);第五组：①(−76.5,223,58.5)、(0,223,78.9)、(76.5,223,58.5) ② (−76.5,223,58.5)、(−86.7,223,28.2)、(−91,223,−2) ③(76.5,223,58.5)、(86.7,223,28.2)、(91,223,−2)。

(2)作网格线

绘制圆弧以第五组曲线最下端点和点(0,30,−2)及第五组曲线另一下端点，作三点圆弧 1。以第五组曲线上顶圆弧的中点和点(0,228.5,36)及圆弧 1 的中点，作三点圆弧 2。再以第五组曲线组合的两侧圆弧的中点和圆弧 2 的中点作三点圆弧 3。

(3)作车前身截面曲线

点取绘制圆弧立即菜单选“三点圆弧”再分别作以下几组圆弧组合(每组合也由三圆弧组成):前一组：①(−75,−52.5,50)、(0,−52.5,67)、(75,−52.5,50) ②(−75,−52.5,50)、(−83,−52.5,26.5)、(−87.5,−52.5,−2) ③(75,−52.5,50)、(83,−52.5,26.5)、(87.5,−52.5,−2);前二组：①(−69.5,−114,43)、(0,−114,56.5)、(69.5,−114,43) ②(−69.5,−114,43)、(−76.8,−114,21)、(−79.8,−114,−2) ③(69.5,−114,43)、(76.8,−114,21)、(79.8,−114,−2);前三组：①(−7.6,−124,0.7)、(0,−124,2.6)、(7.6,−124,0.7) ②(−7.6,−124,0.7)、(−8.6,−124,−4)、(−8.8,−124,−6) ③(7.6,−124,0.7)、(8.6,−124,−4)、(8.8,−124,−6)。

(4)作车轮挡板轴线和母线

绘制如图 10－54 所示的直线，点取直线，选择“两点线、非正交”，直线 1(轴线):(98,−54,−9)、(73,−54,−9);直线(母线)2:(95,−54,−43)、(82.5,−54,−43);直线(轴线)3:(−98,−54,−9)、(−73,−54,−9);直线(母线)4:(−95,−54,−43)、(−82.5,−54,−43),至此曲线制作全部完成。

(5)作直纹面

点击工具图标，立即菜单选“曲线＋曲线”,按前三组→前二组→前一组→第一组→第三组→第二组→第四组→第五组的顺序，分别拾取各截面线相对应的圆弧，两条圆弧为一次，一次一次点击圆弧，形成多个直纹面，如图 10－55 所示。

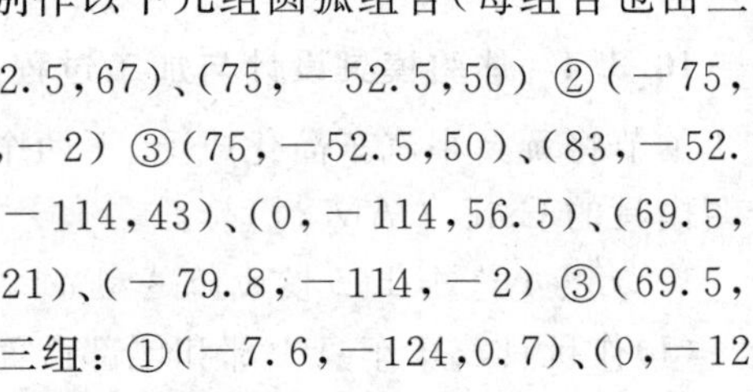

图 10－55

(6)进行曲面缝合

① 先作横向(X 向)缝合:点击工具"曲面缝合",立即菜单选择"平均切矢"。将刚刚生成的直纹面按由右向左顺序,并根据系统提示逐组点击缝合。

② 再作纵向(Y 向)缝合:继续使用"曲面缝合"工具,从前到后逐组将刚刚横向缝合的面,进行再缝合。前面几组缝合时,仍选择"平均切矢",到与最后一组(第五组)缝合时,立即菜单采用"曲面切矢 1"并且先点取该组曲面再点取前面曲面。曲面缝合完成,如图 10－55 所示。拾取曲面,按右键,选择合适的颜色。

(7)作车尾部网格面并过度

① 点击生成网格面工具,旋转车身,按系统提示先分别点取先前作的网格线弧线 1、弧线 3 和第五组弧线的顶端弧线,按右键,在分别点取第五组左侧弧线、弧线 2 和右侧弧线,按右键,网格面生成。

② 曲面过渡:选取曲面过渡工具图标,立即菜单选"两面过渡"、"等半径"、"裁剪两面"、半径填改为 3。按系统提示,点取刚生成的网格面和车身缝合面,选取合适的方向,完成过渡。

(8)作车轮挡板

选取旋转面工具,按系统提示分别拾取直线 2(轴线)、直线 1(母线),选择一个方向,生成 360 度旋转面(圆柱面)。

使用工具"相关线",立即菜单选"曲面边界线"、"单根",点取旋圆柱面的一侧,生成一个圆(轮廓线)。点击直纹面工具图标,立即菜单选用"点＋曲线",按空格键,出现快捷菜单,选圆心。按系统提示,点取两次刚生成的圆轮廓线,生成一圆平面。

进行过渡,将圆柱面和圆平面(圆柱底面)进行过渡,过渡半径为 4,生成右侧车轮挡板。

按上述方法,通过直线 4 和直线 3 完成左侧车轮挡板。再用移动工具,选择"偏移量"、"拷贝"改变 Y 轴的坐标值($X=0$、$Y=222$、$Z=0$)找到适当位置生成两后轮挡板。

(9)曲面裁剪,生成汽车上凸模

用"两点线"作两直线:(105,240,6)、(－105,240,6)和(105,－135,6)、(－105,－135,6)。以这两直线作一大直纹面。

用面裁剪工具,立即菜单选"面裁剪"、"裁剪"、"裁剪曲面 1",按系统提示,一一对应,反复拾取要保留的曲面(车身、车尾及车轮挡板在刚作的大直纹面以上部分)和大直纹面(裁剪面),将大直纹面以下部分全部裁剪清除(在进行曲面裁剪时,采用线架显示为好)。至此,小汽车上模造型全部完成。

(10)绘制两垂直于大直纹面的直线

绘制直线 5(－108,－138,6)、(－108,－138,128)和直线 6(108,243,6)、(108,243,128)作为仿真加工时的毛坯实体边界,结果如图 10－56 所示。

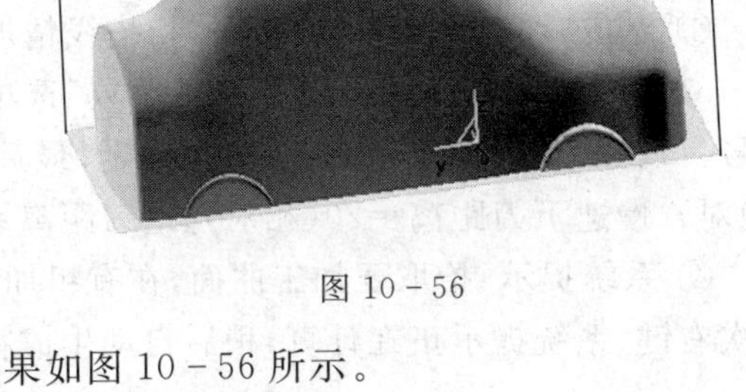

图 10－56

2. 玩具小汽车上凸模的加工自动编程和仿真加工

(1)自动生成粗加工刀具轨迹

① 点击“加工”→“定义毛坯”，出现图 10－57 所示的对话框，选“两点方式”，点击“拾取两点”，分别点击直线 5 的下端点和直线 6 的上端点，点击“确定”。

② 点击“加工”→“粗加工”→“等高线粗加工”，弹出对话框，点取“加工参数 1”选项，按图 10－58 所示参数修改；点取“刀具参数”选项，刀具参数改为 $R=3$、$r=0$、$b=4$、$L=80$；点取“加工参数 2”选项，点“起始点”拾取直线 5 的上端点；点取“切削用量”选项，修改：主轴转速＝3000、慢下刀速度＝150、连接速度＝800、切削速度＝1000、退刀速度＝200；“加工边界”选项，Z 范围点取“参照毛坯”；最后点取“下刀方式”选项，修改：安全高度＝135(绝对)、慢速下刀距离＝20(相对)、退刀距离＝10(相对)，确定。

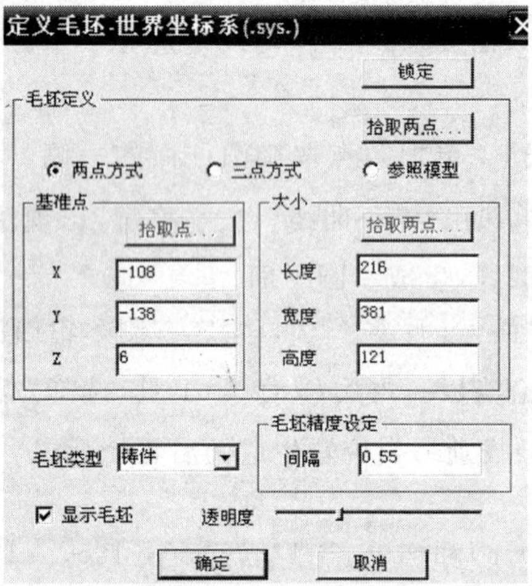

图 10－57

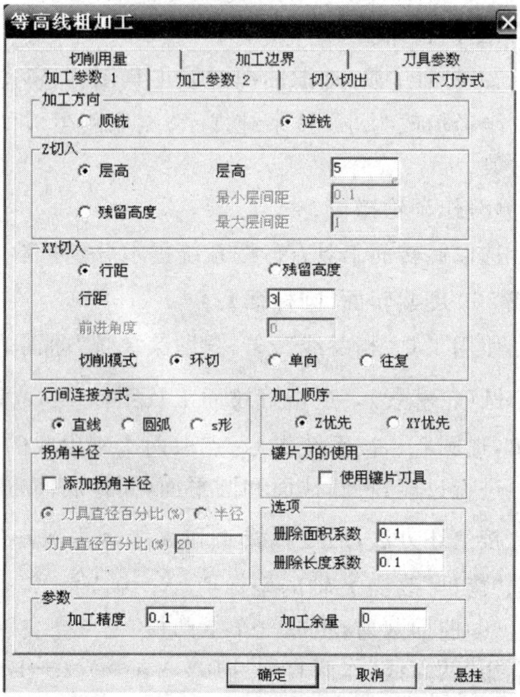

图 10－58

③ 系统提示：拾取要加工曲面，按 W 键(拾取全部)，连续按两次右键，系统提示正在计算，稍后自动生成粗加工刀具加工轨迹(绿色)。

(2)自动生成精加工刀具轨迹：

① 点击“加工”→“精加工”→“扫描线精加工”，弹出对话框，点取“加工参数”选项，按图 10－59 所示参数修改；再点取“刀具参数”选项，刀具参数改为刀具名为 $R6$、刀具号＝2、补偿号＝2、$R=3$、$r=3$、$b=4$、$L=90$，确定；最后点取“下刀方式”选项，修改：安全高度＝135(绝对)、慢速下刀距离＝20(相对)、退刀距离＝10(相对)，确定，如图 10－59 所示。

② 系统提示：拾取要加工曲面，在有粗加工轨迹的基础上，按 W 键(拾取全部)，连续按两次右键，系统提示正在计算，稍后自动生成精加工刀具加工轨迹(绿色)。

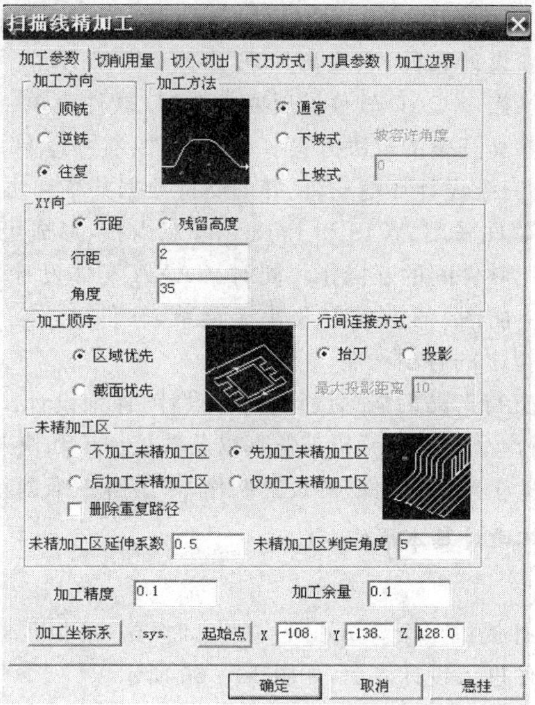

图 10 - 59

(3)仿真加工

点击“加工”→“轨迹仿真”，拾取粗加工刀具轨迹和精加工刀具轨迹，按右键，稍后出现仿真加工界面。打开工具菜单，选“仿真加工”或用快捷键“Alt＋k”，出现仿真加工界面，将对话框中“仿真速度 I”改为 100 或 500，点按钮、再点按钮，进行轨迹仿真，验证“玩具汽车上模”的粗加工和精加工过程。关闭轨迹仿真后返回。

(4)自动生成加工程序

点击“加工”→“后置处理”→“生成 G 代码”，弹出文件管理对话框，选择代码文件存放位置，输入文件名，按“保存”。用鼠标点取刚生成的刀具轨迹(粗、精加工两条轨迹)，然后按鼠标右键，系统自动生成加工玩具小汽车上凸模的数控加工程序。

10.4　三维创新设计和 CAXA 实体设计

10.4.1　三维创新设计概述

设计的本质是革新和创造，创新设计可分为三种类型：开发设计、变异设计和反求设计。开发设计是指全新的设计，最具原创性和新颖性；变异设计是指再原有产品的基础上，针对原产品的缺点和市场的新要求，从工作原理、机构、结构、参数、尺寸等方面进行变异设计，开发出的变型系列产品；反求设计是针对已有的产品，进行分析研究，探索其关键技术，在消化吸收的基础上，开发出同类型的创新产品。

随着计算机技术和信息技术的发展，三维设计将替代二维工程设计。根据产品个性化设计的需求，以用户为主导的 3D 创新设计软件应运而生。CAXA 实体设计是一套面向以制造行业为主的三维创新设计软件，它突出体现了新一代 CAD 技术以创新设计和个性化理念为发展方向的特点。当今 CAD 软件发展要求 CAD 软件由单一的设计工具，发展成为进行整个产品设计的一整套完整的解决方案。要求软件：有易学易用及支持创新设计的一套手段；具有功能完备的三维设计环境；有良好的支持数据共享和协同设计的功能。

“CAXA 实体设计”软件采用 ACIS 和 Parasolid 双内核，形成可选的设计环境，支持与具有同样内核之一的应用软件间的互操作。同时，CAXA 实体设计采用独特的三维球变换和鼠标拖动设计元素（特征图）的方式以及快捷菜单，软件的学习和操作简单。所以说，CAXA 实体设计具备了以上的各项功能。

CAXA 实体设计能支持产品的概念设计、技术设计、详细设计。同时，通过产品数字化模型的输出和共享，支持产品的工程分析与仿真以及数控加工和快速成形加工。

本节内容主要通过 3 个产品（零件）的设计制作，来了解三维创新设计过程和操作方法。

10.4.2　CAXA 实体设计基本操作

1. 设计界面

CAXA 创新实体设计提供了全 Windows 的设计风格，可以通过创建新的设计环境和打开一个原有的设计文件进入设计界面，如图 10-60 所示。

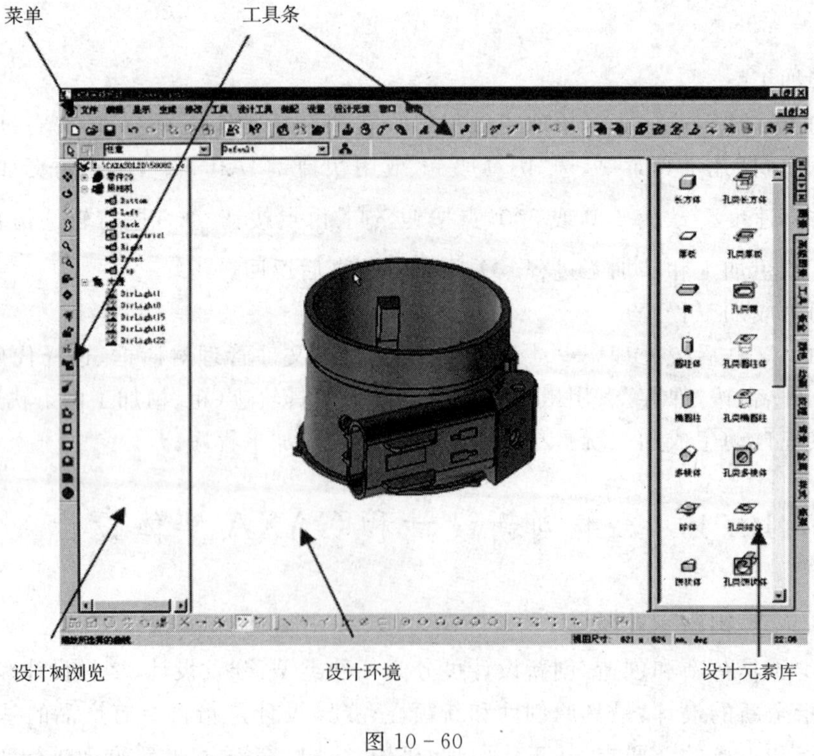

图 10-60

(1)设计元素库(Catalogs)

CAXA 实体设计所独有的设计元素库，可以用于设计和资源的管理。范围广泛的设计元素库包含诸如形状、颜色、纹理等设计资源，同时还可以创建自己的元素库，积累设计成果并与其他人分享。

(2)拖放式操作(Drag/Drop)

利用设计元素库提供的智能图素并结合简单的拖放操作是 CAXA 实体设计易学、易用的集中体现。步骤为：

① 打开一个设计元素库,如图 10－61 所示。

② 找到所需要的设计元素或智能图素,按住鼠标左键把它拖到设计环境。

2．不同的零件编辑状态

零件在设计过程中可以具有不同的编辑状态,可以提供不同层次的修改或编辑。零件编辑、智能图素编辑、表面编辑是可以通过鼠标点击进入的三种零件状态。

(1)首先激活选择工具 (如果它没有处在激活状态)。

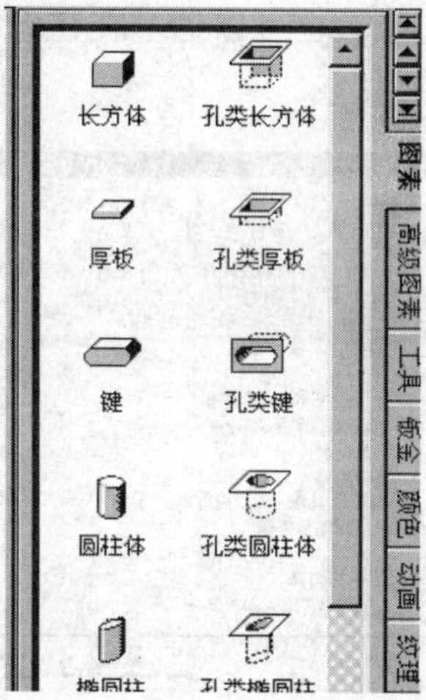

图 10－61

(2)用鼠标左键在零件上点击一次,被点击零件的轮廓青色加亮。注意零件的某一位置会同时显示一个表示相对坐标原点的锚点标记。这时您选择了零件编辑状态。在这一状态进行的操作,如添加颜色、纹理等会影响到整个零件,如图 10－62 所示。

(3)在同一零件上用鼠标左键再点击一次,进入智能图素编辑状态。在这一状态下系统显示一个黄色的包围盒和 6 个方向的操作手柄。在零件某一角点显示的蓝色箭头表示了生成图素时的拉伸方向,并有一个红色手柄图标表示可以拖动手柄修改图素的尺寸,如图 10－63所示。

(4)在同一零件的某一表面上再点击一次,这时表面的轮廓被绿色加亮,表示选中了表面编辑状态。这时进行的任何操作只会影响的选中的表面,如图 10－64 所示。

图 10－62

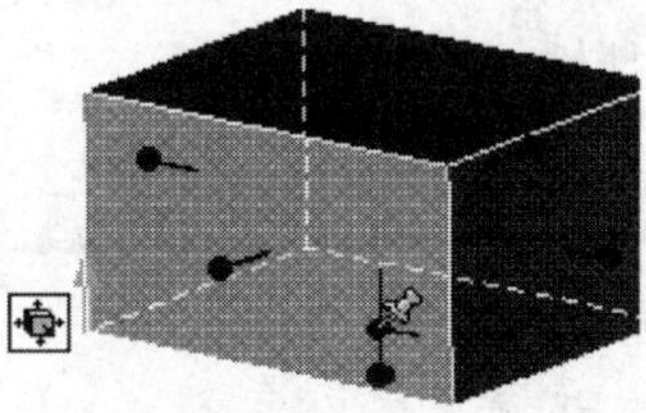

图 10－63

图 10－64

3．元素的属性

图 10－65 所示为元素属性对话框,要修改元素的属性,选择“工具”菜单,选择“选项”。属性表中的不同项在设计过程中有不同的作用,会在后面用到时分别介绍。

4．工具条

常用的工具条会在软件初次安装时,自动显示在设计界面上,也可以隐藏或显示不同的工具条,要完成这样的工作需以下步骤。

(1)从“显示菜单”中选择“工具条”。

(2)在弹出的自定义对话框,工具条栏目内选中需要显示的工具条,如图 10－66 所示。

(3)也可以通过在任意一个显示的工具条上单击右键,从弹出的对话框中选择需要显示的工具条。

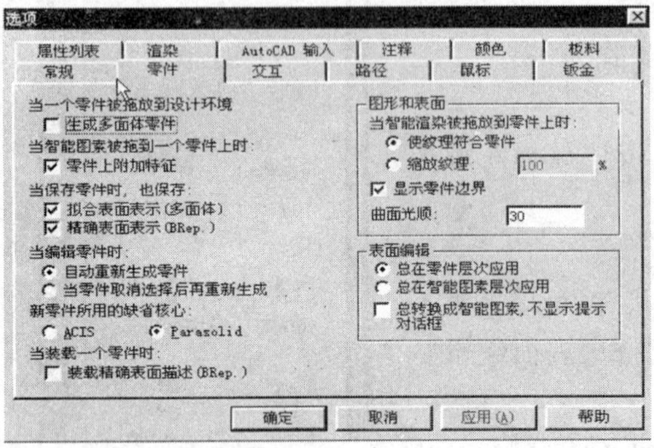

图 10-65

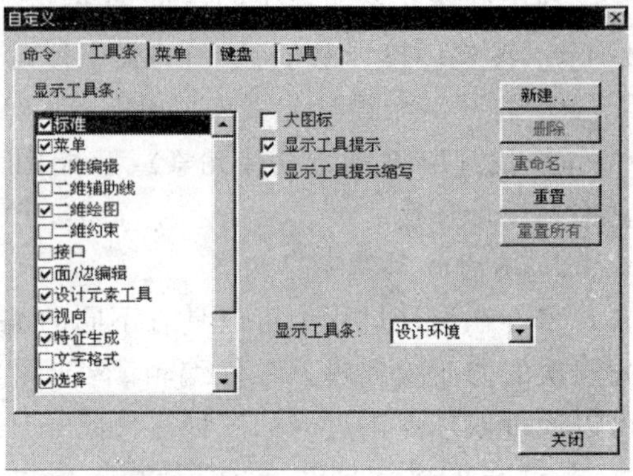

图 10-66

5. 显示工具

视向工具条上的这些功能可以帮助您在三维设计环境中从不同视角观察零件。

图 10-67 从左至右的功能依次如下:

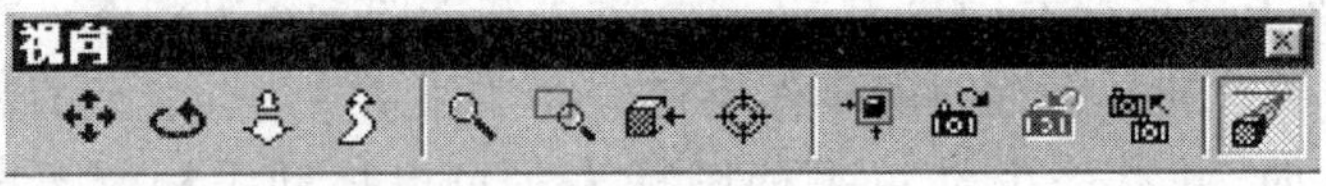

图 10-67

 上、下、左、右移动绘制面;快捷键:F2。

 任意角度旋转观察设计零件;快捷键:F3。

 拉近、拉远观察零件;快捷键:F4。

 模拟走入设计环境观察的效果;快捷键:Ctrl+F2。

 动态缩放;快捷键:F5。

 窗口缩放;快捷键:Ctrl+F5。

 从一个指向的面进行观察;快捷键:F7。

 指定中心位置观察;Ctrl+F7。

 全屏显示;快捷键:F8。

 存储当前视向。

 回复存储的视向。

 回复前一个存储的视向。

 选择透视效果。

6. 属性表

软件可以通过零件和智能图素的属性表修改和定义几乎所有属性，如图 10－68 所示。属性表可以通过在需要修改的对象上点击鼠标右键，从弹出的对话框中选择相应的栏目进入。

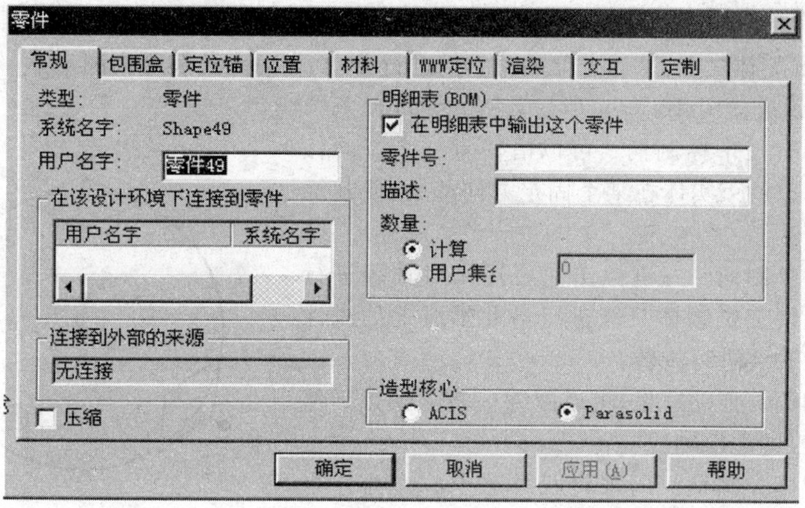

图 10－68

例如要查看零件的属性表，可以单击这个零件进入零件编辑状态，点击鼠标右键从弹出的对话框中选择“零件属性”。

7. 尺寸修改

当选中一个标准零件并进入智能图素编辑状态时，缺省情况下会出现黄色的包围盒和一个手柄开关并显示为包围盒状态。手柄开关可以使在 2 个不同的智能图素编辑环境之间切换。

(1)包围盒状态。这时可以通过拖动手柄修改围绕智能图素的包围盒的长、宽、高。

(2)截面形状状态。这时可以直接修改构成智能图素的截面的尺寸和形状。

需要近似的修改包围盒的尺寸步骤：点击零件使出现包围盒及尺寸手柄；鼠标移向红色手柄直至出现一个手形和双箭头；左击并拖动手柄。

如果要精确输入包围盒的尺寸：当出现手形和双箭头时右击鼠标，从弹出的对话框中选择“编辑包围盒”。出现一个输入对话框，其中的数值表示当前包围盒的尺寸。输入新的数值，选择“确定”。

(3)通过修改智能图素的属性表修改包围盒尺寸。

双击零件进入智能图素编辑状态；在零件空白处点击鼠标右键，从弹处的对话框中选择“智能图素属性”；在属性表中选择“包围盒”栏目，输入长度、宽度、高。

截面形状的修改：双击零件进入智能图素编辑状态；点击手柄开关切换到截面形状修改状态；拾取并拖动红色三角形手柄，修改拉伸方向的尺寸；拾取并拖动红色菱形手柄修改截面的尺寸。

8. 三维球

三维球是一个非常杰出和直观的三维图素操作工具，如图 10－69 所示。作为强大而灵活的三维空间定位工具，它可以通过平移、旋转和其他复杂的三维空间变换精确定位任何一个三维物体；同时三维球还可以完成对智能图素、零件或组合件生成拷贝、直线阵列、矩形阵列和圆形阵列的操作功能。

三维球可以附着在多种三维物体之上。在选中零件、智能图素、锚点、表面、视向、光源、绘制路径关键帧等三维物体后，可通过点击三维球工具按钮，打开三维球，使三维球附着在这些三维物体之上，从而方便的对它们进行移动、相对定位和距离测量。

三维球形状如图 10－69 所示，它在空间有三个轴，内外分别有三个控制柄。可以沿任意一个方向移动物体，也可以约束实体在某个固定方向移动，使其绕某固定轴旋转。

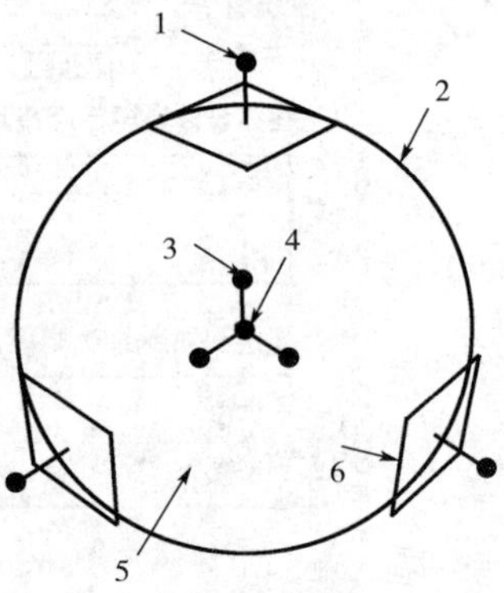

图 10－69

1——外控制柄。左键点击它可用来对轴线进行暂时的约束，使三维物体只能进行沿此轴线上的线性平移，或绕此轴线进行旋转。

2——圆周。拖动这里，可以围绕一条从视点延伸到三维球中心的虚拟轴线旋转。

3——定向控制柄。用来将三维球中心作为一个固定的支点，进行对象的定向。主要有两种使用方法：①拖动控制柄，使轴线对准另一个位置；②右键点击，然后从弹出的菜单中选择一个项目进行移动和定位。

4——中心控制柄。主要用来进行点到点的移动。使用的方法是将它直接拖至另一个目标位置，或右键点击，然后从弹出的菜单中挑选一个选项。它还可以与约束的轴线配合使用。

5——内侧。在这个空白区域内侧拖动进行旋转。也可以右键点击这里，出现各种选项，对三维球进行设置。

6——二维平面。拖动这里，可以在选定的虚拟平面中自由移动。

9．定位锚

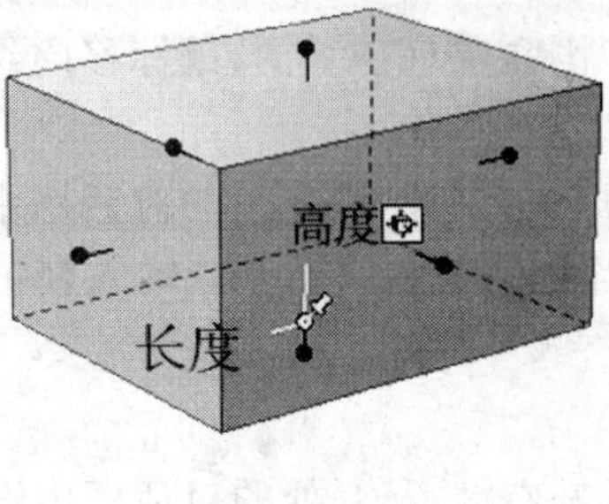

图 10－70

每一个零件、模型和智能图素在实体设计中都有一个定位锚，而且只有选中这一对象的时候才会显现出来。它看起来像一个“L”形标志，见图 10－70，在拐弯有一圆点，当它呈绿色时，为附着于零件、智能图素的状态。再次用鼠标点击定位锚，它将为黄色选中状态，此时可单独对定位锚进行移动。

定位锚的长的方向表示对象的高度轴，短的方向为长度轴，没有标记的方向是宽度轴。

有三种方法修改参考点的相对位置：

(1)利用移动锚点功能。如果只是在模型的表面上移动锚点这一方法非常有用。要移动锚点，首先选择模型，然后在“设计工具”菜单选择“移动锚点”，这时导航图标变成一个锚的形状同时在模型上移动时智能捕捉起作用。现在可以点击新的参考点位置。

(2)利用三维球。如果新的参考点不在模型表面上或精确位置不很重要时，采用这一方法。为利用三维球，首先选择对象，直接点击锚点使其变黄，打开三维球(F10)定位新的锚点。

(3)利用定位锚属性标。如果知道新定位锚的准确距离和角度，可以利用此功能。右键点击对象，从弹出的菜单选择属性，选择定位锚选项输入适当的数值。

10. 智能尺寸标注

你可以通过智能标注工具直接在零件上标注尺寸或标注不同零件之间的相对尺寸，你还可以修改这些尺寸以修改零件之间的相对位置。

11. 一些快捷键

F3：动态旋转；F2：平移；(以上操作要用鼠标。)F7：显示正面；F8：显示全部；F4 和 F5：缩放功能。

10.4.3　三维设计安装平台并生成二维工程图

完成如图 10－71 所示零件(尺寸如图10－72所示)的设计。

图 10－71

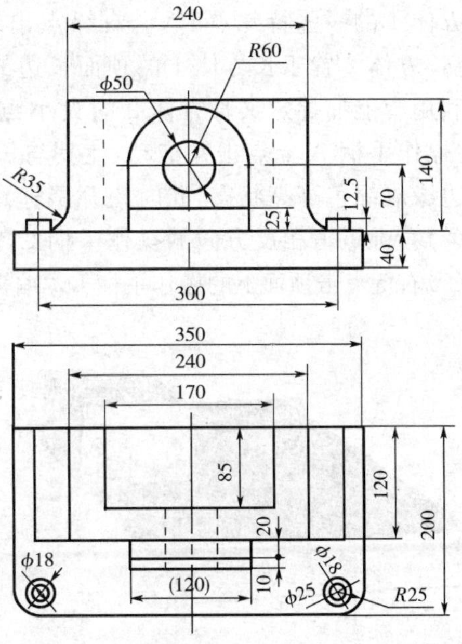

图 10－72

1. 使用拖/放及编辑尺寸创建零件的基础部分

首先在“设置”菜单中，点击“单位”，选长度单位：毫米。

(1)从设计元素库的“图素”中拖/放一个长方体到设计环境中。实现拖/放的方法：用鼠标左键选择长方体，按住左键，将长方体拖到设计环境中后释放鼠标。

(2)左键点击长方体 1 使零件处于智能图素状态。

(3)将长方体的名称改为“长方体 1”：右键点击处于智能图素，从弹出菜单中选择“智能图素属性”，在“常规”的“用户名字”中输入“长方体 1”，如图 10－73 所示。

(4)在长方体 1 前端表面的智能图素手柄处单击鼠标右键，弹出快捷菜单。

在弹出菜单中用左键点击“编辑包围盒”选项，用下列数值代替长、宽、高的值：长度＝

350，宽度＝200，高度＝40。

(5)点击"确定"，修改后的长方体，如图 10－74 所示。

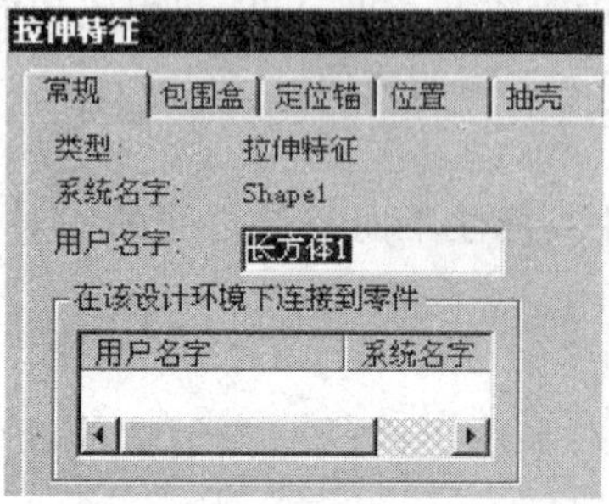

图 10－73

图 10－74

2. 用智能捕捉方法将拖入零件相对另一零件定位并确定大小

(1)从"图素"中拖/放第二个长方体(长方体 2)到设计环境中的长方体 1 上，当鼠标位于长方体 1 的一些特殊点时，会有绿点出现，这是实体设计的智能捕捉功能。利用此项功能，将长方体 2 置于长方体 1 的顶面长边的中心，如图 10－75 所示。

利用智能捕捉定义长方体 2 的大小：点击长方体 2 使其处于智能图素状态，按住 Shift 键，在操作手柄 A 上点击并拖动，使其与长方体 1 的后表面 B 齐平(当鼠标与 B 面齐平时，表面边缘成绿色高亮状态，此时松开鼠标)，如图 10－75 所示。

(2)右键点击相反方向的操作手柄 C，"编辑包围盒"中的值，设置宽度＝120。

(3)右键点击顶面上的操作手柄 D，"编辑包围盒"中的值，设置高度＝140，如图 10－76 所示。

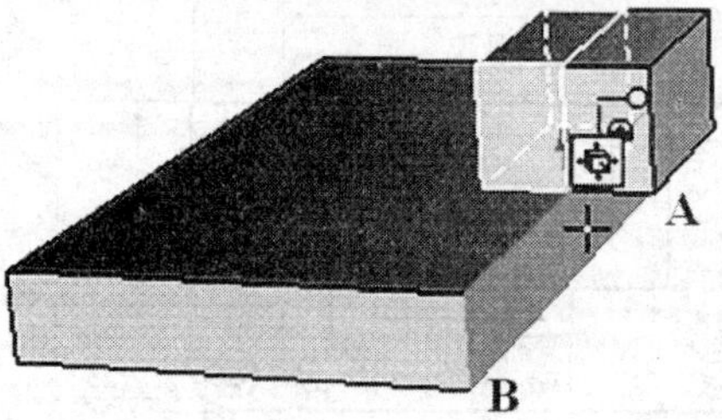

图 10－75

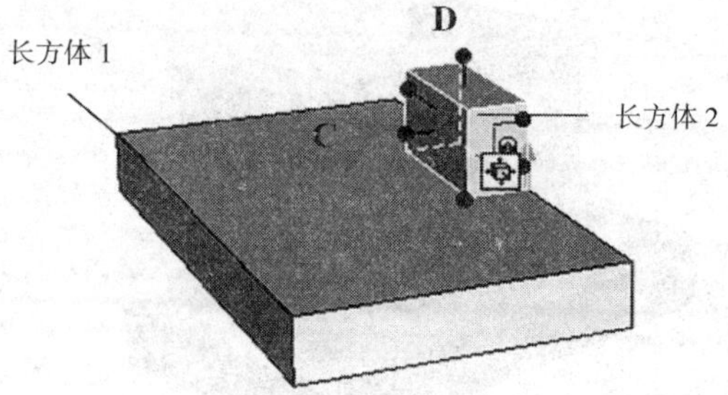

图 10－76

(4)右击处于智能图素状态长方体 2 得到选择菜单，选择"智能图素属性"选项。

(5)点击"包围盒"属性页，输入长度＝240。这样可使长方体保持长度方向上对称。

(6)点击"确定"。

3. 利用智能图素设计零件(如图 10－77 所示)

(1)拖入第三个长方体，利用智能捕捉将其放置到长方体 1 与长方体 2 的内交线的

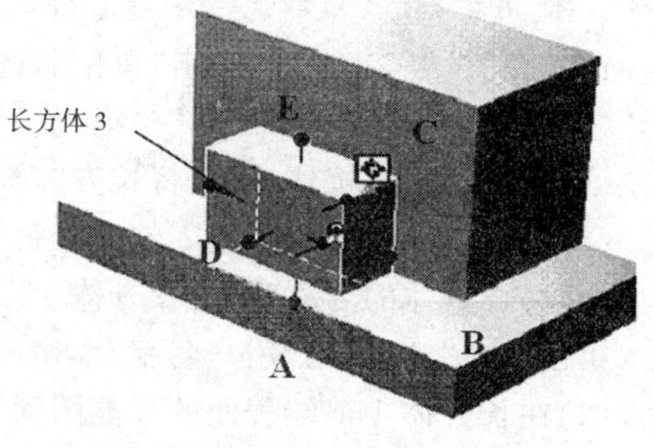

图 10－77

中点。

(2)按住 Shift 键并拖/放面操作手柄 A，使长方体 3 的面与图示表面 B 齐平。

(3)使用类似的方式使后表面与面 C 齐平。

(4)右键点击前表面手柄 D，激活“编辑包围盒”，输入高度=20。

(5)右键点击智能图素，从弹出菜单种选择“智能图素属性”选项，输入长度=120。

(6)右键点击顶部表面手柄 E，激活“编辑包围盒”，输入宽度=70(实际为高度)，点击“确定”。

4. 在零件前表面上添加圆柱体(如图 10-78 所示)

(1)从设计元素库中将一圆柱体拖/放至长方体 3 的前上方边缘的中点。

(2)将圆柱体的后表面 A 拖至长方体 2 的前表面 B。

(3)右键点击圆柱体的前表面的中心操作手柄 C，激活“编辑包围盒”并输入高度=20。

(4)右键点击圆柱体的侧表面操作手柄 D，激活“编辑包围盒”并输入长度=120。

(5)点击“确定”。

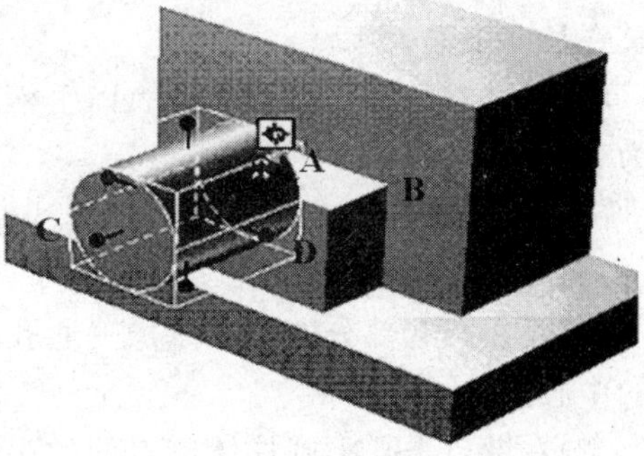

图 10-78

5. 使用孔类图素从零件中去除材料(如图 10-81 所示)

(1)从设计元素库中将一孔类长方体拖/放至长方体 2 的后方边缘的中点，如图 10-79 所示。

(2)按住 Shift 键，拖动孔类长方体的手柄 A，使其与长方体 2 的后表面 B 齐平。

(3)右击孔类长方体前表面的中心操作手柄 C，激活“编辑包围盒”，将宽度设置为 85，如图 10-80 所示。

(4)右键点击孔类长方体，选择“智能图素属性”，点击“包围盒”属性页。在“长度”中输入 170。

(5)拖动底部手柄 A 与长方体 1 的顶面齐平。

(6)拖动顶部手柄 B 与长方体 2 的顶面齐平。

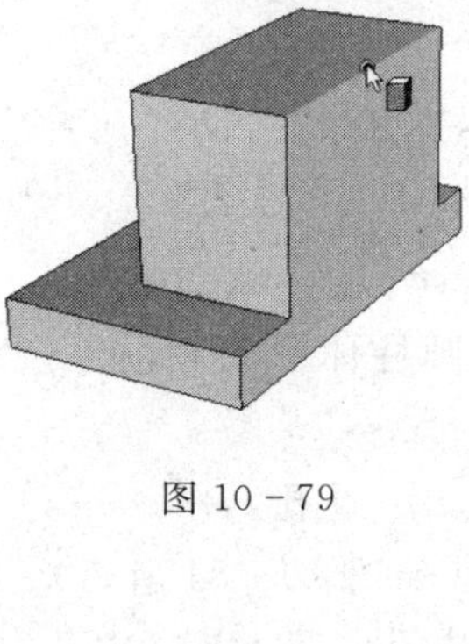
图 10-79

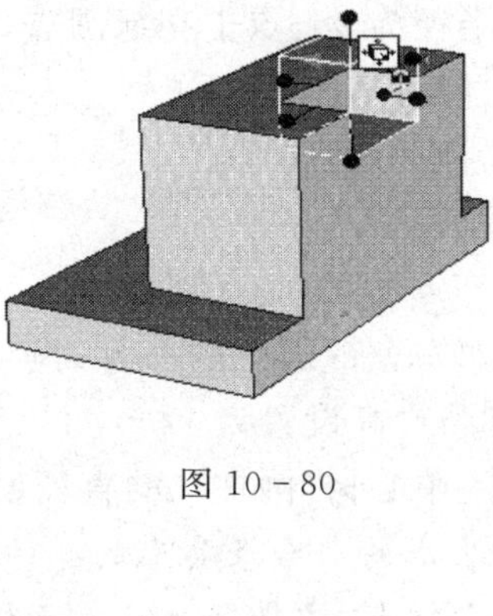
图 10-80

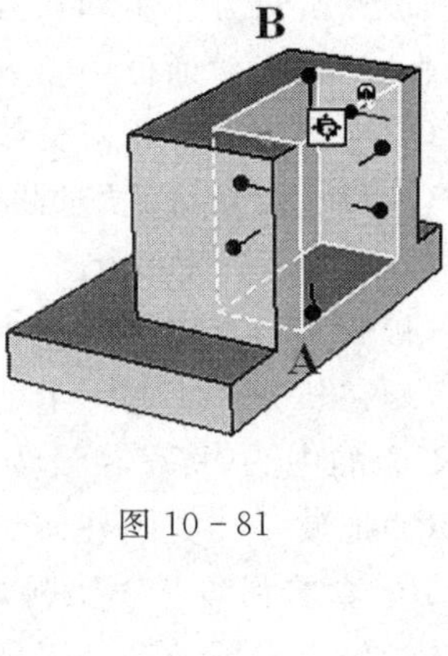

图 10-81

6. 在凸起的前端面上创建一台阶(如图 10－82 所示)

(1)从设计元素库拖出另外一个长方体 4,将它拖到圆柱体上边缘的中心。

(2)按 Shift 键,拖动长方体的底部手柄与长方体 1 的顶面齐平,再将长方体 4 的后表面与半圆面对齐。

(3)右键点击长方体 4 的后表面手柄,在弹出菜单中选择“编辑包围盒”,在高度中输入 10。在长度中输入 120。

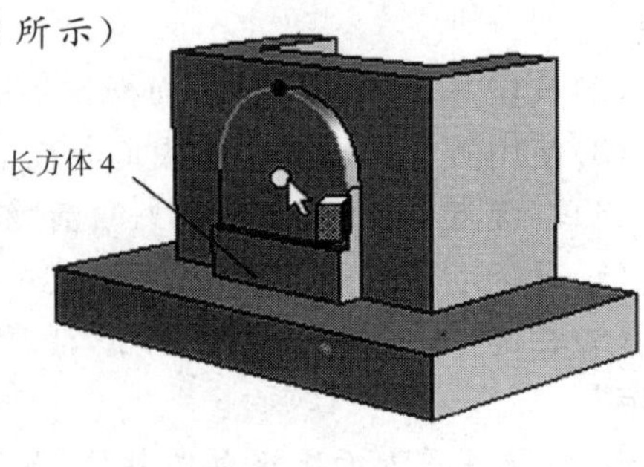

图 10－82

(4)右键点击长方体 4 的上表面手柄,在弹出菜单中选择“编辑包围盒”,把在显示的值改为 25。

(5)点击“确定”。

7. 在凸起的中心添加一通孔(如图 10－82 所示)

(1)要在凸起部分的中心添加一通孔,则到设计元素库中拖/放一孔类圆柱体至半圆部分的中心。

(2)右键点击孔类圆柱体侧表面的手柄,激活“编辑包围盒”中的值,输入长度＝50。

8. 在零件添加圆弧过渡(如图 10－83 所示)

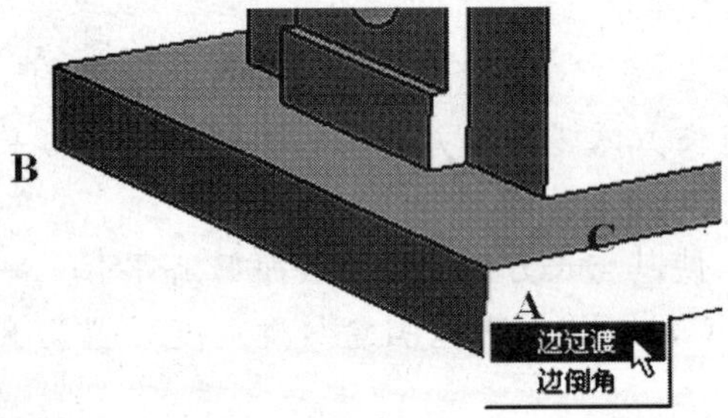

图 10－83

(1)放大长方体 1(基座)的前部分边缘,并使之处于“线、面编辑状态”。

(2)点击前方边缘(线段)A 直到它呈绿色高亮显示。

(3)右键点击边缘,从弹出菜单中选择“边过渡”。

(4)在工具栏的文本框中输入半径值 25,点击亮绿圆点,确定。

(5)同样点击另外一前部边缘 B,这样将创建两个具有同样半径的过渡。

(6)从“圆角过渡”菜单中选择“应用并退出”点击(×)。

(7)点击长方体 1 和长方体 2 相交线(C),按右键选择边过度。

(8)工具栏对话框中填入过渡半径为 35,点击亮绿圆点,确定。

(9)再进行另一相对交线的边过渡。

(10)从“圆角过渡”对话框中选择“应用并退出”。

9. 添加通孔的凸台

(1)放大长方体 1 的一个角。

(2)在长方体 1 的一个前角添加一个带通孔的凸台:拖/放一圆柱体形状到前部过渡圆弧($R25$)的中心;将直径设为 25;将凸台高设置为 12.5。

(3)拖放一孔类圆柱体到凸台的中心;将圆柱孔的直径设置为 18(通孔)。

10. 在零件的另一端创建刚才生成的凸台及其上的孔的拷贝(如图 10－84 所示)

(1)先点击圆凸台处于智能图素状态,再按下 Shift 键点,点击孔类圆柱体(内孔)的表面。

(2)点击三维球。

(3)点击手柄 A，再按住 Shift 键，同时按鼠标右键拖动，将把选中的成组元素拖动一段距离，再松开鼠标右键。

(4)此时将弹出菜单询问您将在此位置移动，拷贝，还是链接拷贝所选元素。点击“链接”，距离改为 300，确定。

(5)关闭三维球。

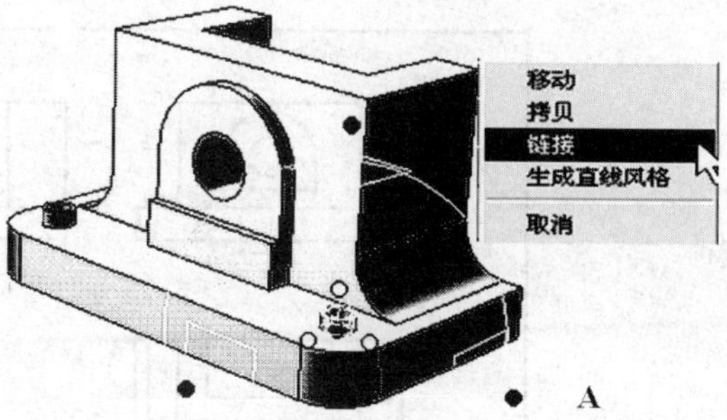

图 10-84

11. 生成工程图(三视图)

CAXA 实体设计提供了从三维设计自动生成工程布局图的功能，并能将在三维设计中的修改自动反映到二维工程图中。

(1)创建绘图模板

① 保存以上绘制的基础平台三维实体图(或打开另一个文件)。

② 选择文件、新文件，选择新建绘图：选定国标(GB)，横 A4. icd。

(2)生成标准三视图

① 从菜单选择，生成→视图→标准视图。在弹出的生成标准视图对话框中调整主视图方向，并选择主视图、顶视图、左视图和轴测图(T. F. L)，如图 10-85 所示。

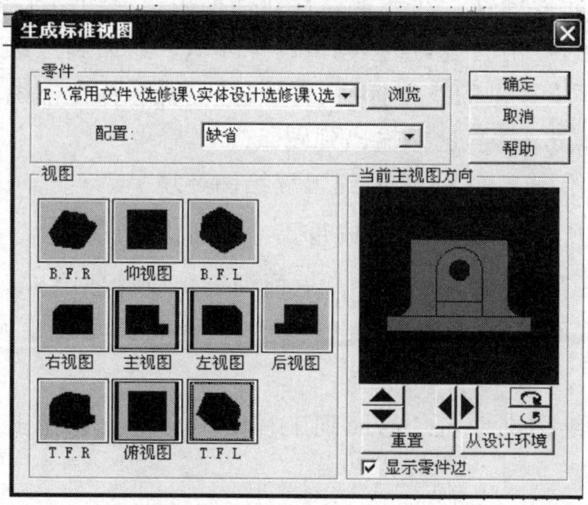

图 10-85

② 图面上自动生成 4 个标准视图。用鼠标分别选取 4 个视图(加红框)。点击鼠标右键，选择属性。从属性对话框修改比例，标准：1∶2，确定。用鼠标分别拖动 4 个视图，使他们之间拉开一定距离，如图 10-86 所示。

(3)生成剖视图

选择生成、视图、剖视图，或直接点击图标。选择垂直方向剖视图标，拾取主视图对称位置为剖面线位置，选择完成。将生成的剖视图移到主视图右边，点击鼠标左键确定，如图 10-86 所示。

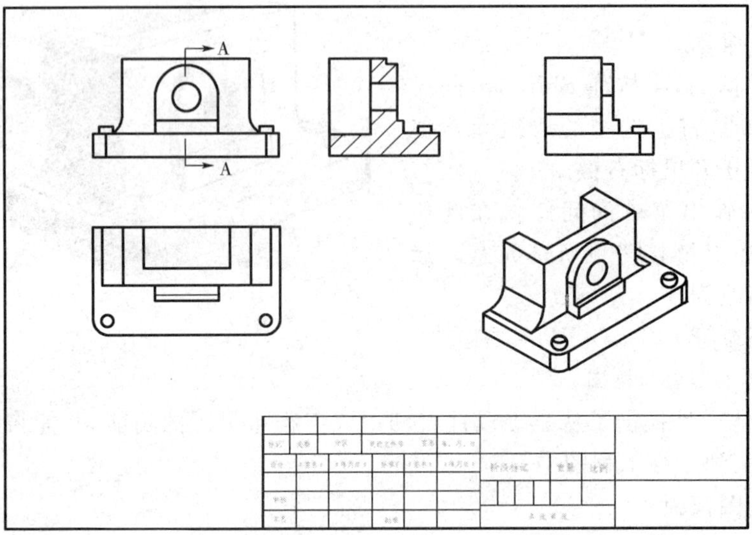

图 10 - 86

(4)3D 到 2D 尺寸的自动标注与修改

CAXA 实体设计提供在三维设计环境下标注尺寸的功能,同时这些尺寸可以自动反映到二维工程图中去,在三维设计中的修改可以及时在二维视图中得到更新。

① 选择菜单编辑、元素属性。在元素属性对话框内选择绘图元素:尺寸;风格:GB。

② 鼠标选择轴测图,点击右键,选择编辑设计环境。返回到三维设计界面。

③ 利用三维设计环境提供的线性标注、直径标注功能,标注下图所示的几个关键尺寸。鼠标拾取每一个尺寸,点击右键,选择输出到图纸。

④ 选择菜单窗口,绘图文件名,返回到工程绘图环境。

⑤ 选择工具,更新所有视图。生成带尺寸标注的视图。

⑥ 尺寸修改。选择窗口,文件名 . ics。返回到三维设计环境。

⑦ 选择设计中的底座,进入智能图素编辑状态,修改长度尺寸为 100,宽度 65,高度尺寸为 15。

⑧ 通过菜单窗口,绘图文件名。返回到工程绘图环境。选择工具,更新所有视图。完成修改的工程图。

⑨ 进一步完成尺寸的详细标注等标注工作,可将工程图输出到 AutoCAD 电子图板等软件中完成详细的标注工作。

10.4.4　铝板平整机平整机构的虚拟制造

CAXA 实体设计是进行虚拟制造的较好软件,以“简易铝板平整机平整机构”部分零件的设计和装配为例,介绍这一功能。

1. 制作直齿齿轮

(1)在设计环境中,拖动设计元素库中的“工具”栏里的“齿轮”到工作面。

(2)在对话框中选择“直齿”,填入数据:厚度 10、孔半径 0、分度圆半径 43、齿数 43,齿廓为渐开线,确定,如图 10 - 87 所示。

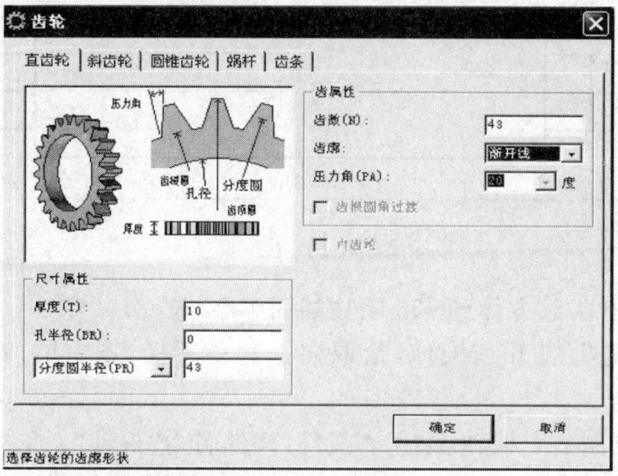

图 10－87

(3)拖动设计元素库——圆柱体到齿轮中心,直径改为 55、高度为 10。拖动设计元素库——孔类圆柱体到以上圆柱体中心,直径改为 36、高度为 20。

(4)齿轮开键槽:使用拉伸特征工具,点取孔 $\phi 36$ 中心,出现对话框,选择除料→离开选择表面→距离 20→完成。出现一栅格面。用投影 3D 边工具拾取孔 $\phi 36$ 轮廓,再用绘制直线工具和等距线工具,按图绘制出 10 直线框,其距孔中心为 22。用裁剪曲线工具,剪去多余线条,如图 10－88 所示,点击“完成造型”齿轮制作完毕。

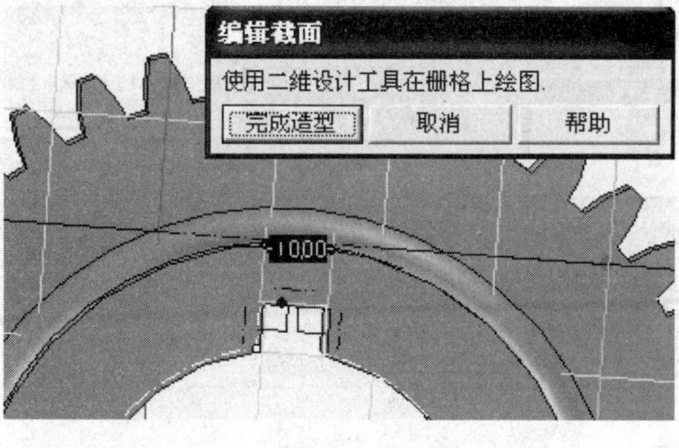

图 10－88

(5)用“三维球”工具,拷贝(链接)另一齿轮。保存该文件,文件名为“直齿轮”。

2. 制作铜套

(1)按图 10－89 所示尺寸,分别拖动两个圆柱体和一个孔类圆柱体,注意各圆柱体对中心,圆过渡 $R=2$。

(2)拖动“金属黄铜”到以上造型,并拷贝形成四个铜套。

(3)保存该文件,文件名为“铜套”。

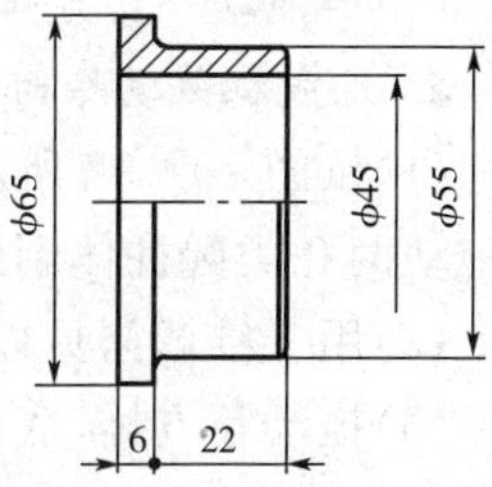

图 10－89

3. 制作棍轴

(1)按图 10－90 所示的基本尺寸,分别拖动 4 个圆柱体,形成一棍轴。注意各圆柱体必须对中心,圆过渡 $R=1$。

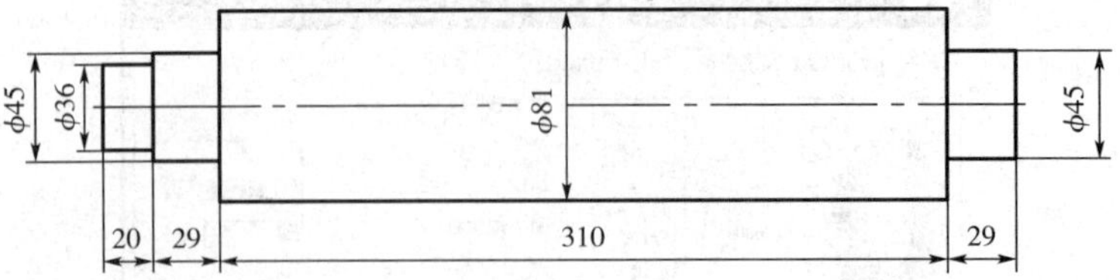

图 10 - 90

(2)开键槽:拖动孔类长方体到 φ36 圆柱端面中心(长=10、宽=4.8、高=20),使该长方孔处于“智能编辑状态”,打开三维球,拾取向上移动手柄,点右键,在对话框填写距离=15.6。

(3)用三维球再复制一个棍轴,保存该文件,文件名为“棍轴”。

4. 制作机架基本拉伸体

(1)拖动一长方体到工作面,在“智能编辑状态”拾取手柄、点击右键,包围盒填写长=271、宽=190、高=10。用显示正面工具使长方体正对自己,状态不变,点击右键,选取“编辑截面”,出现栅格和二维长方形。

(2)拾取长方形左侧两端点,按右键,锁住该两点。拾取右侧两端点,按右键,选“编辑位置”,在对话框中分别将 Y 值改为 10 和 180。选“绘制两点线”通过两侧边中点,绘制一直线,然后删除右侧边。选“两切点加一点”绘制圆,按前面方法锁住圆上的中点,点击显示尺寸,拾取圆,将半径改为 85,如图 10 - 91 所示。

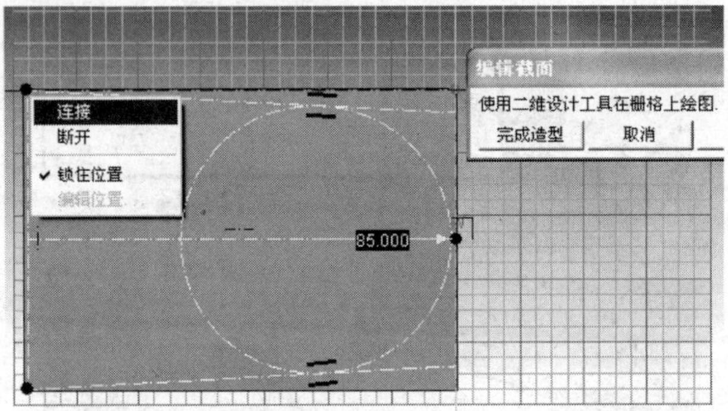

图 10 - 91

(3)删除中线,用裁剪曲线,裁剪多余线条,只剩一封闭轮廓,点击“完成造型”。

(4)再拖动一长方体(长=100、宽=190、高=10)与以上造型连接,机架基本拉伸体形成。

5. 完成机架其余部分的制作

(1)按图 10 - 92 所示的尺寸,首先拖动一圆柱体(直径=75、高=18)到 $R85$ 的圆心点,再拖动两孔类圆柱体到以上圆柱体中心(φ65×6 和 φ55×28)。

(2)用三维球拷贝以上造型,距离为 83。

(3)拖动长方体(底板高=20、长=100、宽=190)和基本拉伸体连接,再分别拖动两长方体做筋板,尺寸参考图 10 - 92,通过编辑截面轮廓线,变为三角形造型,如图 10 - 93 所示。圆柱体过渡 $R=2$,底板与基本拉伸体过渡 $R=6$。

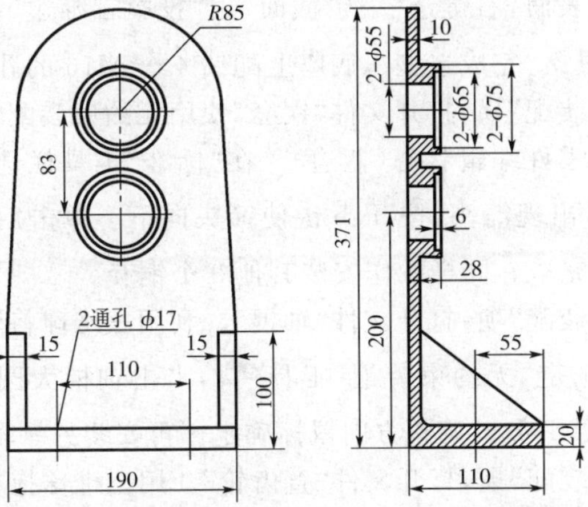

图 10-92

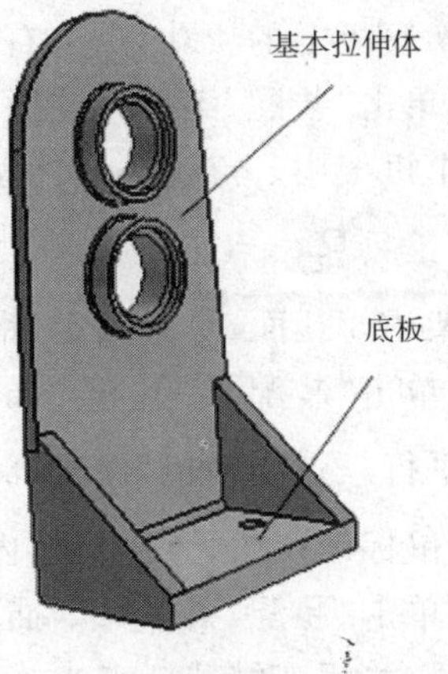

图 10-93

(4)钻孔拖动圆孔到底板中心(φ17×20)，用三维球向右移动 55，然后再向左复制一孔，距离 110。一个机架生成。

(5)用三维球再复制一个机架，将该造型文件保存，文件名为“机架”。

6. 制作方键

拖动一长方体，使长=20、宽=10、高=8.8。赋予该长方体为“蓝色 2”，复制同样一个方键，保存该文件，文件名为“方键”。

7. 平整机构的安装

(1)在新的设计环境下，拖动一长方体(530×190×50)。颜色选棕色。

(2)将该长方体反转，使用拉伸特征工具拾取长方体中心，出现对话框，选择除料→离开选择表面→下步距离 30→完成。出现栅格。

在“二维编辑”工具条中，点击打开“投影三维边”，分别点击长方体 4 边，再分别点击以上每一条边，并点击打开“等距”工具。在“距离”中输入 20，并点击“切换方向”选项，生成 4 条边组成的内长方形，用裁剪曲线，裁剪多余线条，只剩一封闭轮廓(内长方形)。点击“完成造型”，生成一箱体名为“机座”。

(3)反转该箱体，首先定义零件之间的装配关系。点击该箱体使它处于零件编辑状态，然后单击“装配”按钮，将设计树的装配名称改为“平整机构”。单击“装配”菜单，选“插入零件/装配”项，出现对话框，选择文件“机架”路径，打开。以前绘制的机架图形显示出来，点击机架，打开三维球，将机架与机座垂直，按空格键，将三维球中心移到机架外拐角再按空格键，激活三维球，拾取三维球中心，拖动到机座的上拐角。再用三维球的镜像功能复制一方向相反的机架，在机座另一端，如图 10-94 所示。

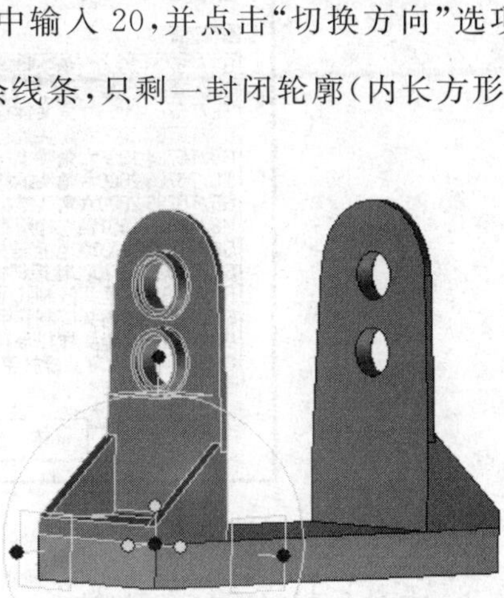

图 10-94

(4)在智能编辑状态下,点击机座上表面,右键选“编辑截面”用“投影三维边”,分别点取机架底板上的4孔,点击右上角工具条“完成造型”,底座上配钻4个M16的孔。

(5)单击“装配”菜单,选“插入零件/装配”项,打开文件“铜套”使用无约束装配将铜套放置到两个机架中。点击一套筒使之处于零件编辑状态(蓝边)。在“标准”工具栏选定“无约束装配”工具,点击一铜套大圆平面,出现箭头,按Tab键使箭头向下。单击后,将鼠标指向机架$\phi65$孔面,单击确定,铜套安装完毕。同样操作安装其他3个铜套。

(6)单击“装配”菜单,选“插入零件/装配”项,打开文件“轴棍”。利用三维球将轴棍与机架孔轴平行。点击轴棍,使轮廓变蓝。选定“无约束装配”工具,点击轴棍大圆平面,出现箭头,鼠标确定,再点击机架内侧孔,用Tab键调整方向鼠标确定。再安装另一轴棍。

(7)单击“装配”菜单,选“插入零件/装配”项,打开文件“直齿轮”。用三维球拖动齿轮到合适位置,关闭三维球。点击齿轮使轮廓变蓝,打开三维球,分别将齿轮端面与机架平行。再用三维球将两个直齿轮安装在轴棍相应位置(中心对中心)。

(8)单击“装配”菜单,选“插入零件/装配”项,打开文件“方键”。如界面不见该零件,可在设计树中点取零件,用三维球拖动到适合位置。点取一个齿轮,用三维球转动齿轮将键槽与轴的键槽对齐。点取另一个齿轮,用三维球转动齿轮与上一个齿轮啮合。点取另一个轴,用三维球转动该轴将键槽与这个齿轮的键槽对齐。分别点取方键,按空格键,将三维球移到键的一个拐点,再按空格键激活三维球,把方键移到键槽中,用三维球调整方向使键槽与键完全配合。

(9)在设计元素库的“工具”中,将紧固件拖出。出现如图10-95所示的对话框,选第二栏,下一步,选M16、长度填40,确定。工作界面出现一螺栓,复制3个。分别用三维球将四只螺栓放入底座四个孔中(用中心对中心方法)。至此,平整机构装配完成。

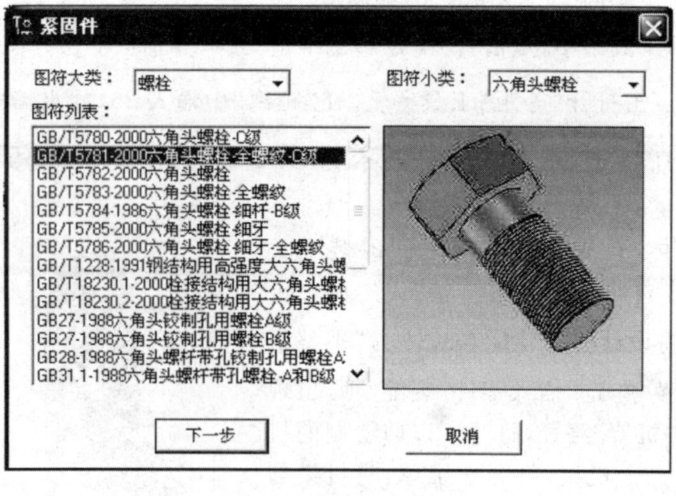

图10-95

8. 平整机构的运行动画设计

(1)打开设计树,整理零件及装配名称。找到图中在上面的轴,重新命名为“轴1”、同样将轴1旁的齿轮和方键改为“齿轮1”、“方键1”,再将以上零件用鼠标拖到“装配63”

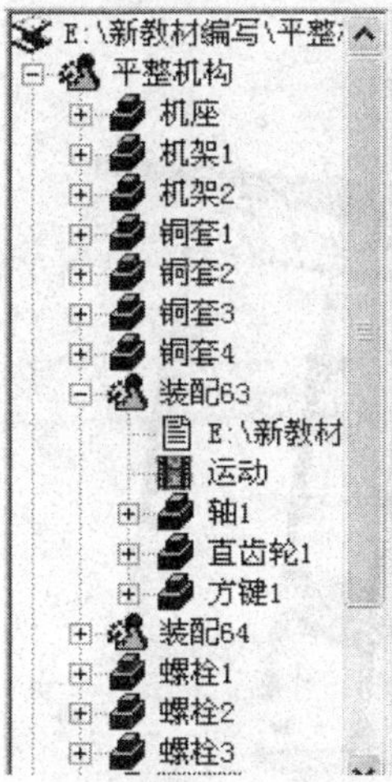

图 10－96

(可以是其它序号)；同理命名“轴 2”、“齿轮 2”、“方键 2”，将这 3 个零件用鼠标拖到“装配 64”，如图 10－96 所示。

(2)删除“设计树”中无关的零件和装配。

(3)在“设计树”里点击“装配 63”，点击“装配 63”的定位锚(此时定位锚呈黄色)用三维球移定位锚到轴 1 的中心，点击“装配 63”，在智能动画工具条(如图 10－97 所示)中点击图标，出现智能动画导向对话框。选“旋转”X720°，方向选“绕高度方向轴”，下一步时间改 15 秒，确定。点击工具条中的播放，试看。如旋转方向不对，重新更改方向再试。

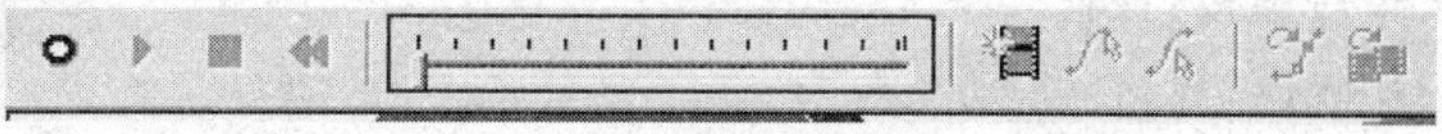

图 10－97

(4)在“设计树”里点击“装配 64”，点击“装配 64”的定位锚(此时定位锚呈黄色)，用三维球移定位锚到轴 2 的中心，点击“装配 64”在智能动画工具条中点击图标出现智能动画导向对话框。选“旋转”$X-720°$，方向选“绕高度方向轴”，下一步时间改 15 秒，确定。点击工具条中的播放，试看。如旋转方向不对，重新更改方向再试。此时“轴 1”带动“齿轮 1”“方键 1”，“轴 2”带动“齿轮 2”“方键 2”互为反向转动。

(5)从设计元素库中，拖出一个“厚板”(铝板)，在智能编辑状态下，拾取宽度手柄，右键出现包围盒，填写：宽＝800、长＝300、高＝2。用三维球将该铝板插入两棍之间，要求一端刚好进入两棍当中，并与轴线垂直，如图 10－98 所示。点击铝板，点击图标。对话框输入沿宽度方向移动，移动长度为 515，下一步填写 15 秒。按播放按钮，检查方向、长度是否正确，及时调整、修改。

最后，点击图 10－97 工具条中的播放，观看和检查效果动画。

(6)生成视频文件将以上动画文件保存，文件名取“机构运行动画”。打开文件菜单，选取“输出”→“动画”。选择视频文件保存的路径，文件格式选 AVI，确定后出现动画帧尺寸对话框，按图 10－99 所示参数填写好数据，确定，又出现有关参数的对话框，点击“开始”，等待数分钟，视频文件生成。利用相应软件，打开该文件，观看效果。

图 10－98

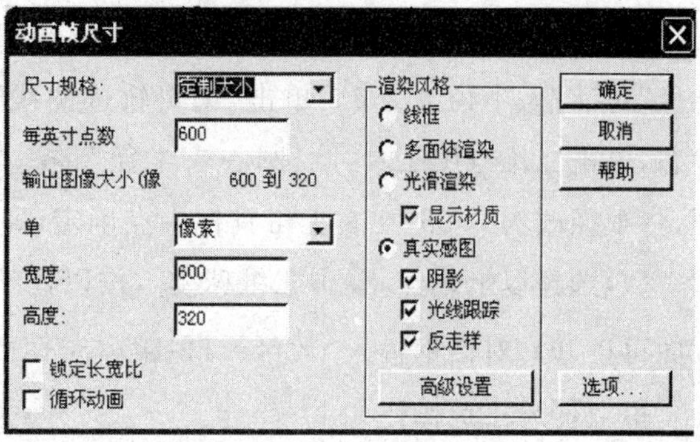

图 10－99

10.4.5 工业设计训练(课桌椅人性化设计)

1. 课桌椅设计的基本造型

按图 10－100 所示的尺寸(厘米),在“设置”菜单中“单位”选择“厘米”,完成课桌主要部分的造型(基本造型)。

A 桌面:板材 65×50×2;

B 两侧板:板材 45×1.5×6;

C 支撑 1:圆钢 ϕ3×25;

D 支撑 2:钢管 ϕ4×50;

E 后梁板:板材 54×2×10;

F 底板:板材 50×6×2.5;

G 调高器:ϕ4.5×ϕ4×5;

H 橡胶垫:ϕ3.5×2;

两侧板中心距:55;

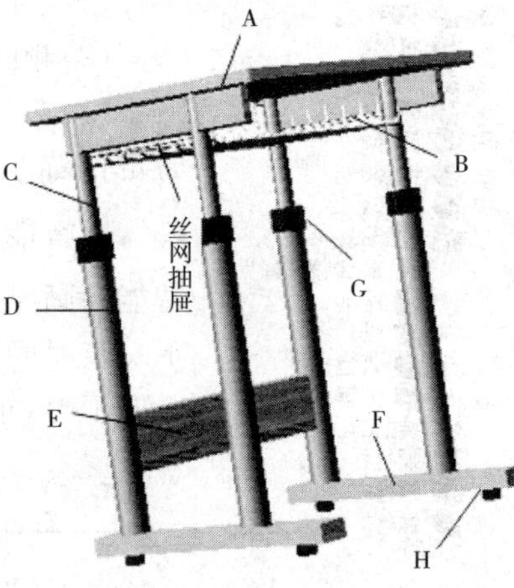

图 10－100

支撑中心距:55×27;一侧支撑中心距桌面外边为 7。

课桌基本造型完成后,保存该文件,文件名为“课桌”。

2. 钢丝网抽屉设计(如图 10－101 所示)

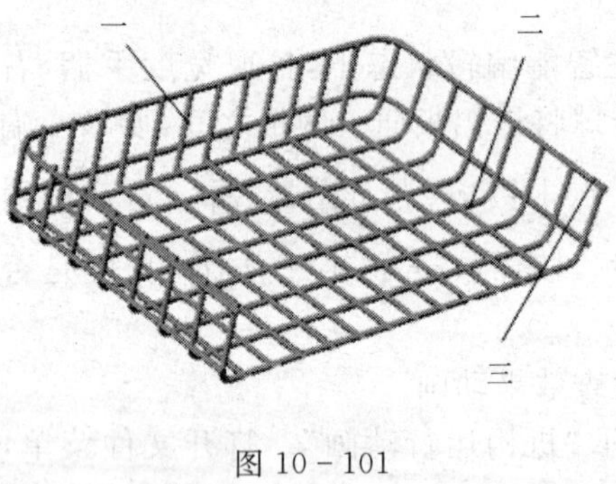

图 10－101

钢丝网抽屉,分三部分制作。

第一部分主要操作如下:

新建文件,在新的设计环境下进行。

(1)单击“扫描特征按钮”,在设计界面上点击一点,在“扫描特征向导”对话框第一步至第四步依次选择:独立实体→离开表面→直线→显示栅格→选“是”,单击“完成”,出现“出现“编辑轨迹曲线”对话框和轨迹线所在栅格面,删除面上的直线。

(2)单击“折线”,先选原点离开,再按右键,弹出对话框填写长度＝8、倾斜＝85,确定后再右击任意点,填写长度＝28、倾斜＝0,确定。单击,结束。

(3)单击“圆弧过渡”,选择以上两直线交点,右键拖动一些距离后松开,弹出“编辑半径”对话框、半径改为 3。单击“编辑轨迹曲线”对话框的“完成造型”,进入二维截面编辑状态,单击二维绘图工具“圆:圆心＋半径”,单击栅格中心为圆心,右击鼠标,弹出对话框,将半径改为 0.25,在右上工具框中点确定,即生成第一种钢丝。

(4)选择以上钢丝,单击三维球,按以往学过的方法,利用“链接”方式(右键拖动一个方向再松开),对话框输入“数量＝11、距离＝4.1”,关闭三维球。

第二部分主要操作如下:

(1)继续使用“扫描特征按钮”,方法同上,但扫描轨迹线尺寸不同,三条线的“长度”、“倾斜”中分别连续输入“8、85”，“53.3、0”，“8、−85”，单击，点击“完成造型”。

(2)过渡半径改为 2，以下方法同上，生成第二种钢丝。

(3)单击三维球，利用“链接”方式，对话框输入“数量=7、距离=4”，关闭三维球。

第三部分主要操作如下：

(1)继续使用“扫描特征按钮”方法同上，但扫描轨迹线尺寸不同，三条线的“长度、倾斜”分别连续输入“29.5、90”，“54、0”和“29.5、−90”。

(2)过渡半径仍为 2，生成第三种钢丝。

(3)用三维球“链接”方式，输入“数量=1、距离=5.5”

最后进行钢丝网抽屉组合：使用三维球的旋转和移动功能，将以上三种钢丝组合装配成如图 10-101 所示。

保存文件，文件名为“抽屉”。

3. 椅子坐垫、靠背的设计(如图 10-102 所示)

(1)构建椅子靠背曲面(“设置”菜单中“单位”选择“厘米”)。

① 从“显示”菜单选取“基准面”，选 XY 面(点取 Z 轴)。再从“生成”菜单选取“曲线”、“三维曲线”，出现三维曲线菜单，点取菜单中的“插入圆弧”，用鼠标点取 Y 轴上下两侧各一点，再点取 Y 轴上一点，Esc 退出。用鼠标点取红色上一点，按右键编辑坐标，输入(22.5，42.5，55)，再拾取下一点，输入(−22.5，42.5，55)，再拾取圆弧中点按右键，输入(0，0，55)，Esc 退出。拾取圆弧(变黄)，按右键，编辑半径=65。重复以上操作，但输入坐标分别为(18，40，15)、(−18，40，15)和(0，0，15)，半径仍改为 65，如图 10-103 所示。

② 接着选取 YZ 面，三维曲线菜单、点取菜单中的“插入圆弧”，以上两圆弧的中点(中点坐标可通过拾取圆弧中点，按右键查询)为圆弧两端点，编辑半径=155，方法同上。单击三维曲线菜单的“确定”，取消“基准面”，形成图 10-104 所示图形。

③ 单击“曲面”工具条的(导动面)，按系统提示选取一圆弧中点，出现导动面，生成对话框菜单。“类型”选填“固接”，截面数填“2”。按图 10-104 所示和系统提示分别拾取导动线和两截面线，按绿色按钮确定，生成一曲面。

图 10-102

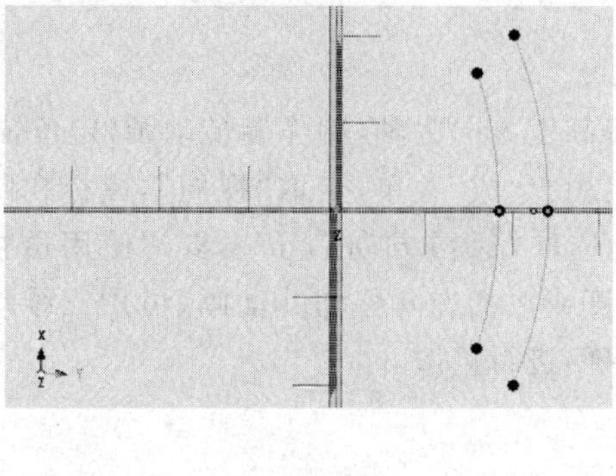

图 10-103

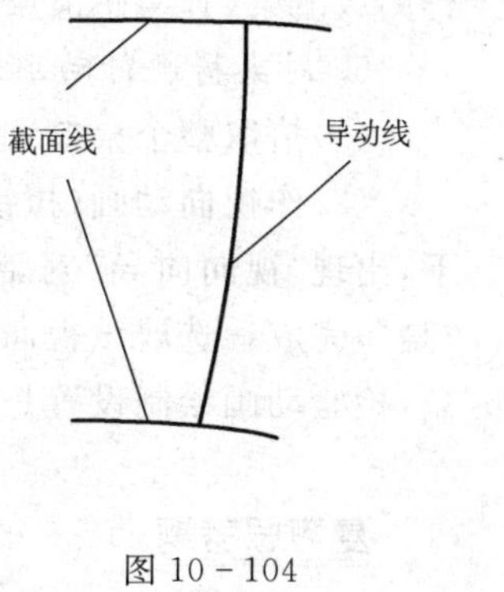

图 10-104

(2)构建椅子坐垫曲面

① 空白处按右键,选“显示”再选“基准面”,选取 XY 面。点取“三维曲线”菜单中的“插入圆弧”,分别绘制两圆弧,第一条圆弧两点为(18,41,0)和(−18,41,0)、中点(0,43.5,−1.5),第二条圆弧两端点为(20,0,0)和(−20,0,0)、中点为(0,−1.5,−1.5)。点取“三维曲线”菜单中的“插入直线”,在 X 轴上点取两点后退出,拾取这两点分别输入(0,43.499,−1.5)、(0,−1.499,−1.5),在三维曲线菜单中点击确定,取消“基准面”。

② 按以上方法生成坐垫曲面(导动面)。

(3)曲面变实体

① 先后选取坐垫、椅背曲面,使之处于“面编辑状态”,右击,选“加厚”,对话框中厚度填1.5,选中“相对草图对称”,确定,生成实体,删除曲面。

② 分别选取坐垫、椅背的四周棱边,处于编辑状态,单击“边过渡”,输入半径=2,采用等半径过渡,完成坐垫、椅背的边过渡。

(4)完成椅子造型

① 坐垫、椅背用两根直径为1.3厘米的圆柱连接,如图10-102所示。

② 按图10-102所示安装好椅子支撑($\phi3.5\times40$ 厘米)和支撑板。

③ 保存该文件,文件名“椅子”。

4. 对桌椅进行装配和渲染

(1)打开文件“课桌”。点击课桌造型,使它处于零件编辑状态,然后单击“装配”按钮,将设计树的装配名称改为“课桌椅”。

(2)单击“装配”菜单,选“插入零件/装配”项,出现对话框,选择文件“抽屉”路径,打开。以前绘制的钢丝抽屉图形显示出来,打开三维球,将钢丝抽屉按图10-105所示安装在桌面下。用同样方法调出“椅子”,安放到适当位置,如图10-105所示。

图 10-105

(3)利用设计元素(木纹材质、金属光泽、织物、凸凹痕等赋予各个零件,再利用光源角度、距离、色彩进行高级渲染(真实感渲染)。

5. 对桌椅进行动画处理

(1)拾取整个桌椅装配,以高度方向为轴,制作旋转动画(定位锚位置应作适当调整)。

(2)作视向动画(拉镜头):由“生成”菜单,点取“视向”,鼠标在距离桌椅10厘米处点一下,出现“视向向导”对话框。选取“保留方向”,下一步,“使用透视”选“是”,“你希望”选“是”,完成。选取该视向作长度或宽度方向移动的动画(可用三维球)。打开智能动画工具条,检验动画绘制设置是否正确,进行修改。

复习思考题

1. 什么是广义的CAM?什么是狭义的CAM?

2. CAD/CAM系统的硬件和软件分别由哪几部分组成?

3. “CAXA 电子图板”与“AutoCAD”相比较，在二维制图上有什么优点？

4. 完成本章 10.3 节的全部训练内容后，说一说“制造工程师”的主要功能。

5. 简述“连杆四、凸模”造型的步骤。

6. 完成“玩具小汽车上模”曲面造型后，自己设计和上模相配的下模。

7. 按下图尺寸和外形，使用“制造工程师”进行实体造型，并生成加工程序和进行轨迹仿真。

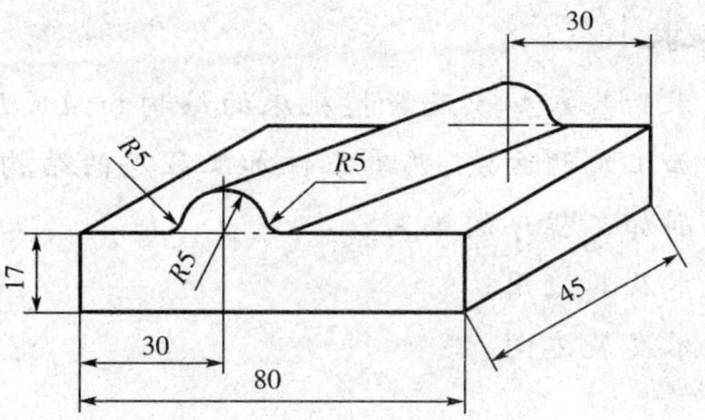

8. 进行一个零件的三维设计，并自动生成二维工程设计图。

9. 使用三维创新设计软件“CAXA 实体设计”完成一机构或机器的创新设计。

第 11 章　数控加工技术

【实训目的与要求】

(1)了解数控加工技术的基本知识及数控机床的结构和组成原理；

(2)学习和掌握数控加工编程方法，熟悉零件加工程序的结构和格式；

(3)初步掌握数控车削加工程序的编写；

(4)了解特种加工技术及其应用；

(5)了解先进制造技术发展方向。

11.1　数控加工技术概述

数控加工技术是整个先进制造技术的核心技术之一，属于基础技术。数控技术解决了复杂、精密和多变零件的加工问题，并具备一定的柔性，在产品需求变化时，能够灵活地转化生产。随着微电子技术及信息技术的不断发展，当今各国制造业广泛采用数控加工技术，提高制造能力和制造自动化水平，以期在国际竞争中处于领先地位。

11.1.1　数控的概念、数控机床分类和数控加工的特点

1. 数控、数控机床及数控加工技术

数控即数值控制(Numerical Control，NC)，是用数值数据的控制装置，在运行过程中，不断地引入数值数据，从而对某一生产过程实现自动控制(国家标准 GB8129－1997)。从广义上看，数字控制技术在工控与测量、理化实验和分析、物质和信息传递等领域都有广泛应用；而狭义的数控，则指机床数控技术，即“用数字化信息对机床运动及其加工过程进行控制的一种方法”，就是用数字、字母、符号等数字信息对机床工作过程进行可编程的自动控制的一门技术。

采用数字控制技术的机床，或者说装备了数控系统的机床称为数控机床。具体的说，它用代码化的数字信息将与加工零件有关的信息，如刀具相对于工件的移动轨迹、工艺参数(切削速度、进给速度、主轴转速)、辅助功能(换刀、冷却液、卡盘等)，记录在控制介质(磁盘、磁带等)上，并输入到数控系统质中，经过逻辑与算术运算，发出与上述信息相关的信号控制机床动作，自动加工出所需工件的一类机床。

数控加工是泛指在数控机床上进行零件加工的工艺方法。一般来说，数控加工技术主要涉及数控加工工艺和数控编程技术两大方面(刀具、夹具等工装也在此范畴)。数控机床的运动为加工出合格零件提供了硬件基础；数控加工工艺的制定和程序的编制是实现加工的重要保证。数控加工技术是一种能高效、优质地实现产品零件(特别是复杂形状)的加工的有关理论、方法与实践技术，是自动化、柔性化、敏捷化和数字化制造加工的基础和关键技术。

2. 数控机床的分类

数控机床按不同的分类方法可分成以下三类：

(1)按工艺用途分

①切削加工类：采用车、铣、钻、镗、铰、磨、刨等切削工艺得到所需零件的数控机床。这类机床应用范围最广，常用的有数控车床与车削中心、数控铣床与加工中心、数控钻床与钻削中心、数控磨床、数控齿轮加工机床等。

②成型加工类：通过物理方法(挤、压、冲、拉等)改变工件形状得到所需零件的数控机床。常见的有数控折弯机、数控弯管机和数控旋压机等。

③特种加工类：利用特种加工技术(声、光、电等)得到所需零件的数控机床。常用的有数控电火花线切割机、数控电火花成形加工机、数控激光雕刻机等。

④其他类型：泛指一些广义上的数控设备，例如数控测量机、数控对刀仪、工业机器人等。

(2)按控制系统的特点分类

①点位控制数控机床：点位控制数控机床的特点是指控制移动部件的终点位置，即控制移动部件由一个位置到另一个位置的精确定位，而对他们的轨迹没有严格要求。这类机床通常先快速移动到接近终点坐标，然后低速准确移动到定位点，以保证良好的定位精度，在这个过程中不进行加工。采用点位控制数控机床主要有数控钻床、数控冲床、数控电焊机、数控折弯机等。

②轮廓控制机床：轮廓控制(连续轨迹)数控机床的特点是刀具相对工件的运动不仅要控制两点之间的位置(距离)，还要按程序规定的速度和轨迹在两点之间进行移动并进行连续加工。对于此类机床又可细分为直线控制和轮廓控制两种类型。直线控制机床虽然可控轴数可以是多个，但加工过程中每步仅可控制一个轴，因此其刀具相对工件运动轨迹为平行于各坐标轴的直线，如图 11-1a 所示，一些早期简易的数控车床、数控磨床等采用这种的控制系统；轮廓控制机床可同时控制多个轴协调运动(联动)，如图 11-1b 所示，现代数控机床基本上采用的都是这种类型。

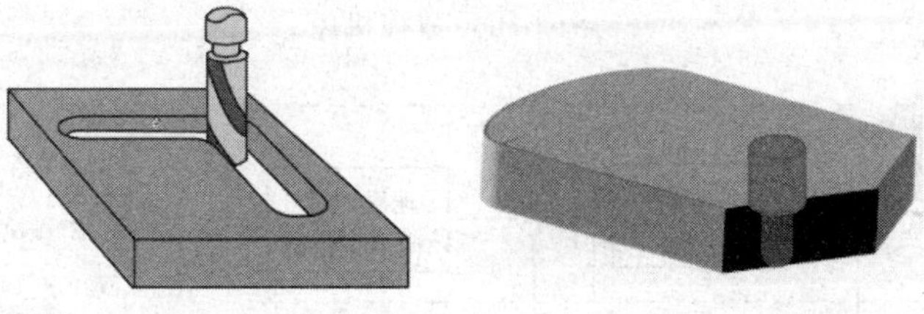

a)　　　　　　　　　　　　b)

图 11-1　按轮廓控制系统分类图解

按照联动轴的数目，轮廓控制机床又可细分为：2 轴联动机床，如数控车床；3 轴联动机床，如数控铣床、车削中心等；4 轴联动机床、5 轴联动(3 个直线轴、2 个旋转轴)机床，如用于加工空间曲面的数控铣削中心等。联动轴数越多数控机床可加工的零件越多，但其控制算法越复杂。

(3)按检测反馈装置分类

按数控系统有无检测反馈装置可分开环数控机床和闭环数控机床。按检测反馈装置安装位置的不同又可分为全闭环数控机床和半闭环数控机床。

①开环数控机床:这类数控机床不带位置检测反馈装置。CNC 装置输出的指令脉冲经驱动电路的功率放大,驱动步进电机转动,再经传动机构(滚珠丝杠螺母副)带动工作台移动,其控制框图如图 11-2a 所示。这类机床工作比较稳定,反应快,调试方便,维修简单,但控制精度低,这类数控机床多为经济型。

②半闭环数控机床:这类机床是将检测元件安装在电机或滚珠丝杠端头上,采样旋转角度进行检测,不是直接检测运动部件的实际位置,其控制框图如图 11-2b 所示。这类机床控制精度虽不如闭环控制系统,但其控制特性比较稳定,调试比较方便,性价比高,广泛应用在数控加工生产中。

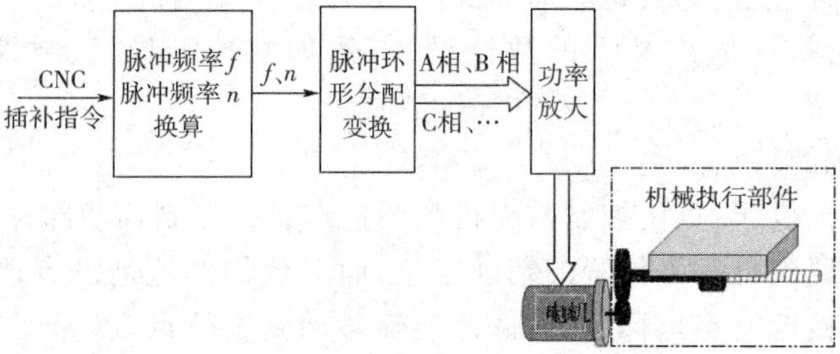

a) 开环数控机床

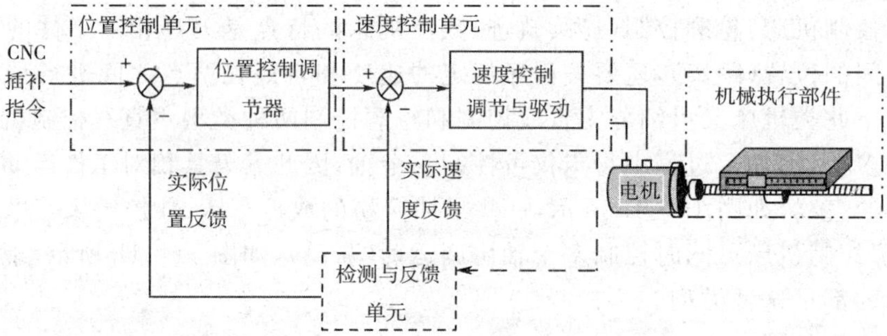

b) 半闭环数控机床

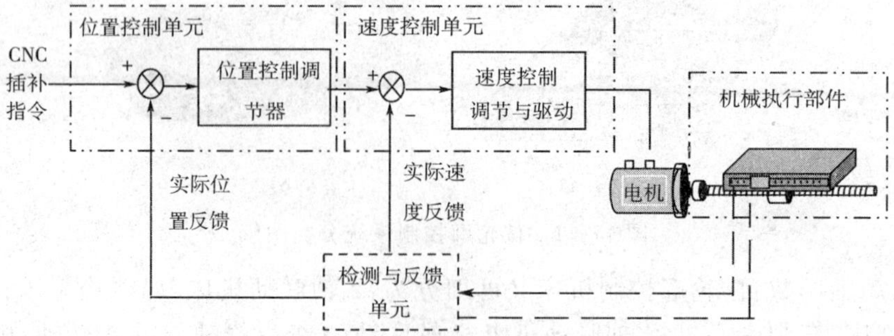

c) 闭环数控机床

图 11-2 按轮廓控制系统分类图解

③闭环数控机床:这类数控机床的移动部件(机床工作台)上直接装有位置检测装置,以检测机床工作台的实际运行位置,与 CNC 装置的指令位置预定值进行比较,用差值对机床

进行控制，其控制框图如图 11－2c 所示。这类机床精度很高，但其稳定性相对较差，且结构复杂维护困难，主要用于对加工精度要求较高的场合。随着数控技术的不断发展，这类机床越来越多地进入机械加工领域。

3. 数控加工的特点

数控机床在机械制造业中日益广泛应用，是因为其与普通机床加工相比，它具有以下几方面的特点与优势：

(1)具有加工复杂形状零件的能力

数控加工运动的数字可控性能使其完成普通加工方法难以完成或无法进行的复杂异形曲面零件的加工，例如飞机机翼、螺旋桨叶片、曲轴等，往往这些零件直接影响整机产品的性能，因此数控机床在飞机、汽车、造船等制造部门具有重要地位。

(2)加工精度高、质量稳定

数控机床是由精密机械和自动化控制系统组成的综合机电一体化产品，其机械传动系统和结构都有较高的精度、刚度和热稳定性。数控机床严格按照预先编制好的程序自动进行加工，排除了人为误差，且数控系统还可通过软件技术进行间隙补偿等，大大提高零件加工精度和产品质量。

(3)具有良好的柔性

当加工对象改变时，数控加工几乎不需要制造与更换专用工装夹具，只需要选择刀具和解决毛坯装夹方式后改变零件加工程序，即可适应不同零件的加工，加工的适应性强、灵活性好，有利于缩短产品的研制和生产周期，适应多品种、中小批量的现代生产需要。

(4)自动化程度高，具有很高的生产效率

除手工装夹毛坯外，其余全部加工过程都可由数控机床自动完成。若配合自动装卸手段，则是无人控制工厂的基本组成环节。数控加工减轻了操作者的劳动强度，改善了劳动条件；省去了划线、多次装夹定位、检测等工序及其辅助操作，有效地提高了生产效率。特别是五面体加工中心和柔性单元等设备，零件一次装夹后能完成几乎所有部位的加工，不仅可消除多次装夹引起的定位误差，且可以大大减少加工辅助操作，使加工效率进一步提高。

11.1.2　数控机床的组成

虽然为实现不同类型加工的数控机床种类众多，但其最基本的组成为计算机数控系统和机床本体两大系统，如图 11－3 所示。

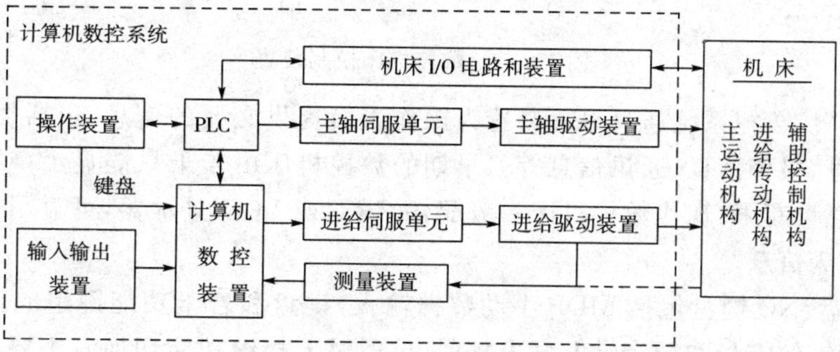

图 11－3　数控机床的组成

1. 输入/输出装置

数控机床加工零件前，必须由操作人员将零件加工程序输入数控系统。因此，数控机床中必须具备必要的交互装置(输入/输出装置)来完成零件程序的输入/输出过程。

根据零件存放的载体(控制介质)不同，数控相应有不同的输入/输出设备。早期的数控机床上配有光电阅读机、磁带录放机分别来阅读控制介质“穿孔纸带”、盒式磁带上包含的零件信息，现代数控机床配备磁盘驱动器来读(存)取磁盘(软盘、硬盘等)上的数控程序，现代机床也可不使用控制介质，直接通过手动数据输入(MDI)、键盘输入零件程序，或采用数据通信(如 RS232、RS422 等串行通信接口)、网络通信(DNC、MAP、LAN)的方式进行信息的传递，如表 11－1 所示。

表 11－1　控制介质与输入/输出装置控制介质

控制介质	输入装置	输出装置
穿孔纸带	纸带阅读机	纸带穿孔机
磁带	磁带机或录音机	
磁盘(软盘、硬盘、光盘、U 盘)	磁盘驱动器(软驱、PATA/SATAJ 接口、光驱、USB 接口)	
无(通讯模块)	RS232/422 等通信接口、网络 RJ45 接口、网络 DNC 等	

2. 操作装置

操作装置是操作人员与数控机床(系统)进行交互的工具。一方面，操作者可通过它对数控机床进行操作、编程、调试和参数设置等；另一方面，操作者可通过它了解数控机床的运行状态。操作装置主要由显示装置、NC 键盘、机床控制面板(MCP)、状态灯、手持单元等部分组成，如图 11－4a 所示。

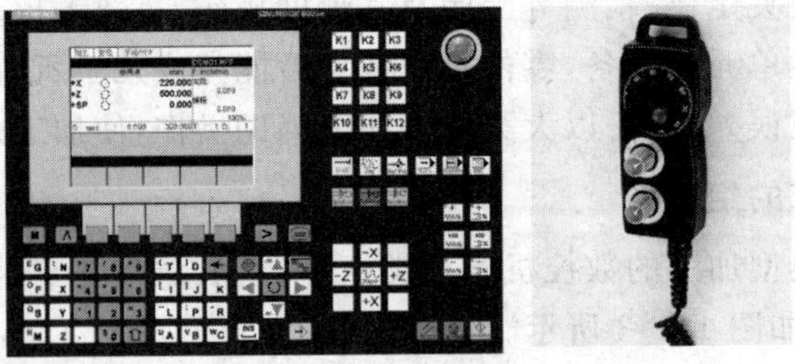

a)　　　　　　b)

图 11－4　数控机床控制装置

①显示装置：数控系统通过显示装置为操作人员提供必要的信息，包括加工信息、参数信息、程序信息、报警信息、通讯信息等。早期的数控机床由若干只能显示字符的数码管组成，显示的信息量有限；现代数控机床一般配备 CRT 或 LCD 显示器，可显示字符、文字、图形等丰富的机床信息。

②NC 键盘：NC 键盘包括 MDI(手动数据输入)键盘和若干功能键组成。MDI 键盘配备数控程序所需的字母和数字键并紧凑排列(可通过上档键功能切换)，主要用于零件程序和参数编辑。功能键主要用于对数控系统软件功能的操作。

③MCP：机床控制面板集中了控制数控机床动作的所有按钮(开关、按键)以及状态指

示灯，直接控制机床的动作和加工过程。例如程序的启动、暂停和停止，手动操作各主轴和坐标轴的速度和位置，冷却液和润滑的开关等，"紧急停止"按钮也包含在其中。

④手持单元：手持单元是操作装置的一个必要的补充，方便用户用手摇方式增量进给坐标轴。手持单元一般由手摇脉冲发生器 MPG、坐标轴选择开关和增量单位开关等组成，如图 11 - 4b 所示。

3. CNC 装置

计算机数字控制装置（CNC 装置）是计算机数控系统的核心部分，其主要作用是根据输入的零件加工程序进行相应的处理（如运动轨迹处理、机床输入输出处理等），然后输出控制命令到相应的执行部件（伺服单元、驱动装置和 PLC 等），从而加工出需要的零件。所有这些工作是由 CNC 装置内硬件和软件协调配合，合理组织，使整个系统有条不紊地进行工作的。CNC 装置的性能很大程度上取决于硬件，而 CNC 装置的功能则很大程度上取决于软件。

CNC 装置的硬件主要由计算机系统（CPU、总线、存储器、外围逻辑电路等）和与其他组成部分联系的接口模块（程序的输入/输出接口、面板接口和显示接口、伺服输出和位置反馈接口、主轴控制接口、机床的输入/输出接口、PLC 接口、数控专用 I/O 接口等）组成。CNC 装置的软件主要有系统软件和应用软件。应用软件包括零件数控加工程序或其他辅助软件，如 CAD/CAM 软件等。系统软件是为实现 CNC 系统各项功能所编制的专用软件，存放在计算机 EPROM 内存中，一般包括输入数据处理程序、插补运算程序、速度控制程序、管理程序和诊断程序等。

目前市场上流行的数控系统有日本的 FANUC、MITSUBIBHI、OKUMA，德国的 SIEMENS、西班牙的 FAGOR 和我国的华中数控、广州数控、SKY 数控等。

4. 可编程逻辑控制器、机床 I/O 电路和装置

可编程逻辑控制器（Programmable Logic Controller，PLC）是一种以微处理器为基础的专为工业环境下应用而设计的自动控制装置，主要解决生产设备的逻辑和开关量控制。

在数控机床中，PLC 和 CNC 装置协调配合共同完成数控机床的控制，其中 PLC 主要完成与逻辑运算有关的一些顺序动作的 I/O 控制，它和实现 I/O 控制的执行部件——机床 I/O 电路和装置（由继电器、电磁阀、行程开关、接触器等组成的逻辑电路一起，共同完成两大任务：

(1)接受 CNC 的 M、S、T 指令，对其进行译码并转换成对应的控制信号，控制辅助装置完成机床相应的开关动作。

(2)接受操作面板和机床侧的 I/O 信号，送给 CNC 装置，经其处理后，输出指令控制 CNC 系统的工作状态和机床的动作。

5. 伺服系统

数控机床的伺服系统是一种以机械位置和速度作为控制对象的自动控制系统，由伺服单元和驱动装置组成，是连接 CNC 系统和机床本体的主要联系环节，如图 11 - 5 所示。

伺服系统的作用是接收数控系统中插补器或计算机插补软件生成的微弱电信号（脉冲电压约 5V 左右，脉冲电流为毫安级），如指令脉冲或数字量，通过功率放大装置放大为较强的电信号（驱动电压约几十伏至几百伏，电流可达几十安培），将上述指令脉冲或数字量信息转换成模拟量（如执行电动机轴的角位移和角速度等）信息，从而驱动执行电动机带动机床运动部件按约定的速度和位置进行运动。

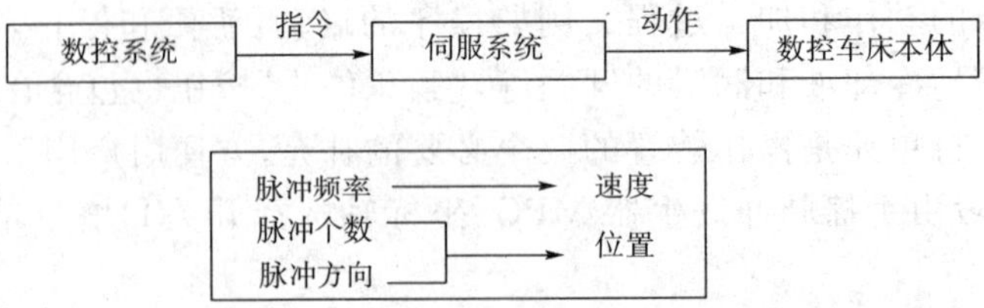

图 11－5　数控机床伺服系统位置示意图

数控系统发出的控制信息，通过伺服系统，转换成机床本体的坐标轴的运动，完成零件加工程序所规定的操作。

数控机床的伺服系统主要有两种：一种是控制主轴旋转运动的主轴伺服系统，一种是控制各坐标轴切削运动的进给伺服系统。在一些高级数控机床中还具备控制刀库、料库等辅助系统运动的辅助伺服系统。

数控机床主轴伺服系统分为直流主轴伺服系统和交流主轴伺服系统。交流主轴伺服系统主要由笼型感应交流电动机、矢量变换变频调速装置（变频器）等组成。变频器的作用是使交流电动机与直流电动机一样具有同样的控制灵活性和良好的动态特性，从而使交流主轴伺服系统的性能能够达到直流驱动的水平。

数控机床的进给伺服系统，通常由配套的伺服单元和驱动装置（执行元件）组成。数控机床进给伺服系统对其执行元件提出了很高的要求：高精度、响应快、宽调速和大转矩等。一般开环系统采用功率步进电机、闭环机床采用交流伺服电机作为驱动装置。

6. 测量装置

数控机床测量装置是数控机床闭环、半闭环伺服系统的重要组成部分，利用光或磁的原理，完成检测控制对象的位移和速度，并向输入端发送反馈信号，测量装置测量的最小位移量称为分辨率。

常用的测量装置主要有直线光栅、光电脉冲编码器、旋转变压器、磁栅等，其工作原理和基本结构也各不相同。

7. 机床本体

机床本体是数控机床的主体，是实现制造加工的执行部件，由五个部分组成，即主运动部件（主轴及其传动）、进给运动部件（工作台、拖板以及相应的传动机构）、支承件（立柱、床身等）以及特殊装置（如刀具自动交换系统、工件自动交换系统）和辅助装置（如排屑装置等）。数控机床的机床本体与普通机床整体结构类似，但各部分部件又有其特点。

（1）主运动部件

数控机床的主运动部件通常由主轴电机通过皮带作为传动部件带动机床主轴做旋转运动，其速度由变频器实现无级调速。近年来出现的电主轴，将机床主轴与电机合二为一，主轴直接充当电动机的转子，从而在主轴上实现了机械的零传动，使转动速度和效率大幅提高。

（2）进给运动部件

数控机床进给运动的传动部件通常是滚珠丝杠螺母副，其作用是将进给电机的旋转运动转化成工作台的直线运动，图 11－6 为滚珠丝杠螺母副工作原理。近年来出现的直线电机，由于电动机直接输出直线位移从而在进给轴上实现了零传动。

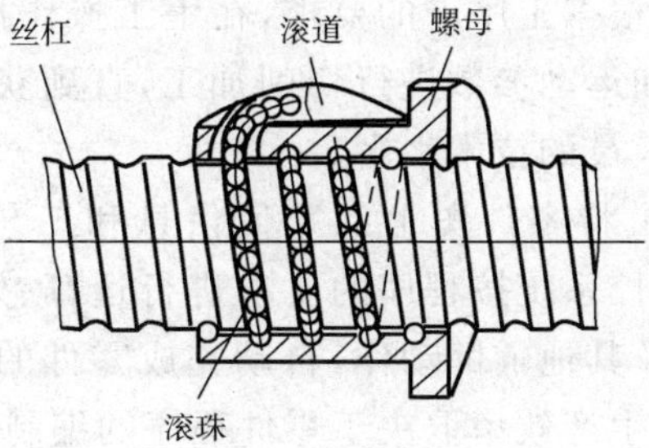

图 11－6　滚珠丝杠螺母副结构示意图

(3)床身结构与自动换刀装置

数控机床的床身虽与普通机床床身结构上大致相同,但又有所不同。例如数控车床的床身结构和导轨的布局形式可分为平床身、斜床身、平床身斜滑板和立床身,其结构如图 11－7所示。

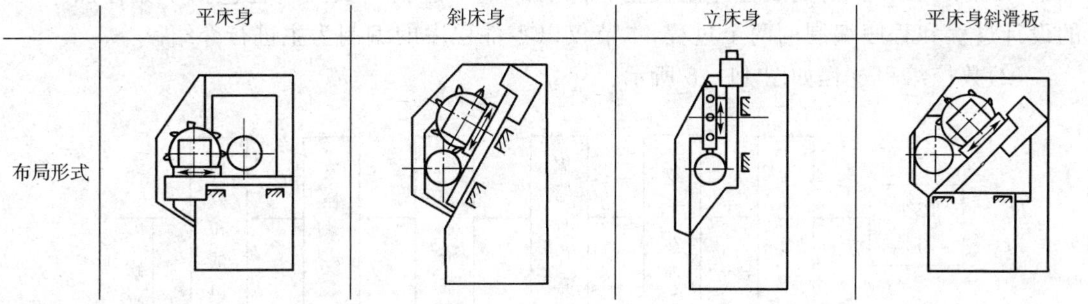

图 11－7　数控车床床身结构和导轨的布局形式

数控机床导轨功用是支承和导向,即支承数控车床的运动部件(如刀架)并保证运动部件在外力的作用下,准确地沿着一定的方向运动。按其接触面间的摩擦性质不同,可分为贴塑导轨、滚动导轨和静压导轨。

数控机床往往具备自动换刀装置,如数控车床的电动刀架、数控铣削中心的刀具自动交换系统,使工件在一次装夹中完成多工序加工,缩短辅助时间,减少多次安装工件所引起的误差。数控车床上通常采用的自动换刀装置有回转刀架和动力刀架两类:回转刀架可安装四把、六把或更多的刀具,根据机床结构有前置刀架和后置刀架之分;动力刀架是车削中心的装备,使工件在车床上完成部分铣削工作。

(4)辅助装置

数控机床的辅助装置包括机床防护罩、排屑装置、液压卡盘和尾架等。

机床防护罩有利于保证加工过程中局部环境的稳定性和有效地保证操作人员的安全。在切屑过程中,铁屑往往混合在切削液中,排屑装置从其中分离出切屑,并将它们送人切屑收集箱内,而切削液则被回收到切削液箱中。在中高档的数控车床中,液压卡盘和尾架等结构可以辅助加工的自动化。

11.1.3　数控编程基础

1. 概述

在普通机床上加工零件,一般先由工艺人员制定零件的加工工艺规程(加工工序、机床、刀具、夹具等内容),操作人员根据工序卡的要求,在手工操作机床加工过程中,不断地改变刀具与工件的相对运动轨迹和运动参数进行切削加工,直到获得所需的合格零件。零件的质量及生产效率依赖于操作人员的技术水平。

在CNC机床上,操作人员将零件图上的几何信息和工艺信息数字化(即编制零件程序),并输入到数控系统中,数控系统按程序的要求进行运算、处理后发出相应的指令,控制实现刀具与工件的相对运动及其他辅助动作,自动完成零件的加工。由于人工操作过程被数控系统取代,零件的质量及生产效率取决于零件程序的编制。

2. 数控编程的定义、过程和方法

(1)数控编程即零件程序的编制过程。具体的说,是根据被加工零件的图纸和技术要求、工艺要求,将零件加工的工艺顺序、工序内的工步安排、刀具相对于工件的轨迹和方向(零件轮廓尺寸)、工艺参数(主轴转速、进给量、切削速度)及辅助动作(变速、换刀、切削液开关、工件紧松)等用数控系统所规定的规则、代码和格式编制成文件(程序单),制作成控制介质输入到数控系统中,完成程序的校验和试切的整个过程。数控编程包括了数控加工工艺的设计过程和程序编制的两个过程,本节仅以零件程序的编制为主进行介绍。

(2)数控编程过程如图11-8所示。

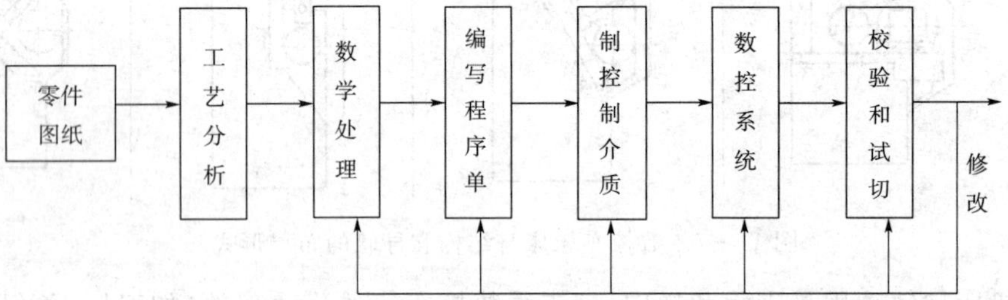

图11-8 数控编程过程

工艺分析主要完成的任务有:确定加工机床、刀具与夹具,确定工艺的路线、工步顺序,确定切削用量,确定辅助功能等;

数学处理的主要任务:以工件坐标系为基准,计算直线和圆弧轮廓的终点、计算非圆轮廓离散的接近点、将计算的坐标值换算成编程值等;

编写程序单及初步校验:根据工艺分析出的工艺信息和数学处理计算的坐标值,按照数控系统所规定的指令代码和格式,编制零件程序,并进行初步校验(人工阅读法,计算机模拟仿真)检查程序错误。

制备控制介质、输入数控系统:将编制的程序单,经转换记录在选择与数控系统相匹配的控制介质上,如磁带、磁盘等,或采用MDI方式、通信方式将零件程序输入数控系统。

程序的校验和试切:程序的校验,利用数控系统的相关功能在机床上运行,通过刀具的轨迹检查程序的正确性和合理性,主要有静态校验(数控系统的轨迹仿真,机床不动)和动态校验(空运行,不安装工件,机床按轨迹运动)两种方式。程序的试切,通过数控机床加工实际零件来检验程序的正确性、合理性和加工精度。只有试切零件经检验合格后,加工程序才算编制完毕。在校验和试切过程中,发现错误,分析原因并进行相应修改,直到加工出满足图纸要求的零件为止。

(3)数控加工程序的编制方法主要有两种：手工编制程序和自动编制程序。

①手工编程

手工编程是指主要由人工来完成数控编程中各个阶段的工作。一般对几何形状不太复杂的零件，所需的加工程序不长，计算比较简单，用手工编程比较合适，但耗费时间较长，且容易出现错误，无法胜任复杂形状零件的编程。

②计算机自动编程

自动编程是指主要由计算机辅助完成数控编程中各个阶段的工作。计算机自动编程代替程序编制人员完成了繁琐的数值计算，编程工作效率高，解决复杂形状零件的编程难题，且一般不会出现程序错误。

根据输入方式的不同，可将自动编程分为图形交互自动编程、语言数控自动编程和语音数控自动编程等。目前使用作广泛的图形交互自动编程是指将零件的图形信息直接输入计算机，通过自动编程软件的处理，得到数控加工程序。语言数控自动编程指将加工零件的几何尺寸、工艺要求、切削参数及辅助信息等用数控语言编写成源程序后，输入到计算机中，再由计算机进一步处理得到零件加工程序。语音数控自动编程是采用语音识别器，将编程人员发出的加工指令声音转变为加工程序。

3. 实现数控编程的相关规定与原则

(1)机床坐标轴的命名、方向和原则

所谓坐标轴，是指在机械装备中，具有位移(线位移或角位移)控制和速度控制功能的运动轴，有直线坐标轴和回转坐标轴之分。

确定坐标轴和运动方向原则：

①永远假定刀具相对于禁止的工件坐标而运动；

②刀具远离工件的方向为坐标轴正方向；

③机床主轴旋转运动的正方向是按照右旋螺纹进入工件的方向。

(2)坐标轴的命名、方位和方向的确定

为简化编程和保证程序的通用性，采用右手笛卡儿坐标系为机床的坐标轴的命名和方向指定了统一的标准(JB/T 3051—1999)，规定直线进给坐标轴(基本坐标轴)用 X、Y、Z 表示，其相互关系满足右手定则，其中大拇指的指向为 X 轴的正方向，食指的指向为 Y 轴正方向，中指的指向为 Z 方向。围绕 X、Y、Z 轴旋转的圆周进给坐标轴分别为 A、B、C，其方向用右手螺旋法则确定，大拇指指向 $+X$、$+Y$、$+Z$，则食指、中指等的指向是圆周进给运动的 $+$A、$+$B、$+$C，如图 11－9 所示。

如果在基本的直角坐标轴 X、Y、Z 之外，另有第二组平行于它们的坐标轴，则附加的坐标轴指定为 U、V、W，如还有第三组则指定为 P、Q、R，其坐标轴的运动方向与前述相同。

机床坐标轴的方位和方向取决于机床的类型和各组成部分的布局，其一般的顺序是：先确定 Z 坐标(轴)，再确定 X 坐标(轴)，最后由右手直角笛卡儿坐标系统确定 Y 坐标(轴)。

Z 坐标的运动方向，是由传递切削动力的主轴所规定，对铣床、钻床、镗床、攻丝机等，主轴带动刀具旋转；对于车床、磨床和其他形成旋转表面的机床，主轴带动工件旋转；如机床没有主轴(如牛头刨床)，则 Z 坐标垂直于工件装卡面。

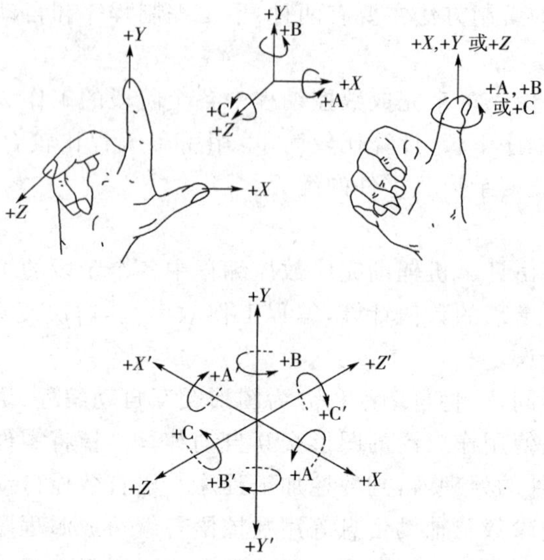

图 11－9　右手直角笛卡儿坐标系统

X 坐标的运动方向，X 坐标是水平的，它平行于工件的装卡面。在没有旋转的刀具或旋转的工件的机床上（如牛头刨床），X 坐标平行于主要的切削方向；在工件旋转的机床上（如车床、磨床等），X 坐标的方向是在工件的径向上，且平行于横滑座；在刀具旋转的机床上（如铣床、钻床、镗床等）如 Z 坐标是水平的，当从主要刀具主轴向工件看时，$+X$ 运动方向指向右方，如 Z 坐标是垂直的，对于单立柱机床，当从主要刀具主轴向立柱看时，$+X$ 运动的方向指向右方。对于桥式龙门机床，当从主要主轴向左侧立柱看时，$+X$ 运动的方向指向右方。

Y 坐标的运动方向，根据 X 和 Z 坐标的运动方向，按照右手直角笛卡儿坐标系统来确定。

(2)机床坐标系与工件坐标系

①机床原点与机床坐标系

机床原点即机床坐标系的原点，是指在机床上设置的一个固定点。它在机床装配、调试时就已确定下来，是数控机床进行加工运动的基准参考点。

在数控车床上，机床原点一般取在卡盘端面与主轴中心线的交点处，另外通过设置参数的方法，也可将机床原点设定在 X、Z 坐标的正方向极限位置上。

机床坐标系是以机床原点为基准，刀具远离工件方向为正方向，建立的右手笛卡尔坐标系。

②机床参考点

机床参考点是用于对机床运动进行检测和控制的固定位置点。机床参考点的位置是由机床制造厂家在每个进给轴上用限位开关精确调整好的，坐标值已输入数控系统中。在数控车床上机床参考点是离机床原点最远的极限点。

数控机床开机时，必须先确定机床原点，而确定机床原点的运动就是刀架返回参考点的操作，这样通过确认参考点，就确定了机床原点。只有机床参考点被确认后，刀具（或工作台）移动才有基准。

机床原点和机床参考点是相对于机床而言不同定义的两个点，虽然可能同为某一个具体的点但其含义完全不同。通常数控铣床的机床原点与机床参考点在同一点，数控车床的机床原点和机床参考点不在同一点。

③工件编程原点及工件坐标系

工件编程原点(工件原点)是根据加工零件图样及加工工艺要求选定的编程坐标系的原点。

工件编程原点应尽量选择在零件的设计基准或工艺基准上，并以此根据零件图样及加工工艺等建立工件坐标系。在工件坐标系中，各轴的方向应该与所使用的数控机床相应的坐标轴方向一致。

工件的编程原点是相对于工件而言的，为编程方便可以选取在工件的任何位置上，通常数控车床选用端面圆心、数控铣床采用工件中心或顶角作为编程原点进行程序的编制。

数控机床坐标系与工件坐标系的相互关系，如图 11－10 所示。其中 11－10a 为立式数控机床坐标系，11－10b 为卧式数控机床坐标系。

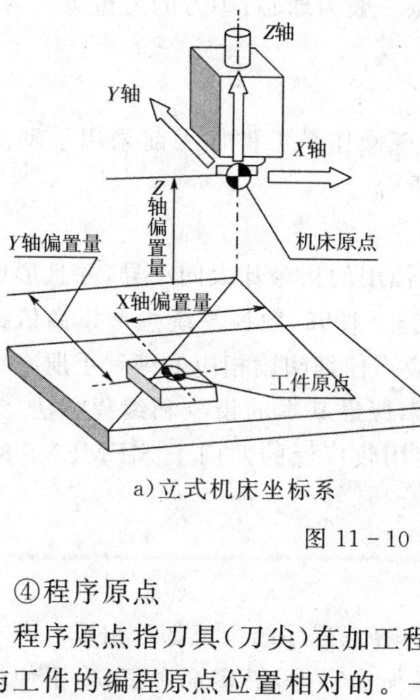

a)立式机床坐标系

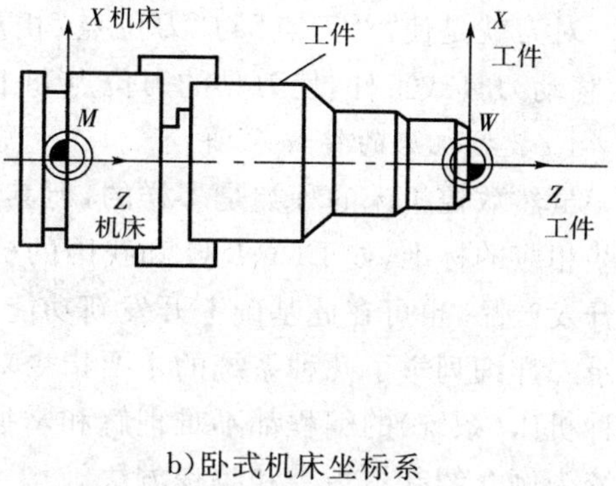

b)卧式机床坐标系

图 11－10　数控机床坐标系与工件坐标系

④程序原点

程序原点指刀具(刀尖)在加工程序执行时的起点，又称为程序起点。程序原点的位置是与工件的编程原点位置相对的。一般情况下，一个零件加工完毕，刀具返回程序原点位置，等候命令执行下一个零件的加工。

(3)对刀点、刀位点和换刀

①对刀点(起刀点)

对刀点是确定刀具与工件相对位置的点，刀具相对于工件运动的起点，又称起刀点，也就是程序运行的起点。

对刀点的选择原则：对刀点应便于数学处理和程序编制；对刀点在机床上容易校准；在加工过程中便于检查；引起的加工误差小。

对刀点可以是工件或夹具上的点，或者与它们相关的易于测量的点。对刀点确定之后，机床坐标系与工件坐标系的相对关系就确定了。对于孔类零件，可以取孔的中心作为对刀点，如图 11－11 所示。

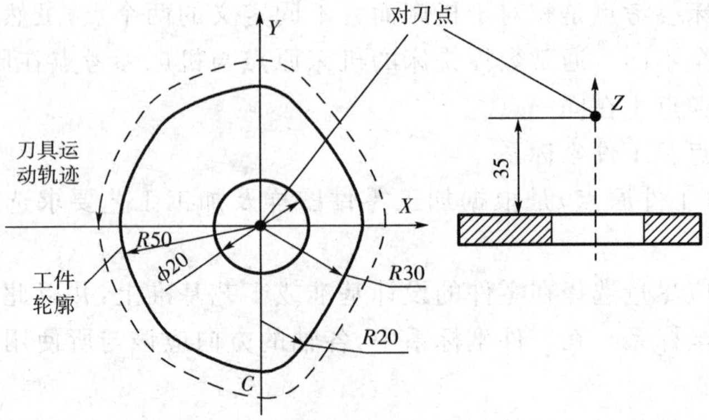

图 11-11　对刀点

②刀位点

所谓刀位点，是指刀具上用于确定刀具在机床坐标系中位置的指定点。例如平头立铣刀、面铣刀的刀位点一般为端面圆心；球头铣刀的刀位点一般为球心；车刀的刀位点为刀尖，钻头的刀位点为钻尖。

③对刀

对刀就是使“对刀点”与“刀位点”相重合的操作。该操作是工件加工前采用手动的方法，移动刀具或工件，使刀具的刀位点和工件的对刀点重合。

4. 数控机床的编程基础

虽然数控机床的种类是多样的，但其编程的方法和使用的指令却大同小异，并且形成了一些相应的标准，如 EIA、ISO 和我国的机械标准 JB3208－1999，数控系统生产厂商依据标准开发产品，也可在此基础上开发新功能，因此编程时应当仔细阅读相应的编程手册。本书附录二详细列举了几种系统的主要指令对照表。只要掌握最基本的指令和编程方法，无论何种机床（系统）的编程都不难理解和掌握，本节将以使用较广泛的西门子 SIEMENS 802S 系统为例介绍基本指令和编程方法。

(1)零件程序的结构

①零件程序的组成

一个完整的数控加工指令由程序名、程序体（程序内容）、程序结束三部分组成。

程序名是一个程序必须的标识符，开始两个符号必须是字母，最多 8 个字符，不使用分隔符。

程序体由遵循一定结构、句法和格式规则的若干程序段组成的，每个程序段由若干个指令字组成。

程序结束可由 M02 或 M30 结束整个程序的运行。

②指令字及其格式

一个程序段由以上若干个指令字（数控字）组成，指令字是组成程序段的基本元素，包括地址符和数值数据，两者确定了指令字的含义。地址符一般是一个字母，数值是一个数字串，一个字可以包含多个字母，数值与字母之间用符号“＝”隔开，例如：CR＝5.23。

(3)程序段的格式

一个程序段定义了一个将由数控装置执行的指令行，程序段的格式定义了每个程序段中功能字的句法，如图 11-11 所示。零件的程序是按程序段的输入顺序进行的，而不是按程序段号顺序执行，但程序编制时尽量按升序书写程序段号。

N007	G01	X50 Z30	F300	M03	S300	T0101	LF
程序段号	准备功能字	尺寸字	进给功能字	辅助功能字	主轴转速字	刀具功能字	程序段结束

图 11-12　程序段的格式

(2)编程指令体系及编程要点

①准备功能 G

程序地址 G(又称 G 代码、G 功能)表示准备功能，是将控制系统预先设置为某种预期的状态，或者某种加工模式和状态。G 功能指令的格式一般是在 G 后加两位数值组成，即 G00～G99，用来规定刀具和工件相对运动的轨迹、机床坐标系、刀具补偿、坐标偏置和特定循环指令等多种加工动作。

G 功能有非模态 G 功能和模态 G 功能之分。非模态 G 功能，只在所规定的程序段中有效，程序段结束时被注销；模态 G 功能，所指定的功能一旦被执行，一直有效，直到被同组的其他 G 功能注销为止。模态 G 功能组中包含一个缺省的 G 功能，通电时将被初始化该功能，例如绝对尺寸指令 G90 等。

不同组 G 功能可以放在同一程序段中，而且与顺序无关。同组 G 功能放在同一程序段时，后者有效。

a. 尺寸单位选择(G70/G71)(模态指令)

格式：G70/G71

G71 编程时，为公制尺寸制式，线性轴的尺寸单位为毫米(mm)，缺省值。

G70 编程时，为英制输入制式，线性轴的尺寸单位为英寸(inch)。

两种制式下，旋转轴的尺寸单位是°。

b. 进给速度单位设定(G94/G95)(模态指令)

格式：G94/G95 [F_]

G94 编程时，进给速度 F 为每分钟进给，缺省值。对于线性轴，F 的单位依 G70/G71 的设定为 inch/min，mm/min；对于旋转轴，F 的单位为°/min。

G95 编程时，进给速度 F 为主轴进给率，即主轴每转的进给量，单位为 inch/r，mm/r，°/r。

c. 半径尺寸和直径尺寸(G22/G23)(模态指令)

格式：G22/G23

在数控车床加工零件时通常把 X 轴的位置数据作为直径数据编程，控制器把所输入的数值设定为直径尺寸，这仅限于 X 轴。在需要时程序也可转化为半径尺寸，如图 11-13 所示。

d. 工件坐标系选择(G54～G59，G50)

格式：G54/G55/G56/G57/G58/G59/G50

可设定的零点偏置给出工件原点在机床坐标系的位置，程序通过 G54～G59 可激活六个相应设定零点偏移量，G50 取消前面的零点偏移设置。

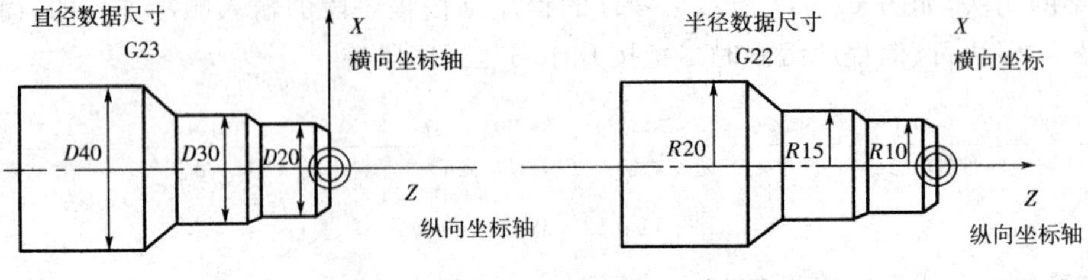

图 11-13　X 轴的半径和直径数据尺寸

e. 绝对尺寸和增量尺寸编程(G90/G91)(模态指令)

格式:G90/G91

G90 为绝对尺寸编程,每个编程坐标轴上的编程值都是相对于编程原点而言的,该值表示相对于编程原点的实际位置值,有利于直观了解刀具的具体位置。

G91 为增量尺寸编程,每个编程坐标轴上的编程值都是相对前一位置而言的,该值等于沿轴移动的距离(轨迹),有利于理解刀具的运动轨迹。

例如图 11-14 中,从 A 点移动到 B 点,在 G90 方式下,编程坐标为(X50,Y200);在 G91 方式下,编程坐标为(－130,Y140)。

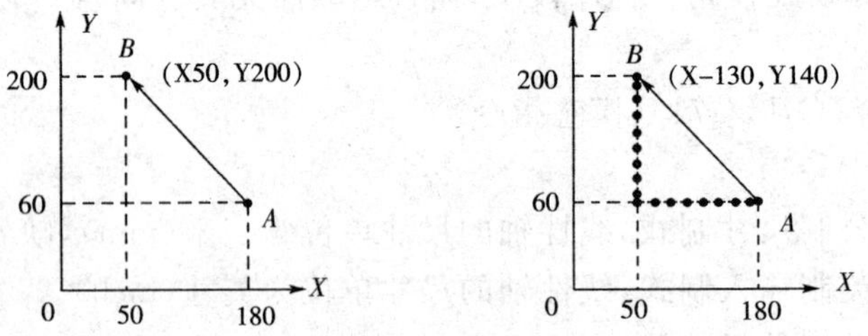

图 11-14　绝对尺寸与相对尺寸的关系

f. 快速定位/直线进给(G00/G01)(模态指令)

格式:G00 X_ Y_ Z_

格式:G01 X_ Y_ Z_ F_

其中,X、Y、Z 为快速定位/线性进给的终点,在 G90 方式下为在工件坐标系中的坐标,在 G91 方式下为相对于起点的位移量。

G00 指令刀具相对于工件机床参数预先设定的值进行快速移动,从当前位置快速移动到终点位置,一般用于加工前的快速定位或加工后的快速退刀,不能用于加工,其速度由系统参数设定,程序中设定的 F 无效。G01 指令刀具相对于工件以 F 为各轴的合成速度移动,从而实现从起点到终点的线性加工,如果在程序中未指定 F,则数控系统报警,指令不予执行。

例如图 11-15 中,从 A 点移动到 B 点的轮廓,采用绝对尺寸编程,其程序如程序 1 所示;采用增量尺寸编程,其程序如程序 2 所示。

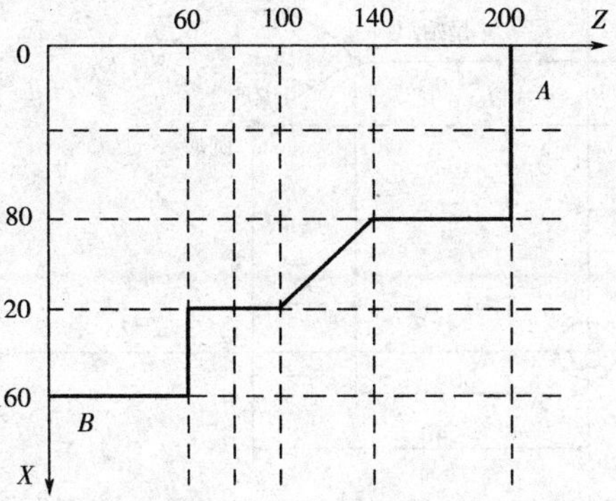

图 11 - 15　直线插补

程序 1(绝对尺寸编程)：

N10 G18 G90 G00 X0 Z200

N12 G01 X160 Z200 F100

N14 X160 Z140

N16 X240 Z100

N18 X240 Z60

N20 X320 Z60

N22 X320 Z0

程序 2(增量尺寸编程)：

N10 G18 G90 G00 X0 Z200

N12 G91 G01 X160 Z0

N14 X0 Z－60

N16 X80 Z－40

N18 X0 Z－40

N20 X80 Z0

N22 X0 Z－60

g. 顺圆弧/逆圆弧进给(G02/G03)

格式：G02/G03 X_ Y_ Z_ CR_ F_　　　(终点－半径方式)

G02/G03 X_ Y_ Z_ I_ J_ K_ F_　　　(圆心－终点方式)

G02/G03 X_ Y_ Z_ AR＝_ F_　　　(终点－张角方式)

G02/G03 I_ J_ K_ AR＝_ F_　　　(圆心－张角方式)

其中，G02/G03 分别为顺时针/逆时针圆弧插补，G17/G18/G19 指定圆弧插补平面如图 11 - 16所示，X、Y、Z 为圆弧进给的终点，CR 为圆弧半径，I、J、K 分别为圆心与圆弧起点 X、Y、Z 的偏移值，AR 为张角(终点与起点的圆心角)，F 为编程各轴的合成速度。

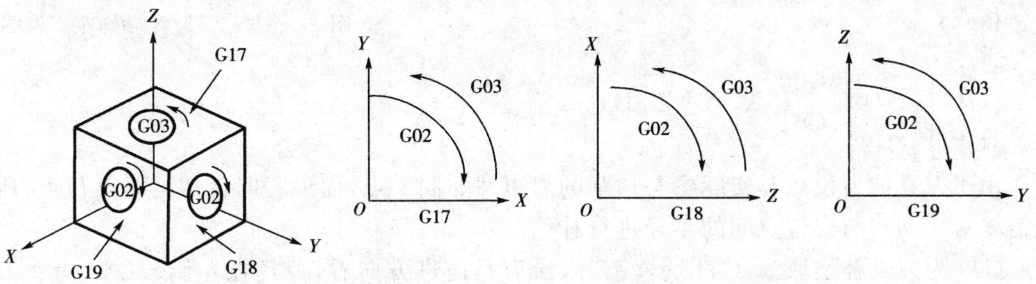

图 11 - 16　G02/G03 的判断

例如图 11 - 17 中，从起点到终点的圆弧，按图中四种格式编程均可。

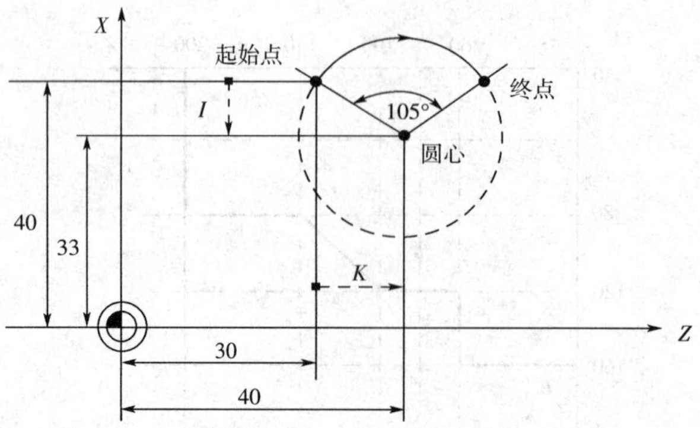

图 11－17　圆弧编程指令的格式

N10 G90 X30 Y40

N20 G02 X50 Y40 CR＝12.207 F30　　　　(方法 1)

N20 G02 X50 Y40 I10 J－7 F30　　　　(方法 2)

N20 G02 X50 Y40 AR＝105 F30　　　　(方法 3)

N20 G02 I10 J－7 AR＝105 F30　　　　(方法 4)

h)恒螺距螺纹切削(G33)(模态指令)

格式:G33 Z_K_ SF＝_(圆柱螺纹)

G33 Z_X_K_ SF＝_(圆锥螺纹,锥度＜45°)

G33 Z_X_I_ SF＝_(圆锥螺纹,锥度＞45°)

G33 X_I_ SF＝_(端面螺纹)

G33 功能在车床上可以加工圆柱螺纹、圆锥螺纹、外螺纹和内螺纹、单螺纹和多重螺纹、多段连续螺纹;左旋和右旋螺纹由主轴旋转方向确定。其中 K 和 I 表示螺距,Z 和 X 表示位移大小,如图 11－18 所示。螺纹长度中需要考虑导入空刀量和退出空刀量,如图 11－19 所示。

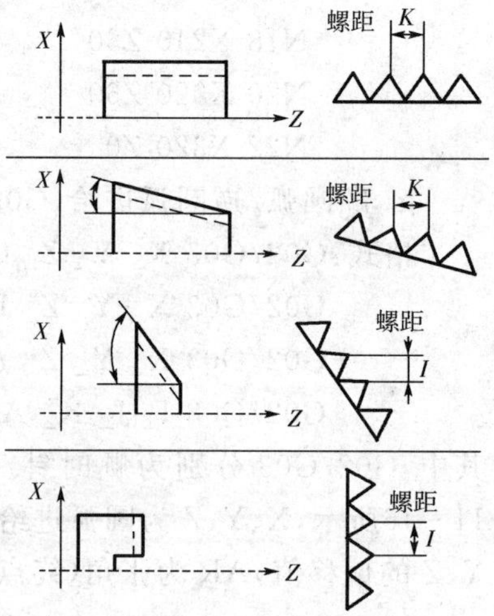

图 11－18　Z 轴/X 轴螺距举例图

i)刀具半径补偿 G40/G41/G42(模态代码)

格式:

$$\begin{Bmatrix}G17\\G18\\G19\end{Bmatrix}\begin{Bmatrix}G40\\G41\\G42\end{Bmatrix}\begin{Bmatrix}G00\\G01\end{Bmatrix}X\_\ Y\_\ Z\_\ D\_$$

由于刀具的刀位点与实际参与切削的刀刃并非同一点,而编程时使用的是刀位点,所以就需要对切削刃与刀位点间的半径进行补偿。

G40 为刀具补偿取消、G41 为左刀补(沿刀具前进方向看,刀具在左侧)、G42 为右刀补(沿刀具前进方向看,刀具在右侧),如图 11－20 所示。X、Y、Z 为 G00/G01 的参数,即刀补建立或取消的终点。D 为 G41/G42 的参数,即刀具补偿码。

j)暂停(G4)(非模态指令)

格式:G4　F_　(暂停时间(秒))

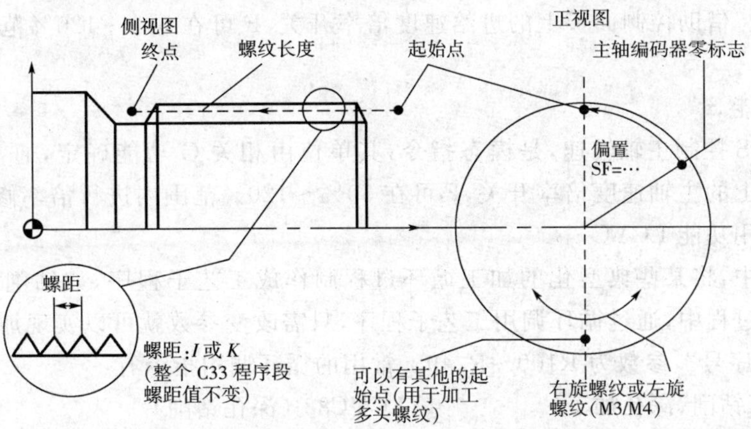

11－19　G33 螺纹切削中可编程的尺寸量

G4　S_　(暂停主轴转速)

通过在两个程序段之间插入一个 G4 指令，可以使加工中断给定的时间或减少相应的主轴转速，G4 指令是非模态指令只对当段程序有效。

②辅助功能 M

程序地址 M(又称 M 代码、M 功能)表示辅助功能，是将控制零件程序的走向以及机床各种辅助功能的开关动作，M 功能指令的格式一般是在 M 后加两位数值组成，即 M00～M99。M 功能有模态 M 功能和非模态 M 功能两种形式。常用的 M 功能主要有：

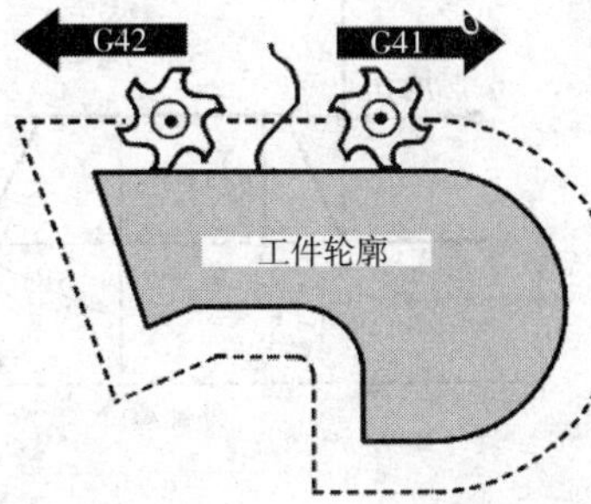

图 11－20　刀具补偿

M00/M01/M02　程序停止/有条件停止/结束

M03 /M04/M05　主轴正转转/停转

M06　换刀

M08/M09　冷却液开/关

③刀具功能 T 和刀具补偿功能 D

在进行工件程序编制时，直接按图纸的工件尺寸编程，无需考虑加工刀具的长度和切削半径，在机床实际加工过程中通过刀具 T 及其刀具补偿功能 D，自动计算出刀具实际轨迹进行加工。

编程指令“T＋刀具号”可以选择刀具，系统允许刀具号在 1～32000 数值中设定，最多同时存储 15 把刀具。

编程指令“T＋补偿号”可以设定刀具的补偿量，每个刀具可设定 9 组不同的补偿量，最多可以存储 30 个刀具补偿数据组。

刀具调用后，刀具补偿立即生效，如没有设定补偿号，则 D1 值自动生成。

例如 T4D2 表示 4 号刀具 2 号补偿量；T1D3 表示 1 号刀具 3 号补偿量，T340 表示 340 号刀具 1 号补偿量。

④进给速度功能 F

进给速度功能 F 表示工件被加工时刀具相对于工件的移动速度的矢量和。坐标轴速度是刀具轨迹速度在坐标轴上的分量。F 指令是模态指令，其单位由相关 G 功能确定，通常为 mm/min。借助控制面板上的进给速度倍率开关,F 可在 0%～120%范围内进行倍率修调。

⑤主轴功能 S

主轴功能 S 控制主轴转速,是模态指令,其单位由相关 G 功能确定,通常为 mm/min。借助控制面板上的主轴速度倍率开关,F 可在 50%～120%范围内进行倍率修调。

⑥循环调用功能 LCYC

数控加工中,将某些典型化的加工循环过程制作成工艺子程序,如钻削、螺纹车削等。在具体的加工过程中,通过循环调用工艺子程序,只需改变参数就可以实现加工。其格式是"LCYC＋子程序号",参数为 R100～R249。常用的循环调用指令有:

LCYC82 (钻削、深孔加工)　　LCYC83 (深孔钻削)

LCYC840 (带补偿夹具切削螺纹)　　LCYC85 (镗孔)

LCYC93 (切槽(凹槽循环))　　LCYC94 (退刀槽切削(E,F 型,退刀槽循环))

LCYC95 (切削加工(坯料切削循环))　　LCYC97 (车螺纹(螺纹切削循环))

例如车削螺纹循环 LCYC97,其参数如图 11－21 所示。

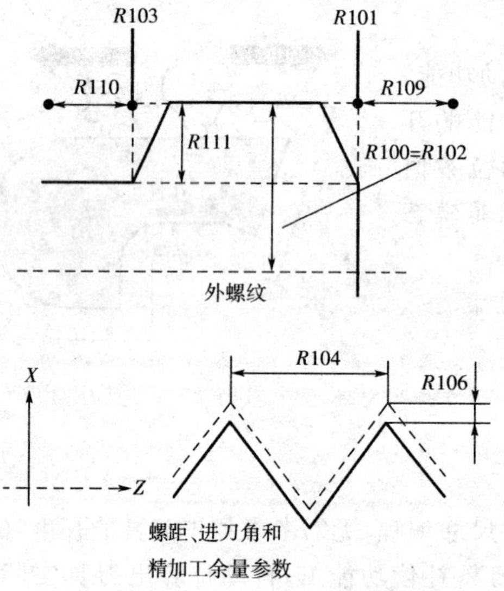

参数	含义及数值范围
R100	螺纹起始点直径
R101	纵向轴螺纹起始点
R102	螺纹终点直径
R103	纵向轴螺纹终点
R104	螺纹导程值,无符号
R105	加工类型　　数值:1,2
R106	精加工余量,无符号
R109	空刀导入量,无符号
R110	空刀退出量,无符号
R111	螺纹深度,无符号
R112	起始点偏移,无符号
R113	粗切削次数,无符号
R114	螺纹头数,无符号

图 11－21　LCYC97 循环参数

5. 数控机床的编程举例

(1)数控铣床加工零件编程,如图 11－22 所示,仅按轮廓编制。

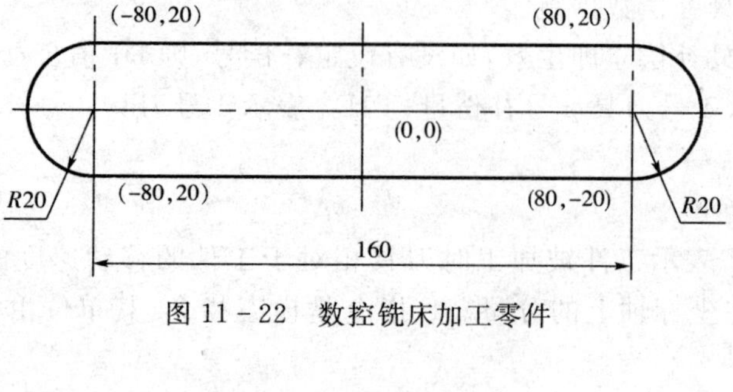

图 11－22　数控铣床加工零件

CX001	(程序名)
N10 G54G94G17G90 G00 Z20	(采用绝对坐标输入;X、Y 坐标不变,Z 轴快速移动到 20)
N12 S500 M03	(主轴正转;转速 500 转/分钟)
N14 X80 Y－20 Z5	(X 轴移动到 80、Y 轴移动到－20、Z 轴下降到 5(仍是快速移动))
N16 G01 Z－0.5 F100	(直线插补,进给速度 100mm/分钟;Z 轴移动到－0.5)
N18 X－80	(直线插补,X 轴移动到－80,Y 轴不变)
N20 G02 X－80 Y20 I0 J20	(顺时针圆弧插补,圆弧终点坐标(－80,20),圆心坐标(0,20))
N22 G01 X80	(直线插补,X 轴移动到 80,Y 轴不变)
N24 G02 X80 Y－20 I0 J－20	(顺时针圆弧插补,圆弧终点坐标(80,－20),圆心坐标(0,－20))
N26 G01 Z5 F200	(直线插补,进给速度 200mm/分钟;Z 轴移动到 5)
N28 G00 Z20 M05Z	(轴快速移动到 20;主轴停转)
N30 M02	(程序结束)

(2)球头手柄程序的编制,如图 11－23 所示,不考虑加工工艺。

①对图纸分析,确立基点 O、A、B、C、D,如图 11－24 所示。

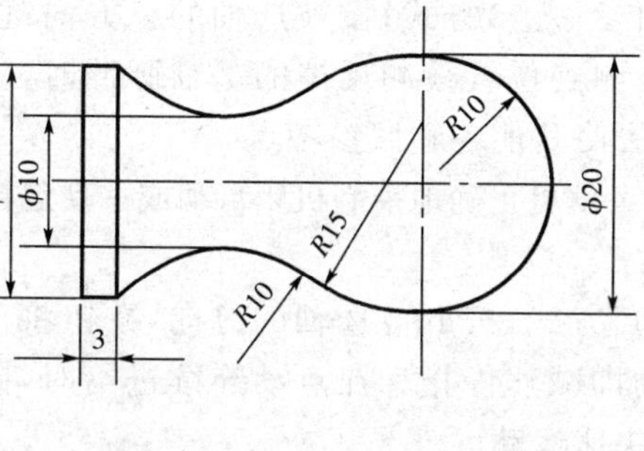

图 11－23　球头手柄零件图

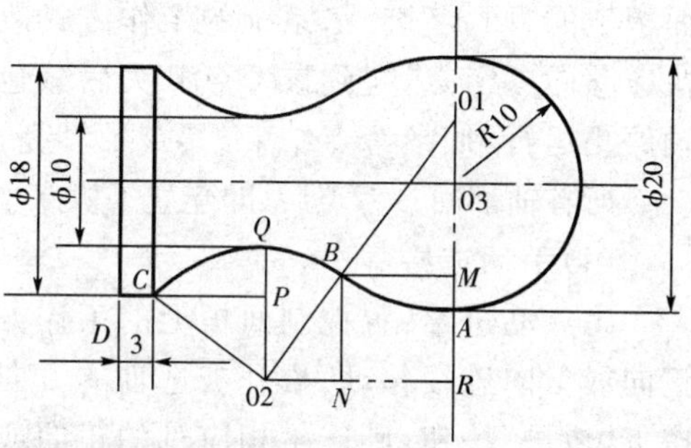

图 11－24　数控编程的数学处理

②进行数学处理,运用几何知识和尺寸链进行计算,得到各基点坐标 A(20,－10)、B(14,－19)、C(18,－33)、D(18,－36)。

③按西门子 802S 的规则对球头手柄进行程序的编制(数控车)。

```
CX002
N010 G54 G94 G90 M03 S500 T1 F30
N020 G00 X20 Z0
N030 G01 X0
N040 G03 X20 Z－10 R10 F100
N050 G03 X14 Z－19 R15 F100
N060 G02 X18 Z－33 R10 F100
N070 G01 Z－36
N080 G00 X50 Z50
```

N090 M05

N100 M02

11.1.4 数控机床的操作

1. 数控机床的一般操作过程

数控机床的一般操作过程是：接通电源并复位后，首先回机床参考点操作以建立机床坐标系；然后正确手动控制或自动控制机床的运行；在运行过程中出现紧急情况或超程时，可用控制面板上的“急停”或“超程解除”按钮处理；加工完成后关闭机床。

(1)接通电源

在接通电源前，检查机床状态是否正常、电源电压及接线是否符合要求；接通机床及数控系统电源，检查数控系统合机床是否正常上电，风扇电机是否运转正常，指示灯是否正常；接通电源后，数控系统将自动运行系统软件，直到显示系统显示出正常的软件界面。

(2)复位

系统软件启动完毕后，打开数控系统上“急停”按钮，按“复位”键报警信号消失。打开伺服系统电源，使数控系统与机床连接。此后操作者可通过数控系统的操作面板对数控机床进行操作。

(3)返回机床参考点

控制机床正确运动的前提是建立机床坐标系，而回参考点的目的是建立机床坐标系，因此在进行自动加工之前，需要先将各轴依次手动回机床参考点操作，其过程是：按机床控制面板上的“回零”键，将系统的工作方式改为回零(回参考点)方式；按被选轴的正方向键，将快速移向参考点，碰到参考点开关后减速运行；当检测到位置检测反馈的基准脉冲时，被选轴停止运行，回参考点结束，其指示灯亮；同样的方法使其他各轴回参考点。

所有轴都回参考点后，即建立了机床坐标系，操作者就可正确地控制机床自动或手动运行。

(4)手动进给

①点动进给：置控制面板上的工作方式为“点动”方式，按下被选轴的方向，按钮将产生正向或负向连续移动，松开被选轴的方向按钮，移动即减速停止。在点动连续进给时，同时按下“快进”按钮，则产生相应轴的正向或负向连续快速运动。

②增量进给：置控制面板上的工作方式为“增量”方式，按“增量单位”键设置增量单位，按被选轴的方向按钮，每按一下将产生正向或负向只移动一个增量单位。

③手轮进给：置控制面板上的工作方式为“手轮”方式，手动顺时针或逆时针旋转手摇脉冲发生器一格，被选轴将向正向或负向移动一个增量值。

(5)手动机床动作

控制按钮用于“手动”方式下，控制机床的开关动作，如主轴正转、反转和停转，冷却液开关，卡盘夹紧与松开，速度倍率调节等操作。

(6)自动运行

①自动运行：置控制面板上的工作方式为“自动”方式，选择要运行的零件程序，按下“循环启动”按钮，自动加工开始，连续加工，直到完成加工为止。

②单段运行：置控制面板上的工作方式为“单段”方式，选择要运行的零件程序，按下“循环启动”按钮，自动运行一个程序段，再按一个“循环启动”按钮，执行下一个程序段，直到完成加工为止。

(7)紧急情况的处理

①紧急停止：机床运行过程中，在危险或紧急的情况下，按下“急停”按钮，CNC 即进入急停状态，伺服系统立即停止工作。松开“急停”按钮，CNC 进入复位状态。解除紧急停止前，先确认故障原因是否排出，解除后应重新执行回机床参考点，以确保坐标位置的正确性。

②超程解除：为防止伺服机构碰撞而损坏，机床上安装有行程开关，当机床运动部件到达极限时，接触到行程开关，机床即发出超程报警，系统视其为紧急停止。解除方法：在“点动”方式下，向超程轴的反方向移动，按复位键解除报警。

(8)关机操作

数控机床使用完毕后，按下控制面板的“急停”按钮，断开伺服电源，断开数控系统电源，断开机床电源。

2. SINUMERIK 802S base line 控制面板

(1)SINUMERIK 802S base line 操作面板

SINUMERIK 802S 系统为用户提供了机床操作面板。图 11 - 25 是该系统的操作面板，它分为三个区域：

(1)LCD 显示区。屏幕显示各项功能划分如图 11 - 26 所示。

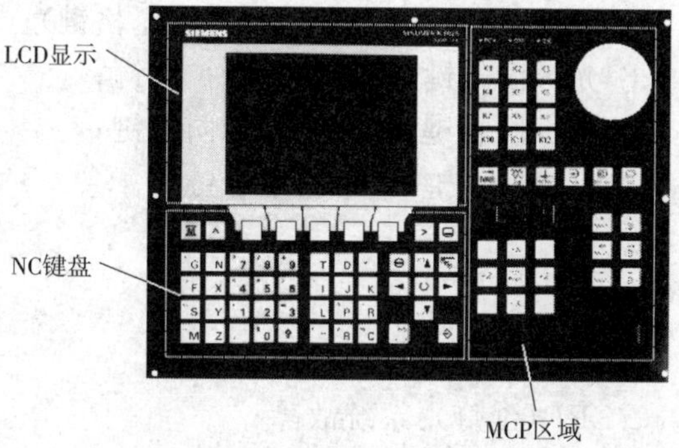

图 11 - 25　SINUMERIK 802S 操作面板图

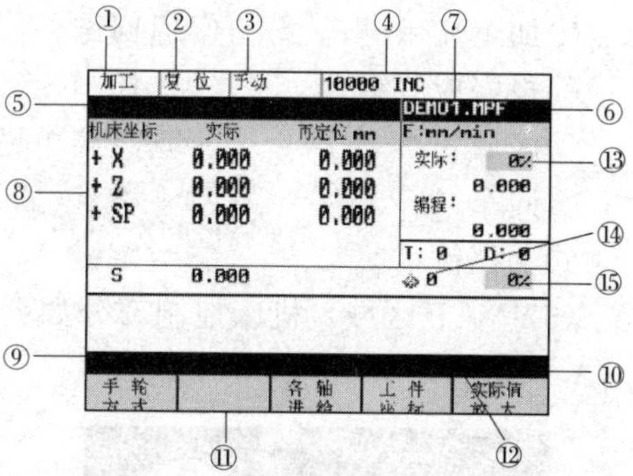

图 11 - 26　操作面板——LCD 显示区

①当前操作区域：加工(MA)、参数(PA)、程序(PR)、通讯(DI)、诊断(DG)。

②程序状态：程序停止(STOP)，程序运行(RUN)，程序复位(RESET)。

③运行方式：点动方式(JOG)，自动方式(AUTO)，MDA 方式(手动输入、自动执行)。

④状态显示：程序段跳跃(SKP)，空运行(DRY)，快速修调(ROV)，单段运行(SBL)，程序停止(M1)，程序测试(PRT)，步进增量(在 JOG 状态、1～1000 INC)。

⑤操作信息：显示数字 1～23，其含义可在操作说明书在查到。

⑥程序名：运行数控加工程序时显示程序(文件)名。

⑦报警显示行：只在 NC 或 PLC 报警时显示。

⑧工作窗口：NC 状态显示。

⑨返回键：软键菜单出现符号“∧”，表明存在上一级菜单，按下返回键后，不存储数据，直接返回上一级菜单。

⑩扩展键：出现符号“＞”表明同级菜单中还有其他菜单功能，按此键可选。

⑪软键。

⑫垂直菜单：出现此菜单表明存在其他功能，按此键可选。

⑬进给轴速度倍率：显示当前进给轴速度倍率。

⑭齿轮级：显示当前的齿轮级。

⑮主轴速度倍率：显示当前主轴速度倍率。

(2) NC 键盘区。各键位置及功能如图 11－27 所示。

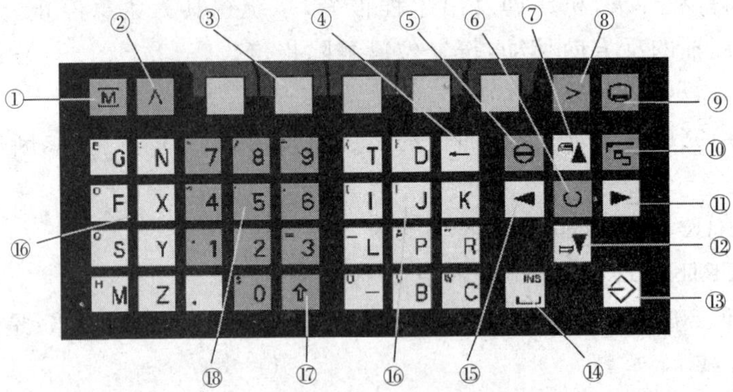

图 11－27　操作面板——NC 键盘区

①加工显示键；　②返回键；　③软键；　④删除键(退格键)；

⑤报警应答键；　⑥选择/转换键；　⑦光标向上键；　⑧菜单扩展键；

⑨区域转换键；　⑩垂直菜单键；　⑪光标向右键；　⑫光标向下键；

⑬回车/输入键；　⑭空格键(插入键)；　⑮光标向左键；　⑯字母键；

⑰上挡键；　⑱数字键。

(3) MCP 区域。机床控制部分如图 11－28 所示。

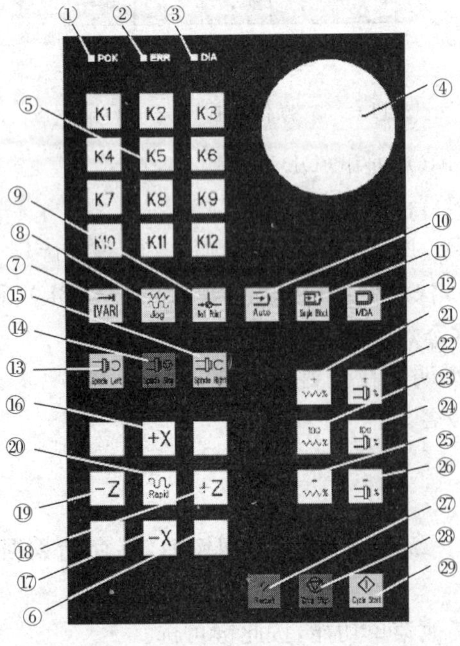

图 11－28　操作面板——MCP 区域

①POK(绿灯)：电源供电；

②ERR(红灯)：系统故障；

③DIA(黄灯)：诊断；　④急停开关；

⑤K1～K12：用户定义键，其中 K1 使能开关，K2 电源开关，K4 换刀，K6 冷却液开关；

⑥用户定义键；　⑦增量选择键；

⑧点动键 ；　⑨回参考点键；

⑩自动方式键；　⑪单段运行键；

⑫手动数据键；　⑬主轴正转；

⑭主轴停转；　⑮主轴反转；

⑯⑰*X* 轴点动；　⑱⑲*Z* 轴点动

⑳快速运行叠加 ；　㉑轴进给正；

㉒主轴进给正；　㉓轴进给 100％；

㉔主轴进给 100％；　㉕轴进给负；

㉖主轴进给负；　㉗复位键；

㉘数控停止键；　㉙数控启动键。

(2)操作区域

SINUMERIK 802S 控制器的基本功能可以划分为以下几个操作区域：

使用“区域转换键”，可从任何操作区域返回主菜单。连续按两次后又回到以前操作区。系统开机后首先进入“加工”操作区。另外，使用“加工显示键”，可以直接进入加工操作区，如图 11－29 所示。

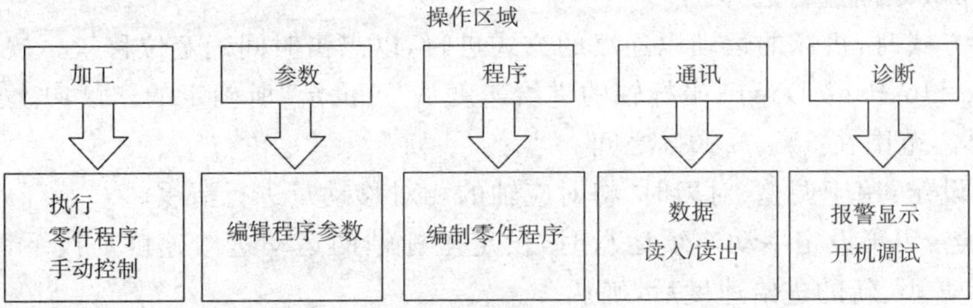

图 11－29　数控系统的操作区域

3. SKC6136 数控车床操作要领

(1) SKC6136 数控车床的开机、关机

打开机床：首先合上机床总电源，打开“钥匙开关”，计算机上电并启动，进入 Windows 操作系统后，双击桌面上的图标，进入 SKY 数控系统，显示主菜单，如图 11－30 所示。

图 11－30　SKY2003 数控车主菜单

打开“紧急停止”旋扭，按下面板上的“机床工作”按钮，这时伺服电机通电，系统和机床均处于可运行状态。

系统主菜单中的的各键功能如下，可用鼠标点击或直接用键盘键入。

F1：用于进入主菜单中自动方式；

F2：用于进入主菜单中手轮方式；

F3：用于进入主菜单中手动方式；

F4：用于进入主菜单中返参方式；

F5：用于进入主菜单中管理方式；

F10：用于进入主菜单中隐藏窗口；

F11：用于进入主菜单中视频监视；

F12：用于进入主菜单中退出系统。

关闭机床：当机床所有运动结束后，先按面板上的“机床锁住”键，再按下“紧急停止”旋钮，退出 SKY 数控系统和 Windows 操作系统后，切断计算机电源，最后关闭机床总电源。

(2)返参方式 F4

在 F4 返参方式下主要是回机床参考点的操作，按键盘 F4，按键盘 F3 机床原点，按键盘 F6，机床回参考点，先回 X 轴再回 Z 轴。

(3)手动方式 F3

在 F3 手动方式下主要的操作是设定主轴转速、进给速度，手动操作机床（换刀、对刀）

等。共有八项子功能：

①连续/增量：用于进行手动连续方式与手动增量方式间的切换。

在增量方式时，机床的运动以一步一步间断运动的方式进行，并以点击次数来控制运动，按一次“7＋”或“8－”，所控制相应坐标轴即向“＋”或“－”方向作一个增量的移动，移动量为“STEP”，所设大小可通过键盘上的倍率控制键 Page Up / Page Down 在 1、10、100、1000、10000μm 之间进行选择。

在连续方式时，机床的运动以连续的方式进行，以点击时间确定位移量。按下进给倍率控制键 Page Up/Page Down，坐标轴的进给速度从“F 设定”所确定的速度向上递增/递减，每次增加 5%，范围在 5%～200%之间。

②相对设定：用于调整、对刀时，将对应轴的相对移动量进行清零。

③F 设定：用于设定手动连续运行时，设定坐标轴的运动进给速度。按下键盘 3，如图 11－31 所示，输入新的进给速度后，确认。

④S 设定：用于设定主轴转速。按下键盘 4，如图 11－32，输入新的主轴转速后，确认。由于系统默认“S”值为 0，开机务必设定主轴转速。

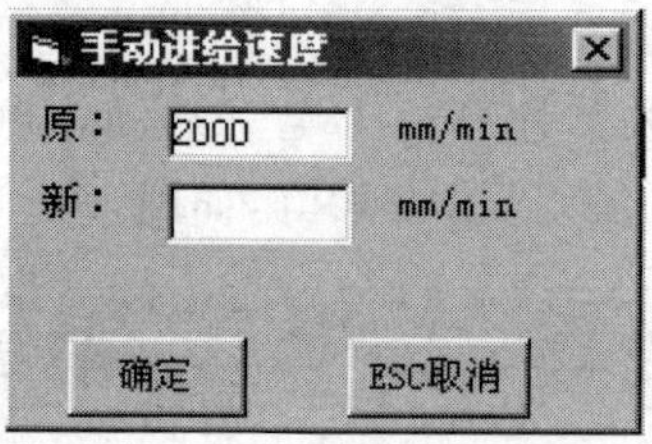

图 11－31　进给速度设定

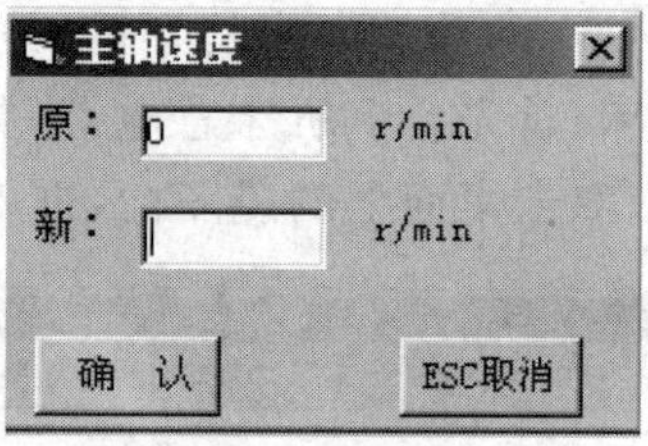

图 11－32　主轴转速设定

⑤X(主轴/X/Z/C/U/V/W)：用于手动操作时运动坐标轴的选择和转换。当进入手动方式时的初始状态为 5X(即当前为 X 轴)，每按一下键盘 5，轴将进行一次转换，顺序为 X→Z→C→U→V→W→主轴→X，也可通过直接敲打键盘上相应的字母键来选定。

⑥换刀：用于车床换刀操作的控制。按下键盘数字键 6，如图 11－33 所示。输入刀具号码(1、2、3、4)后，回车，换刀至所设定的刀具号。

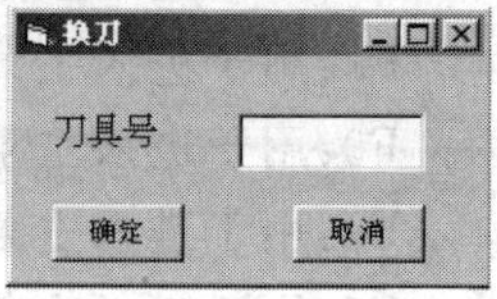

图 11－33　手动换刀

⑦＋：用于所控制的坐标轴的正方向移动。按键盘 7，所选定的坐标轴即向“＋”方向作运动，只能通过键盘进行操作。

⑧－：用于控制坐标轴的负方向移动。按下键盘键 8，所选定的坐标轴即向其“－”方向作运动，只能通过键盘进行操作。

(4)手轮方式 F2

F2 手轮方式主要作用是用手轮对机床进行手动操作，可以设定工件坐标系 G54 等。

(5)自动方式 F1

按键盘 F1，系统进入自动方式，出现如图 11－34 所示界面，该界面有四个区域组成。

①数据信息显示区：用于显示当前零件加工程序的进给速度“F”及其倍率、主轴转速“S”及其倍率、机床和零件的位置坐标以及加工时间等信息。其中机床坐标为显示各轴在机床坐标系中当前的坐标位置的反馈值；程序目标坐标是显示当前运行程序段在编程坐标系中的各轴终点值。

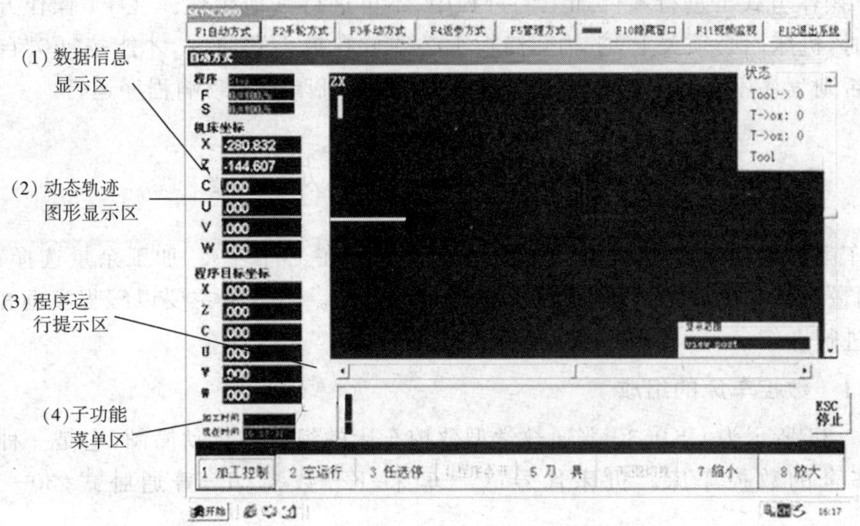

图 11－34　SKY2000 自动方式下界面

②动态轨迹图形显示区：显示内容为机床进行零件加工时，刀具的动态轨迹图，该图的显示为二维图形。图形区右上角显示当前使用刀具号及该刀的 X、Z 补偿值。

③程序运行提示区：显示当前正在运行的加工程序，用以提示零件加工中的当前程序段内容以及加工的进度。

④子功能菜单区：在此方式下有“1 加工控制”、“2 空运行”、“3 任选停”、“4 程序再开”、“5 刀具”、“6 视图切换”、“7 缩小”、“8 放大”8 个子功能。

在开机、回机床零点、装夹好零件毛坯、对刀等准备完毕以后，可在此方式下用程序控制机床自动加工。

在 F1 自动方式下，按键盘 1，在出现图 11－35 所示对话框中输入加工程序。“查找文件”是在硬盘中、U 盘或者网络找到要加工的程序文件。“文件编辑”选项主要用于对加工程序进行编辑和修改，也可用于简单的手动编程文件的生成。

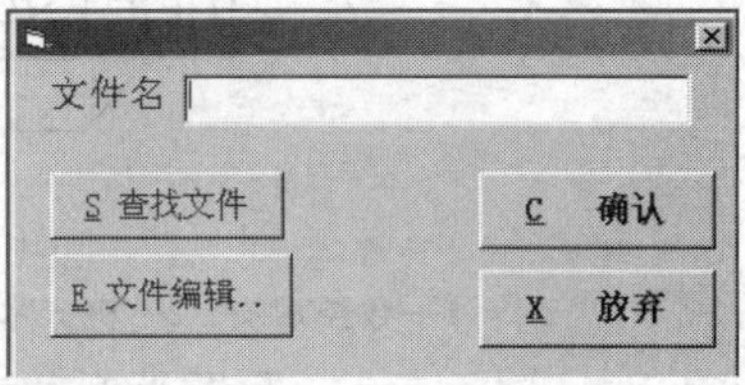

图 11－35　SKY2000 加工控制

自动运行程序确认后，按下 F6 键读入数控加工程序，再按 F6 键程序自动运加工程序。在运行过程中，若需各坐标轴暂停进给，按下 F9 暂停键即可使各坐标轴经过自动减速后，暂时停止进给；若需各坐标轴恢复进给，重新按下 F6 运行键即可；若需单段运行程序，在确认“文件名”后按 F8 单段运行键，每按一次 F8 键即运行一段程序。若原来是连续运行状态，现想改为单段运行，要先按下 F9 键暂停程序运行，再按下 F8 键单段运行程序，从而实现连续到单步运行状态的转换。

在加工过程中，按下 ESC 键或用鼠标点击“停止”，立即终止运行正在执行的程序，可用于退出此加工程序进行其他操作。

自动方式下速度的倍率控制：“Page Up”/“Page Down”对进给速度倍率控制，在设定进给速度 5%～200%范围内以 5%的比例递增/递减；“Insert”/“Delete”对主轴转速倍率控制，在 5%～400%范围内以 5%的比例递增/递减。

在 F1 操作方式下进行零件加工的过程中，不可进行其他操作。在 F1 操作方式下进行零件加工时，机床门必须关上，主轴套筒扳手必须放在扳手套筒内，才能按“F6”自动进行加工工件。否则程序不运行。当程序正常运行时，打开机床门不影响程序运行。

11.2　数控车削加工

数控车削的原理和普通车床车削是一致的，所以在工件装夹、加工余量选择、刀具的选择、切削用量选择等诸多方面，遵循的原则也是一致的。本节将主要以编程实例和机床操作作为重点进行介绍。

11.2.1　数控车床的组成

图 11－36 所示为 CK0630 普通教学型数控车床的组成和传动简图，它是一种结构较完整、功能齐全的数控车床。机床代号：C—车床；K—数控；6—普通卧式；30—回转直径 300mm。

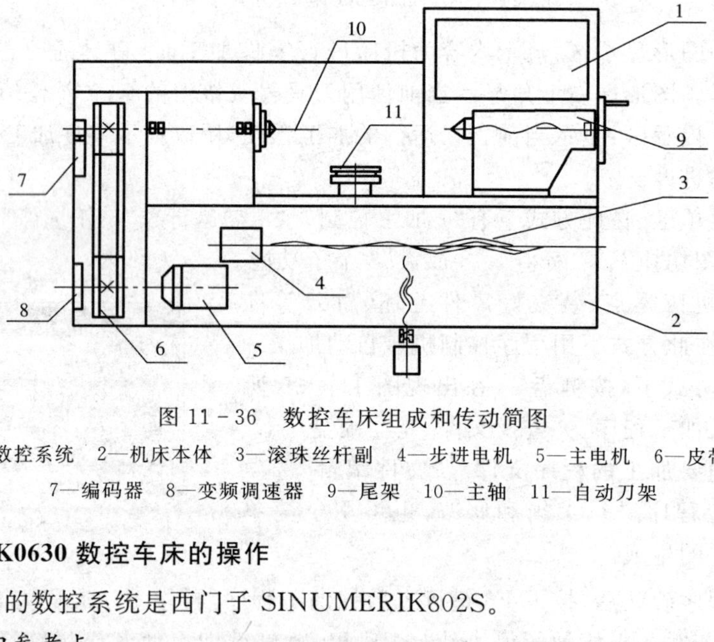

图 11－36　数控车床组成和传动简图

1—数控系统　2—机床本体　3—滚珠丝杆副　4—步进电机　5—主电机　6—皮带轮　7—编码器　8—变频调速器　9—尾架　10—主轴　11—自动刀架

11.2.2　CK0630 数控车床的操作

该车床使用的数控系统是西门子 SINUMERIK802S。

1. 开机和回参考点

参考点也是机床上的一个固定点，其位置由 Z 向与 X 向的机械挡块来确定。将车床左侧面的开关顺时针方向旋转到“1”，接通 CNC 和机床电源，系统引导以后进入“加工”操作区的手动 REF 运行方式。按机床操作面板（MCP 区）上的 K1 键，打开使能开关（步进电机驱动电源）。选择机床操作面板上的“回参考点”功能键。出现“回参考点”窗口。先按“＋X”键不松手，使刀架沿＋X 方向回参考点，显示标记为达到参考点；再按“＋Z”键不松手，使刀架沿＋Z 方向回参考点，显示标记为已达到参考点。选择另一种运行方式（如 MDA、AUTO）可结束该功能。

2. 手动控制运行

分为 JOG 方式和 MDA 方式。

(1)在 MCP 区域选择 JOG 键。在 JOG 方式中,可使坐标轴点动运行,坐标轴运行速度(进给速度)可调。

(2)在 MCP 区域选择 MDA 键。在 MDA 方式下,可以编制一个程序段,加以执行。

3. 参数设定

参数设定包括刀具参数、零点偏置值、编程数据等。

4. 对刀

在数控加工中,工件坐标系确定后,还需确定刀位点在工件坐标系的位置,即对刀。常用的对刀方法为手动试切法,操作如下:

(1)对外圆车刀(1 号刀)

①按 K1 键,打开使能开关,选择"回参考点"功能键回参考点。

②将零件毛坯(棒料)装夹好,材料伸出一定长度(根据加工零件长度确定),如 90mm。

③在 JOG 方式下分别按+X、+Z,移动刀架,使刀架远离工件,按 K4 键换 1 号刀(外圆车刀),按主轴正转功能键,使主轴正转。

④将进给速度调整为 100%,分别按-X、-Z 键,使车刀靠近端面,然后再将进给速度调整为 2%。车端面(—X 键按住),端面车平后,按+X 键退出车刀(Z 轴不动),主轴停转。

⑤在软键选择"参数"→零点偏移→选择 Z→测量→刀具选 1 号→确认→计算→确认,如图 11-37 所示。

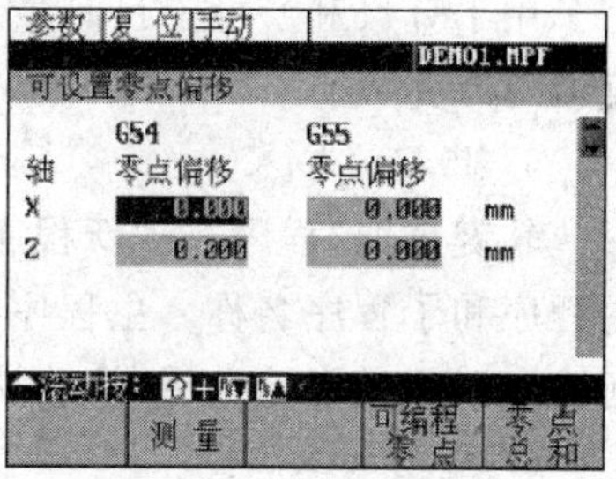

图 11-37　数控车计算法对刀

⑥按返回键"∧"→按加工显示键[M]返回主画面。选择主轴正转,移动刀架,使车刀靠近工件,将进给速度调整为 2%。车外圆(—Z 键按住),外圆车圆后,按+Z 键(X 轴不动)退出车刀。主轴停转。用千分尺测量直径。

⑦选择软键"参数"→刀具补偿→对刀→输入直径→计算→确认。

通过以上操作完成 1 号车刀的刀具补偿设置。

(2)对 2 号刀(切断刀)

①在 JOG 方式下,分别按+X、+Z 键,移动刀架,使刀架远离工件,按 K4 键换 2 号刀(切断刀),按主轴正转功能键使主轴正转。

②将进给速度调整为 100%,分别按—X、—Z 键,使车刀靠近端面,然后再将进给速度调整为 1%,用切断刀左侧刀尖轻轻碰端面,然后按+X 键退出车刀。主轴停转。

③选择软键"参数"→刀具补偿→刀具号 2 号→对刀→轴+→G54(光标下移,输入 G54)→计算→确认。

④按返回键"∧"→按加工显示键返回主画面。选择主轴正转,快速移动刀架,使车刀靠近工件外圆,再将进给速度调整为 1%,用刀尖轻轻碰外圆,然后按+Z 键,退出车刀。主轴停转。用千分尺测量直径。

⑤选择软键"参数"→刀具补偿→对刀→输入直径→计算→确认。

通过以上操作完成 2 号车刀的刀具补偿设置。3 号刀和 4 号刀对刀步骤与 2 号刀相同。

(3)车刀对完后,还要进行检测来验证"对刀"是否正确。以 1 号车刀为例介绍操作步骤:

①选择 MDA 方式。

②通过操作面板输入"T1"后按数控启动键，则刀架将当前刀架上的刀具换为 1 号。

③将机床坐标切换为工件坐标。

④逐行输入下列程序段，每输入一条后，按数控启动键。

G54 G94 M3 S500；

G1 Z5 F200；

G1 X22 F10；

G1 Z－5 F10；

G1 X23 F200；

G1 Z0；

G1 X0 F10；

G0 X60 Z60；

M5。

用千分尺和游标卡尺测量直径和长度，将测量值与程序设定值比较，并进行相应调整，直至对刀完成。

5. 新程序输入

软键选取"程序"→"新程序"，出现一对话框，如图 11－38 所示。在对话框中输入新的主程序和子程序名称。主程序扩展名．MPF 可以自动输入，子程序扩展名必须和文件名一起输入。文件名输入后，按确认键，即可对新程序进行编辑。用"返回键∧"中断程序编制。

6. 自动加工

(1)空运行来检验程序编制是否正确。

①在"程序"中选出要空运行的程序。在主画面下按"自动加工"功能键▣；然后再按"加工显示"键，回到加工主画面。选择屏幕下方的"程序控制"软键。

②分别选择"DRY 空运行"和"PRT 程序测试有效"两项后按确认键，如图 11－39 所示。

③按"数控启动"键开始检验程序。

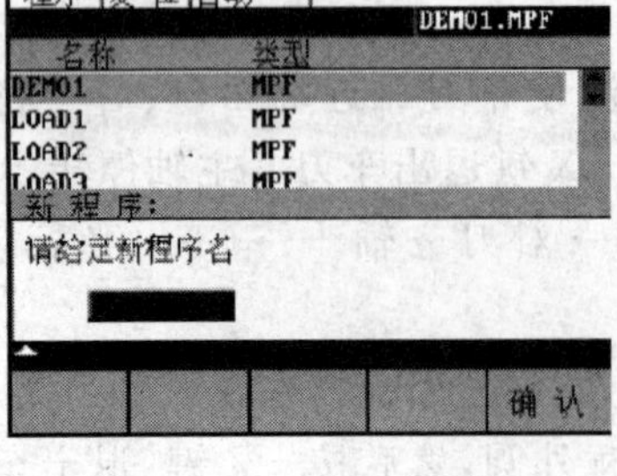

图 11－38　数控系统建立新程序

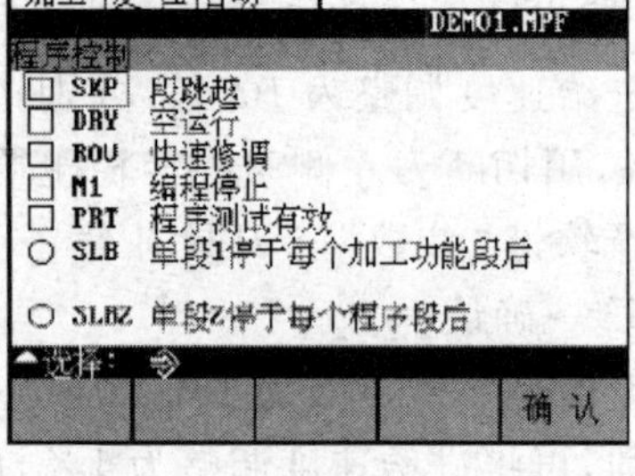

图 11－39　程序检验——空运行

(2)运行程序进行加工。

程序检验完毕后，如果没有错误，可以进行零件的加工(空运行和程序测试有效两项须取消，否则机床不能进给)。操作步骤如下：

①机床回参考点。

②选择所要加工零件的程序。

③按“自动加工”功能键进入自动工作方式。

④按“复位”键确定。

⑤按“数控启动”键开始进行零件的自动加工。

(3)中断后的再定位。

①在 JOG 方式下，将刀具从加工轮廓退出。控制器保存中断点的坐标。

②按“自动加工”功能键，按软键“搜索”，打开搜索窗口，准备装载中断点坐标——按软键“搜索断点”，装载中断点坐标，到达中断程序段——按软键“启动 B 搜索”，启动中断点搜索，使机床回中断点。

③按“数控启动”键继续进行零件的加工。

11.2.3　数控车加工程序编制举例

根据图 11－40 所示零件，编出数控车床加工程序。

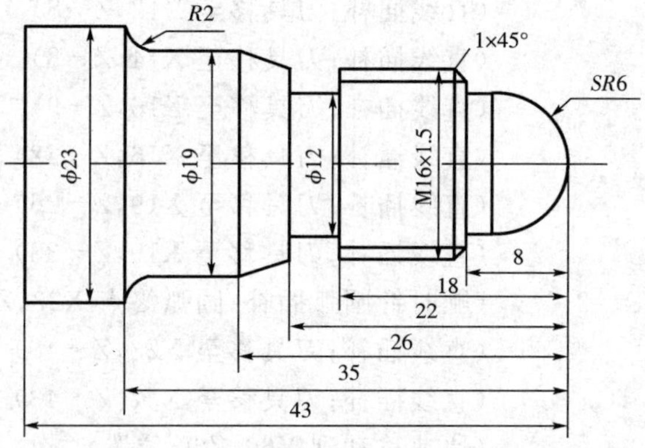

图 11－40　零件图

程序名为 JJ.MPF；刀具：T1 外圆车刀、T2 切断刀、T4 螺纹刀；毛坯：ϕ25×60mm。

G54 G94 G90 M3 S500 T1	(启用第一零点偏置；进给速度单位 mm/min；使用绝对坐标；主轴顺时针旋转(正转)；主轴转速 500r/min；启用 1 号刀)
G00 X27 Z0	(快速移动到 X27，Z0 位置)
G01 X0 Z0 F30	(直线插补；刀具移至 X0，Z0；进给速度 30mm/min)
G00 Z2	(快速移动到 X0，Z2 位置)
G01 X23.5	(直线插补；刀具移至 X23.5，Z2)
G01 Z－48	(直线插补；刀具移至 X23.5，Z－48)
G00 X24 Z2	(快速移动到 X24，Z2 位置)
G01 X19.5	(直线插补；刀具移至 X19.5，Z2)
G01 Z－33	(直线插补；刀具移至 X19.5，Z－33)
G02 X23.5Z－35CR＝2	(顺时针圆弧插补；圆弧终点 X23.5，Z－35、半径 2mm)
G00 X24 Z2	(快速移动到 X24，Z2 位置)
G01 X16.5	(直线插补；刀具移至 X16.5，Z2)

G01 Z－22	(直线插补;刀具移至 X16.5,Z－22)
G01 X19.5Z－26	(直线插补;刀具移至 X19.5,Z－26)
G00 X20 Z2	(快速移动到 X20,Z2 位置)
G01 X12.5	(直线插补;刀具移至 X12.5,Z2)
G01 Z－8	(直线插补;刀具移至 X12.5,Z－8)
G00 X13 Z2	(快速移动到 X13,Z2 位置)
G00 X0 Z1.5	(快速移动到 X0,Z1.5 位置)
G01 X15 Z－4	(直线插补;刀具移至 X15,Z－4)
G00 X16 Z1	(快速移动到 X16,Z1 位置)
G00 X25 Z5	(快速移动到 X25,Z5 位置)
M03 S600	(主轴顺时针旋转(正转);主轴转速 600r/min)
G00 X0 Z0	(快速移动到 X0,Z0 位置)
G03 X12 Z－6 CR＝6	(逆时针圆弧插补;圆弧终点 X12,Z－6、半径 6mm)
G01 Z－8	(直线插补;刀具移至 X12,Z－8)
G01 X14	(直线插补;刀具移至 X14,Z－8)
G01 X16 Z－9	(直线插补;刀具移至 X16,Z－9)
G01 Z－22	(直线插补;刀具移至 X16,Z－22)
G01 X19 Z－26	(直线插补;刀具移至 X19,Z－26)
G01 Z－33	(直线插补;刀具移至 X19,Z－33)
G02 X23 Z－35 CR＝2	(顺时针圆弧插补;圆弧终点 X23,Z－35、半径 2mm)
G01 Z－48	(直线插补;刀具移至 X23,Z－48)
G01 X27	(直线插补;刀具移至 X27,Z－48)
G00 X60 Z60	(快速移动到 X60,Z60 位置)
M06 T2	(更换刀具;用 2 号刀)
M03 S300	(主轴顺时针旋转(正转);主轴转速 300r/min)
G00 X18 Z－22	(快速移动到 X18,Z－22 位置)
G01 X16 F10	(直线插补;刀具移至 X16,Z－22;进给速度 10mm/min)
	填写“切槽”加工参数:
R100＝16 R101＝－22	(X 轴起点＝16;Z 轴起点＝－22)
R105＝1R 106＝0.1	(加工类型 1;精加工余量 0.1)
R107＝3.2 R108＝0.5	(刀具宽度＝3.2;切入深度＝0.5)
R114＝4 R115＝2	(槽宽＝4;槽深＝2)
R116＝0 R117＝0	(螺纹啮合角＝0;槽沿倒角＝0)
R118＝0 R119＝1	(槽底倒角＝0;槽底停留时间＝1)
LCYC93	(切槽(凹槽)循环操作指令,开始切槽)
G01 X18	(直线插补;刀具移至 X18,Z－22)
G00 X50 Z50	(快速移动到 X50,Z50 位置)
M03 S200	(主轴顺时针旋转(正转);主轴转速 200r/min)
M06 T4	(更换刀具;用 4 号刀)

G00 X16 Z−8	（快速移动到 X16，Z−8 位置）
	填写“切削螺纹”加工参数：
R100=16 R101=−8	（螺纹起始点直径=16；Z 轴螺纹起始点−8）
R102=16 R103=−18	（螺纹终点直径=16；Z 轴螺纹终点−18）
R104=1.5 R105=1	（螺纹导程值=1.5；加工类型=1）
R106=0.02 R109=2	（精加工余量=0.02；空刀导入量=2）
R110=1 R111=0.975	（空刀退出量=1；螺纹深度=0.975）
R112=0 R113=8	（起始点偏移=0；粗切削次数=8）
R114=1	（螺纹头数=1）
LCYC97	（车螺纹循环操作指令，开始车螺纹）
G00 X20	（快速移动到 X20，Z−8 位置）
X50 Z50	（快速移动到 X50，Z50 位置）
M05	（主轴停转）
M02	（程序结束）

11.2.4　数控车削加工自动程序编制简介

数控车床加工程序的编制，目前大多数还是采用人工编程，或者由人工编程再使用 CAM 软件进行刀具轨迹的验证。但是，对于比较复杂的曲面和车铣复合加工，采用 CAD/CAM 系统进行自动编程，无疑会大大提高工作效率。

MasterCAM 是 CAD/CAM/CAE 软件，该软件包括“设计”、“数控铣”、“数控车”、“数控线切割”四大模块。现以“数控车”模块为例，简单介绍生成加工轨迹及加工程序的过程。图 11-41 是“MasterCAM V9 Lathe”进行自动编程的界面。

图 11-41　MasterCAM V9 Lathe 界面

(1)在自动编程操作之前，必须绘出要加工部位的二维曲线图，或者零件的三维造型。

如图 11－41 所示为一盘类零件。二维或三维图形也可以用其他 CAD 软件作出，再通过标准格式，转换到 MasterCAM 里。

(2)设置工件参数：依次选择菜单“Main Menu(主菜单)”/“Toolpaths(刀具路径)”/“Jop setup”，出现对话框，在“Boundaries”选项中的 Stock 部分单击“arameters”按钮，系统弹出“Bar Stock(棒料设置)”对话框，单击“ke from 2 points”按钮，选取两点划定毛坯范围。

(3)车端面：依次选择菜单“Main Menu” /“Toolpaths”/“Face”命令，出现对话框，设置刀具参数，在“Face parameters”选项中选取和单击“selet points”按钮，在图形中拾取车刀运行的范围(两点)，确定。车端面轨迹和加工程序生成。

(4)外轮廓粗加工：依次选择菜单“Main Menu”/“Toolpaths”/“Rough(粗加工)”命令，选用 points 来确定外轮廓部位。在菜单中单击“Done”，粗加工轨迹和程序形成。

(5)按加工工艺在菜单中调用“Finish(精加工)”、“Groove(切槽)”、“Dill(钻孔)”和“镗内圆”功能，按系统提示和以上类似方法生成刀具路径和加工程序。

(6)在主菜单中点取“NC utils(数控公共管理)”菜单，进行实体验证(V)和刀具路径模拟(B)。

(7)依次选择菜单“Main Menu”/“Toolpaths”/“Operation”命令，出现加工管理器，如图 11－42 所示。这里有 5 个按钮可进行操作，如轨迹仿真、实体验证。如果对结果不满意，可以单击某一路径名称，在随后打开的对话框中重新进行参数设置，也可以选中路径名称后，按右键利用快捷菜单删除该路径，再重新操作生成加工轨迹。

(8)加工程序保存和修改：选中加工路径(一般按“全选”)，按下加工管理器的“后置处理”按钮，出现对话框(图 11－43)按图选项后确定，输入文件名、保存，加工程序显示在桌面，可进行编辑、另存。

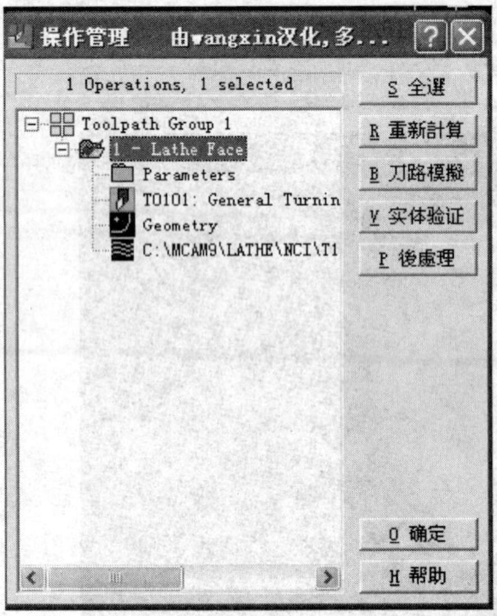

图 11－42　MasterCAM 加工管理器

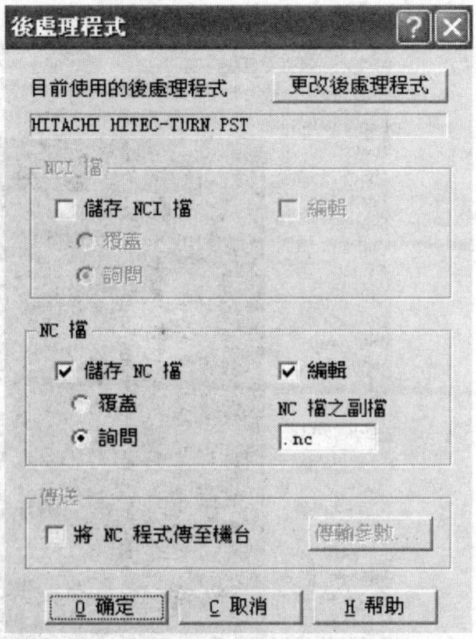

图 11－43　MasterCAM　生成程序存储设置

(9)与机床通讯：依次选择菜单“Main Menu”/“File”/“Next Menu”/“Communic”命令，在对话框中填写合适的参数，同时对机床和计算机也作相应的设定，即可进行传送、接收等操作。

11.3　数控铣削加工

数控铣削的原理和普通铣床是一致的，所以在工件装夹、加工余量选择、刀具的选择、切削用量选择等诸多方面，遵循的原则也是一致的。本节将主要以编程实例和机床操作作为重点进行介绍。

11.3.1　数控铣床的组成

图 11-44 是 XK5025 数控铣床组成的结构与传动系统简图。XK5025 数控铣床中的 X 为铣床，K 为数控型，5 为立式铣床，25 为工作台宽约 25×10＝250mm。

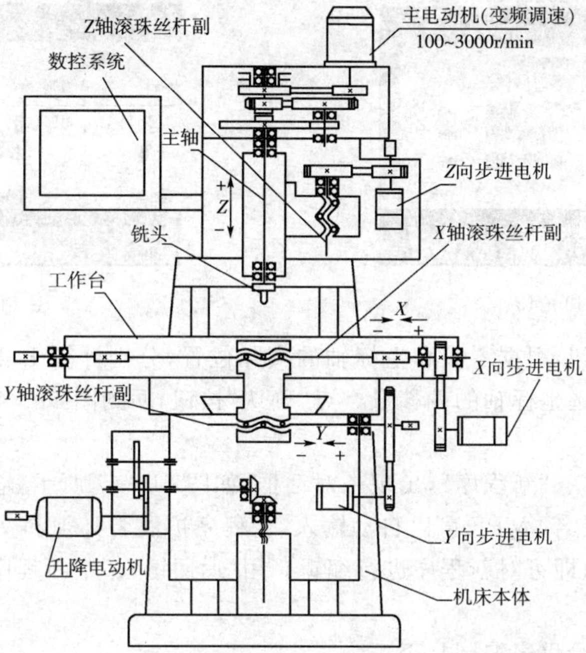

图 11-44　XK5025 数控铣床组成的结构与传动系统简图

11.3.2　XK5025 数控立式铣床的操作

1. 开机和回参考点

将数控铣床后面的电源开关从 0 旋转到 1 的位置，接通 CNC 和数控铣床的电源，系统自动进入“加工”操作区的手动 REF 运行方式，即回参考点方式。按 K1 键，给驱动电源加电。先按“＋*X*”键不松手，使工作台沿＋*X* 方向回参考点，显示标记◐为达到 *X* 轴参考点；再按“＋*Y*”键不松手，使工作台沿＋*Y* 方向回参考点，显示标记◐为达到 *Y* 轴参考点；最后按“＋*Z*”键不松手，使刀架沿＋*Z* 方向回参考点，显示标记◐为已达到 *Z* 轴参考点。选择另一种运行方式(如 JOG、MDA、AUTO)可结束该功能。

2. 对刀(设零点偏移值)

数控铣加工之前，必须确定与编程原点一致的工件原点，这就是对刀。对刀的方法有两种：用 G92 指令设定铣刀起刀点与编程原点的关系的方法为随机对刀法；用 G54 等指令设定铣刀起刀点与编程原点的关系的方法为固定对刀法。XK5025 数控铣床使用的是 SINUMERIK 802S 系统，对刀采用固定方式。

(1)装夹好工件毛坯，点“jog”按钮，手动方式移动机床，以工件毛坯为基准，使刀具停在加工程序的起刀点上方。点“Spindle Left”按钮，使机床主轴左转，按“进给轴倍率减少”键，使进给轴倍率减少为 4%，下降 Z 轴使刀具刚好擦到工件上表面。按“Spindle Stop”键，主轴(铣刀)停转。

(2)按区域转换键，按“参数”下的“零点偏移”。屏幕上显示所有可设定零点偏置的情况，如图 11 - 45。把光标移到待修改的范围 G54，点“测量”键，系统提示选择刀具号。输入数值 1 后，点“确认”按钮，系统显示如图 11 - 46 所示。

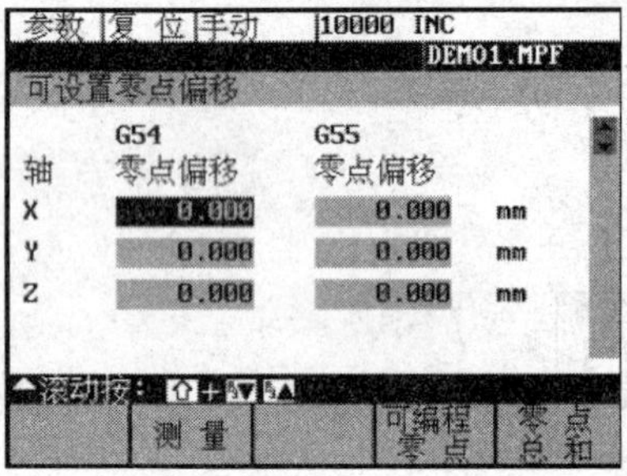

图 11 - 45

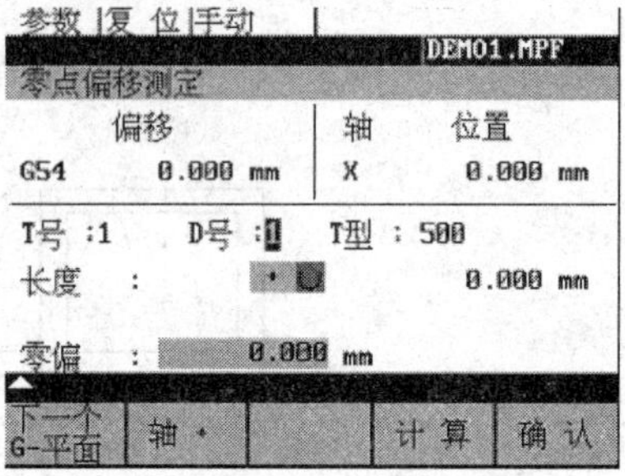

图 11 - 46

(3)按“轴+”按钮，根据零偏和坐标轴的实际位置，分别计算出 X 轴、Y 轴和 Z 轴的补偿值，该值就作为所选坐标轴的偏移量。点“确认”按钮，回到图 11 - 45 界面，关闭窗口。

3. 新程序输入

软键选取“程序”→“新程序”，出现一对话框，如图 11 - 47 所示，输入新的主程序和子程序名称。主程序扩展名 .MPF 可以自动输入，子程序扩展名必须和文件名一起输入。文件名输入后，按确认键，即可对新程序进行编辑。用“返回键 ∧”中断程序编制。

4. 自动加工

(1)空运行来检验程序编制是否正确

①在“程序”区域选择要空运行的程序，在“加工”区域下选“自动方式”，再选择屏幕下方的“程序控制”软键。

②分别选择“DRY 空运行”和“PRT 程序测试有效”两项后，按确认键，如图 11 - 48 所示。

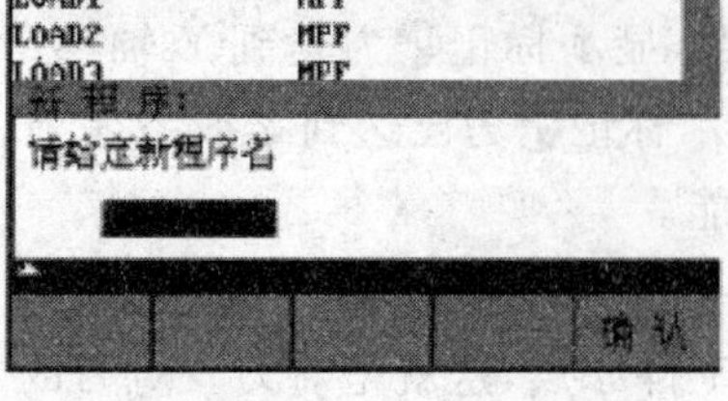

图 11 - 47

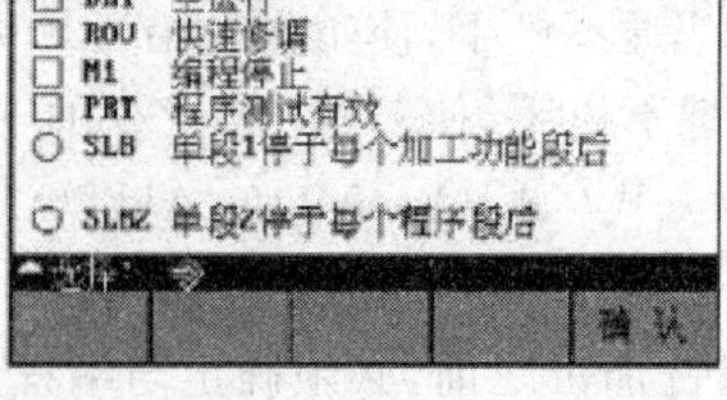

图 11 - 48

③按“数控启动”键开始检验程序。

(2)运行程序进行加工

程序检验完毕后，如果没有错误，可以进行零件的加工(空运行和程序测试有效两项须取消，否则机床不能进给)。操作步骤如下：

①机床回参考点。

②按“自动加工”功能键 进入自动工作方式。

③选择所要加工零件的程序。

④按“复位”键复位。

⑤按“数控启动”键开始进行零件的自动加工。

(3)当程序运行中用“数控停止”键中断加工程序后，可以进行中断后的再定位。

①在 JOG 方式下将刀具从加工轮廓退出。控制器保存中断点的坐标。

②选“自动”加工方式，按软键“搜索”，打开搜索窗口，准备装载中断点坐标；再按软键“搜索断点”，装载中断点坐标，到达中断程序段；最后按软键“启动 B 搜索”，启动中断点搜索，使机床回中断点。

③按“数控启动”键继续进行零件的加工。

11.3.3　数控铣加工程序编制举例

按图 11－49 所示的侧支撑板图纸编写一个铣床轮廓加工程序。

(1)首先要按照零件图所给的尺寸和学过的数学知识，计算出各段曲线相交处(拐点)的坐标值并在图上标出。图 11－49 即为标出基点坐标的图形，工件原点为(0,0)，铣刀为 4mm 端铣刀。

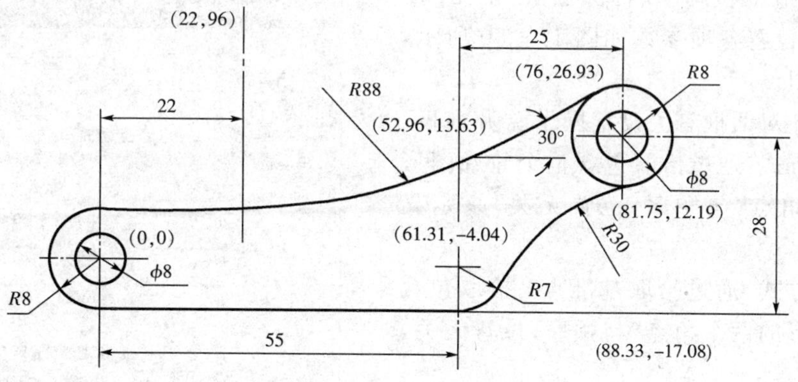

图 11－49　侧支撑板图纸

(2)程序清单及解释：

G54 G94 G90	(启用第一零点偏置；进给单位 mm/min，使用绝对坐标)
M03 S400	(主轴顺时针旋转(正转)；主轴转速 400r/min)
T1 F70	(启用 1 号铣刀；进给速度 70mm/min)
G00 X4 Y0 Z10	(铣刀(工作台)快速移动到 X4，Y0，Z10 位置)
G01 Z－1	(直线插补；刀具移至 X4，Y0，Z－1(开始加工下圆孔))
G02 X4 Y0 CR＝4	(圆弧插补；顺圆、起、终点为 X4，Y0，半径＝4(整圆))

G01 Z10	(直线插补;抬刀,刀具移至 X4,Y0,Z10)
G01 X0 Y−8 Z−1	(直线插补;刀具移至 X0,Y−8,Z−1(开始加工外轮廓))
G2 X0 Y8 CR=8	(圆弧顺圆、终点为 X0,Y8,半径=8(半圆))
G3 X52.96 Y13.63 CR=88	(圆弧插补;逆圆、终点为 X52.96,Y13.63,半径=88)
G1 X76 Y26.93	(直线插补;刀具移至 X76,Y26.93)
G2 X81.75 Y12.19 CR=8	(圆弧插补;顺圆、终点为 X81.75,Y12.19,半径=8)
G3 X61.31 Y−4.04 CR=30	(圆弧插补;逆圆、终点为 X61.31,Y−4.04,半径=30)
G2 X55 Y−8 CR=7	(圆弧插补;顺圆、终点为 X55,Y−8,半径=7)
G1 X0	(直线插补;刀具移至 X0,Y−8)
G1 Z10	(直线插补;抬刀、刀具移至 X0,Y−8,Z10)
G01 X77 Y20	(直线插补;刀具移至 X76,Y20)
G01 Z−1	(直线插补;刀具移至 X77,Y20,Z−1(开始加工上圆孔))
G03 X77 Y20 CR=4	(圆弧插补;逆圆、终点为 X77,Y20,半径=4(整圆))
G01 Z10	(直线插补;抬刀、刀具移至 X77,Y20,Z10)
M02	(程序停止)

11.3.4 计算机建模、自动编程与轮廓加工

1. 自动编程与轨迹仿真

自动编程可以使用的软件很多,如 MasterCAM、Cimatron、CAXA 制造工程师等。下面介绍用 CAXA 制造工程师 2006 进行二维轮廓加工的程序生成及轨迹仿真、自动加工。

(1)生成加工毛坯

打开"制造工程师"软件。点击"加工"→"定义毛坯",设置各项参数如图 11-50 所示,点"确定"按钮。

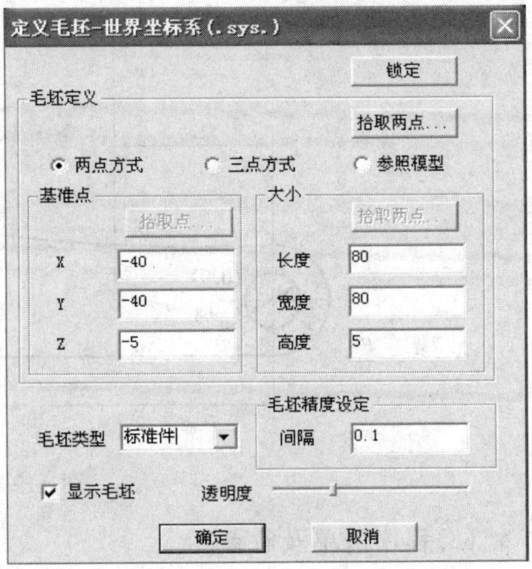

图 11-50　设定毛坯

定义毛坯对话框有关设定操作说明如下:

①两点方式:通过拾取包含整个轮廓图形范围的两个角点(与顺序,位置无关)来定义毛坯。

②三点方式:通过拾取基准点,拾取包含整个轮廓图形的两个角点(与顺序,位置无关)来定义毛坯。

③参照模型:系统自动计算模型的包围盒,以此来定义毛坯。

④基准点:毛坯在世界坐标系(.sys.)中的左下角点。

⑤大小:长度、宽度、高度是毛坯在 X 方向,Y 方向,Z 方向的尺寸。

⑥毛坯类型:提供多种材料,主要是写工艺清单时需要。

⑦毛坯精度设定:设定毛坯的网格间距,主要是仿真时需要。

(2)创作二维轮廓图

在非草图(空间状态)下,使用软件提供的各种绘制曲线工具,在上面确定的毛坯范围内,创作一幅二维轮廓图(X、Y 面内)。

(3)平移图形对中

点击平移图标 ,立即菜单选择“两点”、“移动”、“非正交”,按系统提示,拾取所画图形各个部分,按右键,点击图形上一点,慢慢将图形放到毛坯中间,让图形处在适中位置,点击一下即可。

(4)轮廓精加工的六个选项

点击“加工”→“精加工”→“轮廓线精加工”,出现轮廓线精加工六个选项。

①加工参数选项:按图 11－51 所示填写各项信息。起始点改为(0,0,20)。偏移类型有“偏移”和“边界上”两种方式选择。

偏移:对于加工方向,生成加工边界右侧还是左侧的轨迹。偏移侧由“"偏移方向”指定。

边界上:在加工边界上生成轨迹。

接近方向:在偏移类型选择为“偏移”时设定。对于加工方向,相对加工范围偏移在哪一侧,有两种选择。不指定加工范围时,以轮廓形状的顺时针方向作为基准。

②切入切出选项:选择不设定即可。

③下刀方式选项:按图 11－52 填写,具体如下。

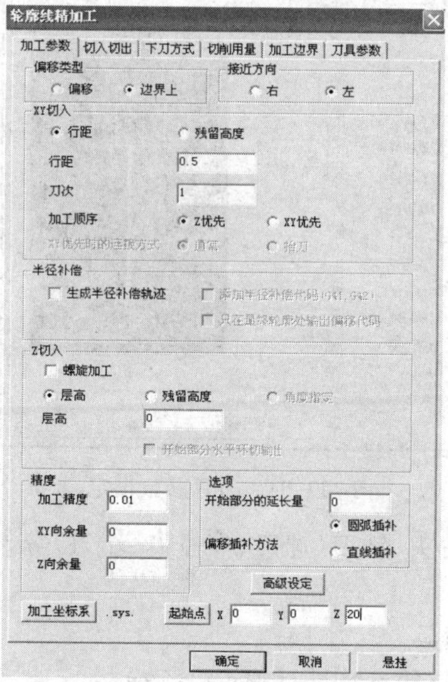

图 11－51 设定毛坯

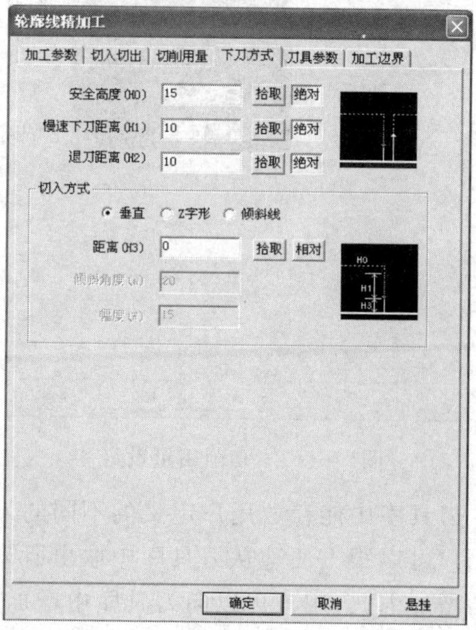

图 11－52　下刀方式

安全高度:加工工件前,刀具与工件(毛坯)应保持的安全距离(高度)。有相对与绝对两种模式,单击相对或绝对按钮可以实现二者的互换。

慢速下刀距离:刀具接近工件开始减慢下降速度时和工件之间的距离,这段轨迹以慢速下刀速度垂直向下进给,以免因惯性损坏刀具或工件。有相对与绝对两种模式,单击相对或绝对按钮可以实现两者的互换。

退刀距离:在切出或切削结束后慢速退出的一段距离。这段轨迹以退刀速度垂直向上进给。有相对与绝对两种模式,单击相对或绝对按钮可以实现两者的互换。

切入方式:这里提供了垂直、Z 字形、倾斜线三种铣刀切入工件的方式。

④切削用量选项:按图 11－53 填写,具体如下。

主轴转速:设定主轴转速,单位 rpm(转/分)。

慢速下刀速度(F0):设定慢速下刀轨迹段的进给速度,单位 mm/分。

切入切出连接速度(F1):设定切入段,切出段,连接段的进给速度,单位 mm/分。

切削速度(F2):设定切削轨迹段的进给速度,单位 mm/分。

退刀速度(F3):设定退刀轨迹段的进给速度,单位 mm/分。

加工边界选项:“Z 设定”为设定加工过程中的 Z 值范围。(图略)

使用有效的 Z 范围打√,表示下面两项(最大、最小)值有效;没有√表示两项关闭。

“最大、最小”即为程序中 Z 值的最大值和最小值。

刀具参数选项:主要是设定加工时要使用的刀具,如图 11－54 所示。

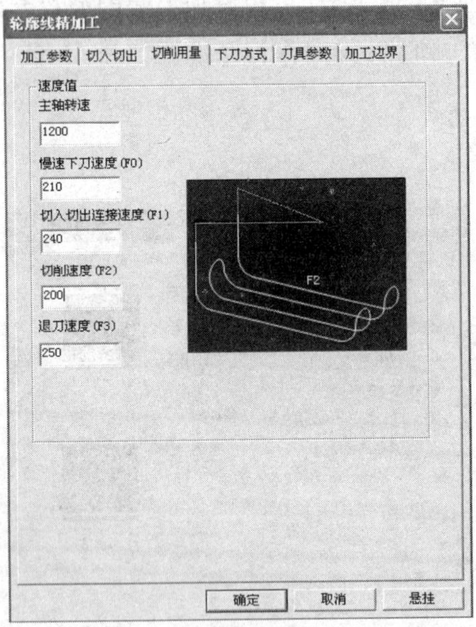

图 11－53　切削用量设定

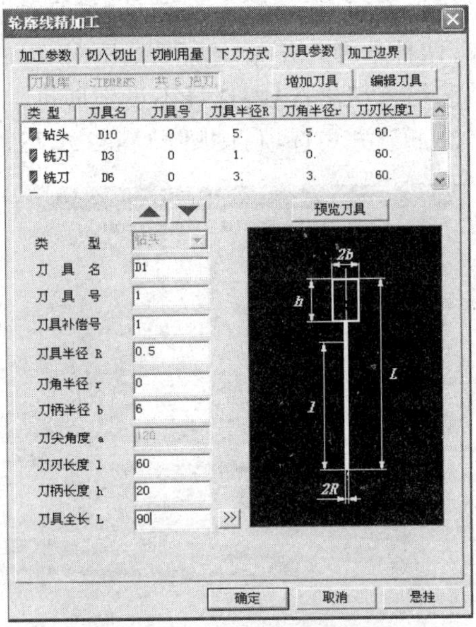

图 11－54　刀具参数设定

刀具库中能存放用户定义的不同的刀具,包括钻头、铣刀(球刀、牛鼻刀、端刀)等,使用中用户可以很方便地从刀具库中取出所需的刀具。

增加刀具:用户可以向刀具库中增加新定义的刀具。

编辑刀具:选中某把刀具后,用户可以对这把刀具的参数进行编辑(修改)。

刀具类型:可设置刀具类型、刀具名、刀具号、刀具补偿号、刀具半径 R、刀角半径 r、刀柄半径 b、刀尖角度 a、刀刃长度 l、刀柄长度 h、刀具全长 L,对话框中会显示这些刀具的主要参数值。

本次加工请选“增加刀具”,增加一把刀具名为 D1 的刀具,各项参数设置按图 11－54 选择填写。

(5)生成刀具轨迹

参数表各选项设置好参数后,点“确定”按钮。此时,状态条提示“拾取轮廓”,点取一个轮廓后，出现一个双向箭头，状态条提示“确定链搜索方向”，选择一个方向后，对闭合轮廓，直接提示“继续拾取轮廓”；对非闭合轮廓，选择方向后，提示“拾取曲线”，此时若无线与它相连，按一下右键，状态条又提示“继续拾取轮廓”，找下一条轮廓线拾取。若曲线与之相连且不只一条，选择其中一条，继续向下拾取轮廓，直到所有的轮廓全拾到后，按鼠标右键，系统提示“正在计算轨迹，请稍侯…”，过一会儿，在图形上生成刀具轨迹（绿色）。按 F8 键，进行轴侧图显示，可以较清楚地看到加工轨迹。

(6)保存文件

将以上文件以学号为文件名保存。如系统提示出错，可选“另存为”文件名改为“学号＋”再进行保存。

(7)轨迹仿真（模拟加工）

点击“加工”→“轨迹仿真”，拾取刀具轨迹，按右键，出现仿真加工界面。打开“工具”菜单。选“仿真”(Alt＋k)，出现仿真加工对话框，如图 11－55 所示设置参数，再点按钮▶，进行轨迹仿真。仔细检查刀具轨迹和运行路线是否正确。

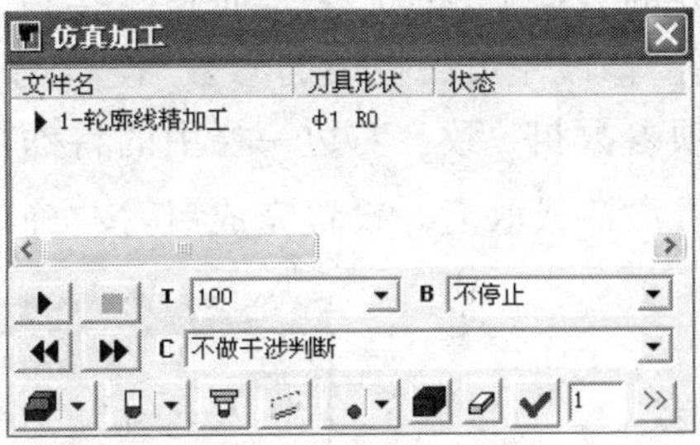

图 11－55　仿真参数设定

(8)自动生成加工程序

①点击“加工”→“后置处理”→“后置设置”→“机床信息”，在“当前机床”后的立即菜单中选“SIEMENS”，在“程序起始符”输入%_N_NAME_MPF@；$PATH＝/_N_MPF_DIR，其余值采用默认值，点“确认”按钮。

②点击“加工”→“后置处理”→“生成 G 代码”，弹出“选择后置文件”对话框，选择代码文件存放位置（D 盘中自己学号的文件夹）。输入文件名（学号），后缀为 .cut，按“保存”按钮。用鼠标点取刀具轨迹，并按右键确定，系统显示铣床数控加工程序（ISO 代码）。可把程序第一行的 NAME 替换成自己的学号，再保存此文件。

(9)生成工艺清单

点击“加工”→“工艺清单”，出现“工艺清单”对话框。点击“指定目标文件的文件夹”后的“…”，把路径改成 D 盘下自己的文件夹，填写有关信息后，点取表格中的“拾取轨迹”按钮，拾取加工刀具轨迹，按右键，再点取表格中的“生成清单”按钮，查看自动生成的工艺清单。

11.3.5　系统通讯与网络加工

在计算机上进行造型、自动生成加工程序之后，要将程序通过相应的接口和数据线传到数控机床上，由数控系统按程序控制机床加工出所设计的产品。目前计算机与数控机床之间的通讯，主要有两种传输途径：一是通过局域网（以太网）进行图形或程序的数据传输，如我们见到的安装在工控机上 SKY2000N 数控系统，就是通过高速网络接口和网线来传输相关数据。二是要通过 RS232C 接口和通讯软件才能将程序传到数控机床，控制机床进行零件的加工，这种数控机床的数控系统使用的是单片机。一般通讯是通过计算机的 COM 口完成通讯的。计算机上的 COM 口一般为 9 针接插口（也有 15 针、25 针的）。首先需用通讯线和接插件将计算机 COM 口和数控机床的通讯口（RS232 接口）连接起来。然后在计算机桌面上点击“我的电脑”，按右键点击属性，在属性对话框点击“硬件”下的“设备管理器”，在对话框中找到“端口”下的通讯端口（COM1），选“通讯端口（COM1）”按右键，再点“属性”，选取“端口设置”，出现对话框，按图 11－56 所示更改数据，确定。

接下来进行通讯软件有关设置数据的更改。通讯软件很多，使用的软件不同，数据有所不同。西门子数控系统自己带有通讯软件，可以通过该软件，将以上经过计算机自动编制的数控铣床加工程序，传到数控机床上进行三轴联动自动加工。

(1)按数控系统“区域转换键”，选“通讯”区域下的“RS232 设置”下的“文本格式”，把光标移到所需要的数据上，按选择键可修改接口参数。用“选择键”修改左边一栏中的参数，使其与图 11－57 中各项参数相一致。右边一栏中的特殊功能用“选择键”可激活或取消。设置完成后，按“确认”按钮。

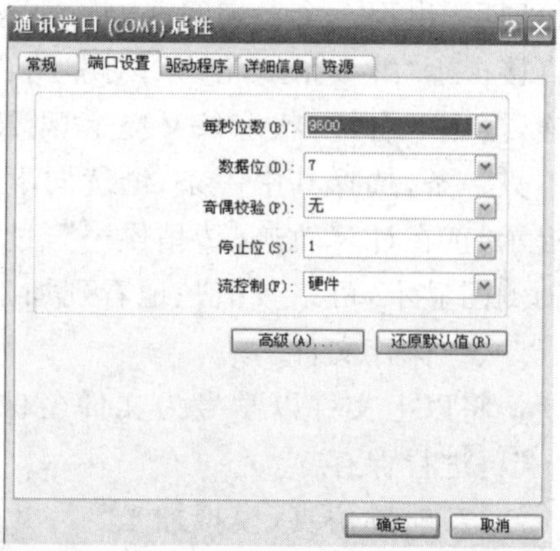

图 11－56　端口设定

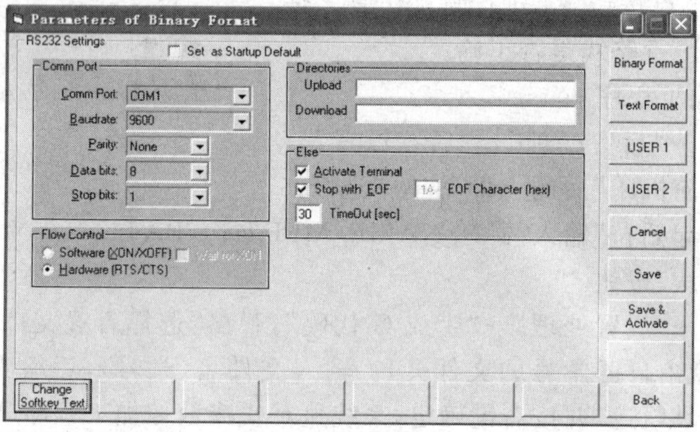

图 11－57　参数设定

(2)打开上位机的西门子通讯软件 WINPCIN，出现图 11－58 所示窗口，点击“RS232 Config”键，再点击“Test Format”键，进行和计算机 COM 口的参数一致各项的设置。参数设置完成后，按 Save 键，再按 Save & Activate 键，最后按 Back 键返回。

图 11－58　WINPCIN 软件

(3)按“Send Data”按钮，出现一个对话框，从中选择你通过网上邻居传来的程序，如学号 . cut，按“打开”按钮。

(4)在铣床 Siemens 系统的控制面板上，按 M 使区域转换成加工区域。按 100%进给倍率按钮，将进给速率提高到 100%。按 Z+将 Z 轴提升一点。按 Auto 按钮，使加工方式为“自动方式”，按“自动方式”下的“执行外部程序”，计算机上程序开始传送，结束后如图 11-59 所示。

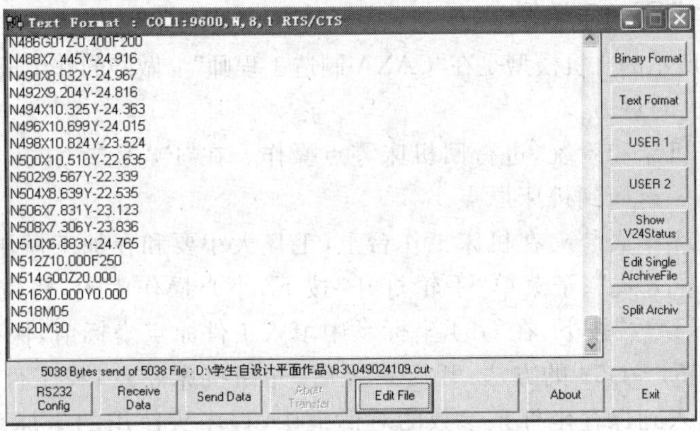

图 11-59　数控程序传输

(5)在系统面板按“数控启动”键“Cycle Start”，开始进行程序名为学号的自动加工。加工结束后，机床自动停止。此时，用扳手取下工件即可。

11.3.6　铣床的复杂实体和三维曲面的加工

(1)对复杂的实体和曲面进行数控加工，手工编程是十分困难的。可以在 CAD/CAM 软件系统中，如“CAXA 制造工程师”、“MsterCAM”、“Cimatron”等软件进行三维造型，然后利用软件的 CAM 功能，拾取要加工的曲面，合理选择有关参数，选择合适的加工方法(如参数线加工、等高线加工、扫描线加工等等)生成加工程序。

(2)通过上位机和数控机床的通讯功能，将加工程序传到数控铣床完成加工任务。

11.4　SKDX5060B 高速数控雕铣机

11.4.1　高速数控雕铣机简介

SKDX5060B 高速雕铣机是一种高速加工铣床。其伺服控制系统为半闭环控制，主轴采用先进的电主轴技术，转速可达 24000 转/分钟。高速数控雕铣机的数控系统为 SKY2000N 型网络数控系统，控制核心采用 DSP 数字处理器，管理核心为奔腾处理器，操作平台采用 Windows 系统，还具有 2500 程序段的提前预处理功能和具有标准以太网 (TCP/IP)接口的网络功能等。

SKDX5060B 高速雕铣机的硬件系统主要有 PC 机(含各部分硬件、外设及输入输出接口)、PMAC 数控卡(主轴/进给轴/PLC 模块)、主轴/进给轴驱动模块、主轴/进给轴执行机构(主轴为电主轴、进给轴为交流伺服电机)、主轴/进给轴反馈装置。

SKDX5060B 高速雕铣机的软件系统主要有操作系统(WINDOWS2000)、数控实时操作系统(SKY2000N)、CAD/CAM 一体化软件(PRO/E、UG、CAXA 制造工程师、ARTCAM 等独立模块)。

SKY200ON 是整个 PC 数控系统中的核心软件子系统，它以 PC 操作系统为基础，加上数控管理软件来构成，其任务是对系统中的资源进行统一管理，对任务进程进行动态调度，协调各模块的高效运行，并辅助完成进程间的通信和信息交换。其主要内容包括方式管理、动态显示、联网通信、信息预处理、轨迹插补、运动控制、开关量控制、安全保障、加工仿真等。

11.4.2　三维曲面加工举例

(1)图 11－60 所示的飞机模型是在“CAXA 制造工程师”上做好的并生成数控加工程序。

(2)数控雕铣机的对刀：

①按顺序打开机床和系统，进行回机床零点操作。在“F4 返参方式”，再按运行键“F6”，机床各坐标轴将逐一返回到机床原点。

②将待加工毛坯牢固装夹在机床工作台上(毛坯大小要和在加工模块中大小一致)。

③拾取“F2 手轮方式”、子菜单“手轮打开”按下，小心操作手轮，将铣刀移到工件原点。再将子菜单“6 坐标参数”按下，在 G54 坐标系中填入工件原点坐标值，保存。

④手工输入，G54～G59 的方法：开启系统后，先回机床原点；找工件原点(对刀)；把对应的机床坐标值输入到保存坐标系参数的对话框中；程序头使用的坐标系必须与所保存的工件坐标系相对应。

注：G55～G59 的原点设定，加工功能与 G54 完全相同。例如，如果工件原点输入到 G56 坐标系里，程序中的坐标系就对应为：G90 G00 G56 X_ Y_ Z_。

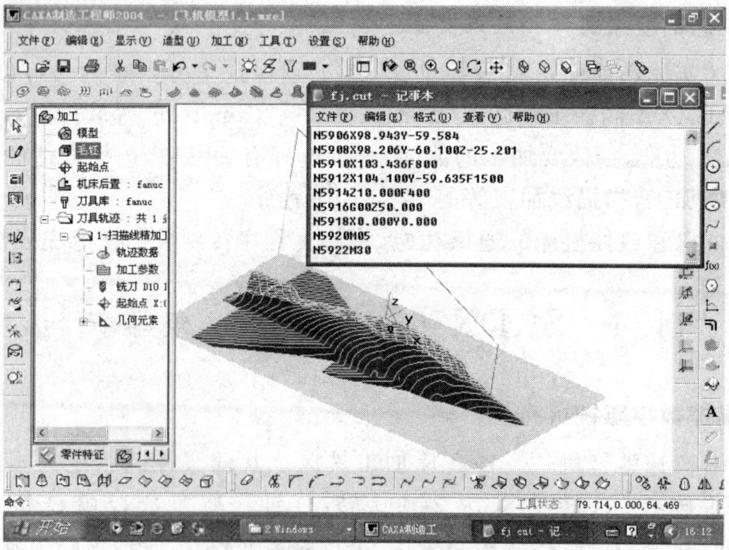

图 11－60　CXAX 制作的飞机模型

(3)按下“手轮关闭”，退出“F2 手轮方式”。

(4)运行程序，进行自动加工。

①通过“网上邻居”或用软盘、U 盘把第一步生成的加工程序，拷贝到机床计算机上(可用 *.nc 格式)。将该文件打开，按系统要求修改程序头、尾，加入主轴转速指令、冷却液开关指令等。

②进入 SKY 系统主菜单中的“F1 自动方式”→“1 加工控制”，出现对话框，点击“查找文件”选取保存在桌面上的文件，确认，按 F6 机床开始加工。

11.4.3　2008 北京奥运会会徽浮雕设计与加工

(1)模型设计制作：

①通过 Internet 下载尽可能高质量的“北京 2008 图片”。

②在 Photoshop 中对下载的文件作简单处理，并存成 jpg 或 bmp 文件，如图 11－61 所示。

③打开 Art CAM 软件，选择“通过图像生成模型”，设置模型尺寸，生成模型文件。

④对图像进行矢量化处理，在“颜色”选项下将色彩减少到 4 种，在“矢量”选项卡下选择“按颜色边界拟合矢量”，进一步对图像的边界做适当编辑。

⑤用“浮雕”工具下的“等高文字”选项，依次设置“京”、“beijing2008”、五环等矢量，浮雕深度分别为 0.5 相加、0.3 相减、0.4 相加。生成 3D 浮雕模型，如图 11－62 所示。

图 11－61　模型设计——图片处理

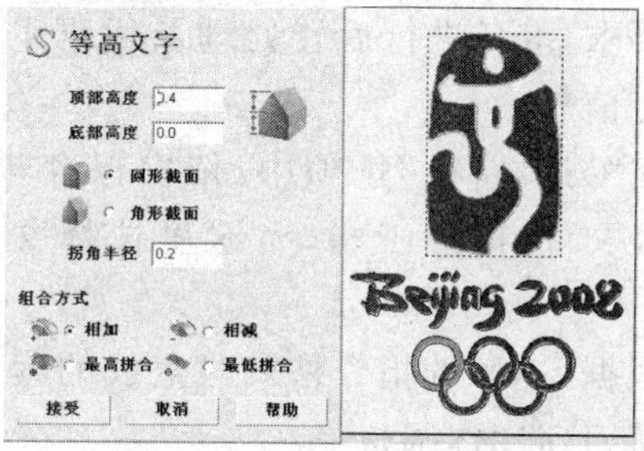

图 11－62　模型设计——模型设置

⑥设置毛坯，完成 CAD 建模，如图 11－63 所示。

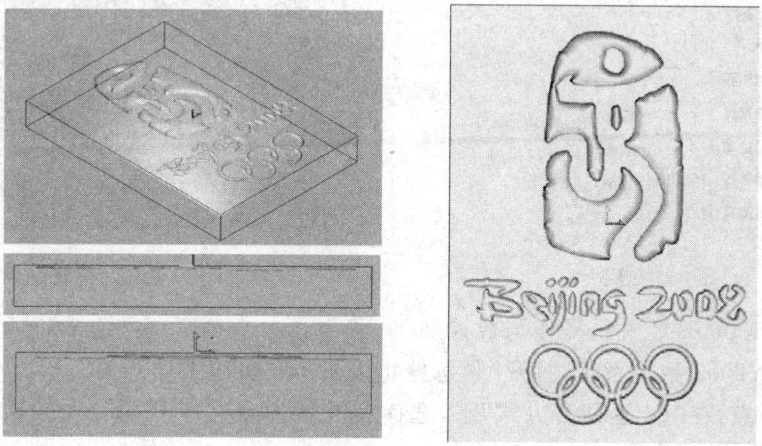

图 11－63　模型设计——模型生成

(2) CAM 对模型分析、生成轨迹、模拟仿真、后置处理及代码生成。

①在“刀具路径”选项中，选择“三维刀具路径”目录下的加工浮雕，如图 11－64 所示。

②依次选择或输入下列加工信息(粗加工)：要加工的区域(全部模型)，加工策略(X 方向平行加工、90 度角、余量 0.1mm、公差 0.01mm)，加工安全高度(10mm)，刀具选择(ϕ6mm

球刀、主轴转速 10000r/min、进给速度 900mm/min、行距 0.48mm)，材料选项下设定参考点位置(8mm，顶层偏移 0mm)，给定加工名称(粗加工)，计算刀具轨迹。关闭加工浮雕工具，如图 11－65 所示。

③依次选择或输入下列加工信息(精加工)：要加工的区域(全部模型)，加工策略(X 方向平行加工、0 度角、余量 0mm、公差 0.01mm)，加工安全高度(10mm)，刀具选择(ϕ6mm 雕铣刀(锥形)，主轴转速 10000r/min，进给速度 600mm/min、行距 0.01mm)、材料选项下设定参考点位置(8mm，顶层偏移 0mm)，给定加工名称(精加工)，计算刀具轨迹。关闭加工浮雕工具。

④在仿真刀具路径选项下，依次对粗加工和精加工的轨迹进行仿真，并查看仿真效果，如图 11－66 所示，如果符合设计要求，准备进行后置处理及代码生成，不符合即重新设置加工信息。

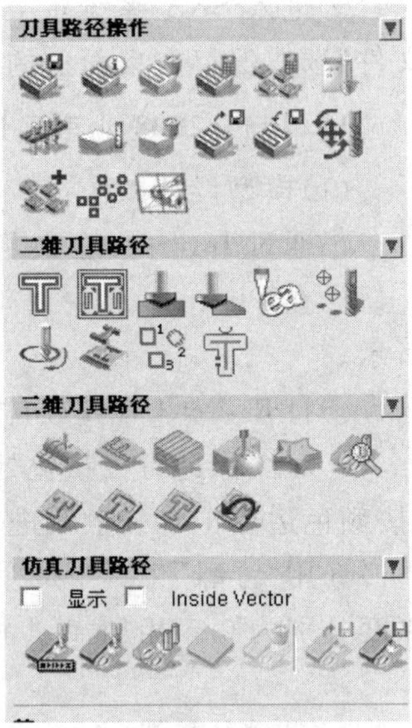

图 11－64　加工类型选则

⑤在“刀具路径”选项中，依次保存粗加工和精加工的刀具路径文件，即加工指令，这里选择文件输出格式 Axyz(* . nc)，文件名：粗加工和精加工。

⑥根据 SKY 的指令格式对生成的程序稍作修改，如加入 M08、M09 指令、对精加工的雕刻刀落刀速度作调整等。

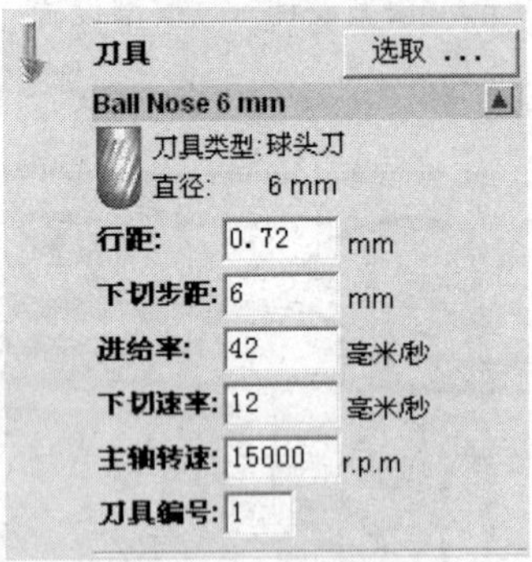

图 11－65　刀具选择

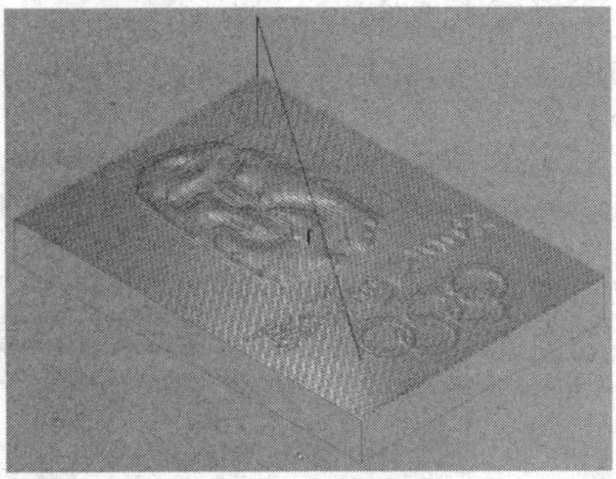

图 11－66　仿真结果

(3)SKDX5060B 雕铣机操作与数控加工。

启动 SKY2003 数控系统，打开“紧急停止按钮”及“机床工作开关”。

①回参考点：在“F4 返回参方式”下，选择“3 机床原点”，按下 F6(Z、Y、X)依次回到机床参考点，建立机床坐标系。

②在“F3 手动方式”下，设置主轴转速及进给速度(S、F 等)。

③安装 6MM 球刀，并对刀(“F2 手轮方式”)，设置 G54 参数，建立工件坐标系。

④按“F1 自动方式”选择加工程序(粗加工)，如图 11－67 所示，按下 F6 读入程序并预处理，再按 F6 开始自动加工，注意观察软件屏幕及工件加工状态。

⑤换刀(30°角的雕刻刀)，对刀(仅 Z 轴)，然后进行精加工，过程与粗加工基本相同。

⑥观察加工状态，直至加工完成，取下工件，如图 11－68 所示。

⑦在控制面板上按下“机床锁住”和“紧急停止按钮”，按 F12 退出系统。

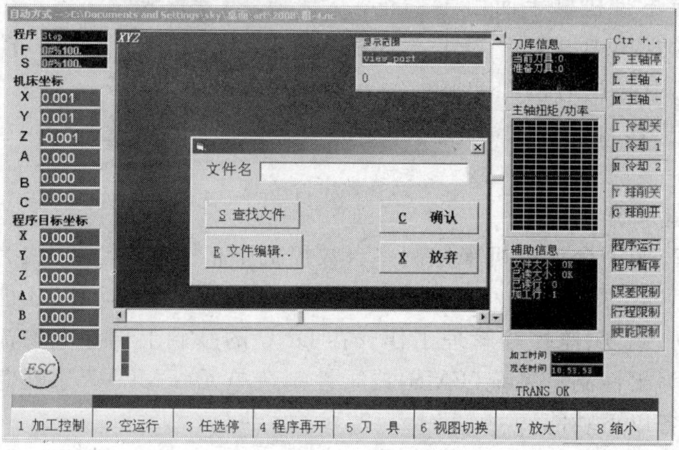

图 11－67　加工状态

图 11－68　制成工艺品

(4) 关闭数控系统。

机床清理与保养，关闭 Windows，关闭钥匙开关，关闭机床总电源。

11.5　数控加工中心及柔性制造系统

11.5.1　加工中心

加工中心是备有刀库并能自动更换刀具、对工件进行多工序加工的数控机床。工件经一次装夹后，数字控制系统能控制机床按不同工序自动选择和更换刀具，自动改变机床主轴转速、进给量和刀具相对工件的运动轨迹及自动改变其他辅助功能，依次完成工件几个面上多工序的加工。加工中心由于工序的集中和自动换刀，减少了工件的装夹、测量和机床调整等时间，同时也减少了工序之间的工件周转、搬运和存放时间，缩短了生产周期，具有明显的经济效果。

加工中心适用于零件形状比较复杂、精度要求较高、产品更换频繁的中小批量生产。第一台加工中心是 1958 年由美国卡尼－特雷克公司首先研制成功的。它在数控卧式镗铣床的基础上增加了自动换刀装置，从而实现了工件一次装夹后即可进行铣削、钻削、镗削、铰削和攻丝等多种工序的集中加工。20 世纪 70 年代以来，加工中心得到迅速发展，出现了可换主轴箱铣削加工中心，它备有多个可以自动更换的装有刀具的多轴主轴箱，能对工件同时进行多孔加工。这种多工序集中加工的形式也扩展到了其他类型数控机床，例如车削中心，它是在数控车床上配置多个自动换刀装置，能控制三个以上的坐标，除车削外，主轴可以停转或分度，而由刀具旋转进行铣削、钻削、铰孔和攻丝等工序，适于加工复杂的旋转体零件，成为复合式加工中心。

加工中心按主轴的布置方式分为立式和卧式两类。此外，还有带立、卧两个主轴的复合式加工中心，和主轴能调整成卧轴或立轴的立卧可调式加工中心，它们能对工件进行五个面的加工，如图 11－69 所示。加工中心的自动换刀装置由存放刀具的刀库和换刀机构组成。

刀库种类很多，常见的有盘式和链式两类。链式刀库存放刀具的容量较大。换刀机构在机床主轴与刀库之间交换刀具，常见的为机械手；也有不带机械手而由主轴直接与刀库交换刀具的，称无臂式换刀装置。为了进一步缩短非切削时间，有的加工中心配有两个自动交换工件的托板，一个装着工件在工作台上加工，另一个则在工作台外装卸工件。

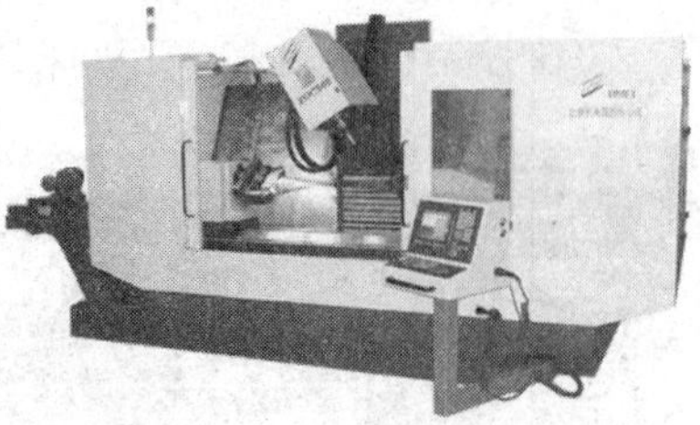

图 11-69　铣床加工中心

11.5.2　DNC 系统和柔性制造系统

为了充分发挥数控机床的效率，用一台计算机来控制多台数控机床和加工中心，称之为 DNC(Direct Numercal Contol)。DNC 采用局域网进行通讯，它不仅能控制加工，而且还能采集、处理生产数据，进行生产计划、调度、监控等管理工作。在 DNC 的基础上再加上物流系统和相应的管理系统，就可以称为柔性制造系统(FMS)或柔性制造单元(FMC)。柔性制造系统具有独立的加工能力，并具备以下功能：

(1)自动化的核心功能包括工件自动定位、夹紧、自动加工、自动换刀、自动换零件。

(2)单元内工件自动运输、交换和存储。

(3)能自动进行清洗、检验、切屑处理。

(4)有监控、管理功能，可实现无人运转。

FMC 一般分两大类：一类是加工中心配上托盘交换器(Automatic Pallet changer — APC)；另一类是 CNC 加上工业机器人。

FMS 是由计算机集中控制和管理的制造系统，具有多个半独立工位和物料储运系统的体系。FMS 由加工、物流和信息控制三个子系统组成。具有随机加工能力(制造柔性)，并同时可加工一个以上的零件。FMS 还具有容忍故障能力，可以按排其他机床代替出故障的机床，系统的规模也可以根据生产纲领的改变而扩展或压缩。

11.6　数控加工仿真的应用

11.6.1　数控加工仿真软件简况

随着虚拟现实技术及计算机技术的发展，出现了可以模拟实际机床加工环境及其工作状态的计算机仿真加工系统，它是一个应用虚拟现实技术于数控机床加工的仿真软件。目前这类软件有两个主要发展方向：另一类是嵌入式，即与相关 CAD/CAM 软件(如 MASTACAM、PRO/E、CAXA 制造工程师等)集成，主要模拟刀具运行轨迹，验证设计结果，对机床操作没有任何涉及；另一类是独立式，即虚拟数控机床，不仅能对刀具运行状态进行仿真，同时模拟真实的机床操作环境，比较流行的主要有上海宇龙、南京宇航、南京斯沃等不同特色的数控加工仿真软件。

虚拟机床与真实机床相比，虚拟机床具有以下的功能和特点：与真实机床完全相同的组成和结构；可进行机床操作全过程仿真(毛坯定义，工件、夹具、刀具装夹，对刀，参数设置，程序校验，试切等)；丰富多样的刀具库(采用数据库统一管理的刀具材料、特性参数库)；全面的碰撞检测(手动或自动加工等模式下的实时碰撞检测、机床超程报警等)、强大的测量功能；具有完善的图形和标准数据接口(能直接调用 CAD/CAM 生成的 NC 程序、能将已验证的 NC 程序输入数控机床等）；虚拟机床强大的网络功能（借助计算机的网络功能实现）；实用灵活的考试系统（可对虚拟机床的操作进行无纸化考核）；教师和学生可以相互观看对方的操作，进行互动交流。

虚拟机床既有单机系统独立运行，又有实现在线运行。独立运行即机床模型方式，数控机床的模拟操作在仿真面板上进行，且零件切削过程由机床模型通过三维动画演示；在线运行即机床工作方式，软件与实际机床连接，由硬件实现零件切削过程，即利用计算机和其他的专用硬件、软件去产生一种真实场景的仿真，这种方法能进一步提高操作者的实际操作技能。

11.6.2　数控加工仿真软件应用实例

现以上海宇龙数控加工仿真软件为例。

首先点击运行计算机桌面上“加密锁管理程序”图标，双击桌面上数控加工仿真系统，此时弹出“用户登录”界面，在用户名和密码栏内分别填入：manage 和 system。

(1)选择机床类型

打开菜单“机床/选择机床…”，控制系统选择“SIEMENS SINUMERIK－802S”，机床类型选择车床－标准（平床身前置刀架），如图 11－70 所示。

(2)机床回零

松开机床操作面板上的急停按钮，点击“复位”按钮，使机床激活。同时按下“手动”和“回原点”按钮，使机床处于“手动 REF”状态，按按钮，直到图标显示为，完成 X 轴回零，同样完成 Z 轴回零，按“主轴正转”，使主轴回零，如图 11－71 所示。

注：在坐标轴回零的过程中，还未到达零点按钮已松开，则机床不能再运动，LCD 界面上出现警告框 020005，此时再点击操作面板上的“复位”按钮，警告被取消，可继续进行回零操作。

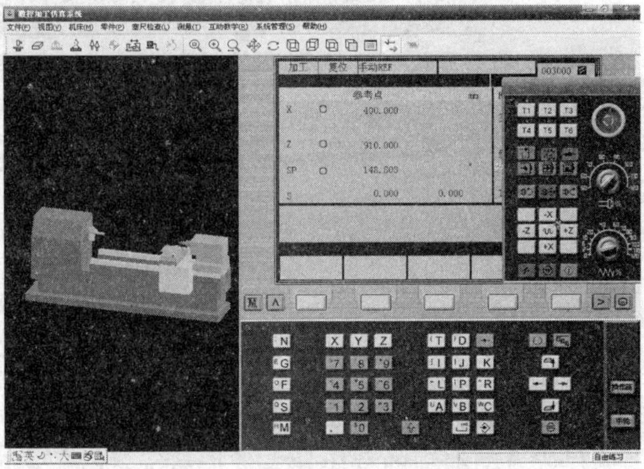

图 11－70

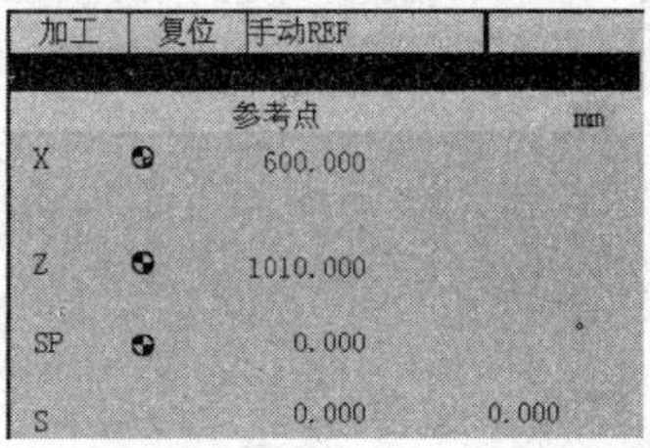

图 11－71

(3)毛坯、夹具和刀具选择及安装

打开菜单“零件/定义毛坯”，设置毛坯的名称、形状、材料和相关参数，也可以直接调用已保存的毛坯模型（这里选择直径 25mm、高 200mm 的零件）；打开菜单“零件/安装夹具”命令，选择相应的夹具；打开菜单“零件/放置零件”命令，选择所需零件的名称，零件和夹具将被安装到机床上，打开“位置调整工具箱”来调整零件的位置，如图 11－72 所示。

打开菜单“机床/选择刀具”，依次选择各刀位的刀具(刀柄、刀片等)，根据实际需要修改刀尖半径和刀具长度等参数，确认后，刀具按所选刀位安装在刀架上，如图 11－73 所示。

图 11－72

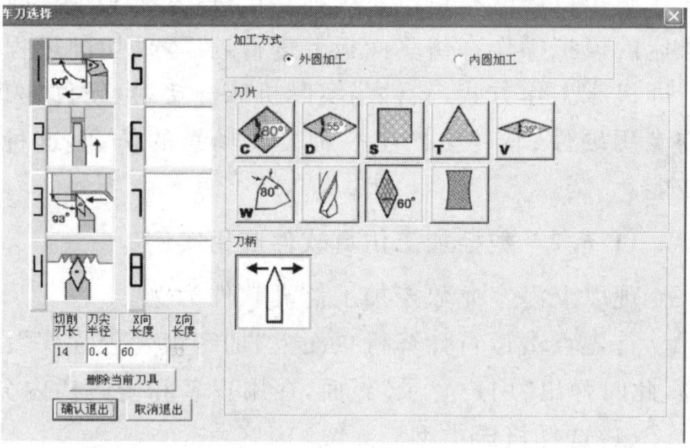

图 11－73

(4)工件坐标系建立、对刀及参数设定

以工件右端面与车床主轴中心交点作为工件坐标系原点(工件零点)，采用“试切法”对刀，利用菜单“测量/剖面图测量”工具，如图 11－74 所示，测量第一把刀具(基准刀)刀尖点与工件零点的偏移量，并设定为零点偏移(如 G54)，其两轴的刀具补偿均为 0，采用“相对刀偏法”确定其余刀偏量，即从第二把刀具开始，将每把刀具刀尖的偏移量与基准刀刀尖点的值进行比较，确定其相对于基准刀刀尖的补偿量，从而确定每把刀具 X 和 Z 方向的补偿，如图 11－75 所示，刀具的建立和刀具补偿设置均在虚拟机床的机床控制面板上完成，最终完成对刀过程。在“参数”目录下设置相关的数据如主轴数据、空运行进给率、R 参数等加工参数，如图 11－76 所示。

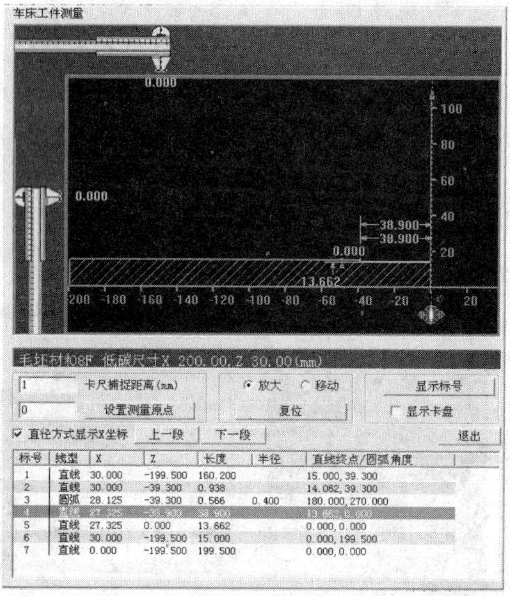

图 11－74

(5)数控程序管理

虚拟机床提供了两种方式的程序管理：一是导入式，点击菜单“机床/DNC 传送”或者图标，打开文件对话框中选择相应的手工编程或自动编程的程序导入数控系统，按真实机床的通信功能操作；二是编辑式，利用数控系统的程序编辑功能，实现程序的建立、修改、复制、保存等操作，与真实机床完全一致。

注：导入的程序和机床一样，必须具备程序头代码：“%_N_程序名_MPF；$PATH=/_N_MPF_DIR”。其中“程序名”必须符合西门子命名规则，请使用你姓名的拼音简称；“MPF”为扩展名，如果是子程序则为“SPF”。

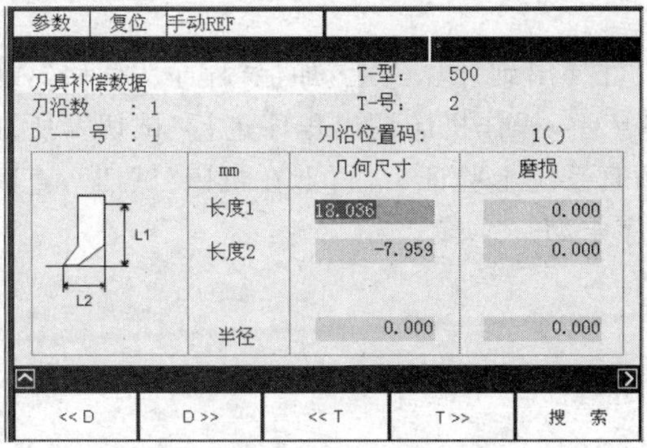

图 11-75

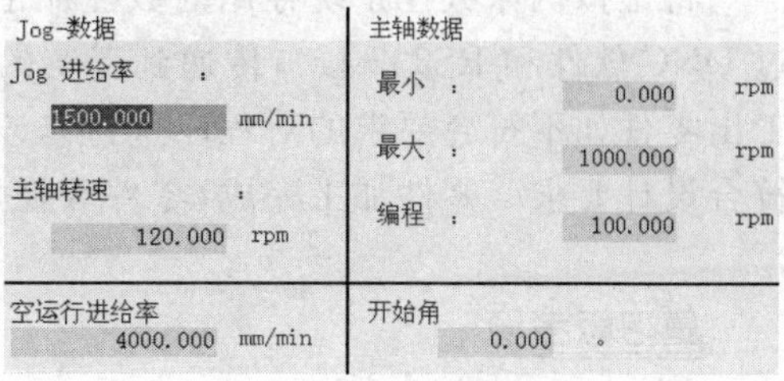

图 11-76

(6)数控程序的仿真及程序确定

利用虚拟机床的操作面板，对虚拟机床可以进行手动、自动、单段、MDA 等方式的仿真操作。点击操作面板上的“自动模式”按钮，使其呈按下状态，机床进入自动加工模式；或点击操作面板上的“单段”按钮，使其呈按下状态，每点击一次“运行开始”按钮，数控程序执行一行。数控程序执行后，想回到程序开头，可点击操作面板上的“复位”按钮。

在自动方式下，将调出编制的零件加工程序进行验证，观察程序仿真的运行状况，发现碰撞、刀具路径错误等问题及时对程序进行修改(点击操作面板上的按钮，LCD 界面下方显示软键菜单条，按软键“程序”，选择所要的数控程序名上，按软键“打开”，对数控程序进行编辑(修改)，完成后，按软键“关闭”)。选择修改后的程序进行仿真，直到程序按设计的加工路径完成切削加工为止。建议使用单步运行的方式来检查程序，使用切换控制面板键，可看到执行的程序情况，逐步完成程序的修改。

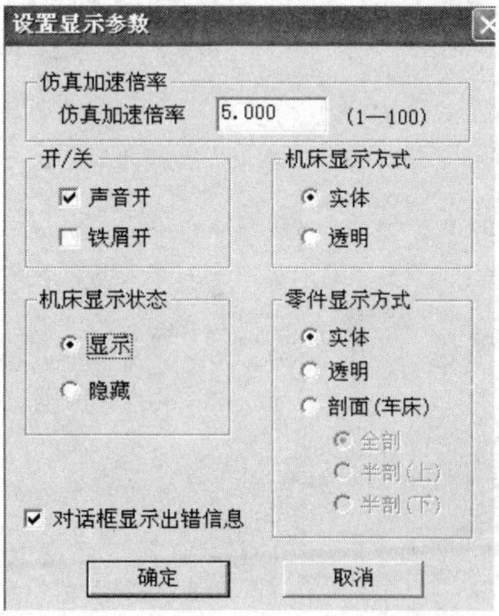

图 11-77

在“视图/选项”菜单下，可设置仿真的相关参数，如仿真加速倍率、声音及铁屑开关等，根据实际的情况可以调整，参考值如图 11-77 所示。其中仿真加速倍率越小，更容易反映出真实的加工情况，但仿真速度速度慢；仿真倍率越大，对计算机的要求越高，因此建议值 4～10。

在仿真过程中可点击菜单“视图”，选择相应得视图，通过局部放大、动态缩放、动态平移、动态旋转等功能仔细观察模拟的轨迹及相关的切削状态，发现问题可以在“单段”的方式下找到相应的程序段进行妥善处理，最终使仿真的结果与设计的一致，仿真结束，加工程序确定。

(7)程序导出与机床加工

点击操作面板上的按钮，LCD 界面下方显示软键菜单条，按软键“通讯”，将光标定位在“零件程序和子程序….”上，按软键“显示”，显示数控程序目录，点击键盘上的方位键和，将光标移动到需要导出的数控程序的位置，按软键“输出启动”，弹出“另存为”对话框，选择适当的保存路径，填写适当的文件名后，按“保存”按钮，完成修改后的数控程序的保存操作。按“取消”按钮，则放弃此项操作。

将虚拟机床数控系统存储的数控加工程序文件导出到计算机上，加上“程序头代码”，通过 DNC 软件和 RS232 接口传递到真实的数控车床上，操作机床调出程序进行“试切”，所加工出零件如不符合要求的对程序进行修改并在仿真系统上验证后，再上在机床“试切”，直到符合设计要求。零件加工完成，零件数控加工程序定型。

复习思考题

1. 试述数控加工的全过程。
2. 什么是数控机床？数控机床如何分类？
3. 数控车床与普通车床相比较在组成和控制上有什么不同？
4. 简述数控铣床自动编程和加工的主要过程。
5. 虚拟机床有什么功能和特点？
6. 叙述 CK0630 车床是如何进行对刀的？
7. 在数控机床上加工零件，有哪些步骤？

第12章　特种加工技术

【实训目的与要求】

(1)了解特种加工技术的工作原理与特点;

(2)掌握数控电火花线切割加工方法;

(3)了解其他特种加工的原理。

12.1　特种加工概述

12.1.1　特种加工的概念

特种加工(又称非传统加工)是第二次世界大战后发展起来的一类有别于传统切削与磨削加工方法的总称,即将电、磁、声、光等物理能量或化学能量及其组合直接施加于工件,从而使材料被去除、累加、变性或改性等。特种加工可以完成传统方法难以实现的加工,如高强度、高韧性、耐高温材的加工,陶瓷、磁性材料的加工,精密、细微、复杂形状零件的加工,等等。

12.1.2　特种加工的特点

与传统加工方法相比,特种加工方法具有以下特点:

(1)主要不是依靠机械能,而是依靠其他能量(电能、光能、声能、热能、化学能等)去除材料。

(2)传统加工方法要求刀具硬度必须大于工件硬度,同时刀具和工件必须有一定强度和刚度,以承受切削力。特种加工对工具和工件均没有严格的要求,往往工具硬度小于工件硬度。

(3)加工中能量易于转换和控制,有利于保证加工精度,提高效率。

(4)工件发热、硬化、变形小,易于提高加工质量,往往可以一次完成粗加工和精加工。

(5)加工速度通常比传统加工方法低。

12.1.3　特种加工的分类

(1)溶解加工类:化学加工、化学抛光、光化学加工、电化学加工、电化学抛光等。

(2)溶化加工类:放电加工(电火花加工 EMD、电火花线切割 WEMD)、高能束加工(激光加工 LBM、电子束加工 EMB、离子束加工 IBM、等离子束加工等。

(3)复合加工类:电化学机械加工、化学机械加工、磁场辅助电化学机械加工、时变场控制电化学机械加工、超声放电复合加工等。

(4)特种机械加工类:超声波加工、磁粒加工、电泳磨削加工、弹性喷射加工、水射流加工等。

(5)堆积加工类:原子沉积加工(电镀、化学镀、电铸、物理气相沉积 PVD、化学气相沉积

CVD)、微粒沉积加工(等离子喷涂、火焰喷涂、电弧喷涂、爆炸喷涂)、快速原型制造 PRM(选择性激光烧结 SLS、分层实体制造 LOM、熔融堆积成形 FDM、光敏树脂聚合成形 SL、三维打印成形 SDP)等。

12.1.4　几种常用的特种加工方法

1. 电火花加工

利用工具电极与工件电极之间的火花放电,产生瞬时高温将金属溶化蚀除,如图 12-1 所示。

(1)电火花加工过程四个阶段:① 介质电离、被击穿,形成放电通路;② 由于电火花放电,工件电极材料产生溶化、气化、热膨胀;③ 抛出蚀除物;④ 间隙介质消电离(恢复绝缘状态)。

(2)电火花加工的要素:电极材料、工作液、放电间隙、脉冲宽度与间隔等。对电极的要求是导电、损耗小、易加工,常用石墨和紫铜。工作液功能是压缩放电通道区域、提高放电量密度和加速蚀除物的排出。

(3)电火花加工特点:不受被加工材料硬度限制,加工时无显著作用力、发热小;适于加工小孔、薄壁、槽窄、形面、型腔等,加工质量好、精度高(尺寸精度可达 0.005~0.001mm,表面粗糙度可达 $R_a0.1 \sim R_a0.05\mu m$);可一次安装完成粗精加工;易实现自动化。

(4)电火花加工的应用:①电火花成形加工。主要有孔和型腔的加工,如加工拉丝模、喷嘴、锻模、挤压模、塑料模以及叶轮、叶片、等曲面。电火花加工的工作原理如图 12-1 所示。②电火花线切割。用连续移动的钼丝(铜丝)做工具电极(阴极),工件为阳极,机床工作台带动工件做二维或三维移动(大角度机床),切割出图形,其工作原理如图 12-2 所示。电火花线切割可分为快走丝和慢走丝两种。快走丝速度一般在 10m/s,电极丝能往复运动、循环反复使用,慢走丝速度为 2~8m/min,单向运动,电极丝一次性使用,走丝平稳、电极丝损耗小、加工精度高。

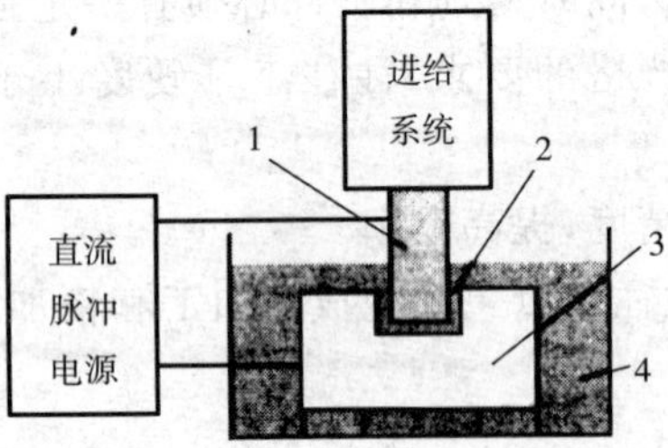

图 12-1　电火花加工原理

1—工具电极　2—放电间隙　3—工件电极　4—工作液

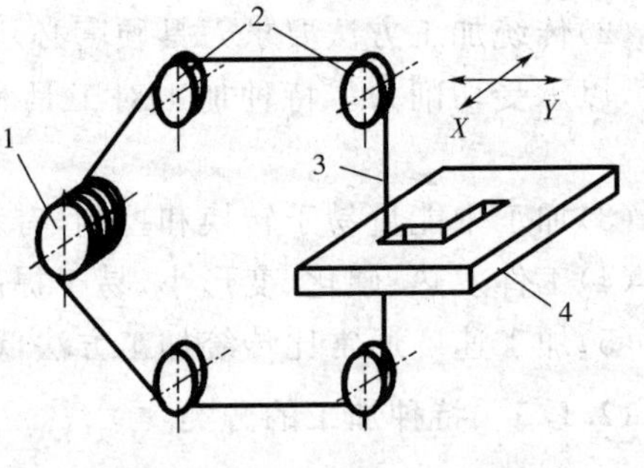

图 12-2　电火花切割原理

1—储丝筒　2—导轮　3—电极丝　4—工件

2. 电解加工

电解加工工作原理图,如图 12-3 所示。工件 2 接阳极,工具(铜、不锈钢)接阴极,两极间加 6~24V 直流电压,极间有 0.1~1mm 间隙。间隙处通以 6~60m/S 高速流动的电解液,工件表面不断溶解,其溶解物及时被电解液冲走。工具电极不断进给,对工件进行加工。

电解加工广泛应用在模具的型腔加工、枪炮膛线加工、叶片加工、内齿轮、深孔加工以及电解抛光、倒棱、去毛刺等。

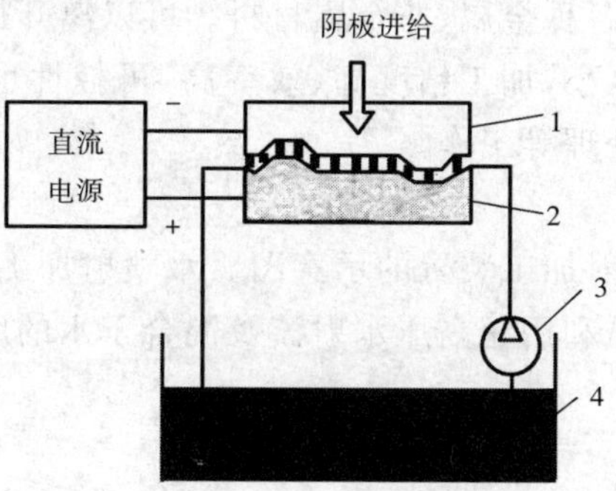

图 12－3　电解加工原理

1—工具阴极　2—工件阳极　3—泵　4—电解液

3. 电子束加工

电子束加工工作原理如图 12－4 所示。在真空条件下，利用电流加热阴极发射电子束，经控制栅极初步聚焦，再由加速阳极加速，通过电子透镜聚焦系统，将能量集中在 5～10μm 斑点以内。高速、高能量的电子束冲击到工件上，工件在该点瞬时溶化、气化，直至蒸发去除。电子束加工特别适应于特硬、难溶材料或非金属材料的加工，多用于微细（纳米级）加工。

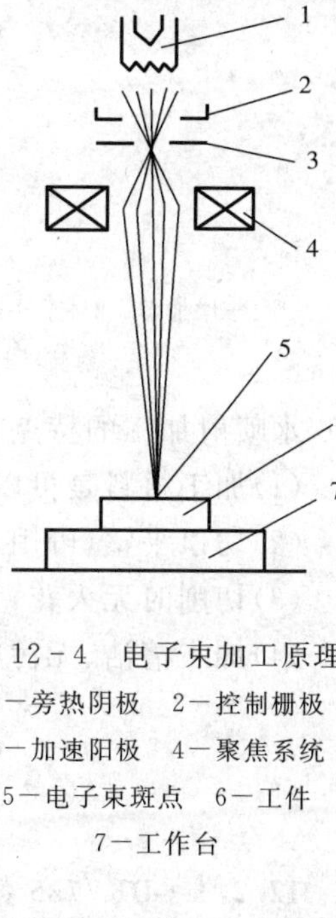

图 12－4　电子束加工原理

1—旁热阴极　2—控制栅极

3—加速阳极　4—聚焦系统

5—电子束斑点　6—工件

7—工作台

4. 超声波加工

超声波发生器将工频电能转变为超声频电振荡，通过换能器将超声频电振荡转变为超声机械振动，再利用变幅杆扩大振幅到 0.01～0.15mm。利用工具端面的超声波，使工作液的悬浮磨粒对工件表面产生撞击抛磨，实现加工。

5. 激光加工

激光是一种受激辐射后得到的加强光，其强度高、频率稳定、单色性好、方向性好，几乎为一束平行光。激光器发出的激光，经光学聚焦后照射到要加工面并转化为热能，使被照部位温度迅速升高，材料溶化、气化，还会产生微爆炸。随着激光束的移动（通常是工件移动），即可加工出需要的零件来。激光加工的工作原理如图 12－5 所示。

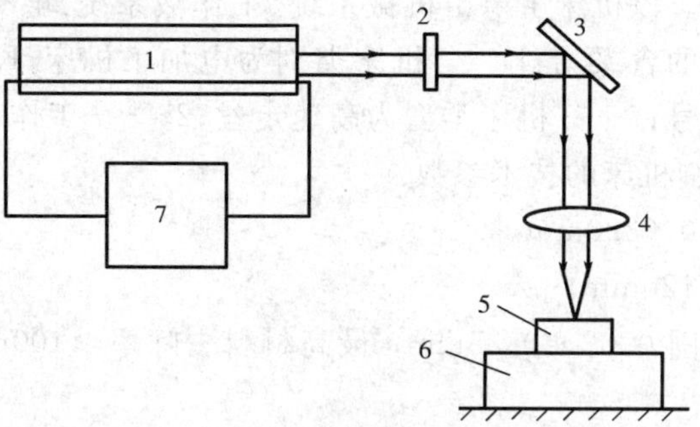

图 12－5　激光加工原理

1—激光器　2—光缆　3—反射镜　4—聚焦镜　5—工件

激光加工的对象可以是各种金属、非金属材料。可以离开加工机进行加工，为非接触加工，工件无受力形变且受热区小，加工精度高、效率高，可控性也好。激光加工不仅是打孔、切割，还可以进行焊接和热处理等工作。

6. 水喷射加工

图 12-6 所示的是水喷射加工装置的示意图。水喷射加工(Water Jet Machining)又称水射流加工或水刀加工，它是利用超高压水射流及混合于水的磨料对材料进行切割、打孔和表面材料的去除等加工。

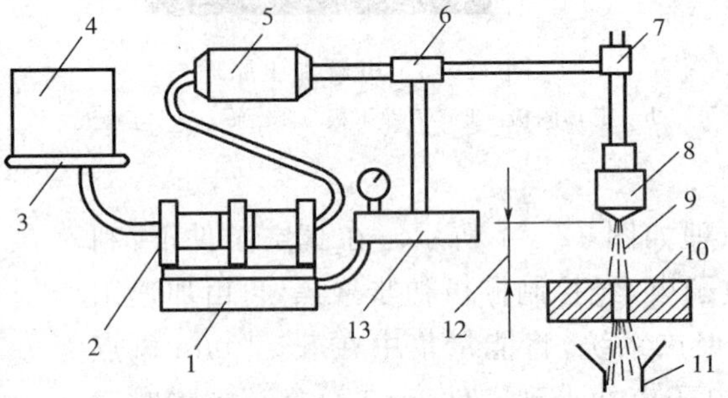

图 12-6　水喷射加工装置示意图

1—增加器　2—泵　3—混合过滤器　4—供水器　5—蓄能器　6—控制器　7—阀　8—蓝宝石喷嘴　9—射流　10—工件　11—排水道　12—喷口至工件表面的间距　13—液压装置

水喷射加工的特点有：

(1)加工材料是可以是各种金属、非金属材料。

(2)切口平整，可用于去除零件各部毛刺。

(3)切削时无火花，无热效应，因此不会引起材料组织变化，适于易燃易暴物件的加工。

(4)加工清洁、无污染。

12.2　DK7725 数控线切割机

12.2.1　DK7725 数控线切割机床简介

DK7725 数控线切割机床是采用微机控制的电火花快走丝线切割机床，软件为 YH 线切割自动编程控制系统。该机床主要由机械系统、工作液系统、电气系统、计算机控制系统等部分组成。机床型号的含义为：D——机床类别为电加工机床；K——数控机床；7——电火花线切割机床系列代号；7——机床类型为高速走丝；25——工作台横向行程 250mm。

DK7725 数控线切割机床的技术参数：

(1) 工作台行程 250×320mm。

(2) 最大切割厚度 120mm。

(3) 电极丝直径范围 0.02～0.35mm；最高材料去除率≥100mm/min；表面粗糙度 R_a ≤2.5μm。

(4) 功耗 2.5KW。该机功放管是并联输出，要根据具体工件选择功率的输出，输出功率越大即使用的功放管越多，加工电流越大，工件表面粗糙度越差。

12.2.2　数控线切割机床的操作

(1) 开机前必须做到:绕电极丝(电极丝装绕后需用手动紧丝 1～2 遍,紧丝时应用力均匀)→安装好工件→穿丝→调好加工参数(主要是脉宽、脉隙、电压、峰值电流、进给速度和电极丝运动速度)。机床操作面板如图 12-7 所示。

开机时先打开控制柜右侧电源总开关,然后打开图 12-8 所示的右侧操作面板的电源,系统打开。接下来的操作步骤如下:输入加工程序→开运丝→开水泵调节喷水量→开高频检查电参数→鼠标点击自动加工按键。

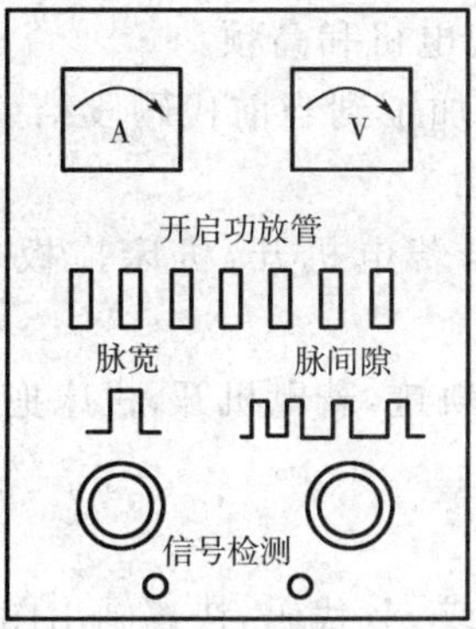

图 12-7　DK7725 线切割机床面板

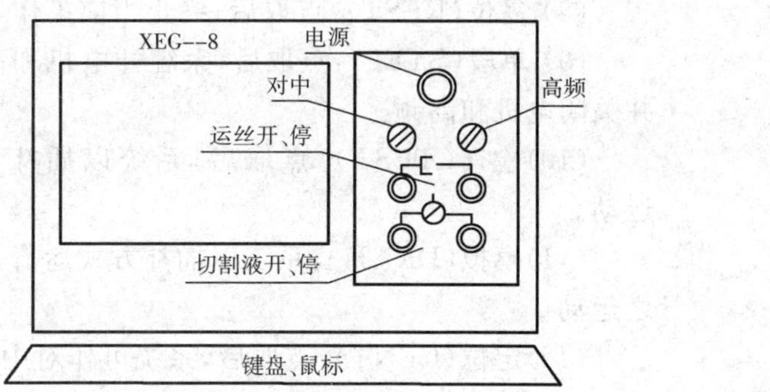

图 12-8　DK7725 线切割机床控制系统操作面板

加工结束后的关机顺序:关闭脉冲电源,关闭水泵,关闭运丝电机,检查 XY 坐标是否到终点,卸下工件。

(2)DK7725 数控线切割机床大多数操作可在计算机上用鼠标或键盘完成,但控制柜操作面板上的相应开关必须先调到等待状态。图 12-9 是 DK7725 数控线切割机床标配 YH 线切割自动编程软件加工时的界面,现将有关按钮介绍如下。

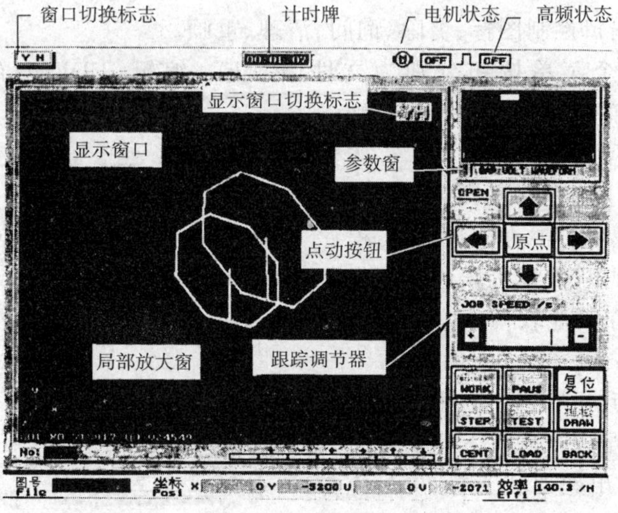

图 12-9　YH 线切割软件控制加工界面

(1) 窗口切换:系统起动,首先显示的为图形、加工轨迹,然后每点取一次窗口依次切换为“相对坐标”、“加工代码”、“图形”等。

(2) 电机状态:操作电机的开关,ON 表示电机上电,OFF 表示电机释放。

(3) 高频开关状态:ON 表示高频电流开启,OFF 表示高频关闭。

(4) 点动按钮:上下左右四键可分别进行 $+Y$、$-Y$、$+X$、$-X$ 方向的点动。

(5) 原点:回原点功能。电机 ON 时,系统控制丝架回到最近的加工起点;电机 OFF 时,光标返回坐标原点,图形重画。

(6) 加工(WORK):点取后进入自动加工,先打开电机和高频,再进行插补加工。

(7) 暂停(PAUS):点取后,终止当前功能。

(8) 复位(REST):点取后,终止当前工作,清除数据,关闭电机和高频。

(9) 单段(STEP):点取后,系统开电机和高频进行加工,加工到当前代码段结束,停止并关闭电机和高频。

(10)检查(TEST):点取后,系统以插补方式运行一步,若电机开,机床拖板也随之运动。

(11)模拟(DRAH):系统以插补方式运行,屏幕显示运行轨迹,若电机开,机床拖板也随之运动。

(12)定位(CENT):点取后,系统可作对中心、定端面操作。

(13)读盘(LOAD):点取后,系统可读入数据盘上的 ISO 或 3B 代码,快速画出图形。

(14)回退(BACK):系统作回退运行,至当前段走完,再按此键进行前一段回退。

(15)跟踪调节器:表针向左为各跟踪加强、向右为减弱。调节器上方“JOB SPEED/S”表示加工的瞬时速度(步数/秒)。

12.2.3 数控线切割机床编程系统

在屏幕上点取左上角“YH”窗口切换标制,系统转入 YH 编程界面,如图 12-10 所示。

编程界面的左侧有 20 个图标自上而下、从左向右分别为 16 个绘图工具:点、线、圆、切圆(线)、椭圆、抛物线、双曲线、渐开线、摆线、螺旋线、列表曲线、函数曲线、齿轮、过渡圆、辅助圆、辅助线;4 个编辑控制图标:剪除、询问、清理、重画。

界面上方有 4 个菜单按钮分别为文件(FILE)、编辑(EDIT)、编程(PROG)、杂项(MISC),按每一个菜单均可弹出一子菜单。

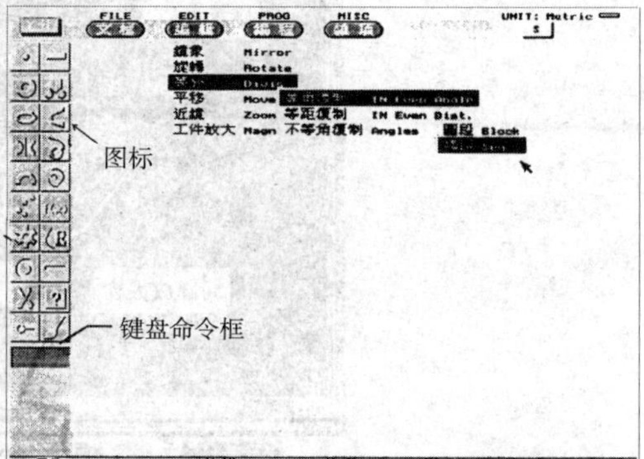

图 12-10　YH 线切割软件图形交互自动编程界面

本系统编程主要是 CAD/CAM 一体化编程,即利用以上绘图、编辑工具在屏幕上绘出要加工的图形,然后自动生成加工程序(ISO 代码或 3B 代码),传到机床进行线切割加工。绘图操作同在其他软件中学习的方法基本相同。

图形绘好后,点击“编程按钮”,弹出菜单,再点击“切割编程”,屏幕左下角出现工具包图符,从图符中取出丝架状光标,屏幕上方显示“丝孔”,按提示选取穿丝位置。再拖动鼠标到首段线段上,释放鼠标左键,出现加工参数对话框,对参数进行调整。最后将丝架状光标放回屏幕左下角工具包，完成编程。

退出编程阶段，系统即把生成的代码反读，在屏幕上显示白色图形与原设计图形相对应。若编码无误，两图形应重合。

点取“送控制台”选项，系统自动把当前编好的程序送入“YH 控制系统”中进行控制操作。与此同时，编程系统自动把图形“挂起”保存。若控制系统正处于加工或模拟状态，会出现“控制台忙”，禁止代码进入。最后点取“退出”按钮，退出编程状态。

复习思考题

1. 特种加工与传统的加工方法相比有什么不同？有什么特点？

2. 特种加工有哪些类型？

3. 简述电火花加工的四个阶段和电火花加工的应用。

4. 说出激光加工的特点。

5. DK7725 线切割机型号的符号含义分别是什么？

6. 简述电火花线切割机床的操作步骤。

第13章 快速原型制造技术和反求(逆向)工程

【实训目的与要求】

(1)了解快速原型制造技术的工作原理；

(2)了解反求(逆向)工程技术的工作原理；

(3)综合运用反求技术与快速原型制造技术进行产品创新设计。

13.1 快速原型制造技术

13.1.1 概述

随着全球化经济的到来和市场需求的多样性，制造业竞争日趋激烈，加速新产品的开发和提高制造技术的柔性已成为赢得竞争的关键因素。另外，从技术角度讲，随着计算机技术、CAD技术、材料科学、数控技术等相关技术的发展和普及，为实现快速设计与快速制造提供了必要条件。

在以上背景下，快速原型制造技术应运而生。快速原型制造技术(RPM)又称"快速成形技术(RP)"或"分层制造(LM)"。RPM被认为是近20年制造技术领域的一项重大突破。

传统加工法主要是从毛坯上去除部分材料得到工件。快速原型制造技术彻底摆脱了传统方法，也不同于传统的受迫成形(在模腔内成形)，如铸、锻、挤压成形等，而采用全新的"增长"加工法，即用一层层的小毛坯逐步叠加成大工件，将复杂的三维加工分解成简单二维加工的组合。因此，它不必采用传统的加工机床和工模具，只需传统加工方法的30%～50%的工时和20%～35%的成本，就能直接制造产品或模具。

快速原型制造技术是材料累加法的新发展。它将CAD、CAM、CNC、精密伺服驱动、新材料等先进技术集于一体，依据计算机上构成的三维模型，对其进行分层切片，得到各层截面轮廓。依照这些轮廓，激光束选择性地切割一层层的箔材，或固化一层层的液态树脂，或烧结一层层的粉末材料，形成一层层薄膜；或者通过喷射源选择性地喷射一层层的粘接剂或热溶材料等同样形成一层层薄膜，最后叠加成三维实体。

与传统的机械加工方法相比，快速原型制造的特点是：由CAD模型直接驱动；可快速成形任意复杂的三维几何体；无需专用的工模具；成形过程人工干预极少；节省原材料。

13.1.2 常见的快速原型制造方法

1. 立体光刻技术(SL)

立体光刻技术的成形方法是：在液槽中盛满液态光敏树脂，可升降工作台位于液面以下一个截面层的高度，聚焦后的紫外激光束，由计算机控制按截面轮廓要求沿液面进行扫描，并使扫描区域固化，得到该层截面轮廓。工作台再降下一层高度，进行第二次扫描固化，并牢固粘接在前一层上。如此重复进行，形成三维实体如图13-1所示。

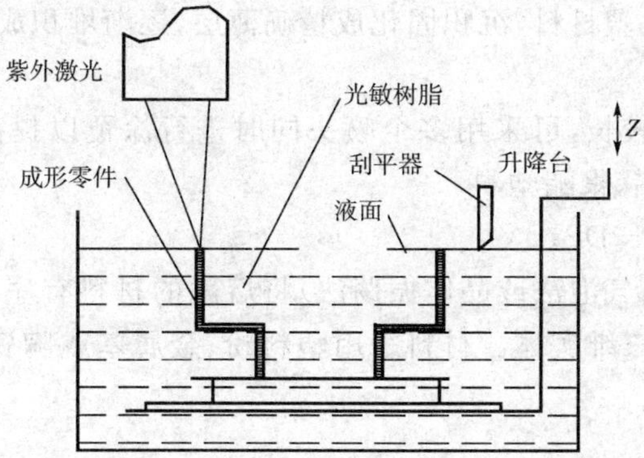

图 13-1　SL 工艺原理图

该方法材料利用率及性价比较高，但易翘曲，成形时间长，适合成形小型零件，可直接得到塑料制品。原材料为液态光敏树脂。

2. 分层实体制造(LOM)

将制品的三维模型，经分层处理，在计算机控制下，用 CO_2 激光束选择性地按分层轮廓切片，并将各切片粘接为一体，形成三维实体，LOM 工艺原理如图 13-2 所示。原材料为纸基卷材、陶瓷箔、金属箔。

该方法成形的零件，翘曲小，尺寸精度高，成形时间短，制件有良好的力学性能，适合成形大、中型零件。

3. 选择性激光烧结(SLS)

在工作台上铺一层粉末材料，CO_2 激光束在计算机控制下，依据分层的截面信息粉末进行扫描，并使制件截面实心部分的粉末烧结在一起，形成该层的轮廓。一层完成后，工作台下降一层高度，再进行下一层烧结，如此循环，最后形成三维实体。SLS 工艺原理如图 13-3 所示。

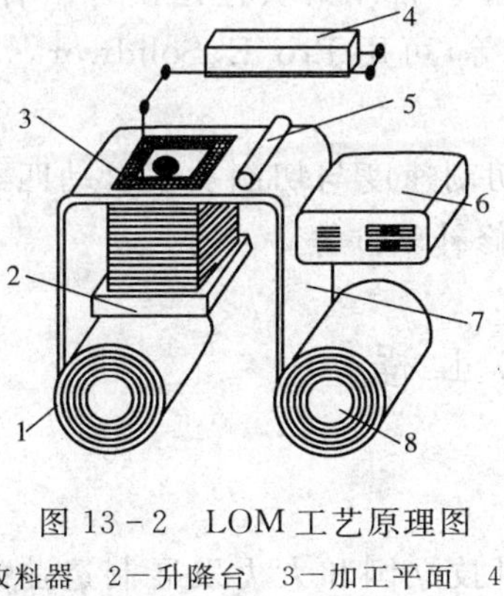

图 13-2　LOM 工艺原理图

1—收料器　2—升降台　3—加工平面　4—CO_2 激光器　5—热压辊　6—控制计算机　7—料带　8—供料轴

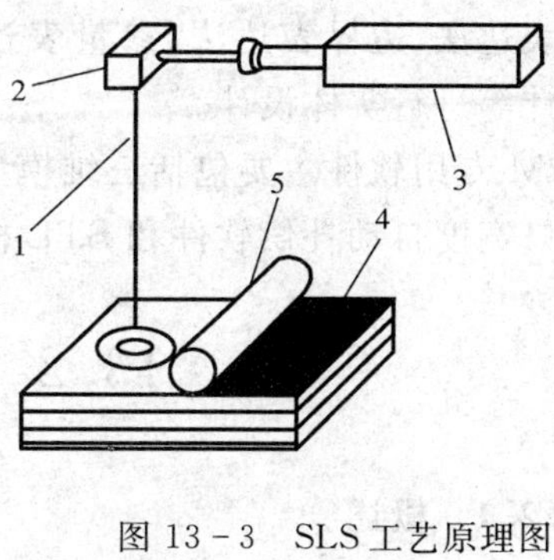

图 13-3　SLS 工艺原理图

1—CO_2 激光束　2—扫描镜　3—CO_2 激光器　4—粉末　5—平整滚筒

其特点是成形时间长、后处理较麻烦，适合成形小件，可直接生成塑料、陶瓷或金属制品。原材料采用塑料粉、金属基或陶瓷基粉。

4. 溶融堆积成形(FDM)

根据 CAD 模型分层软件确定的几何信息，用由计算机控制的可以挤出熔融状态材料的喷嘴，挤出半流动的热塑材料，沉积固化成精确薄层，逐渐堆积成三维实体。FDM 工艺原理如图 13-4 所示。

其特点是成形时间较长，可采用多个喷头同时进行涂覆以提高效率，适合成形小塑料件。材料采用 ABS、石蜡、聚酯塑料。

5. 三维打印成形(3—DP)

采用喷墨打印原理(气泡法或晶体振荡法)将熔融的材料有序地喷出，一个层面又一个层面地堆积而最终形成三维实体。材料采用塑料粉、金属基或陶瓷基粉。三维打印成形工艺原理如图 13-5 所示。

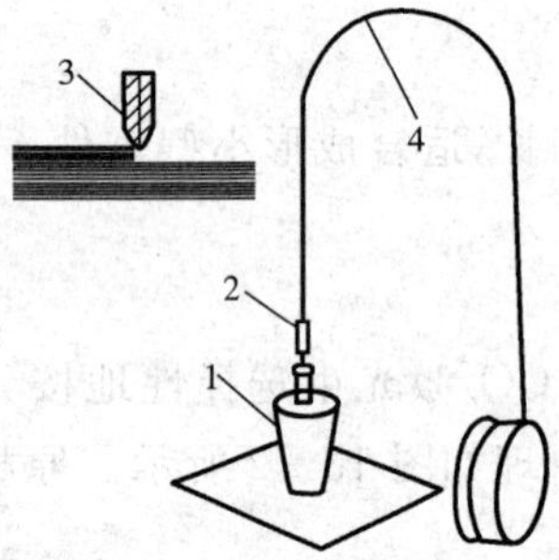

图 13-4　FDM 工艺原理图

1—成形工件　2、3—喷头　4—料丝

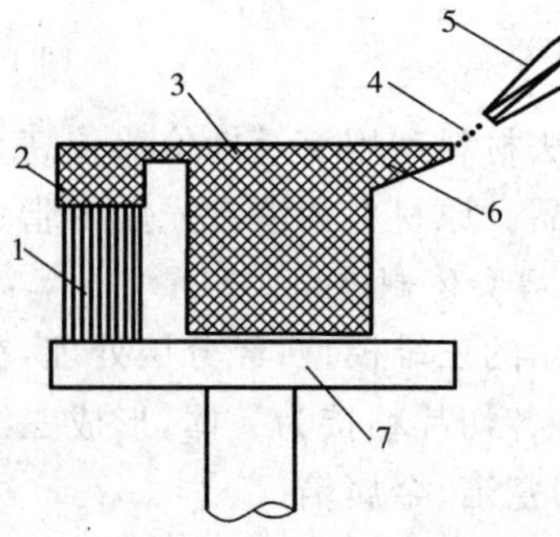

图 13-5　3—DP 工艺原理图

1—支撑　2—不连通部分　3—零料 4—材料微粒

5—压电喷射头　6—悬臂部分　7—升降台

其特点是成形时间较长，可采用多个喷头同时粘接，以提高成形效率，适合成形小件。

13.1.3　RPM 软件技术

RPM 软件包括通用 CAD 软件和 RPM 专用软件两大类。

RPM 中的 CAD 软件主要功能是生成三维实体模型。常用的实体建模方法有构造实体几何表达法、边界表达法、参量表达法和单元表达法等，可用 Pro/E、Solidworks、CAXA 实体设计等进行实体设计。

RPM 专用软件主要包括三维模型切片软件、激光切割速度与切割功率自动匹配软件、激光切口宽度自动补偿软件和 STL 格式文件的侦错与修补软件等。

13.2　反求(逆向)工程

13.2.1　概述

20 世纪 60 年代，日本为了恢复和振兴经济，提出科技立国和大力发展制造业的方针，并普遍认为对别国先进产品和先进技术的引进、消化、改进和挖潜，是本国发展的一条捷径，由此引发了反求设计和反求工程。反求思维在工程中的应用源远流长，因为任何产品问世，包括创新、改进和仿制，都蕴含对已有科学、技术的继承、借鉴和应用。

反求设计是从已知事物的有关信息(包括硬件、软件、照片、广告、情报)去寻求这些信息的科学性、先进性、经济性以及改进的可能性，将这些信息充分消化、吸收，进而对产品进行改进、挖潜和再创造。反求设计的基本过程如图 13－6 所示。

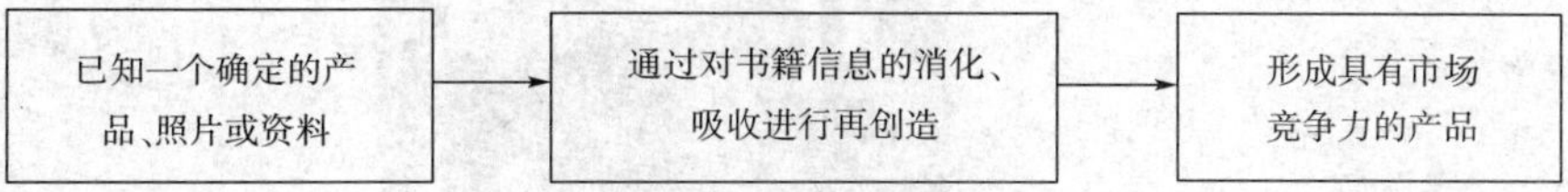

图 13－6　反求设计的基本过程

反求过程与仿制有原则的不同,简单、低级的模仿,其产品不会有竞争力,并且会受到知识产权保护法的制裁。

13.2.2　反求的主要方法

1. 实物反求

以产品实物为依据,对产品的设计原理、结构、材料、制造工艺、包装、使用等方面进行分析研究和再创造,最终研制出与原型产品相近或更佳的新产品。

反求分析、反求设计是实物反求的两项基本工作。

2. 软件反求

产品样本、技术文件、设计书、使用说明书、图纸、有关规范标准等都是设计软件。以技术软件为主要研究对象的反求工程称为软件反求。其基本组成部分有产品规划反求、原理方案反求、结构方案反求。

3. 影像反求

没有实物和技术软件,而仅仅只有一些产品照片、图片、广告介绍、参观印象和影视画面等资料,从这些资料中去构思、想像来反求,称为影像反求。影像反求难度最大,其本身就是一个创新过程。影像反求的主要内容包括方案分析和结构分析。

13.2.3　反求工程的关键技术

1. 测量技术

反求工程中,对原型的测量是很关键的技术。反求工程的测量方法有接触式测量和非接触式测量。接触式测量主要有:①坐标测量法,因为使用传统的触发式接触测量头,对软质表面和零件内部难于测量;②层析法,采用逐层铣削、逐层测量的方法获取原型不同截面的信息。图 13－7 展示的是一种新型的柔性接触式三维坐标测量机。

图 13－7　柔性接触式三座标测量机

非接触式测量可分为光学测量、超声波测量、电磁测量等类。主要方法有激光扫描法;莫尔条纹法;CT 断层扫描图像法;立体视觉测量法等。目前使用最多的是激光扫描法,它是根据光学三角形测量原理,以激光为光源,将其投射到被测物体表面,并用光敏元件在另一位置接收激光的反射能量,根据光点(光条)在物体上的偏移,通过被测物体基面、像点、像距等之间的关系,计算出该点坐标信息。图 13－8 所示的是一台三维激光扫描机(抄数机),通过它可以取得被测物体表面的相对的三维坐标信息。

13－8　三位激光扫描机

2. 产品建模技术

当零件原型经过测量，得到了一系列数字化的空间离散点信息，要生成关于原型的CAD模型，还必须在这些离散点的基础上，应用计算机辅助几何设计的技术来构成零件原型的CAD模型。对于含有自由曲面的复杂型面，用一张曲面来拟合所有的数据点是现实的。一般的处理方式是，首先根据原型所具有的特征，将测量数据分割成不同的区域，各区域分别拟合成不同的曲面，再运用曲面求交和曲面过渡的方法，将不同曲面连接成一个整体。

复习思考题

1. 什么是快速原型制造技术？

2. 常见的快速原型制造方法有哪些？

3. 简述溶融堆积成形(FDM)的工作原理。

4. 什么是反求(逆向)工程？说一说反求工程的过程。

5. 反求工程的关键技术各包含哪些内容？

下篇 机械制造综合训练

第14章　机械制造工艺基础与综合训练

【实训目的与要求】

(1)了解机械零件制造的工艺过程;

(2)理解零件的结构工艺性要求;

(3)了解典型零件的工艺规程,初步掌握简单零件的加工工艺规程设计;

(4)理解机械加工工时与成本的概念。

14.1　机械制造工艺基础概述

在学习和综合运用工程材料知识、毛坯成形技术和一般加工方法基础上,掌握制定机械加工工艺规程的方法步骤、零件的工艺性分析、毛坯方式的选择、工艺路线的拟定以及典型零件工艺设计,对于保证产品的设计质量和加工质量有着十分重要的意义。

14.1.1　生产过程与工艺过程

(1)生产过程　在机械产品制造过程中,将原材料或半成品经过加工成为产品的有关劳动过程的总和,称为生产过程。它包括:原材料或半成品的外购、零件的加工、产品装配调试和包装以及相关生产技术准备工作。

(2)工艺过程　在机械产品加工过程中,直接改变生产对象的尺寸、形状、性能以及相对位置关系的过程,称为工艺过程。它包括:铸造、锻造、冲压、焊接、机械加工、热处理、装配等工艺过程。通过对零件采取合理有序的加工方法,逐步改变毛坯的形状、尺寸、相对位置和性能,使之成为合格零件的过程,称为加工工艺过程。

14.1.2　工艺过程的组成

(1)工序　工序是指在一个工作地点,由一个或一组工人对一个或同时对数个零件所连续完成的那一部分工作内容,工序是形成工艺过程的基本单元。

零件的工艺过程是由一系列工序所组成的。设计零件工艺过程的主要依据是零件的材料、结构特点、精度要求、技术条件、生产类型以及企业的生产条件等。

(2)安装　工件每经一次装夹后所完成的那部分工序内容称为安装。在实际加工中,应尽量减少工件的装夹次数,减少因多次装夹带来的加工误差。

(3)工步　工步是指零件被加工表面、加工刀具和切削用量不变情况下,所连续完成的那部分工序。一个工序可以有几个工步。对在一个工步内,用几把刀具同时加工零件几个不同表面,称为复合工步。

(4)走刀　切削刀具在零件被加工表面移动一次,切下一层金属的过程称为走刀。实际加工中,要根据被加工零件表面加工余量的大小,选择若干次走刀切削完成。

14.2　机械制造生产纲领和生产类型

1. 生产纲领

生产纲领是企业根据市场需求和自身的生产能力决定的在计划期内应当生产的产量和进度计划。计划期常定为一年。所以，生产纲领通常也称为年产量。零件的生产纲领是根据产品的生产纲领、零件在该产品中的数量，并考虑适当备品率和废品率数量而确定的，可按下式计算：

$$N=Nn(1+\alpha)(1+\beta)$$

式中：N——零件的年产量（件/年）；

Q——产品的年产量（台/年）；

n——每台产品中，该零件的数量（件/台）；

α——备品率（%）；

β——废品率（%）。

2. 生产类型

在机械制造中，根据产品大小（重量）和生产纲领的不同，通常把机械制造生产分为单件生产、批量生产和大量生产三种类型。生产类型不同，其工艺特征也不同，表 14－1 列出了各种生产类型的主要工艺特征。

表 14－1　各种生产类型的主要工艺特征

工艺特征	生产类型		
	单件小批	中　批	大批大量
零件的互换性	用修配法，钳工修配，缺乏互换性	大部分具有互换性。装配精度要求高时，灵活运用分组装配法和调整法，同时还保留某些修配法	具有广泛的互换性。少数装配精度较高处，采用分组装配法和调整法
毛坯的制造方法与加工余量	木模手工造型或自由锻造，毛坯精度低，加工余量大	部分采用金属模铸造或模锻，毛坯精度和加工余量中等	广泛采用金属模造型、模锻或其他高效方法。毛坯精度高，加工余量小
机床设备及其布置形式	通用机床。按机床类别采用机群式布置	部分采用通用机床。按工件类别分工段排列设备	广泛采用高效专用机床及自动机床。按流水线和自动线排列设备
工艺装备	大多采用通用夹具、标准附件、通用刀具和万能量具。靠划线和试切法达到精度要求	广泛采用夹具，部分靠找正装夹达到精度要求。较多采用专用刀具和量具	广泛采用高效专用夹具、复合刀具、专用量具或自动检验装置。靠调整法达到精度要求

（续表）

工艺特征	生产类型		
	单件小批	中　批	大批大量
对工人技术要求	需技术水平较高的工人	需一定技术水平的工人	对调整工的技术水平要求高，对操作工人的技术水平要求较低
工艺文件	有工艺过程卡，关键工序要工序卡	有工艺过程卡，关键零件要工序卡	有工艺过程卡和工序卡，关键工序要调整卡和检验卡
成本	较高	中等	较低

14.3　毛坯的选择

机械制造中，大部分零件都需要先通过铸造或锻造或焊接成型方法形成毛坯，再经过切削加工成形。毛坯的选择对机械制造质量、成本和性能有着重要影响。因此，毛坯的选择，需要把握以下主要原则：

（1）工艺性原则。在各类机械零件中，除了有明确的材质要求外，有些零件需要根据批量不同，选择不同的毛坯形式。对于不同零件的使用要求，必须考虑零件材料的工艺特性来确定毛坯成形方法。

（2）经济性原则。指零件在满足使用要求的前提下，使零件的材料、能耗和加工费用等成本最低。通常选择毛坯的种类和加工方法时，应使毛坯材料、尺寸、形状尽量与成品零件相近，从而减少加工余量和加工工时，提高材料的利用率。

（3）适应性原则。指根据零件的结构形状，轮廓尺寸和工作条件要求，选择适应的毛坯形式。对于阶梯轴类零件，当各台阶直径相差不大时，可直接采用圆钢料；当直径相差较大时，则宜采用锻造毛坯。对于承受很大载荷且受力复杂，要求变形小，精度很高的机床主轴，则必须经过锻造的毛坯和严格的热处理后，再进行切削加工。对于受力不大的传动轴，则可采用圆钢下料后直接切削加工成形。

（4）可持续性原则。现代工业文明的发展，机械加工及其毛坯成形过程应当遵循可持续性发展的原则，注重节约自然资源，降低能耗，减少污染环境和危害人体健康的各种废弃物排放，保护环境，促进经济社会可持续发展。

14.4　工艺路线的拟定

零件的加工工艺路线是指零件从毛坯开始到成品的过程中所采取的相应的设备、工艺流程、加工方法、工序安排等完整合理有序过程。拟定工艺路线的主要依据是：零件的材料、力学性能要求、结构形状、精度要求、生产纲领等。

1. 加工阶段的划分

零件在加工时，必须合理划分加工阶段。通常，将工艺过程划分为以下三个加工阶段：

(1)粗加工阶段。主要作用是切除大部分加工余量，获得较高的生产率，为半精加工提供定位基准并留出适当的半精加工和精加工余量。

(2)半精加工阶段。主要是为零件主要表面的精加工作做好准备，即达到一定的精度、表面粗糙度和精加工余量，并完成一些次要表面的加工，该加工阶段一般在淬火以前进行。

(3)精加工阶段。主要是为保证工件各表面的精度，降低零件表面粗糙度值，切除金属较少，使零件主要表面的加工达到图纸的要求。加工质量是精加工阶段的主要问题。

对于一些精度和表面粗糙度要求很高的精密零件，还要进行光整加工。

划分加工阶段时将粗、精加工分开安排，其目的是为了保证加工质量，合理利用设备，便于进行热处理，提高劳动生产率。在实际生产中，还应当考虑生产纲领、企业生产条件，因地制宜地合理有效安排。如对加工精度要求不高、批量较小或受设备条件限制时，往往可以粗、精加工安排在同一工序。

2. 加工工序的安排

在安排加工工序时，还应遵循以下原则：

(1)先主后次原则。主要表面先加工，次要表面后加工。主要表面指工作表面、装配基准面等；次要表面指非工作表面、键槽、螺钉孔等。

(2)先基准面后其他面原则。定位基准面的精度决定了加工基准面的精度。每次粗、精加工工作表面之前，应先加工其基准面。

(3)热处理工序。热处理的主要作用是改善金属组织和切削性能，提高零件力学性能。通常，毛坯的退火、正火处理应排在切削加工之前进行。调质热处理，则应放在粗、精加工之间进行。最终热处理如淬火、渗氮等，是为提高零件表面硬度进行的热处理，安排在工艺过程后期，磨削加工之前进行。

14.5　机械加工工艺规程

机械加工工艺规程是规定产品和零部件加工和装配的工艺性技术文件，是指导操作者生产和企业生产技术准备的重要技术依据，也是企业约束性技术文件。在设计机械加工工艺规程中，要综合考虑零件的材料要求、结构特点、生产类型、技术条件以及企业现有生产条件等因素，制订出一个合理的工艺方案，并以技术文件形式规定下来，用于指导生产。

14.5.1　制订零件加工工艺规定的方法和步骤

制订机械加工工艺规程，应在满足产品质量前提下，优化各种资源(人员、设备、材料、工艺装置等)的合理配置，减少成本，降低消耗，节约资源，提高效率，保证质量。具体方法步骤如下：

(1)分析产品零件图和装配图的工艺特点及其技术要求；

(2)根据产品的生产纲领确定零件的生产类型；

(3)确定毛坯形成方法；

(4)拟定工艺路线；

(5)确定各工序所需要的机床设备和工艺装置；

(6)确定各工序间的加工余量；

(7)确定各工序间的切削参数和工时定额；

(8)填写规范性工艺文件——机械加工工艺卡片。

14.5.2　机械加工工艺规程文件——机械加工工艺规程

机械加工工艺过程卡是将零件加工所经过的工艺路线，以规范的格式固定下来，是生产技术准备和组织生产的依据。工艺规程卡片格式是国家技术标准规范格式，如表 14－2 所示。

表 14－2　机械加工工艺过程卡片

<table>
<tr><td colspan="2" rowspan="2">（厂名）</td><td colspan="2" rowspan="2">机械加工工艺
过程卡片</td><td>产品型号</td><td></td><td>零件图号</td><td></td><td colspan="4"></td></tr>
<tr><td>产品名称</td><td></td><td>零件名称</td><td></td><td colspan="2">共　页</td><td colspan="2">第　页</td></tr>
<tr><td>材料牌号</td><td></td><td>毛坯种类</td><td></td><td>毛坯外形尺寸</td><td></td><td>每毛坯可制件数</td><td></td><td>每台件数</td><td></td><td>备注</td><td></td></tr>
<tr><td rowspan="2">工序号</td><td rowspan="2">工序名称</td><td colspan="4" rowspan="2">工序内容</td><td rowspan="2">车间</td><td rowspan="2">工段</td><td rowspan="2">设备</td><td rowspan="2">工艺设备</td><td colspan="2">工时</td></tr>
<tr><td>准终</td><td>单件</td></tr>
<tr><td></td><td></td><td colspan="4"></td><td></td><td></td><td></td><td></td><td></td><td></td></tr>
<tr><td></td><td></td><td colspan="4"></td><td></td><td></td><td></td><td></td><td></td><td></td></tr>
<tr><td></td><td></td><td colspan="4"></td><td></td><td></td><td></td><td></td><td></td><td></td></tr>
<tr><td></td><td></td><td colspan="4"></td><td></td><td></td><td></td><td></td><td></td><td></td></tr>
<tr><td></td><td></td><td colspan="4"></td><td></td><td></td><td></td><td></td><td></td><td></td></tr>
<tr><td></td><td></td><td colspan="4"></td><td></td><td></td><td></td><td></td><td></td><td></td></tr>
<tr><td></td><td></td><td colspan="4"></td><td></td><td></td><td></td><td></td><td></td><td></td></tr>
<tr><td></td><td></td><td colspan="4"></td><td></td><td></td><td></td><td></td><td></td><td></td></tr>
<tr><td></td><td></td><td colspan="4"></td><td></td><td></td><td></td><td></td><td></td><td></td></tr>
<tr><td></td><td></td><td colspan="4"></td><td></td><td></td><td></td><td></td><td></td><td></td></tr>
<tr><td></td><td></td><td colspan="4"></td><td></td><td></td><td></td><td></td><td></td><td></td></tr>
<tr><td></td><td></td><td colspan="4"></td><td></td><td></td><td></td><td></td><td></td><td></td></tr>
<tr><td colspan="12"></td></tr>
<tr><td>标记</td><td>处数</td><td>更改文件号</td><td>签字</td><td>日期</td><td>标记</td><td>处数</td><td>更改文件号</td><td>签字</td><td>设计</td><td>审核</td><td>标准化</td></tr>
</table>

14.6　典型零件的加工工艺

在机械产品零件结构中，使用最为广泛的是各类轴类、盘套类以及箱体类零件，也称为机械加工典型零件，它体现了零件加工的基本规律。熟练掌握典型零件的加工工艺，可以举一反三地掌握和制定机械零件加工工艺规程。

1. 轴类零件工艺路线

图 14－1 为一齿轮箱传动轴，材料为 45 钢。根据零件图纸技术要求，其工艺路线安排

是:下料→锻造→调质热处理→车端面、钻中心孔→粗车外圆→修研中心孔→精车外圆、锥面、螺纹→铣键槽→铣齿(插齿)→检验→入库。其加工过程如表 14-3 所示。

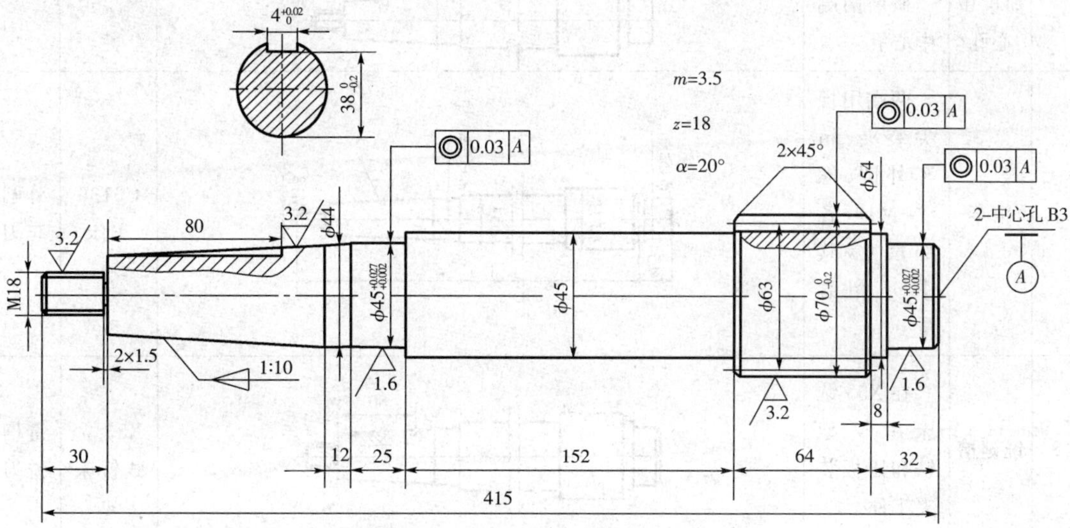

图 14-1　齿轮箱传动轴

表 14-3　传动齿轮轴工艺过程

工序号	工序名称	工序内容	工序简图	设备	刀具
1	下料	圆钢 75×420 45 钢	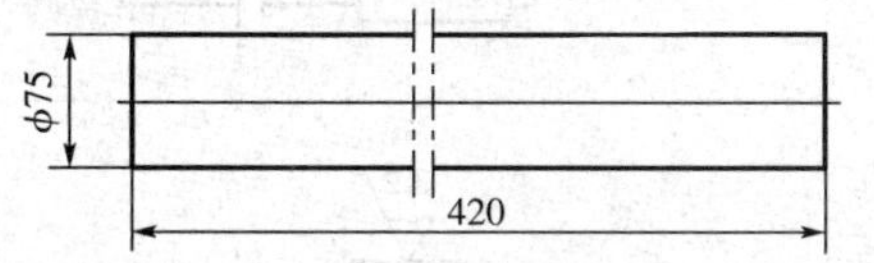	G72 锯床	
2	钻中心孔	钻两端中心孔 3B 型	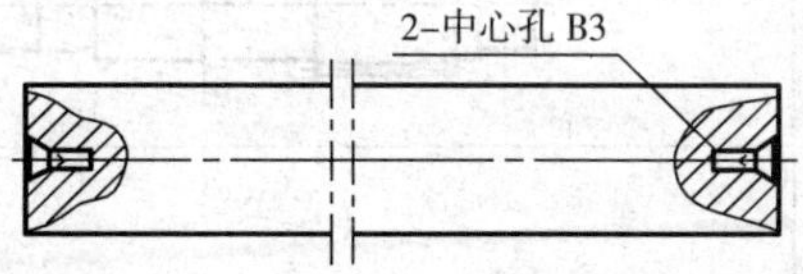	Z35 钻床	3B 型 中心钻
3	粗车	用三爪卡盘夹紧一端,另一端用顶尖装夹,粗车至 48、57、73	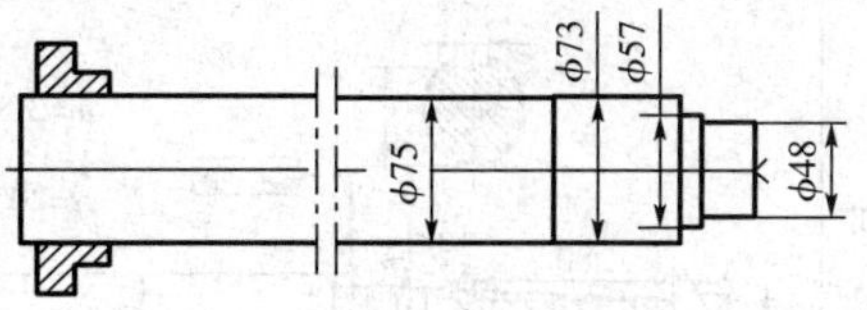	C6136 车床	外圆车刀
4	粗车	调头,用卡盘装夹 48,另一端用顶尖装夹,粗车至 57、48、锥度、21	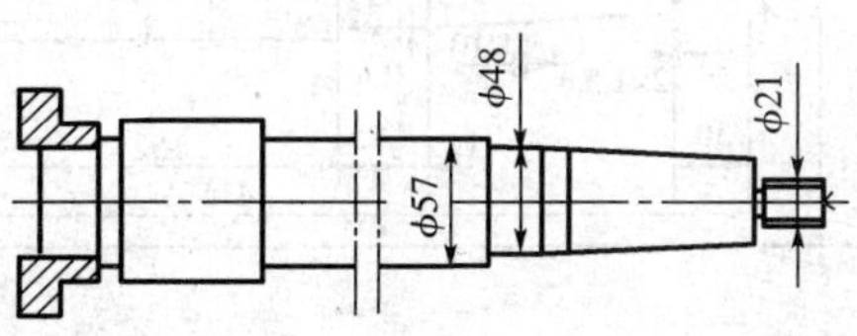	C6136 车床	外圆车刀
5	热处理	调质 HB265～285			

工序号	工序名称	工序内容	工序简图	设备	刀具
6	研磨中心孔	研磨两端中心孔	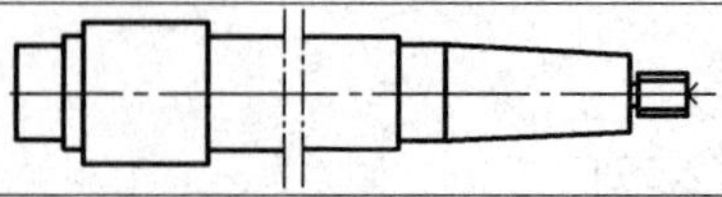		
7	精车	两端用顶尖装夹、精车外圆、螺纹 M18 各部尺寸，其中 45 留磨量 0.5	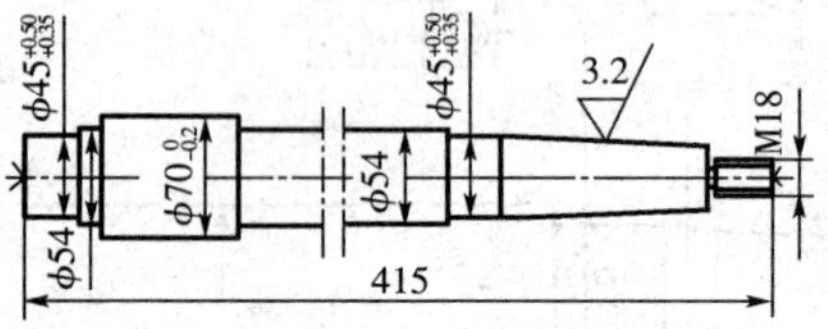	C6136 车床	外圆车刀
8	铣键槽	在 X53 铣床用 V 型铁和压板装夹工件	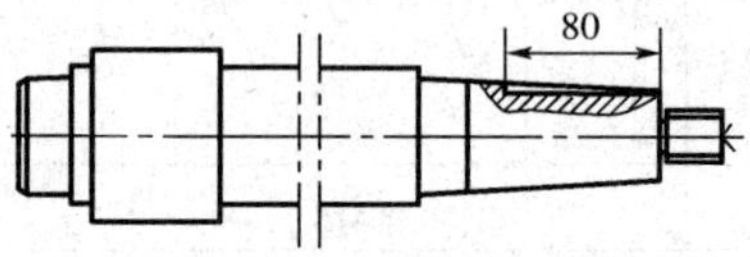	X53 立式铣床	键槽铣刀
9	磨外圆	在外圆磨床用顶尖装夹两端，磨外圆 45	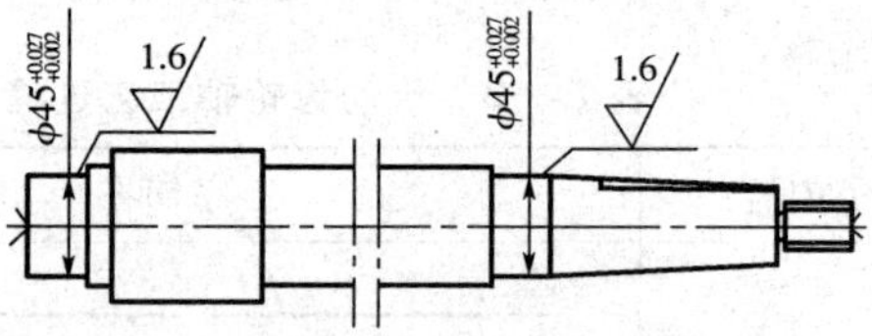	M1430 外圆磨床	
10	滚齿	在滚齿机上滚切 $m=3.5$、齿数为 18、28 齿轮	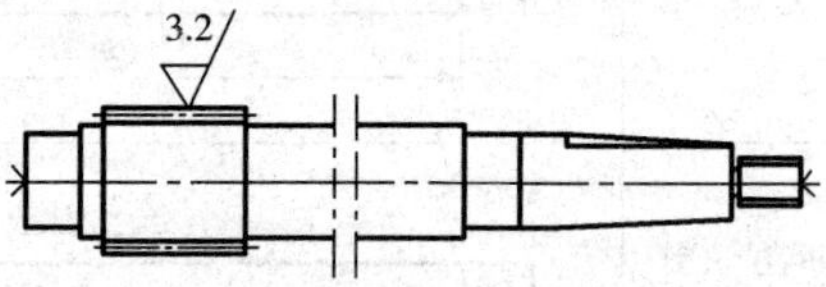	Y35 滚齿机	
11	去毛刺	手工去毛刺			
12	检验	检验各部分尺寸，包装，入库	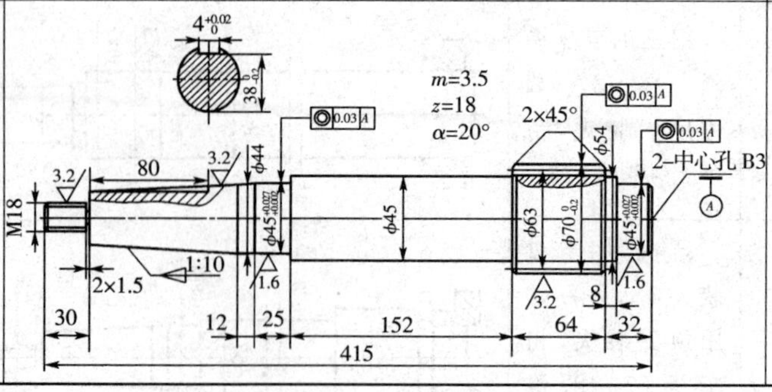		

2. 盘类零件工艺路线

图 14-2 所示为一连接套零件，材料为 35 钢。根据零件图纸技术要求，其工艺路线安排是：下料→锻造→正火热处理→粗车外圆、内孔→拉花键→钻孔→检验→入库。

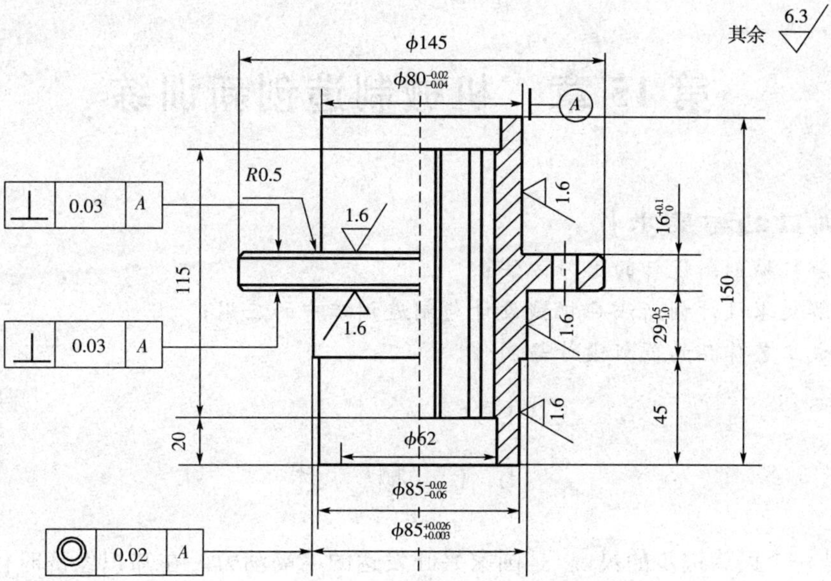

图 14－2　连接套

复习思考题

1. 简述零件的生产过程与工艺过程及其路线。

2. 什么是零件的加工工艺？它包括哪些内容？

3. 拟定零件加工工艺路线的主要依据是什么？

4. 制定零件加工工艺规程的方法步骤有哪些？

第 15 章　机械制造创新训练

【实训目的与要求】

(1)了解机械创新设计的思维方法；

(2)了解反求设计创新法在机械设计与制造训练中的应用；

(3)完成工艺作品的创新设计与制作。

15.1　概　述

创新是一个民族进步的灵魂，是国家兴旺发达的不竭动力。在知识经济时代，创新是一个国家经济和社会发展的基石。在国家创新体系中，分为知识创新、技术创新和应用创新。知识创新是指人们认识世界、改造世界的基本理论的总结，它以理论、思想、方法等指导人们的行为，推动自然科学和社会科学的发展；技术创新是针对具体的事物，提出并完成具有新颖性、独特性和实用性的新产品的过程；应用创新是指已存在的事物应用到某个领域，并产生很大的社会和经济效益的具体实现过程。

机械创新设计是指设计者采用新的技术手段和技术原理，发挥创造性，提出新方案，探索新的设计思路，提出具有实用价值的、新颖的而且成果独特的设计，其特点是运用创造性思维，强调产品的创造性和新颖性。同时，充分发挥设计者的创造力，利用人类已有的相关科学技术成果，进行创新构思，设计出具有新颖性、创造性及实用性的机构或机械产品(装置)的一种实践活动。

机械创新设计是相对常规设计而言的，它强调人在设计过程中，特别是在总体方案、结构设计中的主导性及创造性作用。机械创新设计包含两个部分：一是改进和完善生产或生活中现有的机械产品的技术性能、可靠性、适用性等；二是创造设计出新机器、新产品，以满足新的生产或生活的需要。机械创新设计凝结了人们的创造性智慧，因而，机械创新设计的产品无疑是科学技术与艺术审美的结晶，具有美学性，反映出和谐统一的技术美。

机械创新设计是一项具有思维突破性、方法拓展性、工作探索性的艰苦工作。首先，要求设计者必须具有积极的探索精神，善于捕捉和发现社会和市场的需求，分析矛盾，富于想像，有较强的洞察力；其次，要掌握创造性技法，科学大胆地发挥创造力；最后，要善于运用自己的知识和经验，在创新实践中不断地提高创造力。

15.2　机械创新设计的基本过程

机械创新设计的目标是从所要求的机械功能出发，改进、完善现有机械或创造发明新机械，实现预期的功能，并使其具有良好的工作品质及经济性。它主要由综合过程、选择过程和分析过程所组成。因此，机械创新设计的基本过程大致有以下四个阶段：

(1)确定机械的基本原理。这一过程可能会涉及机械学对象的不同层次、不同类型的机构组合,或不同学科、不同技术的知识。

(2)机构结构类型综合及优选。优选的结构类型对机械整体性能和经济性具有重大影响,它多伴随新机构的发明。机械发明专利的大部分属于结构类型的创新设计。结构类型综合及优选是机械设计中最富有创造性、最具活力的阶段,但又是十分复杂和困难的问题。它涉及到设计者的知识储备、经验积累、创造灵感和想像力。

(3)机构运动尺寸综合及其运动参数优选。其难点在于求得非线性方程组的完全解(较为困难),为优选方案提供较大的空间。随着优化法、代数消元法等数学方法引人机构学,使该问题有了突破性进展。

(4)机构动力学参数综合及其动力学参数优选。其难点在于动力学参数量大、参数值变化域广的多维非线性动力学方程组的求解,这是一个有待深入研究的问题。

在掌握上述机械工作原理、结构学、运动学、动力学分析与综合的四个阶段后,便基本形成了机械设计的优选方案。然后,进入机械结构创新设计阶段。

15.3　机械创新设计的特点

机械创新设计具有以下特点:

(1)涉及多种学科,如机械、液压、电力、气动、热力、电子、光电、电磁及控制等多种科技的交叉、渗透与融合。

(2)设计过程中相当部分工作是非数据性、非计算性的,必须依靠在知识和经验积累的基础上思考、推理、判断以及创造性的发散思维,在基于知识、经验灵感与想像力的系统中搜索并优化设计方案。

(3)可对原有产品的性能、结构、零部件尺寸、材料等直接进行测试、测量和分析,能获得准确、详细的设计数据,机械创新设计是多次反复、多级筛选的过程,每一设计阶段都有其特定内容与方法,但各阶段之间又密切相关,形成一个整体的系统设计。

15.4　创新设计过程中的思维方法

创新设计过程中依赖于设计人员自身知识、经验、理论、方法和技巧等基本素质。在创造性思维中,将头脑中存储的知识信息重新组合和活化,形成新的联想和联系。创造性思维与传统的思维方式相比,创造性思维以其突破性、独创性和多向性显示出创新的活力。根据创造性思维过程中是否严格遵循逻辑规则,可以分为直觉思维和逻辑思维两种类型。

1. 直觉思维

直觉思维是一种在具有丰富经验和推理判断技巧的基础上,对要解决的问题进行快速推断,领悟事物本质或得出问题答案的思维方式。直觉思维的基本特征是其产生的突然性,过程的突发性和成果的突破性。在直觉思维的过程中,不仅是意识起作用,而且潜意识也在发挥着重要的作用。潜意识是处于意识层次的控制下,不能靠意志努力来支配的一种意识,但它可以受到外在因素的激发。虽然直觉思维的结论并不是十分可靠的,但是,它在创造性活动中方向的选择、重点的确定、问题关键和实质的辨识、资料的获取、成果价值的判定等方面具有重要的作用，也是产生新构思、新美学的基本途径之一。在技术创新设计活动中，可以借助计算机和数学工具对多种方案进行优选。但是，工程技术人员的直觉判断是十分重要的。

2. 逻辑思维

逻辑思维是一种严格遵循人们在总结事物活动经验和规律的基础上概括出来的逻辑规律，是进行系统的思考和由此及彼的联动推理。逻辑思维有纵向推理、横向推理和逆向推理等。

(1)纵向推理是针对某一现象进行纵深思考，探求其原因和本质而得到新的启示。

(2)横向推理是根据某一现象联想与其相似或相关的事物，进行"特征转移"而进人新的领域。

(3)逆向推理是根据某一现象、问题或解法，分析其相反的方面、寻找新的途径。

(4)创造性思维是直觉思维和逻辑思维的综合，这两种包括渐变和突变的复杂思维过程互相融合、补充和促进，使设计人员的创造性思维得到更加全面的开发。

15.5　机械设计制造创新训练

在实际的创新设计过程中，由于创造性设计的思维过程复杂，涉及的技术领域宽，知识面广，需要遵循一定的训练方法才能实现。通过对实践和理论的总结，创新设计大致可以有以下几种训练方法。

(1)群智集中法

这是一种发挥集体智慧的方法，又称"头脑风暴法"。这种方法是先把设计的具体功能目标告知每个人，经过充分思考和一定的准备后，大家可以不受任何约束地提出自己的新概念、新方法、新思路、新设想，各抒己见，在较短的时间内可获得大量的设想与方案，经分析论证，去伪存真、由粗到细，进而找出创新的方法与实施方案。

(2)仿生创新法

通过对自然界生物机能的分析和类比，创新设计新机器，这也是一种常用的创造性设计方法。仿人机械手、仿爬行动物的海底机器人、仿动物的四足机器人等，都是仿生设计的产物。

(3)反求设计创新法

这是指在引人别国先进产品基础上，加以分析、改进、提高，最终创新设计出新品的过程。

(4)类比求优创新设计法

这是指把同类产品相对比较，研究同类产品的优点，然后集其优点，改进不足，设计出同类产品中的最佳产品。

(5)功能设计创新法

这是一种正向设计法，也是传统的设计方法。它根据设计要求，确定功能目后，再拟定实施技术方案，从中择优设计。

(6)移植技术创新设计法

这是指把一个领域内的先进技术移置到另外一个领域，或把一种产品先进技术应用到另一种产品中，从而获得新产品。

15.6　反求设计创新法及其在机械设计制造训练中的应用

反求设计创新是对已有的产品或技术进行分析研究、掌握其功能原理、零部件的设计参数、材料、结构、尺寸、关键技术等指标，再根据现代设计理论与方法，对原产品进行仿造设计、改进设计或创新设计。利用反求工程方法，把别的国家的科科成果加以引进，消化吸收，改进提高，再进行创新设计，进而发展和形成自己的新技术、新工艺，是发展民族经济的重要途径。反求工程设计是消化吸收先进技术的一系列工作方法和技术的综合工程。同时，通过反求工程在掌握先进技术中创新，是机械创新设计的重要途径之一。反求设计已成为世界各国发展科学技术、开发新产品的重要设计方法之一。

15.6.1　反求设计的基本工作流程

反求设计一般有三种形式。

(1)仿造设计

仿造设计是指按照引进的产品进行设计和仿制，即制造的产品与引入的产品的功能特征完全一致。

(2)改进设计

改进设计是指对原产品分析研究基础上，进行局部性改造设计，其性能特征与原产品基本相同，只是局部有所改进。

(3)创新设计

创新设计是指以原产品为基础，充分应用创新的设计思维和创新技法，设计制造优于原产品的新产品。

15.6.2　反求设计的基本思路

(1)探索原产品的设计思想。这是产品改进设计的前提。了解原产品的设计思想后，可按认知规律，提前设计出新一代同类产品。

(2)探索原产品的原理方案设计。各种产品都是按一定的要求设计的，而满足一定要求的产品，可能有多种不同的形式，所以产品的功能目标是产品设计的核心问题，不同的功能目标可引出不同的原理方案，探索原产品的原理方案设计，可以了解功能目标的确定原则。这对产品的改进设计有极大的帮助。

(3)研究产品的结构设计。产品的结构设计是设计的关键，产品中零部件的具体结构是产品功能目标的保证，对产品的性能、成本、寿命、可靠性有着极大的影响。

(4)对产品的零部件进行测绘。这是反求设计中工作量很大的一部分工作。用现代设计方法对所测的零件进行分析，进而确定反求时的设计方法。

(5)对产品的零件公差与配合公差进行分析。公差的分析是反求设计中的难点之一。通过测量，只能得到零件的加工尺寸，不能获得几何精度的分析。合理设计其几何精度，对提高产品的装配精度和机械性能至关重要。

(6)对产品中零件的材料进行分析。通过对零件的外观比较、重量测定、硬度测量、化学分析、金相分析等手段，对材料的物理、化学成分、热处理状态进行鉴定；参照同类产品的材料牌号，选择满足力学性能和化学性能要求的国产材料代用。

(7)对产品的工作性能进行分析。通过分析产品的运动特性、动力特性及其工作特性，了解产品的设计方法，提出改进措施

(8)对产品的造型进行分析。对产品的造型及色彩进行分析，从美学原则、顾客需求心理、商品价值等角度进行构型设计和色彩设计。

(9)对产品的维护与管理进行分析。分析产品的维护与管理方式，了解重要零部件及易损的零部件，有助于维修、改进设计和创新设计。

反求设计是创新设计的重要方法。一般情况下，有两种创新方式：一是从无到有，完全凭借基本知识、思维、灵感与丰富的经验进行创新设计；二是从有到新，借助已有的产品、图样、音像等已存在的可观感的实物，创造出更先进、更完美的产品。反求设计的基本过程如图 15－1 所示。

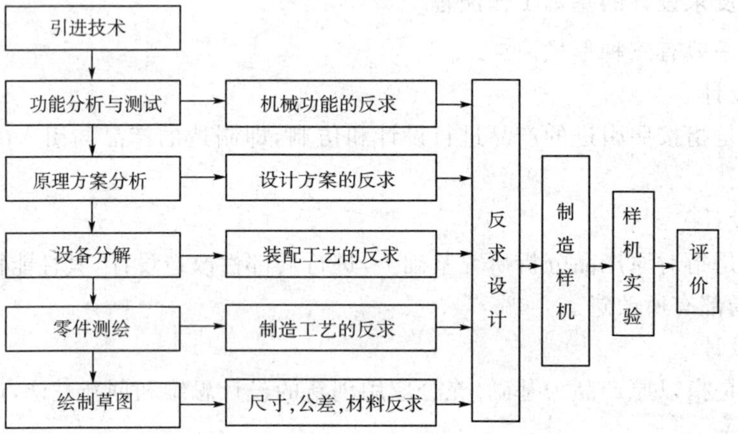

图 15－1　反求设计的基本过程

15.7　机械制造创新实践训练

(1)围绕工艺作品开展创新设计与制作。

(2)机械制造创新实践训练的方法和步骤：

①概念设计。了解产品的功能、造型、结构特点、材料。

②对产品的零部件进行测绘并绘制成草图。要正确确定测量基准，确定位置尺寸的基准一般应选择在零件的底面、端面、对称平面、中心线或轴线。

③对产品的零部件及其装配关系进行分析。

④对产品功能、造型特点进行分析，提出可以或需要进行改进目标。

⑤提出新的创意思想、设计思路、造型概念、色彩搭配和实现方法。

⑥设计新的产品装配图和零件图。

⑦综合运用已实习掌握的机械制造技术方法和技能，制作加工成合格产品。

(3)以工艺笔架（如图 15－2 所示）为例，进行反求设计创意造型和制作。

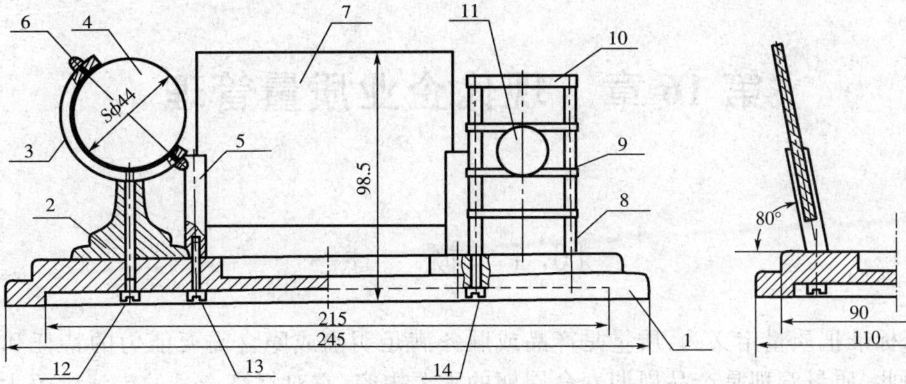

图 15-2　工艺笔架装配图

复习思考题

1. 简述机械创新设计的基本过程。

2. 简述反求设计创新法在机械设计制造训练中的基本思路。

3. 机械设计制造创新训练的基本方法有哪些？

4. 简述机械制造创新实践训练的基本方法与步骤。

第 16 章　现代企业质量管理

16.1　概　述

国家标准把质量定义为：质量是产品或服务满足明确或隐含需要能力的特征和特征的总和。因此，质量管理是产品周期寿命周期的重要内容，它对提高产品的市场竞争力有着重要意义。

现代企业产品竞争力的五要素：功能（Function）、质量（Quality）、成本（Cost）、交货期（Time to market）和服务（Servies）。

产品质量首先取决于产品设计质量。现代企业产品质量控制理论强调设计阶段的质量控制，包括产品理念设计和产品结构设计阶段的质量控制。产品的设计质量是由加工质量和装配质量过程来保证的，应当重视制造阶段的质量控制。制造质量体现技术和非技术因素。技术因素主要包括设备、工艺装置和操作者技术水平高低等；非技术因素包括管理机制、企业文化、员工素质等。人是企业一切经营活动的主体，也是质量控制的主体。

16.2　全面质量管理

16.2.1　全面质量管理（TQM）

1. 全面质量管理的内涵

全面质量管理是研究产品设计、制造和服务及其相互关系的科学，包括质量管理原则与方法、质量标准与控制、质量检测与保证、质量法规与实施等内容。

全面质量管理的核心思想是体现在企业的一切生产经营活动都围绕质量开展，它要求从企业的最高决策者到普通员工都参加到质量管理的全过程。因此，它体现企业从产品的研发理念、设计思想、生产组织、检测手段到售后服务等产品寿命周期的全过程管理。

全面质量管理突出强调“三全”：

(1)全面质量的管理。强调质量管理的对象不再是狭义上的产品质量，还包括工作质量、服务质量以及整个质量体系。

(2)全过程的管理。强调质量必须从市场调研、用户需求、产品研发设计、生产技术准备、物品采购供应、零件加工检验、营销及售后服务等环节的产品整个寿命周期的全过程管理。

(3)全员参与的管理。它是指从企业高层到普通员工的所有成员都参与质量的管理，包括企业的经营过程质量管理、设计过程质量管理、制造过程质量管理、辅助生产过程质量管理以及售后服务过程质量管理。

全面质量管理的核心理念是：质量第一，用户至上，一切以数据说话，突出人的因素，强调团队精神，预防为主，追求零缺陷，以过硬的产品质量赢得市场，以优良的售后服务巩固市场。

2. 质量管理基本原则

(1)以用户为关注焦点。用户不仅是指企业产品销售和服务的对象,也是企业整个生产经营中不可缺少的合作伙伴。因此,用户是企业组织存在的基础。企业的生产经营活动要以用户满意为宗旨,去考虑、分析和关注用户的需求。同时,还要测量用户的满意程度,正确处理物与用户的关系,加强与用户的沟通和互信,以此来满足用户的需求。

(2)领导作用。企业领导在质量管理中起着决定性作用,也是企业质量工作成败的关键。作为企业领导特别是主要领导,要认真思考和把握企业生产经营与用户需求的关系。提出和制定符合用户需求的质量方针和目标,并围绕目标的实现,建立良好的企业文化,营造共同的价值观,激发员工的积极性,使质量管理体系持续有效运行。

(3)全员参与。组织从企业领导到普通员工深入了解和掌握企业的质量方针和质量目标,树立“质量是企业的生命”的质量意识,共同参与质量管理的全过程。

(4)过程方法。企业组织内诸多过程系统中单个过程之间的联系,以及过程的组合和相互作用进行连续的控制称为过程方法。企业的质量管理是通过对组织内部各种过程进行管理来实现的。质量管理含物料、信息等资源的输入、控制和输出的过程。

(5)管理的系统方法。它是指企业各级组织管理者在领导和运作企业的经营活动中,要求用系统、透明的方式进行管理,提高实现目标的有效性。管理的系统方法包括:研究用户的期望和要求,建立企业的质量目标,明确企业各级组织的质量责任,确立过程有效性的测量方法,确定改进方向,提出改进措施,监控改进的过程,评价改进的效果。

(6)持续改进。它是一种先进的质量管理理念,是一种持续满足用户要求,追求持续改进和提高效能的活动,在质量管理体系中,持续改进包括:了解现状,建立新的目标,寻找和实施解决办法,测量和分析结果。

(7)基于事实的决策方法。它是指采用准确的数据和信息作为决策的依据,进行分析并作出判断的决策方法。并借助于统计技术手段,对数据和信息进行科学测量分析和说明产品和过程的变异性,为持续改进的决策提供依据。有助于提高决策的科学性,防止和减少决策失误。

(8)互利共赢的供需关系。它是指企业与供方之间相互依存,互利共赢并能增强双方创造价值的能力的相互关系。它提倡企业组织应将供方、协作方都作为企业经营战略联盟中的合作伙伴,优化资源,降低成本,形成共同的竞争优势和利益共同体。

3. 全面质量管理的工作方法与实施

全面质量管理的工作方法主要运用计划、执行、检查、处理四个循环方式对质量工作进行系统化和量化管理,即分为四个阶段、八个步骤:

(1)计划阶段。制定质量方针和目标,提出相应的质量保证措施。第一步,分析质量现状,找出存在的质量问题;第二步,分析产生质量问题的各种原因和影响的因素,并主要从人员、设备、材料、工艺、检测方法以及环境等因素进行分析;第三步,从众多的因素中找出影响质量的主要原因;第四步,研究解决质量问题的对策,提出改进的措施,包括技术措施和非技术措施。

(2)执行阶段。为第五步,即根据计划阶段提出的质量目标和改进措施,组织实施,并消除存在的质量问题和影响质量的隐患。

(3)检查阶段。为第六步,即检查计划的执行情况和实施效果,及时总结经验教训。

(4)处理阶段。根据检查结果,分析存在问题的深层次原因,有针对性地采取改进措施。亦即第七步及时总结成功经验和失败的教训,对现在的质量管理制度和标准进行评价、修正和完善;第八步将本次四个阶段循环未解决的遗留问题转入下一次循环,并为下一次循环的计划阶段提出依据。

PDCA 循环八个步骤的质量管理方法示意图,如图 16-1 所示。

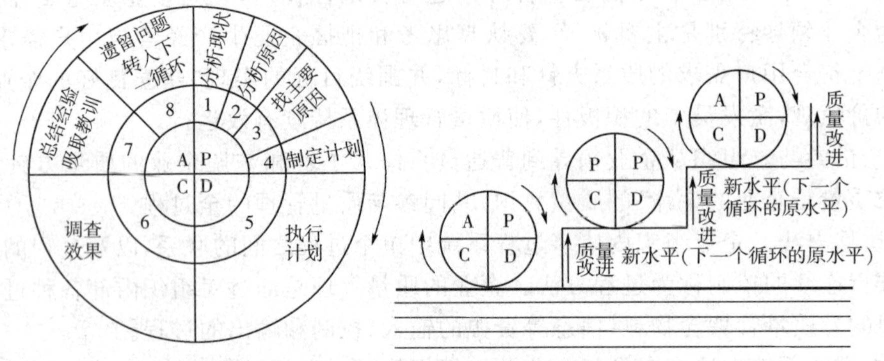

图 16-1　PDCA 循环示意图

16.2.2　ISO9000 标准与质量认证

ISO9000 系列标准是质量管理的一种国际规范,着重强调质量体系,是需方对供方质量保证能力评审所依据的标准尺度。

1. ISO9000 标准的基本原理

ISO9000 与全面质量管理所遵循的原理基本相同。它包含质量管理的先进理念有:①系统管理;②预防为主;③突出人的因素;④主动控制;⑤替用户着想;⑥技术与管理并重;⑦质量与效益相统一;⑧用数据说话;⑨持续改进等。

2. ISO9000 标准的新概念

(1)从狭义的产品自身质量到广义的"大质量",它除生产过程外,还包括经营和服务等其他过程。

(2)从单纯追求产品的技术指标到满足产品的使用价值。用户更加关注产品在使用过程中的安全性、可靠性、稳定性以及环保性等。

(3)从追求"高质量"到适宜的质量,以满足需要为前提,求得产品的功能、价格、服务三者之间相统一的适宜质量。

(4)从对顾客负责到对社会负责,传统的质量观念往往只考虑满足顾客的需求,ISO9000 更强调生产者的社会责任,更加考虑安全、节能和环保等社会因素。

(5)从由顾客承担质量风险到企业承担质量风险。在 ISO9000 中,强调产品质量风险应由企业承担而不是顾客。

(6)从注重实物质量到追求质量保证能力,产品的实物质量并不代表企业本身具有完备的质量保证能力。完备的质量保证能力是企业为保证产品质量应具有明确的质量目标的高素质的管理人员,满足要求的机器设备,先进的质量控制检测手段,以及完备的售后服务体系的综合体现。

3. 质量认证

质量认证又称合格性认证，它是由可以充分信任的第三方，证实某一经鉴定的产品、过程或服务符合特定标准或其他技术规范的活动，它包括产品质量认证和质量管理体系认证，其中产品质量认证的依据是产品标准和技术规范。质量管理体系的认证依据是 ISO9000 族标准及相关支持性技术文件，并通过检测、试验和质量管理体系审核等方法进行验证。质量管理的八项基本原则，是国际标准化组织总结质量管理实践经验提出的先进理念。它既是质量管理的最基本的一般性规律，也是质量管理的理伦基础。

质量认证是国际上通行的制度，对供方、需方、社会和国家的利益都具有重要意义。通过质量认证，企业能向顾客证实自己的产品质量水平或者企业的质量保证能力，从而提高质量信誉，增强市场竞争力。质量认证可以大大节省社会重复检验和检查的费用。质量认证还可以指导消费，有利于保护消费者合法权益，使消费者对所购产品的质量建立信心，保证顾客选购满意的商品。

4. 质量认证的实施程序

质量认证应由独立于第一方（企业、卖方、供方）和第二方（顾客、买方、需方）并经国家主管部门批准认可的第三方认证机构来实施，以确保质量认证的客观性、公正性和权威性。质量管理体系认证的实施过程可分为两大阶段：

(1)认证的申请和评定阶段，其主要任务是受理申请，对接受企业申请的质量管理体系进行检查评价，决定是否批准认证、予以注册并颁发合格证书。

(2)对获准认证企业的质量管理体系进行动态的监督管理，使获准认证企业的质量管理认证有效期内持续符合相应的质量管理体系标准的要求。

质量认证的实施程序一般要经过认证申请和受理、审核准备、实施审核、编写审核报告、审批与注册发证以及获准认证注册后监督管理等过程。

复习思考题

1. 全面质量管理的内容是什么？

2. 全面质量管理的基本原则是什么？

3. ISO9000 分类标准的基本原则是什么？

4. 实施质量认证制度对产品质量有何意义。

5. 实施质量认证的基本程序有哪些？

第17章　先进生产模式与管理技术

【实训目的与要求】

(1)了解先进制造模式的基本概念与特征；

(2)了解现代管理技术的概念及其应用；

(3)了解现代制造企业物流技术的基本概念。

17.1　概　述

先进生产模式与现代管理技术是先进制造技术的重要组成部分。随着网络信息化技术的发展，管理技术与信息技术和工艺技术密切结合，以日益崭新的面貌出现，产生了全新的生产模式。信息技术支持的集成化企业管理系统通过合理地、系统地管理企业和生产资源，将最大限度地发挥企业设备、技术、人员及其他资源的作用，最大限度地产生经济效益。现代管理技术的特点是：科学化、信息化、集成化、智能化、自动化、网络化。现代管理技术的应用，即使在目前生产设备不够先进的企业，也能通过对企业经营战略、生产组织改进、产品过程优化、实施质量工程等来提高生产效率和经济效益。

先进制造模式及现代生产管理技术面向企业，涉及市场开发、产品设计、生产制造、质量、产品营销和售后服务的全过程。先进制造模式包括计算机集成制造、并行工程、精益生产、敏捷制造、智能制造等。现代生产管理技术是企业运行中采取的各种计划、组织、控制及协调的方法和技术的总称，包括生产信息管理、产品数据管理、物流管理、工作流程管理等。现代管理应用系统已从最初的物料需求计划发展到今天广为采用的制造资源计划、企业资源计划、供应链管理、企业经营过程重组、客户关系管理、伙伴关系管理等，从而大幅度提高企业的效绩，实现整个制造系统资源优化。

17.2　精益生产(lean production—LP)

精益生产是通过系统结构、人员组织、运作方式和市场供求关系等方面的变革，使生产系统适应用户需求的变化，并力求使生产过程中一切冗余的、无用的环节和行为被精简，使之达到企业生产资源的最佳配置效率和效益最佳结合。

精益生产的特征：

(1)用户至上。以用户的需求为出发点，努力形成能生产出适销对路、价格合理、质量优良、交货及时以及服务周到的研发、生产和营销体系。

(2)以人为本。充分发挥企业员工的积极性和创造性，提高工作效率。

(3)精简效能。简化组织机构，去掉一切冗余的环节，减少领导层次，打破部门堡垒，实行分布式平行网络的管理结构。

(4)综合协调。构建由企业各部门专业人员组成的多功能小组,形成对产品的研发和生产过程具有很强的指导和集成能力,并全面负责一个产品的研发和生产过程指导与协调。

(5)准时供货。与供应商建立良好诚信、合用共赢的协作关系,实现最小的投入,获取更好的经济效益。

17.3　敏捷制造(agile manufacturing—AM)

敏捷制造是指依靠和应用计算机网络信息手段和工具,通过快捷调度和配置各种资源,按照动态联盟和高效协调的方式响应用户需求,实现制造和销售的敏捷性的理想企业组织结构。敏捷制造是现代企业新兴的生产组织方式之一。

敏捷制造的特征:

(1)敏捷性及快速响应能力。这种响应能力主要是依托已有制造资源的重组,并能敏捷地跟上市场变化,快捷满足用户需求。

(2)制造资源的充分利用。分布式网络化的制造系统可以实现制造资源的跨地区的调度与协作,形成互通有无,优势互补,从而减少或解决资源的积压,降低企业所承担的风险。

(3)局部利益和整体利益的一致性。网络制造系统和建立动态联盟,使局部利益与整体利益趋于一致性,并信赖市场驱动。

(4)个性的独立性和整体协调一致性的统一。敏捷制造系统中的个体和整体在具有充分的信息交流、开放的信息共享、并行运作的网络中被统一起来,形成具有共同目的的、共同利益的协调机制。

在敏捷制造系统中,能使企业采用较小规模的模块化生产设施,促进企业间的合作,每个企业都对新的生产能力作出自己的一份贡献。同时,敏捷制造企业不是采用以固定的专业部门为基础的静态结构,而是采用动态结构,通过将技术、管理和人员三种资源组合集成为一个协调的、相互关联的系统来实现。计算机与信息技术是支撑敏捷制造的关键技术。在计算机网络和信息集成基础上构建的虚拟制造环境中,根据用户需要组成虚拟公司,形成有形的生产能力。

17.4　并行工程(concurrent engineering—CE)

并行工程是对产品及其相关过程(包括制造过程和支持过程)进行并行和一体化设计的一种系统化的工作模式。这种工作模式力图使开发者们从一开始就考虑到产品全生命周期中的所有因素,包括质量、成本、进度与用户要求。并行工程包括四方面的内容,即并行性、约束性、协调性和一致性。并行工程与传统生产方式之间的本质区别在于并行工程把产品开发的各个活动看成是一个集成的过程,并从全局优化的角度出发,对集成过程进行管理与控制。同时,对已有的产品开发过程进行不断地改进与提高,以克服传统串行产品开发过程反馈造成的周期长与成本高等缺点,增强企业产品的市场竞争能力。从经营方面考虑,并行工程意味着产品开发过程重组以便并行地组织作业。

并行工程的特征:

(1)设计的出发点是产品的整个生命周期的技术要求。

(2)并行设计组织是一个包括设计、制造、装配、市场销售、安装及维修等各方面专业人员在内的多功能设计组,其设计手段是一套具有CAD、CAM、仿真、测试功能的计算机系统,它既能实现信息集成,又能实现功能集成,可在计算机系统内建立一个统一的模型来实现以上功能。

(3)并行设计能与用户保持密切对话,可以充分满足用户要求;可缩短新产品投放市场的周期,实现最优的产品质量、成本和可靠性。

(4)并行工程不仅体现在产品开发的技术方面,也体现在企业管理方面。

(5)并行工程对信息管理技术提出了更高要求,不仅要求对产品信息作统一管理与控制,而且要求能支持多学科领域专家群体的协同工作,并要求把产品信息与开发过程有机地集成起来,做到把正确的信息在正确的时间以正确的方式传递给正确的人。

17.5 虚拟制造技术(virtual manufacturing—VM)

虚拟制造技术是指在计算机上模拟产品的制造和装配全过程,即借助建模和仿真技术,在产品设计时就可以把产品的制造过程、工艺设计、作业计划、生产调度、库存管理以及成本核算和零部件采购等生产活动在计算机屏幕上显示出来,以便全面确定产品设计和生产过程的合理性。

虚拟制造技术是一种软件技术,它填补了CAD/CAM技术与生产过程和企业管理之间的技术鸿沟,把企业的生产和管理活动在产品投入生产之前就在计算机屏幕上加以显示和评价,使设计者能够预见可能发生的问题和后果。采用虚拟制造技术可以给企业带来下列效益:(1)提供关键的设计和管理决策,以便正确处理产品性能与制造成本、生产进度和风险之间的平衡;(2)提高生产过程开发的效率,可以按照产品的特点优化生产系统的设计;(3)通过生产计划的仿真,优化资源的利用,缩短生产周期,实现柔性制造和敏捷制造;(4)可以根据用户的要求修改产品设计,及时做出报价和保证交货期。

虚拟制造系统(VMS)是基于现实的制造系统,是现实制造系统在虚拟环境下的映射,而现实制造系统是物质流、信息流、能量流在计算机的协调与控制下在各个层次上进行相应的决策,实现从投入到输出的有效转变,其中物质流及信息流协调工作是其主体。

17.6 智能制造技术(intelligent manufacturing—IM)

智能制造技术是指在制造工业的各个环节以一种高度柔性与高度集成的方式,通过算机模拟人类专家的智能活动,进行分析、判断、推理、构思和决策,旨在取代或延伸环境中人的部分脑力劳动,并对人类专家的制造智能进行收集、存储、完善、共享、继承和发展的技术。基于IMT的制造系统(IMS)则是一种借助计算机,智能制造设备、agent技术、材料技术、现代管理技术、制造技术、综合应用人工智能技术、自动化技术和系统工程技术,在国际标准化和互换性的基础上,使得制造系统中的经营决策、生产规划、作业调度、制造加工和质量保证等各个子系统分别智能化,成为网络集成的高度自动化制造系统。

2. 智能制造研究的支撑技术

(1)人工智能技术。IMT的目标是用计算机模拟制造业人类专家的智能活动,取代或延伸人的部分脑力劳动，而这些正是人工智能技术研究的内容。因此，IMS离不开人工智能技术（如专家系统、人工神经网络、模糊逻辑）。IMS智能水平的提高依赖于人工智能技术的发展。同时，人工智能技术是解决制造业人才短缺的一种有效方法。当然，由于人类大脑活动的复杂性，人们对其认识还很片面，人工智能技术目前尚处于低级阶段，此时IMS中的智能主要是人（各领域专家）的智能。但随着人们对生命科学研究的深入，人工智能技术一定会有新的突破，最终在IMS中取代人脑进行智能活动，并将IMS推向更高阶段。

（2）并行工程。针对制造业而言，并行工程的含义是指产品概念的形成和设计与其生产和服务系统的实现相并行，即在制造过程的设计阶段就考虑到产品全生命周期的各环节，集成并共享各环节和各方面的制造智能，并行地开展产品制造各环节的设计工作。并行工程作为一种重要的技术方法学，应用于IMS中，将最大限度地减少产品设计的盲目性和设计的重复性。

（3）虚拟制造技术。它是以计算机支持的仿真技术为前提，对设计、制造等生产过程进行统一建模。在产品设计阶段，实时地、并行地以多媒体的方式模拟出产品未来制造的全过程，以及制造过程对产品设计的影响，并预测产品性能、产品的制造技术。在产品设计阶段就模拟出该产品的整个生命周期，从而更有效、更经济、更灵活地组织生产，同时，使工厂和车间的设计与布局更加合理以此达到产品开发周期最短，产品成本最低，产品质量最优，生产效率最高。虚拟制造技术应用于IMS，为并行工程的实施提供了必要的保证。

（4）信息网络技术

信息网络技术是制造过程的系统和各个环节“智能集成化”的支撑。信息网络是制造信息和知识流动的通道。

17.7　机械制造系统物流技术

17.7.1　制造系统物流技术概述

现代物流是一种科学化和系统化的现代生产、运输服务技术体系，所涉及的领域广阔，是集现代信息网络技术、现代仓储管理技术、现代输送技术、现代管理控制技术以及新型的运营策略等诸多技术门类于一体的多学科、多领域的复合性管理科学。本节主要研究制造企业物流技术。

制造物流系统的目的是将原材料加工并装配成最终产品，如图17-1所示。制造物流系统的一切活动都与物流紧密相关。一般来说，物流系统由三个子系统组成：一是从物料供应处采购原材料和部分成品、半成品的物料供应系统；二是发生在制造企业内部的物料搬运系统；三是将成品送往消费者手中的成品运送系统。此外，还有产品用后回收处理系统。在机械制造物流系统中，主要是研究物料在制造企业内部的流动，即物料搬运系统（包括物料处理过程），因为这个过程最为复杂。在这个系统中，通常会发生三种库存，即加工前的库存，加工过程中的库存和加工后的库存。伴随着这三种库存的是毛坯的制备（锻、铸、冲、焊、切割及热处理等）、零件的加工（各种切削加工过程）、零件加工的在线检测和成品检验、产品装配和产品检验等物流过程。

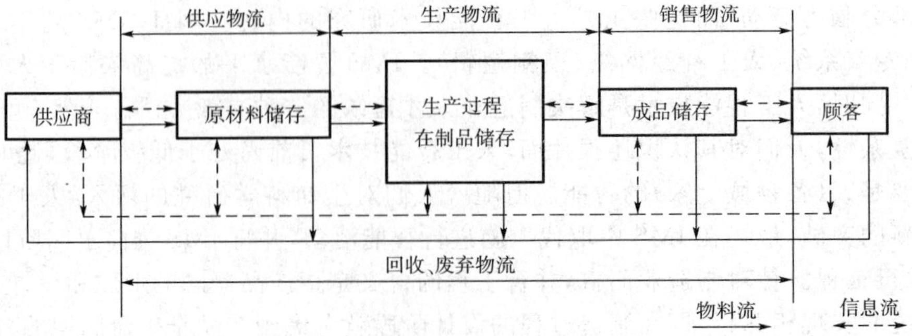

图 17 - 1 制造物流系统示意图

17.7.2 现代制造系统物流技术的基本特征

现代制造系统物流技术具有如下特点：

(1)生产过程洁净化。要求加工制造过程消耗尽可能少的自然资源(包括能源)，并尽量不产生或者少产生对环境有害的污染物，当不可避免产生污染物时，应采取相应措施对污染物进行有效处理，以保护环境和生态。

(2)生产过程柔性化。为了适应多品种、小批量生产的需要，各种物流设备都应具有相应的柔性，能方便地适应零件形状、精度和批量的改变。

(3)生产过程的自动化和准自动化。应采用自动化技术和计算机控制的 NC 技术，减轻工人的劳动强度，提高机床的使用率，保证零件加工精度。

(4)毛坯制备的精密化。采用精铸、精锻、精冲等技术，实现毛坯制备的精密化，不需要或只需要极少的切削加工即可加工成为成品。

(5)零件加工的高速化和精密化。现代加工技术要求实现零件的高速加工和精密加工，以适应生产周期日益缩短、产品精度不断提高的要求。

(6)在线检测及质量反馈控制。为了保证或提高加工质量，应大量采用在线检测和质量反馈控制技术，实现检测过程的自动化。

17.7.3 物流系统的组成

企业物流系统一个生产企业，从原材料的采购进厂开始，经过若干道工序加工成半成品，然后组装成产品，运至成品库存放或运至用户，形成物流系统。这种在企业内部的物料(包括半成品和在制品)按照一定的工艺流程要求，借助一定的搬运工具和手段，从一个单位(如供货单位或车间、工位)流入另一个单位，形成了企业物流。企业中存在的物流网络整体称为企业物流系统。物流系统主要包括以下三个方面：

(1)原材料、半成品、成品所构成的工件流。

(2)刀具、夹具所构成的工具流。

(3)托盘、辅助材料、备件等所构成的配套流。

根据物流系统的时间与秩序，可将其划分为四部分：第一部分，供应物流，包括原材料等一切生产资料的采购、运输、仓储、库存管理和用料管理；第二部分，生产物流，包括生产计划与控制、厂内运输(搬运)、在制品仓储与管理等活动；第三部分，销售物流，包括产成品的库存管理、仓储发货运输、订货处理与顾客服务等活动；第四部分，回收物流，包括废旧物资、边角余料等的回收利用，各种废弃物(废料、废气、废水)的处理。

17.7.4　现代制造企业物流的功能

企业物流贯穿企业生产和经营的全过程，企业物流合理化的功能是：

(1)降低物流费用，减少产品成本，增加产品的市场竞争力。

(2)缩短生产周期，加快资金周转，适应市场需求的变化。通过合理制订生产计划使物流均衡化，同时减少库存和物流中间环节，可以有效地缩短生产周期。

(3)压缩库存、减少流动资金的占用，减少企业财务费用的支出。通过各种控制策略和控制方法，使企业的原材料、中间在制品和成品在满足生产要求的前提下，把库存控制在合理范围之内。

(4)通过物流改善可以提高整个企业的管理水平。在物流科学的系统观念指导下，从整体效益着眼，对物流环节的任何改善都会对企业管理水平的提高起促进作用。

17.7.5　现代企业物流系统的主要环节

企业物流系统的主要环节由厂内运输、装卸搬运、厂内储存、包装和物流信息等环节组成。厂内运输和装卸搬运的作用是实现企业物流的空间效益，储存则是完成企业物流的时间效益，而包装是为了更好地促进物料的运输和储存而进行的功能活动。物流信息传递作为一种特殊功能贯穿于企业物流活动的全过程。

(1)运输。企业物流信息中的运输环节，一般称为厂内运输。厂内运输有两方面作用：一是承担企业物流和社会物流的衔接任务，把工厂生产所需的原材料、燃料、备品备件、生产设备以及其他生产物资运进厂内；同时把工厂的产品及时向社会输出；二是承担工厂内部距离较远的各单位、部门之间的物料输送任务。由于运输活动的存在，保证了工厂能按计划正常有序地生产，也使企业物流与社会物流有机地连接起来，融为一体。

(2)装卸搬运。装卸搬运是指在同一场所范围内进行的，以改变物资的存放状态和空间位置为主要内容和目的的活动。通常包括装上、卸下、移送、拣选、分类、堆垛、入库、出库等作业。因此，装卸搬运是发生最频繁的物流作业，它与生产工艺流程结合最为紧密，在工位之间的装卸搬运活动，有些已成为生产活动的一个组成部分。

(3)储存。储存是为保证生产的连续性和解决各生产环节间的不平衡性、不同步性而设置的一定数量的物资储备，它从物流时间上调整缓冲这种不平衡，确保企业生产均衡有序地进行。储备过多或供大于求会产生超量储存，积压物资，积压较多的流动资金。储存过少或供不应求，会出现停工待料。储存适当合理，才能有效地控制企业物流的时间效益。在一般企业里，物料储备形式随生产过程的进展分为原材料储备、在制品储备和成品储备等。

(4)包装。产品包装是企业生产的不可缺少的环节，是生产过程的最后一道工序。它的主要功能是使产品在物流过程中得到保护，防止装卸搬运和运输过程中受冲击和振动，是物流活动得以优质实现。

复习思考题

1. 先进制造模式的含义是什么？
2. 先进制造模式的主要特征是什么？
3. 简述精益生产、敏捷制造、并行工程、虚拟制造的主要特征。
4. 现代管理技术的含义是什么？
5. 简述机械制造中物流技术的基本特征。

第18章　现代企业文化

【实训目的与要求】

(1)了解现代企业文化的概念；

(2)了解现代企业文化的基本内容；

(3)了解现代企业文化的基本结构与功能；

(4)了解现代企业文化的构建原则与途径。

18.1　企业文化的概念

企业文化是在一定的社会历史条件下，企业生产经营和管理活动中所创造的包括文化观念、价值观念、企业精神、道道规范、行为准则、历史传统、企业制度、文化环境、企业产品等具有本企业特色的精神财富和物质形态，其中企业精神和价值观是企业文化的核心。因此，企业文化是企业在生产经营实践中逐步形成的和为全体员工所认同并共同遵守的、带有本组织特点的使命、愿景、宗旨、精神、价值观和经营理念，以及这些理念在生产经营实践、管理制度、员工行为方式和企业对外形象所体现的总和。

企业文化是社会文化体系中的一个有机的重要组成部分，它是民族文化和现代意识在企业内部的综合反映和表现，是在民族文化和现代意识影响下形成的具有企业特点和群体意识以及这种意识产生的行为规范。企业文化是企业的灵魂，是推动企业发展的不竭动力。

18.2　企业文化的要素

企业文化理论系统通常概括为五个要素，即企业环境、价值观、英模人物、文化仪式和文化网络。

(1)企业环境是指企业的性质，企业的经营方向，企业的外部环境，企业的社会形象以及企业与外界的联系等方面。

(2)价值观是指企业内成员对某个事件或某种行为的好与坏、善与恶、正确与错误、是否值得仿效的一致性认识。统一的价值观使企业内成员在判断自己行为时具有统一的标准，并以此来选择自己的行为。

(3)英模人物是指企业文化的核心人物或企业文化的人格化，其作用在于作为一种活的样板，为企业中其他员工提供可供仿效的榜样，对企业文化的形成和强化起引领和带动作用。

(4)文化仪式是指企业内的各种表彰、奖励活动、聚会以及文娱活动等，它可以把企业中发生的某些事情戏剧化和形象化，来生动的宣传和体现本企业的价值观，使人们通过这些生动活泼的活动来领会企业文化的内涵，使企业文化“寓教于乐”之中。

(5)文化网络是指非正式的信息传递渠道，主要是传播文化信息。它是由某种非正式的组织和人群，以及某一特定场合所组成，它所传递出的信息往往能反映出职工的愿望和心态。

18.3　企业文化的内容

企业文化的内容十分广泛，但其中最主要的应包括如下几点：

(1)经营哲学。经营哲学也称企业哲学，是一个企业特有的从事生产经营和管理活动的方法论原则。它是指导企业行为的基础。一个企业在激烈的市场竞争环境中，面临着各种矛盾和多种选择，要求企业有一个科学的方法论来指导，有一套逻辑思维的程序来决定自己的行为，这就是经营哲学。

(2)价值观念。价值观念是人们基于某种功利性或道义性的追求而对人们(个人、组织)本身的存在、行为和行为结果进行评价的基本观点。价值观念决定着人生追求行为。企业的价值观，是指企业职工对企业存在的意义、经营目的、经营宗旨的价值评价和为之追求的整体化、个异化的群体意识，是企业全体职工共同的价值准则。

(3)企业精神。企业精神是指企业基于自身特定的性质、任务、宗旨、时代要求和发展方向，并经过精心培养而形成的企业成员群体的精神风貌。企业精神要通过企业全体职工有意识的实践活动体现出来。因此，它又是企业职工价值观念和进取心理的外化。企业精神是企业文化的核心，也是企业的灵魂，在整个企业文化中起着支配地位。企业精神以价值观念为基础，以价值目标为动力，对企业经营哲学、管理制度、道德风尚、团体意识和企业形象起着决定性的作用。企业精神通常用一些既富于哲理，又简洁明快的语言予以表达，便于职工铭记在心，时刻用于激励自己；也便于对外宣传，容易在人们脑海里形成印象，从而在社会上形成个性鲜明的企业形象。

(4)企业道德。企业道德是指调整本企业与其他企业之间、企业与顾客之间、企业内部职工之间关系的行为规范的总和。它是从伦理关系的角度，以善与恶、公与私、荣与辱、诚实与虚伪等道德范畴为标准来评价和规范企业。企业道德与法律规范、制度规范不同，不具有严格的强制性和约束力，但具有积极的示范效应和强烈的感染力，当被人们认可和接受后具有自我约束的力量。因此，它具有更广泛的适应性，是约束企业和职工行为的重要手段。

(5)团队意识。团队意识是指组织成员的集体观念。团队意识是企业内部凝聚力形成的重要心理因素。企业团队意识的形成使企业的每个职工把自己的工作和行为都看成是实现企业目标的一个组成部分，使他们对自己作为企业的成员而感到自豪，对企业的成就产生荣誉感，从而把企业看成是自己利益的共同体和归属。因此，他们就会为实现企业的目标而努力工作，自觉地克服与实现企业目标不一致的行为。

(6)企业形象。企业形象是企业通过外部特征和经营实力表现出来的、被消费者和公众所认同的企业总体印象。由外部特征表现出来的企业的形象称表层形象，如招牌、门面、建筑、徽标、广告、商标、服饰、企业环境等，这些都给人以直观的感觉，容易形成印象。通过经营实力表现出来的形象称深层形象，它是企业内部要素的集中体现，如人员素质、生产经营能力、管理水平、资本实力、产品质量等。

(7)企业制度。企业制度是在生产经营实践活动中所形成的、对人的行为带有约束性，并能保障一定权利的各种规定。从企业文化的层次结构看，企业制度属中间层次，它是精神文化的表现形式，是物质文化实现的保证。企业制度作为职工行为规范的模式，使个人的活动得以合理进行，使内外人际关系得以协调，使员工的共同利益受到保护，从而使企业有序地组织起来为实现企业目标而努力。

18.4　企业文化的功能

(1)企业文化的导向功能。它是通过它对企业的领导者和职工起引导作用。企业文化的导向功能主要体现在以下两个方面：一是经营哲学和价值观念的指导。经营哲学决定了企业经营的思维方式和处理问题的法则，这些方式和法则指导经营者进行正确的决策，指导员工采用科学的方法从事生产经营活动。企业共同的价值观念规定了企业的价值取向，使员工对事物的评判形成共识，有着共同的价值目标，指导企业的领导和员工为着他们所认定的价值目标去行动。二是企业目标的指引。企业目标代表着企业发展的方向。完美的企业文化会应当从实际出发，以科学的态度去建立具有可行性和科学性的企业发展目标，企业员工在这一目标的指导下，自觉有序的从事生产经营活动。

(2)企业文化的约束功能。企业文化的约束功能主要是通过完善管理制度和道德规范来实现。一是规章制度的约束。企业制度是企业文化的重要内容之一。企业制度是企业内部的法规，企业的领导者和企业职工必须共同遵守和执行，从而形成约束力。二是道德规范的约束。道德规范是从伦理关系的角度来约束企业领导者和职工的行为。如果人们违背了道德规范的要求，就会受到舆论的遣责，心理上会感到内疚。

(3)企业文化的凝聚功能。企业文化以人为本，尊重人的感情，从而在企业中营造一种团结友爱、相互信任的和谐气氛，强化了团体意识，使企业员工之间形成强大的凝聚力和向心力。共同的价值观念形成了共同的目标和理想，职工把企业看成是一个命运共同体，企业把职工作看成是实现共同目标的重要组成部分，整个企业步调一致，形成统一的有机整体。

(4)企业文化的激励功能。共同的价值观念使每个职工都感到自己存在和行为的价值。自我价值的实现是人的最高精神需求的一种满足，这种满足必将形成强大的激励因素。在以人为本的企业文化氛围中，领导与职工、职工与职工之间互相关心，互相支持，特别是领导对职工的关心，职工会感到受人尊重，自然会振奋精神，努力工作。另外，企业精神和企业形象对企业职工有着极大的鼓舞作用，特别是企业文化建设取得成功，在社会上产生影响时，企业职工会产生强烈的荣誉感和自豪感，他们会加倍努力，用自己的实际行动去维护企业的荣誉和形象。

(5)企业文化的调适功能。企业各部门之间、职工之间，由于各种原因难免会产生一些矛盾，解决这些矛盾需要各自进行自我调节、企业与环境、企业与顾客、企业与国家、企业与社会之间都会存在不协调、不适应之处，这也需要进行调整和适应。企业哲学和企业道德规范使经营者和普通员工能科学地处理这些矛盾，自觉地约束自己。完美的企业形象就是进行这些调节的结果。调适功能实际也是企业能动作用的一种表现。

18.5 企业文化的结构

企业文化结构是指企业文化系统内各要素之间的时空顺序、主次地位与结合方式，企业文化结构就是企业文化的构成、形式、层次、内容、类型等的比例关系和位置关系。它表明各个要素如何链接，形成企业文化的整体模式，即企业物质文化、企业行为文化、企业制度文化和企业精神文化形态四个层次。

(1)企业的物质文化。它是由企业员工创造的产品和各种物质设施等构成的器物文化，它包括企业的产品、生产环境、企业建筑、企业广告、产品包装等。

(2)企业的行为文化。它是指企业员工在生产经营、学习娱乐中产生的活动文化，它包括企业经营、宣传教育、人际关系活动、文体活动产生的文化现象，是企业经营作风、精神面貌、人际关系的动态折射。

(3)企业的制度文化。它是企业为实现自身目标对员工的行为给予一定限制的“规范性”文化，它主要包括企业领导制度、企业组织机构和企业管理制度，也是精神文化的基础和载体，是规范企业行为的刚性约束。

(4)企业的精神文化。它是企业在生产经营过程中，受一定社会文化背景、意识形态影响而长期形成的精神成果和文化观念，它包括企业精神、企业经验哲学、企业价值观、企业风貌等。

18.6 企业文化建设的原则与途经

18.6.1 企业文化建设的一般原则

(1)必须坚持社会主义方向。企业是为提高人民的物资文化生活而存在，这是社会主义国家中企业存在的最基本的价值观。企业在从事商品生产和商品流通的过程中，必须促进生产发展，满足社会日益增长的物质和文化生活的需要。企业进行文化建设应把这作为它的经营思想和宗旨，使之具有明确的社会主义特征。

(2)强调以人为中心。文化以人群为载体，人是文化生成的第一要素。企业文化中的人不仅仅是指企业家、管理者，应该包括企业的全体职工。企业文化建设中要强调关心人、尊重人、理解人和信任人。企业团体意识的形成，首先是企业的全体成员有共同的价值观念，有一致的奋斗目标，才能形成向心力，才能成为一个具有凝聚力的整体。

(3)表里一致，切忌形式主义。企业文化属意识形态的范畴，但它又要通过企业或职工的行为和外部形态表现出来，这就容易形成表里不一的现象。建设企业文化必须首先从职工的思想观念入手，树立正确的价值观念和哲学思想，在此基础上形成企业精神和企业形象，防止搞形式主义，做到言行不一。形式主义不仅不能建设好企业文化，而且是对企业文化概念的歪曲。

(4)注重个异性。个异性是企业文化的一个重要特征。文化本来就是在本身组织发展的历史过程中形成的。每个企业都有自己的历史传统和经营特点，企业文化建设要充分利用企业自身特点，建设具有自己特色的文化。企业有了自己的文化特色，而且被顾客所公认，才能在企业之林中独树一帜，才有竞争的优势。

(5)企业文化与经济目标的一致性

企业是一个经济组织,企业文化是一个微观经济组织文化,应具有经济性。所谓经济性,是指企业文化必须为企业的经济活动服务,要有利于提高企业生产力和经济效益,有利于企业的生存和发展。前面讨论的关于企业文化的各项内容中,虽然并不涉及"经济"二字,但建设和实施这些内容,最终目的都不会离开企业经济目标的实现和谋求企业的生存和发展。所以,企业文化建设实际是一个企业战略问题,称文化战略。

(6)继承传统文化的精华。中国企业文化建设应该是在传统文化的基础上进行增值开发,否则企业文化就会失去存在的基础,也就没有生命力。增值开发就是对传统文化进行借鉴,去其糟粕,取其精华。我国传统文化中的民本思想、平等思想、务实思想等都是值得增值开发的内容。社会主义企业中,劳动者是企业的主人,企业文化建设自然要以民本思想为重要的思想来源,并通过这一思想的开发利用,使职工群众产生强烈的主人翁意识,自觉地参与企业的民主管理。

18.6.2 企业文化建设的途径

(1)培育企业共同价值观。企业价值观念的培育是通过教育、倡导和模范人物的宣传感召等方式,使企业员工扬弃落后的价值观念,树立正确的、有利于企业生存发展的价值观念,并形成共识,成为全体职工思想和行为的准则。企业价值观念的培育是一个由服从,经过认同,最后达到内化的过程。服从是在培育的初期,通过某种外部作用(如人生观教育)使企业中的成员被动地接受某种价值观念,并以此来约束自己的思想和行为。认同是受外界影响(如模范人物的感召)而自觉地接受某种价值观念。内化不仅是自愿地接受某种价值观念,而且对它的正确性有真正的理解,并按照这一价值观念自觉地约束自己的思想和行为。

(2)塑造企业精神。企业精神构塑是在企业领导者的倡导下,根据企业的特点、任务和发展走向,使建立在企业价值观念基础上的内在的信念和追求,通过企业群体行为和外部表象而外化,形成企业的精神状态。

企业精神与企业价值观是既有区别,又密切相关的两个概念。价值观是企业精神的前提,企业精神是价值观的集中体现。价值观具有分散性和内隐性,如存在的价值、工作价值、质量价值等,它是人们的信念和追求。但企业精神则不同,它比较外露,容易被人们所感觉。企业价值观和企业精神共同构成了企业文化的核心。

(3)确立正确的经营哲学。作为企业经营管理方法论原则的企业经营哲学,是企业一切行为的逻辑起点。确立正确的经营哲学,是企业文化建设的一项重要任务。确立企业哲学,需要经营者对本企业的经营状况和特点进行全面的调查,运用某些哲学观念分析研究企业的发展目标和实现途径,在此基础上形成自己的经营理念,并将其渗透到员工的思想深处,变成员工处理经营问题的共同思维方式。企业经营哲学通常应在代表企业精神的文字中体现,这不仅有利于内部渗透,而且也便于顾客识别。经营哲学的确立,关键是要有创新意识,创建有特色的经营思想和方法。

(4)注重企业形象设计。首先是提供质优价实的产品,并在品种、档次、价格、款式、包装等方面形成自己的特色;其次是提供优质服务,要通过营销人员的营销行为文化给顾客留下深刻的印象;第三是创建优美舒适的生产环境,这一方面有利于员工生产积极性的充分发挥,另一方面是刺激顾客的购买欲望和产生强烈的好感;第四是企业重要场所的形象设计、门面装饰应体现行业特点,厂牌应做到新颖、醒目、反映经营特色,有利于吸引客户驻足观赏，并给客户留下深刻印象。企业形象设计一般经过形象调查、形象定位和形象传播三个阶段。形象调查是了解公众对本企业的认识、态度与印象等方面的情况，为企业形象设计提供信息。形象定位是在形象调查的基础上，根据企业的实际状况，用知名度和美誉度的高低程度对企业形象进行定位。形象传播是以广告或公关方式，将企业形象的有关信息向社会传播，让更多的顾客认识和接受，从而提高企业形象。

18.6.3　我国企业文化发展的新趋势与新特点

随着我国经济社会的发展，许多企业已对企业文化内涵和实质有了更深刻的认识，而且积累了丰富成果。主要体现在以下方面：

(1)企业文化对企业发展战略构成更加强有力的支撑。文化对战略的影响，一方面通过核心价值观来选择、判断发展战略是否符合价值追求，会不会偏离发展的基本宗旨；另一方面建立对使命、愿景、价值观的广泛认同，形成统一的企业意志和行动模式，支持企业战略实施。只有发挥文化对战略的干预、修正和保障功能，企业发展才更有持久性。

(2)企业文化建设更加注重与管理的深度融合。企业文化管理体现在文化对制度、流程、行为的影响与渗透作用，文化管理与传统管理不同，它是以价值观为引导的内在驱动力，强调员工主动性，提倡民主管理和自主管理。只有用美好的愿景鼓舞人，用宏伟的事业凝聚人，用科学的机制激励人，用优美的环境熏陶人，才能充分调动员工的主动性、积极性和创造性，达到“人企合一”的境界。

(3)企业文化建设更加突出对人的培养和塑造。人是生产力中最活跃和最富创造力的因素。科学发展观强调“以人为本”，就是要把人的发展放在首位。企业文化建设说到底就是人的建设，企业要关注员工需求，为员工提供发展机会，让员工分享发展成果。

(4)创新文化成为建设创新型企业的动力源泉。建立完善创新文化体系，树立创新文化风尚，提炼创新文化内涵，提升创新文化水平，进而为企业推进观念创新、技术创新、体制机制创新、管理创新及经营模式创新等提供有力的保障，创新文化建设已经成为我国企业文化的重要发展方向。

(5)和谐文化成为企业文化建设的主基调。以先进文化为引领，深入推进企业文化建设，使企业文化成为推动企业发展得动力源泉，是企业文化建设的主旋律。

复习思考题

1. 简述现代企业文化的基本概念。
2. 现代企业文化的基本内容是什么？
3. 现代企业文化的基本功能是什么？
4. 现代企业文化的基本结构是什么？
5. 为何构建企业文化？

附录：数控加工指令对照表

JB/T3208－1999标准/SINUMERIK802S系统/FANUC 0i系统/SKY2003系统的G代码功能表

代码	JB/T3208－1999标准	SINUMERIK802S系统	FANUC 0i系统	SKY2003系统
G00	点定位	快速移动	快速定位	定位(快速移动)
G01	直线插补	直线插补	直线插补(切削进给)	直线插补(进给)
G02	顺时针圆弧插补	顺时针圆弧插补	圆弧插补(顺时针)	圆弧插补(顺时针)
G03	逆时针圆弧插补	逆时针圆弧插补	圆弧插补(逆时针)	圆弧插补(逆时针)
G04	暂停	暂停	暂停	暂停
G05	不指定	通过中间点进行圆弧插补		
G06	抛物线插补			
G07	不指定			
G08	加速			
G09	减速	准确定位，单程序段有效		准确停止
G10	不指定		可编程数据输入	
G11	不指定		可编程数据输入方式取消	
G12～G16	不指定			
G17	*XY*平面选择	*X*/*Y*平面		*XY*平面选择
G18	*ZX*平面选择	*Z*/*X*平面		*ZX*平面选择
G19	*YZ*平面选择	*Y*/*Z*平面		*YZ*平面选择
G20	不指定		英制尺寸	
G21	不指定		公制尺寸	
G22	不指定	直径尺寸		
G23	不指定	半径尺寸		
G24	不指定			
G25	不指定	主轴转速下限		
G26	不指定	主轴转速上限		
G27	不指定		返回参考点检查	
G28	不指定		返回参考位置	
G29～G31	不指定			
G32	不指定		螺纹切削	螺纹切削
G33	螺纹切削，等螺距	加工恒螺距螺纹		
G34	螺纹切削，增螺距		变螺距切削	
G35	螺纹切削，减螺距			
G36	永不指定		自动刀具补偿X	
G37	永不指定		自动刀具补偿Z	
G38～G39	永不指定			
G40	刀具补偿注销	刀尖半径补偿方式的取消	取消刀具半径补偿	刀具补偿抹消

（续表）

代码	JB/T3208－1999 标准	SINUMERIK802S 系统	FANUC 0i 系统	SKY2003 系统
G41	刀具补偿－左	调用刀尖半径补偿，刀具在轮廓左侧移动	刀具半径左补偿	刀具补偿(左侧)
G42	刀具补偿－右	调用刀尖半径补偿，刀具在轮廓右侧移动	刀具半径右补偿	刀具补偿(右侧)
G43	刀具偏置－正			刀具长度正向补偿
G44	刀具偏置－负			刀具长度负向补偿
G45	刀具偏置＋/＋			
G46	刀具偏置＋/－			
G47	刀具偏置－/－			
G48	刀具偏置－/＋			
G49	刀具偏置 0/＋			刀具长度补偿抹消
G50	刀具偏置 0/－	取消可设定零点偏置 G500	坐标系或主轴最大速度设定	缩放关
G51	刀具偏置＋/0			缩放开
G52	刀具偏置－/0		局部坐标系设定	镜像关
G53	直线偏移 注销	按程序段方式取消可设定零点偏置	机床坐标系设定	镜像开
G54	直线偏移 X	第一可设定零点偏置	选择工件坐标系 1	工件坐标系 1 选择
G55	直线偏移 Y	第二可设定零点偏置	选择工件坐标系 2	工件坐标系 2 选择
G56	直线偏移 Z	第三可设定零点偏置	选择工件坐标系 3	工件坐标系 3 选择
G57	直线偏移 XY	第四可设定零点偏置	选择工件坐标系 4	工件坐标系 4 选择
G58	直线偏移 XZ	第五可设定零点偏置	选择工件坐标系 5	工件坐标系 5 选择
G59	直线偏移 YZ	第六可设定零点偏置	选择工件坐标系 6	工件坐标系 6 选择
G60	准确定位 1(精)	准确定位		
G61	准确定位 2(中)			
G62	快速定位(粗)			
G63	攻丝	带补偿夹具螺纹切削		
G64	不指定	连续路径方式		
G65	不指定		调用宏指令	
G66～G67	不指定			
G68	刀具偏置(内角)			坐标旋转
G69	刀具偏置(外角)			坐标旋转抹消
G70	不指定	英制尺寸	精车循环	精车削加工循环
G71	不指定	公制尺寸	外圆粗车循环	横向切削复合循环
G72	不指定		端面粗车循环	端面粗切削循环
G73	不指定		多重车削循环	成型棒材加工循环
G74	不指定	回参考点	排屑钻端面孔	反攻牙循环
G75	不指定	回固定点	外径/内径钻孔循环	
G76	不指定		多头螺纹循环	精镗孔循环
G77	不指定			横向固定循环切削
G78	不指定			复合螺纹切削固定循环

（续表）

代码	JB/T3208－1999 标准	SINUMERIK802S 系统	FANUC 0i 系统	SKY2003 系统
G79	不指定			复合端面固定循环切削
G80	固定循环注销		固定循环取消	固定循环抹消
G81	固定循环			钻孔、锪孔循环
G82	固定循环			钻孔、反镗孔循环
G83	固定循环		钻孔循环	深孔钻循环
G84	固定循环		攻螺纹循环	攻牙循环
G85	固定循环		正面镗循环	镗孔循环
G86	固定循环			镗孔循环
G87	固定循环		侧钻循环	反镗孔循环
G88	固定循环		侧攻螺纹循环	镗孔循环
G89	固定循环		侧镗循环	镗孔循环
G90	绝对尺寸	绝对尺寸	外径/内径车削循环	绝对值编程
G91	增量尺寸	增量尺寸		增量值编程
G92	预置寄存		螺纹切削循环	坐标系设定
G93	时间倒数，进给率			
G94	每分钟进给	进给率 F，单位毫米/分	端面车削循环	
G95	主轴每转进给	主轴进给率 F，单位 mm/r		
G96	恒线速度	恒定切削速度	恒表面切削速度控制	
G97	每分钟转数（主轴）	恒定切削速度取消	恒表面切削速度取消	
G98	不指定		每分钟进给	返回初始平面
G99	不指定		每转进给	返回 R 点平面

JB/T3208－1999 标准/SINUMERIK802S 系统/FANUC 0i 系统/SKY2003 系统的 M 代码功能表

代码	JB/T3208－1999 标准	SINUMERIK802S 系统	FANUC 0i 系统	SKY2003 系统
M00	程序停止	编程停止	程序暂停	程序停止
M01	计划停止	选择性暂停	程序选择停止	程序选择停止
M02	程序结束	主程序结束返回程序头	程序结束	程序结束
M03	主轴顺时针旋转	主轴正转	主轴顺时针方向旋转	主轴正转
M04	主轴逆时针旋转	主轴反转	主轴逆时针方向旋转	主轴反转
M05	主轴停转	主轴停转	主轴停止	主轴停转
M06	换刀	换刀（缺省设置）		换刀
M07	2 号切屑液开			
M08	1 号切屑液开		切屑液开	切屑液开
M09	切屑液关		切屑液关	切屑液关
M10	夹紧			
M11	松开			
M12	不指定			

(续表)

代码	JB/T3208－1999 标准	SINUMERIK802S 系统	FANUC 0i 系统	SKY2003 系统
M13	主轴顺时针方向,切屑液开			
M14	主轴逆时针方向,切屑液开			
M15	正运动			
M16	负运动			
M17	不指定	子程序结束		
M18	不指定			
M19	主轴定向停止			
M20～M29	永不指定			
M30	纸带结束	主程序结束且返回	主轴停转,程序结束	
M31	互锁旁路			
M32～M35	不指定			
M36	进给范围 1			
M37	进给范围 2			
M38	主轴速度范围 1			
M39	主轴速度范围 2			
M40	如有需要作为齿轮换档,此外,不指定	自动变换齿轮级		
M41～M45	如有需要作为齿轮换档,此外,不指定	齿轮级 1～5		
M46～M47	不指定			
M48	注销 M49			
M49	进给速度修正旁路			
M50	3 号切屑液开			
M51	4 号切屑液开			
M52～M54	不指定			
M55～M56	刀具直线位移,位置1、2			
M57～M59	不指定			
M60	更换工件			
M61～M62	工件直线位移,位置1、2			
M63～M70	不指定			
M71～M72	工件角度位移,位置1、2			
M73～M89	不指定			
M90～M97	永不指定			
M98	永不指定		调用子程序	调用子程序
M99	永不指定		返回主程序	子程序返回

参考文献

[1] 王润孝．先进制造技术导论．北京:科学出版社,2004.

[2] 高晓平．先进制造管理技术及其应用．北京:机械工业出版社,2005.

[3] 张春林等．机械工程概论．北京:北京理工大学出版社,2003.

[4] 倪小丹等．机械制造技术基础．北京:清华大学出版社, 2007.

[5] 周凯．PC数控原理、系统及应用．北京:机械工业出版社,2006.

[6] 徐伟．数控机床仿真实训．北京:电子工业出版社,2004.

[7] 张世昌．先进制造技术．天津:天津大学出版社,2004.

[8] 周济等．数控加工技术．北京:国防工业出版社,2002.

[9]司乃潮等．液态成形技术．北京:化学工业出版社,2004.

[10] 高正一等．金工实习．北京:机械工业出版社,2000.

[11] 鞠鲁粤．工程材料与成形技术基础．北京:高等教育出版社,2004.

[12] 蔡建国等．现代制造技术导论．上海:上海交通大学出版社,2000.

[13] 张宝忠．现代机械制造技术基础实训教程．北京:清华大学出版社,2004.

[14] 潘毅．CAXA模具设计与制造指导．北京:清华大学出版社,2004.

[15] 蔡颖等．CAD/CAM原理与应用．北京:机械工业出版社,2003.

[16] 鞠鲁粤．机械制造基础．上海:上海交通大学出版社,2007.

[17] 严绍华．金属工艺学实习(非机类)．北京:清华大学出版社,2006.

[18] 孙以安等．金工实习:机械制造工程基础实践训练．上海:上海交通大学出版社,2005.